Lambacher Schweizer 9/10

**Grundlagen der Mathematik
für Schweizer Maturitätsschulen**

Ausgabe für die Schweiz

Bearbeitung
Peter Jankovics
Beratung
Volker Dembinski
Sebastian Lamm
Roman Oberholzer
Rita Völlmin-Luchsinger

Autoren der Originalausgaben

Manfred Baum
Martin Bellstedt
Gerhard Bitsch
Dieter Brandt
Gerhard Brüstle
Heidi Buck
Jürgen Denker
Günther Dopfer
Detlef Dornieden
Christina Drüke-Noe
Rolf Dürr
Harald Eisfeld
Alfred Franz
Hans Freudigmann
Dieter Greulich
Herbert Götz
Heiko Harborth
Dieter Haug
Frieder Haug
Manfred Herbst
Edmund Herd
Thomas Jörgens
Thorsten Jürgensen-Engl
Christine Kestler
Andreas König
Hans-Georg Kosuch
Detlef Lind

Michael Mertins
Jens Negwer
Peter Neumann
Johannes Novotný
Rolf Reimer
Günther Reinelt
Wolfgang Riemer
Rüdiger Sandmann
Hartmut Schermuly
August Schmid
Reinhard Schmitt-Hartmann
Ulrich Schönbach
Siegfried Schwehr
Manfred Schwiehr
Maximilian Selinka
Raphaela Sonntag
Heike Spielmans
Jörg Stark
Andrea Stühler
Inga Surrey
Barbara Sy
Günther Taetz
Thomas Thiessen
Ingo Weidig
Peter Zimmermann
Manfred Zinser
Arnold Zitterbart

Klett und Balmer Verlag Zug

Lambacher Schweizer 9/10
Grundlagen der Mathematik für Schweizer Maturitätsschulen

Ausgabe für die Schweiz auf der Grundlage folgender Werke:
Lambacher Schweizer 4 Baden-Württemberg, 12-734381, © Ernst Klett Verlag GmbH, Stuttgart 2006
Lambacher Schweizer 7 Ausgabe A, 12-734871, © Ernst Klett Verlag GmbH, Stuttgart 2006
Lambacher Schweizer 8 Ausgabe A, 12-734881, © Ernst Klett Verlag GmbH, Stuttgart 2007
Lambacher Schweizer 8 Ausgabe Bayern, 12-731660, © Ernst Klett Verlag GmbH, Stuttgart 2006
Lambacher Schweizer 9 Ausgabe A, 12-734891, © Ernst Klett Verlag GmbH, Stuttgart 2008
Lambacher Schweizer 9 Nordrhein-Westfalen, 12-734491, © Ernst Klett Verlag GmbH, Stuttgart 2009
Lambacher Schweizer 10 Ausgabe A, 12-734801, © Ernst Klett Verlag GmbH, Stuttgart 2009
Lambacher Schweizer 10 Ausgabe Bayern, 12-731960, © Ernst Klett Verlag GmbH, Stuttgart 2008
Lambacher Schweizer 11 Ausgabe Bayern, 12-732760, © Ernst Klett Verlag GmbH, Stuttgart 2009
Lambacher Schweizer 11/12 Ausgabe Niedersachsen, 12-735501, © Ernst Klett Verlag GmbH, Stuttgart 2009
Lambacher Schweizer 11/12 Ausgabe Sachsen, 12-7333140, © Ernst Klett Verlag GmbH, Stuttgart 2008
Lambacher Schweizer Gesamtband Oberstufe, 12-733120, © Ernst Klett Verlag GmbH, Stuttgart 2007

Bearbeitung Peter Jankovics, Zürich

Beratung Dr. Volker Dembinski, Hasliberg-Goldern (Ecole d'Humanitè), Prof. Dr. Sebastian Lamm, St. Gallen (Gymnasium Friedberg, Gossau), Roman Oberholzer, Luzern (Kantonsschule Alpenquai Luzern), Rita Völlmin-Luchsinger, Zürich (ehemals Gymnasium der Juventus-Schulen)

Projektleitung Marcel Holliger, Klett und Balmer Verlag, Zug

Bildrechte, Bildrecherchen Silvia Isenschmid, Klett und Balmer Verlag, Zug

Umsetzung click it AG, M. Beltinger, Seon

Gestaltung Simone Glauner, Stuttgart, Ulrike Glauner, Stuttgart, Claudia Rupp, Stuttgart, Katharina Schlatterer, Stuttgart, Andreas Staiger, Stuttgart, Nadine Yesil, Stuttgart

Illustrationen Uwe Alfer, Waldbreitbach, Ulla Bartl, Weil der Stadt, Jochen Ehmann, Stuttgart, Sibylle Gückel, Stuttgart, Hartmut Günthner, Stuttgart, Helmut Holtermann, Dannenberg, Rudolf Hungreder, Leinfelden-Echterdingen, Christine Lackner-Hawighorst, Ittlingen, Annette Liese, Dortmund, Anja Malz, Taunusstein, media office gmbh, Kornwestheim, SMP Oehler, Remseck

Bildkonzept Umschlag SoldanKommunikation, Stuttgart

Umschlagbilder Moderne Wendeltreppe Zürich (iStockphoto) / Nahaufnahme Schneckenhaus (mauritius images/imagebroker/Rosseforp)

Korrektorat Stefan Zach, z.a.ch GmbH, Bremgarten b. Bern

1. Auflage 2011
5., unveränderter Nachdruck 2018
Alle Drucke dieser Auflage können im Unterricht nebeneinander verwendet werden.

Lizenzausgabe für die Schweiz
© Klett und Balmer AG, Zug 2011

Alle Rechte vorbehalten.
Nachdruck, Vervielfältigung jeder Art oder Verbreitung – auch auszugsweise – nur mit schriftlicher Genehmigung des Verlags.

ISBN 978-3-264-83982-1

eBook Schulbuch: ISBN 978-3-264-84290-6

Autoren der Originalausgaben
Lambacher Schweizer 4 Baden-Württemberg: Dr. Dieter Brandt, Dieter Greulich, Thorsten Jürgensen-Engl, Rolf Reimer, Reinhard Schmitt-Hartmann, Dr. Peter Zimmermann
Lambacher Schweizer 7 Ausgabe A: Dr. Dieter Brandt, Christina Drüke-Noe, Prof. Harald Eisfeld, Dieter Greulich, Edmund Herd, Thorsten Jürgensen-Eng, Prof. Dr. Detlef Lind, Rolf Reimer, Reinhard Schmitt-Hartmann, Andrea Stühler, Dr. Peter Zimmermann
Lambacher Schweizer 8 Ausgabe A: Manfred Baum, Martin Bellstedt, Dr. Dieter Brandt, Heidi Buck, Detlef Dornieden, Christina Drüke-Noe, Prof. Rolf Dürr, Prof. Harald Eisfeld, Hans Freudigmann, Dieter Greulich, Prof. Dr. Heiko Harborth, Dr. Frieder Haug, Edmund Herd, Thorsten Jürgensen-Engl, Andreas König, Prof. Dr. Detlef Lind, Rolf Reimer, Reinhard Schmitt-Hartmann, Ulrich Schönbach, Andrea Stühler, Dr. Peter Zimmermann
Lambacher Schweizer 8 Ausgabe Bayern: Herbert Götz, Manfred Herbst, Christine Kestler, Hans-Georg Kosuch, Dr. Johannes Novotný, Prof. August Schmid, Barbara Sy, Thomas Thiessen, Prof. Dr. Ingo Weidig
Lambacher Schweizer 9 Ausgabe A: Manfred Baum, Martin Bellstedt, Dr. Dieter Brandt, Heidi Buck, Detlef Dornieden, Christina Drüke-Noe, Prof. Rolf Dürr, Hans Freudigmann, Dieter Greulich, Prof. Dr. Heiko Harborth, Dr. Frieder Haug, Edmund Herd, Thorsten Jürgensen-Engl, Andreas König, Rolf Reimer, Reinhard Schmitt-Hartmann, Ulrich Schönbach, Andrea Stühler, Dr. Peter Zimmermann
Lambacher Schweizer 9 Ausgabe Nordrhein-Westfalen: Manfred Baum, Martin Bellstedt, Dr. Dieter Brandt, Heidi Buck, Prof. Rolf Dürr, Hans Freudigmann, Dr. Frieder Haug, Thomas Jörgens, Thorsten Jürgensen-Engl, Dr. Wolfgang Riemer, Raphaela Sonntag, Heike Spielmans, Inga Surrey
Lambacher Schweizer 10 Ausgabe A: Manfred Baum, Martin Bellstedt, Dr. Dieter Brandt, Heidi Buck, Detlef Dornieden, Christina Drüke-Noe, Prof. Rolf Dürr, Hans Freudigmann, Dieter Greulich, Prof. Dr. Heiko Harborth, Dr. Frieder Haug, Edmund Herd, Thorsten Jürgensen-Engl, Andreas König, Rolf Reimer, Reinhard Schmitt-Hartmann, Ulrich Schönbach, Andrea Stühler, Dr. Peter Zimmermann
Lambacher Schweizer 10 Ausgabe Bayern: Herbert Götz, Manfred Herbst, Christine Kestler, Hans-Georg Kosuch, Dr. Johannes Novotný, Prof. August Schmid, Barbara Sy, Thomas Thiessen, Prof. Dr. Ingo Weidig
Lambacher Schweizer 11 Ausgabe Bayern: Herbert Götz, Manfred Herbst, Christine Kestler, Hans-Georg Kosuch, Dr. Johannes Novotný, Barbara Sy, Thomas Thiessen, Arnold Zitterbart
Lambacher Schweizer 11/12 Ausgabe Niedersachsen: Manfred Baum, Dr. Dieter Brandt, Hans Freudigmann, Dieter Greulich, Dr. Wolfgang Riemer, Rüdiger Sandmann, Prof. Manfred Zinser
Lambacher Schweizer 11/12 Ausgabe Sachsen: Detlef Lind, Jens Negwer, Peter Neumann
Lambacher Schweizer Gesamtband Oberstufe: Dr. Dieter Brandt, Günther Reinelt

Inhaltsverzeichnis

Lernen mit dem Lambacher Schweizer — 6

I Geometrie — 7

1 Flächenberechnungen — 8
   1.1   Vielecke — 8
   1.2   Kreis — 14
           Exkursion: Geschichte der Zahl π — 18

2 Ähnliche Figuren – Strahlensätze — 20
   2.1   Vergrössern und Verkleinern von Figuren – Ähnlichkeit — 20
   2.2   Zentrische Streckung — 22
   2.3   Ähnliche Dreiecke — 28
   2.4   Strahlensätze — 30
           Exkursion: Goldener Schnitt — 36

3 Das rechtwinklige Dreieck — 38
   3.1   Die Satzgruppe des Pythagoras — 38
   3.2   Berechnungen an Figuren und Körpern — 46
           Exkursion: Quadraturen — 49
           Exkursion: Pythagoreische Zahlentripel — 50

4 Räumliche geometrische Körper — 52
   4.1   Prismen und Kreiszylinder — 52
           Exkursion: Die platonischen Körper — 58
   4.2   Satz des Cavalieri — 60
   4.3   Pyramide und Kegel — 62
   4.4   Kugel — 66
           Exkursion: Näherungsverfahren von Archimedes zur Bestimmung von π — 69

5 Trigonometrie — 71
   5.1   Seitenverhältnisse in rechtwinkligen Dreiecken — 71
   5.2   Berechnungen an Figuren — 76
   5.3   Beziehungen zwischen Sinus, Kosinus und Tangens — 79
   5.4   Sinus und Kosinus am Einheitskreis — 82
   5.5   Allgemeine Dreiecke – Sinus- und Kosinussatz — 85
   5.6   Anwendungen — 90
           Exkursion: Additionstheoreme — 93
           Exkursion: Anfänge der Trigonometrie — 95

II Funktionen und Gleichungen — 97

6 Funktionen — 98
   6.1   Abhängigkeiten darstellen und interpretieren — 98
   6.2   Eindeutige Zuordnungen – Funktionen — 100
   6.3   Funktionsgleichung — 103

7	**Lineare Funktionen und lineare Gleichungen**	**— 106**
	7.1 Lineare Funktionen	— 106
	7.2 Bestimmung der Funktionsgleichung	— 110
	7.3 Lineare Gleichungen	— 112
	7.4 Lineare Ungleichungen	— 115
8	**Systeme linearer Gleichungen**	**— 118**
	8.1 Lineare Gleichungen mit zwei Variablen	— 118
	8.2 Lineare Gleichungssysteme mit zwei Variablen	— 120
	8.3 Lösen linearer Gleichungssysteme mit zwei Variablen	— 122
	8.4 Anwendungen	— 127
	Exkursion: Drei Gleichungen, drei Variablen – das geht auch	— 130
	Exkursion: Lineare Optimierung	— 132

9	**Quadratische Funktionen und quadratische Gleichungen**	**— 134**
	9.1 Quadratische Funktionen	— 134
	9.2 Scheitelpunktform und allgemeine Form	— 140
	9.3 Optimierungsaufgaben	— 143
	9.4 Quadratische Gleichungen	— 145
	9.5 Anwendungen	— 150
	9.6 Gleichungen, die auf quadratische Gleichungen führen	— 153
10	**Potenz- und Wurzelfunktionen**	**— 156**
	10.1 Potenzfunktionen mit ganzzahligen Exponenten	— 156
	10.2 Wurzelfunktionen	— 159
	10.3 Potenzgleichungen	— 162
	Exkursion: Ellipsen und Kepler'sche Gesetze	— 164

11	**Exponentialfunktionen und Logarithmusfunktionen**	**— 166**
	11.1 Wachstumsvorgänge	— 166
	11.2 Exponentialfunktionen	— 171
	11.3 Logarithmen	— 177
	11.4 Logarithmusfunktion	— 180
	11.5 Exponentialgleichungen	— 182
	Exkursion: Anwendungen des Logarithmus	— 185
	Exkursion: Die C-14-Methode zur Altersbestimmung	— 187

12	**Trigonometrische Funktionen**	**— 188**
	12.1 Das Bogenmass	— 188
	12.2 Periodische Vorgänge	— 189
	12.3 Definition der trigonometrischen Funktionen	— 191
	12.4 Die allgemeine Sinusfunktion $x \to a \cdot \sin(bx + c)$	— 196
13	**Allgemeine Eigenschaften von Funktionen**	**— 200**
	13.1 Der Begriff der Funktion	— 200
	13.2 Symmetrie von Funktionsgraphen	— 203
	13.3 Monotonie	— 205
	13.4 Die Umkehrfunktion	— 206
	13.5 Neue Funktionen aus alten Funktionen: Produkt, Quotient, Verkettung	— 209

III Vektorgeometrie — 211

14 Vektoren — 212
- 14.1 Der Begriff des Vektors in der Geometrie — 212
- 14.2 Rechnen mit Vektoren — 214
- 14.3 Punkte und Vektoren im Koordinatensystem — 218
- 14.4 Lineare Abhängigkeit und Unabhängigkeit von Vektoren — 223
- 14.5 Skalarprodukt von Vektoren, Grösse von Winkeln — 226
- 14.6 Vektorprodukt — 230

15 Geraden und Ebenen — 233
- 15.1 Vektorielle Darstellung von Geraden — 233
- 15.2 Geraden in der Ebene — 236
- 15.3 Lagebeziehungen von Geraden im Raum — 240
- 15.4 Ebenengleichungen in Parameterform — 245
- 15.5 Koordinatengleichungen von Ebenen — 249
- 15.6 Lagebeziehungen zwischen Ebene und Gerade — 253
- 15.7 Lagebeziehungen zwischen Ebenen — 256

16 Abstände und Winkel — 259
- 16.1 Normalenform der Ebenengleichung — 259
- 16.2 Schnittwinkel — 262
- 16.3 Abstand eines Punktes von einer Ebene – Hesse'sche Normalenform — 266
- 16.4 Abstand eines Punktes von einer Geraden — 270
- 16.5 Abstand windschiefer Geraden — 272

17 Kreise und Kugeln — 274
- 17.1 Gleichungen von Kreis und Kugel — 274
- 17.2 Kreise und Geraden — 277
- 17.3 Kugeln und Ebenen — 281

Lernen mit dem Lambacher Schweizer

Wie das Inhaltsverzeichnis zeigt, enthält der Band 9/10 die drei grossen Themen «Geometrie», «Funktionen und Gleichungen» sowie «Vektorgeometrie». Sie sind wiederum in einzelne Kapitel und Lerneinheiten gegliedert. Die nachfolgenden Abbildungen erläutern den Aufbau im Detail.

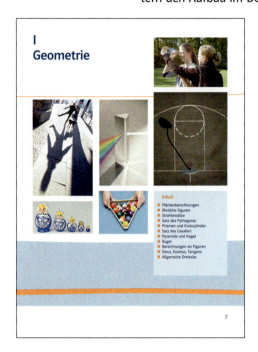

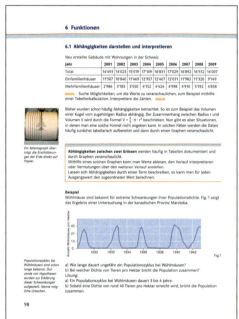

Zum **Einstieg** gibt es immer eine Frage oder eine Anregung zum Thema. Diese können individuell, in Gruppen oder in der Klasse behandelt werden.

In **Merkkästen** sind die wichtigsten Inhalte in Wort und Formelsprache zusammengefasst.

Vor den **Aufgaben** befinden sich **Beispiele** mit Lösungen, welche Hinweise für die Bearbeitung der Aufgaben geben.

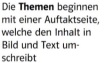

Die **Themen** beginnen mit einer Auftaktseite, welche den Inhalt in Bild und Text umschreibt

Mit dem Titel **Exkursionen** sind grössere Ergänzungen bezeichnet. Sie enthalten zusätzliche Informationen zu Geschichte und Anwendungen der Mathematik.

Zuweilen sind interessante zusätzliche Informationen unter der Rubrik **Info** eingestreut.

Mathematik – vielseitig und zielorientiert

Ein zeitgemässer Mathematikunterricht soll Gymnasiastinnen und Gymnasiasten neben reinen Rechenfertigkeiten weitere Fähigkeiten vermitteln, die grundlegend für die Allgemeinbildung sowie hilfreich zum Verständnis ihrer Umwelt sind.

Das Angebot der drei Bände für das Grundlagenfach an Schweizer Maturitätsschulen richtet sich nach ausgewählten Schullehrplänen, nach dem Stoffplan der Schweizerischen Maturitätskommission sowie nach den Empfehlungen der Arbeitsgruppe HSGYM.

I Geometrie

Inhalt

- Flächenberechnungen
- Ähnliche Figuren
- Strahlensätze
- Satz des Pythagoras
- Prismen und Kreiszylinder
- Satz des Cavalieri
- Pyramide und Kegel
- Kugel
- Berechnungen an Figuren
- Sinus, Kosinus, Tangens
- Allgemeine Dreiecke

1 Flächenberechnungen

1.1 Vielecke

Lena: «Auf dem Teller liegen noch drei Plätzchen, welches davon möchtest du?»
Luca: «Ich hätte gerne das grösste.»
Lena: «Welches ist das?»

*Die Abkürzung A kommt von dem lateinischen Wort **area** (Fläche).*

Der **Flächeninhalt** ist in der Geometrie ein Mass für die Grösse der Fläche einer ebenen Figur. Je nach Form der Figur lässt sich der Flächeninhalt A unterschiedlich berechnen.

Vierecke

Ein **Quadrat** mit der Seitenlänge 1m hat den Flächeninhalt 1m² (ein **Quadratmeter**). Eine Fläche, die man mit fünf solchen Quadraten auslegen kann, hat den Flächeninhalt 5m². Zu jeder Längeneinheit gibt es eine zugehörige **Flächeneinheit**.

Seitenlänge des Quadrats	1mm	1cm	1dm	1m	10m	100m	1km
Flächeneinheit	1mm²	1cm²	1dm²	1m²	1a	1ha	1km²
Name	Quadrat-millimeter	Quadrat-zentimeter	Quadrat-dezimeter	Quadrat-meter	Are	Hektar	Quadrat-kilometer

Um den Flächeninhalt des **Rechtecks** in Fig. 1 zu bestimmen, kann man es mit Zentimeterquadraten auslegen. Dabei erhält man 3 Streifen mit jeweils 5 Quadraten oder 5 Streifen mit jeweils 3 Quadraten.
Es passen insgesamt 3 · 5 Quadrate oder 5 · 3 Quadrate, also 15 Quadrate, in das Rechteck. Deshalb hat es den Flächeninhalt 3 · 5cm² = 5 · 3cm² = 15cm².

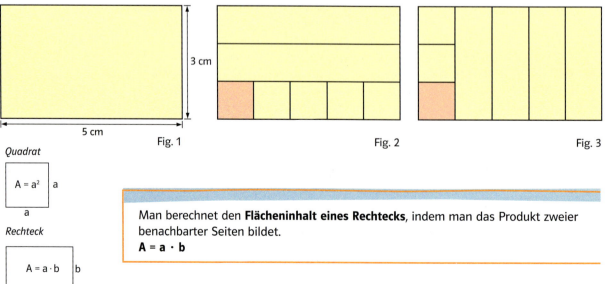

Fig. 1   Fig. 2   Fig. 3

Quadrat

A = a²   a
   a

Rechteck

A = a · b   b
   a

Man berechnet den **Flächeninhalt eines Rechtecks**, indem man das Produkt zweier benachbarter Seiten bildet.
A = a · b

Das Rechteck und das **Parallelogramm** in Fig. 1 haben beide die Seitenlängen 4 cm und 2 cm. Wie man sieht, hat das Parallelogramm aber einen kleineren Flächeninhalt als das Rechteck. Wenn man die beiden Seitenlängen des Parallelogramms miteinander multipliziert, erhält man also nicht seinen Flächeninhalt.

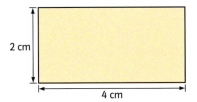 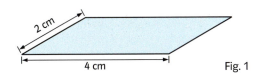

Fig. 1

Schneidet man von dem Parallelogramm auf der einen Seite ein rechtwinkliges Dreieck ab und setzt man dieses auf der anderen Seite wieder an, so erhält man ein Rechteck mit dem Flächeninhalt A = a · b, der gleich ist wie der Flächeninhalt des Parallelogramms (Fig. 2).

Man beachte: «Grundseite» und «Höhe» sind nicht eindeutig festgelegt.

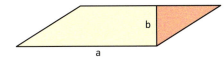 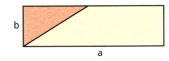

Fig. 2

Das Rechteck und das Parallelogramm haben die Seite a gemeinsam (Fig. 2). Die Länge der anderen Rechtecksseite b entspricht im Parallelogramm dem Abstand der Seite a zur gegenüberliegenden Seite. Man nennt diesen Abstand die zur Seite a gehörende **Höhe** h des Parallelogramms.

Üblicherweise verwendet man bei der Flächenberechnung für die benutzte Seite a die Bezeichnung **Grundseite** g. Man erhält somit den Flächeninhalt A des Parallelogramms mithilfe der Formel: A = g · h

---

Man berechnet den **Flächeninhalt eines Parallelogramms**, indem man die Länge einer Seite mit der zu ihr gehörenden Höhe multipliziert.
A = g · h

Flächeninhalt eines Parallelogramms: Grundseite mal Höhe

Trapeze sind Vierecke, die mindestens ein Paar paralleler Seiten besitzen. Die beiden nicht parallelen Seiten nennt man **Schenkel** des Trapezes. Der Abstand der beiden parallelen Seiten ist die Höhe des Trapezes (Fig. 3). Sind die beiden Schenkel gleich lang (Fig. 4), dann ist das Trapez achsensymmetrisch mit der Symmetrieachse s und heisst **gleichschenkliges Trapez**. Ein Trapez mit einem rechten Winkel (Fig. 5) bezeichnet man als **rechtwinkliges Trapez**.

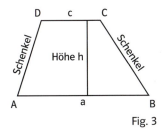 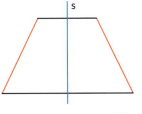 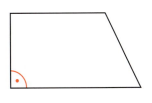

Fig. 3   Fig. 4   Fig. 5

Die Formel zur Berechnung des **Flächeninhaltes eines Trapezes** erhält man, indem man das Trapez um 180° um P (Mittelpunkt von BC) dreht (Fig. 1). Original und Bild ergeben zusammen ein Parallelogramm, dessen Flächeninhalt doppelt so gross ist wie der des Trapezes.

Das Parallelogramm hat die Seitenlänge a + c und die Höhe h. Sein Flächeninhalt ist A = (a + c) · h. Da der Flächeninhalt des Trapezes nur halb so gross ist, ergibt sich für das Trapez: $A = \frac{1}{2} \cdot (a + c) \cdot h$
Die Strecke mit der Länge $\frac{1}{2} \cdot (a + c)$ wird Mittellinie m genannt. Damit lässt sich die Fläche auch mit A = m · h berechnen.

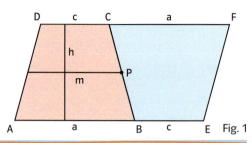
Fig. 1

Der **Flächeninhalt eines Trapezes** ABCD wird berechnet, indem man die Längen der parallelen Seiten a und c addiert, diese Summe mit der Höhe h multipliziert und das Ergebnis halbiert.
$A = \frac{1}{2} \cdot (a + c) \cdot h$ oder $A = m \cdot h$

Ein **Drachenviereck** ist ein Viereck, bei dem eine Diagonale Symmetrieachse ist oder bei dem zwei Paare benachbarter Seiten jeweils gleich lang sind. Sind alle vier Seiten gleich lang, nennt man es **Rhombus** oder **Raute**.

In Fig. 2 wurde ein Drachenviereck mit einem Rechteck umschrieben, das die Breite der Diagonalen e und die Länge der Diagonalen f hat. Man sieht, dass die vier Seiten des Drachenvierecks alle vier Teilrechtecke halbieren. Daher muss die Fläche des Drachenvierecks gleich der halben Rechtecksfläche sein. Für den Rhombus als Spezialfall eines Drachenvierecks gilt derselbe Sachverhalt.

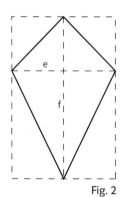
Fig. 2

Der **Flächeninhalt eines Drachenvierecks** ist gleich dem halben Produkt seiner Diagonalen. $A = \frac{1}{2} \cdot e \cdot f$

Beispiel
Zeichne in ein Koordinatensystem mit der Einheit 1 cm die Punkte A(2|5), B(1|4), C(3|4), D(2|3), E(4|3) und F(2|1). Entscheide, um welches Viereck es sich bei ABDC, ABDE, BDEC und ABFC handelt, und berechne jeweils den Flächeninhalt. Miss dabei die Längen, die du brauchst.
Lösung:
ABDC ist ein Quadrat mit Seitenlänge a ≈ 1.4 cm.
Flächeninhalt: A ≈ (1.4 cm)² ≈ 2 cm²

ABDE ist ein rechtwinkliges Trapez mit der Höhe h ≈ 1.4 cm und den parallelen Seitenlängen a ≈ 1.4 cm und c ≈ 2.8 cm.
Flächeninhalt: $A \approx \frac{1}{2}$ (1.4 cm + 2.8 cm) · 1.4 cm ≈ 2.9 cm²
BDEC ist ein Parallelogramm mit Grundseite g = 2 cm und zugehöriger Höhe h = 1 cm.
Flächeninhalt: A = 1 cm · 2 cm = 2 cm²
ABFC ist ein Drachenviereck mit den Diagonalen e = 2 cm und f = 4 cm.
Flächeninhalt: $A = \frac{1}{2} \cdot$ 2 cm · 4 cm = 4 cm²

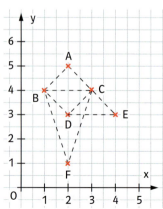

Dreiecke

Den Flächeninhalt eines Dreiecks erhält man mithilfe eines Parallelogramms. Wenn man ein Dreieck am Mittelpunkt einer Seite spiegelt, so entsteht ein Parallelogramm. Der Flächeninhalt des Dreiecks ist dann halb so gross wie der Flächeninhalt des Parallelogramms.

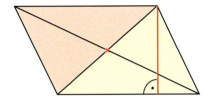
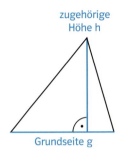

Bezeichnet man die Länge einer Dreiecksseite mit g und die zugehörige Höhe mit h, so erhält man den Flächeninhalt A des Dreiecks mithilfe der Formel: $A = (g \cdot h) : 2$

Man berechnet den **Flächeninhalt eines Dreiecks**, indem man die Länge einer Seite mit der zu ihr gehörenden Höhe multipliziert und das Ergebnis halbiert.
$A = \frac{1}{2} \cdot g \cdot h$

Beispiel
Zeichne in einem Koordinatensystem mit der Einheit 1 cm das Dreieck ABC mit $A(1|1)$, $B(5|1)$ und $C(4|6)$.
Berechne den Flächeninhalt des Dreiecks.
Lösung:
Aus der Zeichnung im Heft liest man ab:
Länge der Seite $\overline{AB} = 4$ cm,
zugehörige Höhe h = 5 cm,
Flächeninhalt des Dreiecks $(4 \text{ cm} \cdot 5 \text{ cm}) : 2 = 10 \text{ cm}^2$.

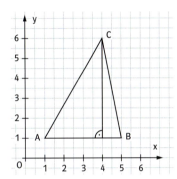

Vielecke

Allgemeingültige Formeln für den Flächeninhalt eines Vielecks lassen sich nicht angeben. Man berechnet den Flächeninhalt von Vielecken durch Zerlegung in Dreiecke oder andere Teilfiguren. Dabei gibt es mehrere Möglichkeiten (Fig. 1).

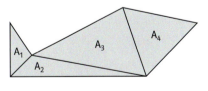

$A = A_1 + A_2 + A_3 + A_4$

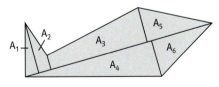

$A = A_1 + A_2 + A_3 + A_4 + A_5 + A_6$

Fig. 1

Man kann den **Flächeninhalt von Vielecken** durch Zerlegung in einfach zu berechnende Teilfiguren ermitteln.

Aufgaben

1 a) Die Seitenlänge eines Parallelogramms sei 4 cm und die zugehörige Höhe 5 cm. Berechne den Flächeninhalt des Parallelogramms.
b) Von einem Parallelogramm sind die Punkte A(1|2), B(5|2) und D(2|5) gegeben. Bestimme den fehlenden Punkt C und den Flächeninhalt.
c) Ein Parallelogramm mit Flächeninhalt 20 cm^2 besitzt die Eckpunkte A(2|1) und D(6|1). Welche Länge hat die zur Seite AD gehörige Höhe? Zeichne drei solche Parallelogramme.

2 a) Die Seitenlänge eines Dreiecks sei 8 cm und die zugehörige Höhe 3 cm. Berechne den Flächeninhalt des Dreiecks.
b) Von einem gleichschenkligen Dreieck mit Flächeninhalt 15 cm^2 sind die Punkte A(2|1) und B(5|1) gegeben. Bestimme den fehlenden Punkt C und die Höhe.
c) Ein Dreieck mit Flächeninhalt 81 cm^2 besitzt eine Höhe von 18 cm. Wie lang ist die zugehörige Grundseite?

Alle drei Figuren zusammen haben den Flächeninhalt 5390 mm^2.

3 Berechne den Flächeninhalt der Figuren.
a) 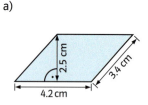 b) 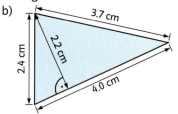 c)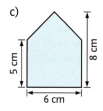

4 a) Bestimme den Flächeninhalt des Drachens in Fig. 1.
b) Zeichne drei verschiedene Drachen mit dem Flächeninhalt 18 cm^2.

Hinweis: Achte auf gleiche Masseinheiten beim Rechnen.

5 Berechne den Flächeninhalt des Trapezes (a ∥ c) mit:
a) a = 12.5 cm; c = 7.8 cm; h = 4.6 cm;
b) m = 24.6 cm; h = 1.4 dm;
c) a = 2.2 m; c = 8.4 dm; h = 0.56 m;
d) m = 3.75 m; h = 0.84 dm.

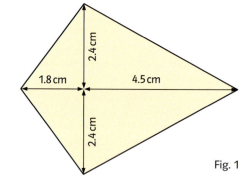
Fig. 1

6 Berechne die Flächeninhalte der Trapeze. (1 Kästchenlänge entspricht 0.5 cm.)

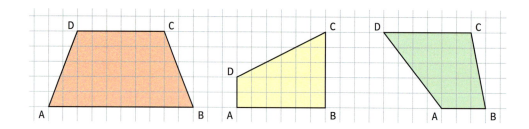

7 Die Giebelseite des Hauses einer Familie soll neu verputzt werden (Fig. 1). Zuerst müssen an allen Kanten Putzschienen angebracht werden.
a) Zeichne im Massstab 1:100 und entnimm die fehlenden Masse für b) und c) deiner Zeichnung.
b) Wie viel Meter Schienen werden benötigt?
c) Wie viel m² Putz sind aufzubringen?
d) Was muss die Familie für das Material bezahlen, wenn 1 m Putzschiene 3.50 Fr. und 1 m² Putz 11.50 Fr. kosten?

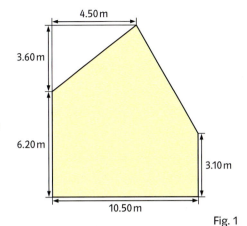

Fig. 1

*Zur Erinnerung:
Den Flächeninhalt eines Vielecks kann man durch geschicktes Zerlegen in solche Teilfiguren bestimmen, deren Flächeninhalt man einfach berechnen kann.

Manchmal ist eine Ergänzung zu einer einfachen Figur vorteilhafter.*

8 Regelmässige Vielecke haben gleich grosse Innenwinkel und gleich lange Seiten.
a) Zeichne ein regelmässiges Fünfeck mit 3 cm Seitenlänge, indem du eine Seite zeichnest, den Innenwinkel anträgst, die nächste Seite zeichnest usw.
b) Berechne den Umfang und Flächeninhalt des Fünfecks.
c) Verfahre wie in a) und b) mit einem regelmässigen Achteck.

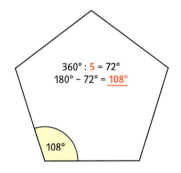

9 Welches der beiden Vielecke hat den grösseren Flächeninhalt?

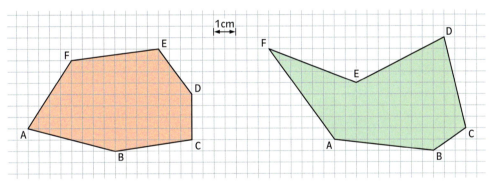

10 Das Schwimmbecken eines Bades (Fig. 2) soll erneuert werden. Die Bodenflächen werden aus Kostengründen nur gestrichen. An alle Seitenwände werden neue Fliesen angebracht.
a) Berechne den Flächeninhalt der zu fliesenden Fläche.
b) Was kosten die Fliesen, wenn ein Quadratmeter für 25 Fr. zu haben ist?

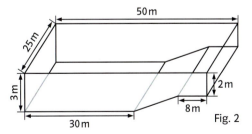

Fig. 2

1.2 Kreis

Ein Schäfer will für seine Schafherde mit einem 100 m langen Drahtzaun die grösstmögliche Weidefläche auf einer Wiese abstecken. Welche Form wählt er?

Umfang eines Kreises

(92.5; 29.5)

(23; 7.3)

(21; 6.5)

(38; 12)

(10; 3)

Die Gegenstände in der Randspalte haben unterschiedliche Umfänge (1. Zahlenwert Umfang; 2. Zahlenwert Durchmesser). Je grösser ihr Durchmesser ist, desto grösser ist ihr Umfang. Mit einer Messreihe kann man diese Abhängigkeit genauer untersuchen. Um beispielsweise den Umfang einer CD zu ermitteln, kann man einen Faden um sie herumlegen und anschliessend dessen Länge messen. Bei allen Gegenständen ist der Umfang etwas mehr als dreimal so gross wie der Durchmesser. Um dieses Verhältnis zu berechnen, bildet man jeweils den Quotienten aus Umfang und Durchmesser. Für die CD (Umfang: 38 cm, Durchmesser: 12 cm) gilt: 38 cm : 12 cm ≈ 3.2. Für die anderen Gegenstände erhält man ähnliche Werte.

Um einen genaueren Wert zu erhalten, kann man den Durchschnitt (arithmetisches Mittel) dieser Werte bilden. Tatsächlich ist der Quotient aus Kreisumfang und Durchmesser stets gleich; der Umfang ist also proportional zum Durchmesser und damit auch zum Radius. Der Proportionalitätsfaktor ist bei allen Kreisen gleich, man bezeichnet ihn als **Kreiszahl π** (sprich: pi).

Im Taschenrechner ist ein genauerer Wert für die irrationale Zahl π gespeichert:
$\pi = 3.141592654\ldots$

Eine gute Näherung durch einen Bruch ist:
$\pi \approx \frac{22}{7}$ *(vgl. S. 18)*

Für den **Umfang** u eines **Kreises** mit Durchmesser d bzw. Radius r gilt:
u = d · π bzw. **u = 2 · r · π**
Für die **Kreiszahl** π gilt: **π ≈ 3.14**

*Der griechische Buchstabe π kommt von **peripheria** (griechisch): Umfang.*

Beispiel 1 Umfang eines Kreises
a) Berechne den Umfang eines Kreises mit dem Radius 2 m.
b) Welchen Durchmesser hat ein Kreis mit dem Umfang 37.7 cm?
Lösung:
a) Durchmesser des Kreises: d = 2 · 2 m = 4 m; Umfang: u = π · 4 m ≈ 12.6 m
b) Umfang: u = 37.7 cm = π · d; Durchmesser: d = 37.7 cm : π ≈ 12.0 cm

Beispiel 2 Umfang einer Figur
Berechne den Umfang von Fig. 1.
Lösung:
Die Figur besteht aus einem Halbkreis mit Durchmesser 4 cm und 2 Halbkreisen mit Durchmesser 2 cm.
Umfang:
u = $\frac{1}{2}$ · π · 4 cm + 2 · $\frac{1}{2}$ · π · 2 cm ≈ 12.6 cm

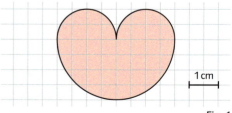

Fig. 1

Flächeninhalt eines Kreises

In Fig. 1 ist die Seitenlänge jedes der vier grünen Quadrate so gross wie der Radius des einbeschriebenen Kreises. Der Flächeninhalt aller vier grünen Quadrate errechnet sich aus $A = 4r^2$, der Flächeninhalt des gelben Quadrats (Fig. 2) aus $A = 2r^2$. Für den Flächeninhalt des Kreises ergibt sich als erste Eingrenzung: $2r^2 < A_{Kreis} < 4r^2$

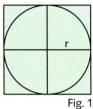
Fig. 1

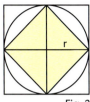
Fig. 2

Zerschneidet man einen Kreis (Fig. 3) und legt die einzelnen Teile anschliessend neu zusammen (Fig. 4), so haben der Kreis und die neu zusammengelegten Flächen jeweils denselben Flächeninhalt. Daher heissen diese Flächen **zerlegungsgleich**.

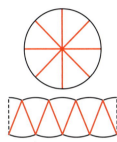
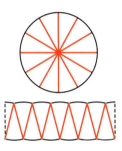
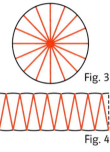

Fig. 3

Fig. 4

Je grösser man die Anzahl der Teile wählt, umso mehr nähert sich die Form der Fläche in Fig. 4 einem Rechteck an. Die Seitenlängen des Rechtecks sind $\frac{1}{2}u$ und r.
Wegen der Zerlegungsgleichheit hat das Rechteck den gleichen Flächeninhalt wie der Kreis und es gilt: $A = \frac{1}{2}u \cdot r$. Setzt man die Formel für den Kreisumfang ein, so ergibt sich:
$A = \frac{1}{2}u \cdot r = \frac{1}{2} \cdot 2 \cdot \pi \cdot r \cdot r = \pi \cdot r^2$

Für den **Flächeninhalt** A eines **Kreises** mit dem Radius r gilt: $\mathbf{A = \pi \cdot r^2}$

$A = \pi \cdot \left(\frac{d}{2}\right)^2$

Beispiel
a) Berechne den Flächeninhalt eines Kreises mit dem Radius 5 cm.
b) Wie verändert sich der Flächeninhalt, wenn der Radius verdoppelt wird?
Lösung:
a) $A = \pi \cdot (5\,cm)^2 \approx 78.54\,cm^2$
b) $A = \pi \cdot (2 \cdot 5\,cm)^2 = \pi \cdot 4 \cdot (5\,cm)^2 \approx 314.16\,cm^2$. Der Flächeninhalt ver**vier**facht sich.

Kreissektor und Kreisbogen

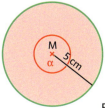
Fig. 5

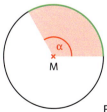
Fig. 6

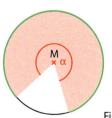
Fig. 7

*Die rot gefärbten Flächen nennt man **Kreissektoren** oder **Kreisausschnitte**, den Winkel α **Zentriwinkel** oder **Mittelpunktswinkel**.*

360° nennt man auch Vollwinkel.

Vergleicht man den Flächeninhalt des Kreises (Fig. 5, S. 15) mit dem des **Kreissektors**, so sieht man, dass der Flächeninhalt A des Kreissektors (Fig. 6, S. 15) nur einen Drittel von dem des ganzen Kreises beträgt, da beide Radien gleich sind.

Man rechnet: $A = \pi \cdot (5\,\text{cm})^2 \approx 78.54\,\text{cm}^2$; $A_{\text{Drittelkreis}} = \frac{1}{3} \cdot \pi \cdot (5\,\text{cm})^2 \approx 26.18\,\text{cm}^2$.

Der Zentriwinkel beträgt 120°, das ist ein Drittel von 360°, dem Vollwinkel.

Die Länge des zugehörigen **Kreisbogens** ist ebenfalls von der Grösse des Zentriwinkels abhängig. Die Länge b des Kreisbogens des Drittelkreises beträgt daher auch einen Drittel des Umfangs des ganzen Kreises.

Man rechnet: $u = \pi \cdot 2 \cdot 5\,\text{cm} \approx 31.42\,\text{cm}$; $u_{\text{Drittelkreis}} = b = \frac{120°}{360°} \cdot 2 \cdot \pi \cdot 5\,\text{cm} \approx 10.47\,\text{cm}$.

Der Flächeninhalt A des Kreissektors und die Länge b des Kreisbogens sind proportional zum Zentriwinkel α.

> **Länge b des Kreisbogens**: $b = \frac{\alpha}{360°} \cdot 2 \cdot \pi \cdot r = \frac{\alpha}{180°} \cdot \pi \cdot r$
>
> **Flächeninhalt A des Kreissektors**: $A = \frac{\alpha}{360°} \cdot \pi \cdot r^2 = \frac{1}{2} b \cdot r$

Beispiel 1

Ein Kreis hat den Radius r = 6 cm. Berechne für einen Sektor dieses Kreises mit dem Zentriwinkel α = 48°

a) die Länge des Bogens, b) den Flächeninhalt.

Lösung:

a) $b = \frac{48°}{360°} \cdot 2 \cdot \pi \cdot 6\,\text{cm} \approx 5.03\,\text{cm}$ b) $A = \frac{\alpha}{360°} \cdot \pi \cdot r^2 = \frac{48°}{360°} \cdot \pi \cdot (6\,\text{cm})^2 \approx 15.08\,\text{cm}^2$

Beispiel 2

Welcher Zentriwinkel gehört zu einem Bogen mit b = 24.0 cm bei r = 8.0 cm?

Lösung:

$b = \frac{\alpha}{180°} \cdot \pi \cdot r \Rightarrow \alpha = \frac{b}{\pi \cdot r} \cdot 180° = \frac{24\,\text{cm}}{\pi \cdot 8\,\text{cm}} \cdot 180° \approx 171.9°$

Aufgaben

1 Ein Kreis hat den Radius 5 cm.
a) Berechne seinen Umfang und seine Fläche.
b) Wie vergrössert sich sein Umfang und seine Fläche, wenn man seinen Radius verdreifacht?

2 Ein Kreis hat den Umfang 40.5 m.
a) Berechne seinen Durchmesser, seinen Radius und seine Fläche.
b) Um wie viel wird der Durchmesser bzw. die Fläche kleiner, wenn man den Umfang um 5 m verkleinert?
c) Wie gross ist der Radius eines Kreises, der eine um 20 m² kleinere Fläche als der ursprüngliche aufweist?

3 Wie gross ist der Radius eines Kreises,
a) wenn der Umfang um 10 cm länger ist als der Radius?
b) dessen Umfang doppelt so gross ist wie der Radius?

4 Wie gross sind die Radien eines Kreisrings (Fig.1) mit der Fläche
$A = 40\pi$ cm², wenn der äussere Radius um 4 cm grösser ist als der innere?

5 Ein Kreissektor hat den Radius r, die Bogenlänge b, den Zentriwinkel α und die Fläche A. Berechne die fehlenden Stücke.
a) $r = 9$ cm; $\alpha = 30°$
b) $r = 3.2$ dm; $\alpha = 275°$
c) $r = 3$ m; $b = 4.5$ m
d) $r = b = 2.1$ dm
e) $A = 60$ dm²; $r = 8.8$ dm
f) $\alpha = 72°$; $A = 15$ cm²
g) $b = 7$ cm; $\alpha = 142°$
h) $b = 6$ cm; $A = 30$ cm²
i) $b = 3r$

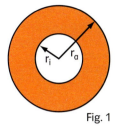

Fig. 1

Kreisring mit äusserem Radius r_a und innerem Radius r_i

6 Überprüfe folgende Aussagen:
a) Verdoppelt man den Zentriwinkel, verdoppelt sich die zugehörige Kreisbogenlänge.
b) Vervierfacht man bei gleichbleibendem Zentriwinkel den Radius, so vervierfacht sich die Fläche eines Kreissektors.
c) Die Fläche des Kreisrings mit den Radien r und $\frac{r}{2}$ ist halb so gross wie die Fläche des Kreises mit Radius r.

7 Berechne den Umfang und die Fläche des orangen Gebiets in Fig. 2 und Fig. 3.

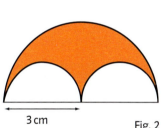

3 cm Fig. 2

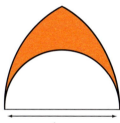

6 cm Fig. 3

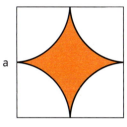

a

Fig. 4

Die Radien aller Kreisbögen dieser Figur sind gleich r. Wie kann man die Fläche mit zwei geradlinigen Schnitten so zerlegen, dass man die entstehenden Stücke zu einem Quadrat der Seitenlänge 2r zusammensetzen kann?

8 Die orange Fläche in Fig. 4 beträgt $A = 10.5$ cm². Berechne die Quadratseite a.

9 Die Fläche eines Kreissektors misst $A = 24$ dm². Bestimme den Radius und die Bogenlänge des Sektors, wenn der Bogen 2 dm länger ist als der Radius.

10 Eratosthenes (etwa 284–200 v.Chr.) bestimmte den Mittelpunktswinkel α des Bogens auf dem Erdmeridian von Syene (heute Assuan) bis Alexandria und berechnete aus der Entfernung beider Orte den Erdumfang (Fig. 5):
Am Tag des Sommeranfangs mittags schien in Syene die Sonne bis auf den Boden eines tiefen Brunnens. Zur gleichen Zeit warf ein lotrecht aufgestellter Stab in Alexandria einen Schatten. Aus der Schattenlänge wurde α bestimmt.
a) Für α ist der Wert 7.2° überliefert. Berechne den Erdumfang in Stadien.
b) Ein Stadion betrug etwa 157.7 m. Wie viel km entsprach daher der von Eratosthenes errechnete Wert?

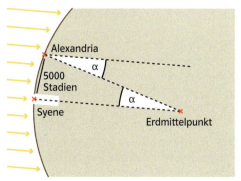

Fig. 5

Exkursion Geschichte der Zahl π

Am 14. März ist in jedem Jahr der π-Tag nach der amerikanischen Datumschreibweise 3.14.

Der Rekord im π-Vorlesen liegt bei 108 000 Nachkommastellen in 30 Stunden. Über 360 freiwillige Leser lasen im Juni 2005 jeweils 300 Stellen.

Eine historische Quelle zur Geschichte der Kreiszahl π ist auch die Bibel. Im Alten Testament werden im Bericht über Salomons Tempelbau (um 950 v. Chr.) verschiedene Tempelgeräte beschrieben, darunter auch ein riesiges Gefäss, das für Waschungen der Priester gedacht war.

In der Einheitsübersetzung von 1978 heisst es (1. Könige 7, 23):

> *Dann machte er das «Meer». Es wurde aus Bronze gegossen und mass zehn Ellen von einem Rand zum anderen; es war völlig rund und fünf Ellen hoch. Eine Schnur von dreissig Ellen konnte es rings umspannen.*

Mit «völlig rund» ist wohl kreisförmig gemeint, also ist nach der Bibel $\pi = \frac{u}{d} = \frac{30}{10} = 3$.
Die Näherung $\pi \approx 3$ entspricht dem altbabylonischen Wert für π. Es gibt aber ältere und wesentlich bessere Näherungen.

Die Ägypter kannten schon etwa 2000 Jahre v. Chr. eine sehr genaue Berechnung des Flächeninhalts des Kreises. Im Papyrus Rhind (um 1700 v. Chr.) findet man eine Darstellung dazu.

Um den Kreis wurde ein Quadrat gezeichnet, dessen Seitenlänge gleich dem Kreisdurchmesser d ist. Dann zerlegte man das Quadrat in neun gleich grosse Teilquadrate. Als Näherung für den Flächeninhalt des Kreises wurde der Flächeninhalt des Achtecks in Fig. 1 genommen, also sieben der neun Teilquadrate des Durchmesser-Quadrats.
Das ergibt $A \approx \frac{7}{9} d^2$.

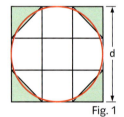

Fig. 1

Da man aber den Flächeninhalt als Quadrat einer Länge haben wollte (was der Quadratur entspricht), wurde weitergerechnet: $A \approx \frac{7}{9} d^2 = \frac{63}{81} d^2 \approx \frac{64}{81} d^2 = \left(\frac{8}{9} d\right)^2$
Setzt man nun $d = 2r$, so ergibt sich: $A \approx \left(\frac{8}{9} \cdot 2r\right)^2 = \left(\frac{16}{9}\right)^2 r^2$

Mit $\pi \approx \frac{16^2}{9^2} = \frac{256}{81} = 3.16049\ldots \approx 3.16$ wurde vor 4000 Jahren eine gute Näherung für π gefunden, die sich um weniger als 1% vom richtigen Wert unterscheidet.

Im Laufe der Zeit wurden immer bessere Näherungen für π bestimmt. Der heute übliche Wert stammt von Archimedes (287–212 v. Chr.). Er hat den Umfang des Kreises durch Annäherung mittels eines 96-Ecks bestimmt und dabei $3 + \frac{10}{71} < \pi < \frac{22}{7}$ gefunden, wobei für die Praxis $\pi \approx \frac{22}{7}$ benutzt wurde, was heute in dezimaler Schreibweise
$\pi \approx \frac{22}{7} \approx 3.14$ entspricht.

Aus der Näherung des Archimedes bestimmte Ptolemäus (ca. 100 – ca. 160 n. Chr.) durch «angenäherte Mittelbildung» $\pi \approx 3 + \frac{17}{120}$. Er rechnete dabei wie in der babylonischen Mathematik mit 60er-Brüchen:
$\frac{22}{7} \approx 3 + \frac{8}{60} + \frac{27}{3600}$; $3 + \frac{10}{71} = 3 + \frac{8}{60} + \frac{34}{3600}$, woraus er dann als Mittelwert $3 + \frac{8}{60} + \frac{30}{3600} = 3 + \frac{17}{120}$ bildete.

In der chinesischen Mathematik wurde anfangs mit π = 3 gerechnet. Liu Hui (um 250 n.Chr.) bestimmte mithilfe eines 192-Ecks eine Näherung für π, später berechnete er an einem 3072-Eck $\pi \approx \frac{3927}{1250}$ = 3.1416.

Im 5. Jahrhundert n.Chr. findet sich bei Tsu Chung-Chih $\pi \approx \frac{355}{113}$. Dies ist, wie man mithilfe von Kettenbrüchen zeigen kann, die bestmögliche Näherung für π durch einen gewöhnlichen Bruch, dessen Nenner kleiner als 1000 ist. Eine Vorstellung über die Genauigkeit dieser Näherung erhält man, wenn man sie als Dezimalbruch schreibt. Es ergibt sich $\pi \approx \frac{355}{113}$ = 3.14159292...

Dieser Wert ist auf sechs Dezimalstellen genau.

*Es ist unbekannt, ob π eine **normale Zahl** ist, das heisst, ob sie jede mögliche Ziffernfolge als Teilblock enthält.*

Ludolph van Ceulen (1540–1610) berechnete schliesslich nach der Idee von Archimedes am 2^{62}-Eck (2^{62} ist im Zehnersystem geschrieben eine Zahl mit 19 Ziffern!) die Zahl π auf 35 Dezimalstellen genau. Er war auf diese Leistung so stolz, dass er in seinem Testament festlegte, dass diese Zahl auf seinem Grabstein eingemeisselt werden soll. Bis zum Ende des 19. Jahrhunderts nannte man ihm zu Ehren π die Ludolph'sche Zahl.

Neben Näherungswerten in Form von Brüchen, also rationalen Zahlen, hat man auch versucht, Näherungen durch Quadratwurzeln anzugeben. Bei Brahmagupta (598 – ca. 665 n.Chr.), einem indischen Mathematiker, findet man mit $\pi \approx \sqrt{10}$ einen relativ ungenauen Wert. Dagegen ist die von dem französischen Juristen und Mathematiker François Viète (lat. Vieta, 1540–1603) gefundene Näherung $\pi \approx 1.8 + \sqrt{1.8}$ auf drei Dezimalstellen genau. Hierher gehört auch die von Kochanski 1685 angegebene Näherung $\pi \approx \sqrt{\frac{40}{3} - 2\sqrt{3}}$ (vgl. S. 49, Nr. 5).

Wissenschaftler senden mit Radioteleskopen die Kreiszahl π ins Weltall. Sie meinen, dass andere Zivilisationen diese Zahl kennen müssen.

Auf der anderen Seite versuchte man, π durch unendliche Produkte oder Summen zu beschreiben. Die bekannteste Darstellung stammt von Gottfried Leibniz (1646–1716):

$$\frac{\pi}{4} = 1 - \frac{1}{3} + \frac{1}{5} - \frac{1}{7} + \frac{1}{9} - \frac{1}{11} \pm \ldots$$

Für eine praktische Berechnung der Zahl π ist diese Darstellung aber ungeeignet. Um π auf nur zwei Dezimalstellen genau zu erhalten, muss man etwa 300 Summanden addieren. Besser geeignet ist

$$\pi = 2\sqrt{3}\left(1 - \frac{1}{3 \cdot 3} + \frac{1}{3^2 \cdot 5} - \frac{1}{3^3 \cdot 7} + \frac{1}{3^4 \cdot 9} + \ldots\right),$$

womit der englische Astronom Abraham Sharp (1651–1742) die Zahl π auf 72 Dezimalstellen genau berechnete. Heute hat man π mithilfe von Computern auf 5 Billionen Dezimalstellen (Stand: Ende 2010) genau berechnet.

Ein praktischer Nutzen von π mit vielen Dezimalstellen liegt in der Möglichkeit, die Computer-Hardware und -Software zu testen, da kleine Rechenfehler zu vielen falschen Stellen von π führen würden.

Info

Quadratur des Kreises

Mit den «Möndchen des Hippokrates» (vgl. S. 49, Nr. 2) war die **Quadratur** von nur mit Kreislinien begrenzten Flächen gelungen, das heisst, die Konstruktion eines flächengleichen Quadrats nur mit Zirkel und Lineal, also ohne Abmessen, war möglich. Das gab schon vor über 2000 Jahren die Hoffnung, dass auch die **Quadratur des Kreises** gelingt, also die Konstruktion eines Quadrats mit dem Flächeninhalt des Einheitskreises (r = 1) nur «mit Zirkel und Lineal». Aber erst 1882 konnte Ferdinand von Lindemann (1852–1939) beweisen, dass die Quadratur des Kreises unmöglich ist, weil π zu besonderen irrationalen Zahlen gehört, die man als transzendente Zahlen bezeichnet.

2 Ähnliche Figuren – Strahlensätze

2.1 Vergrössern und Verkleinern von Figuren – Ähnlichkeit

Julia meint: «Bei der Statue sind die Pferde von Etage zu Etage nur verkleinert worden, sonst sind sie gleich.» Lukas widerspricht. Wer von beiden hat Recht? Begründe.

Vergrösserungen und Verkleinerungen begegnet man zum Beispiel bei Modelleisenbahnen, Fotos, Mikroskopen oder Hellraumprojektoren. Um zu erkennen, was sich beim Vergrössern oder Verkleinern ändert und was unverändert bleibt, werden im Folgenden ein Dreieck und seine Vergrösserung betrachtet.

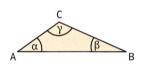 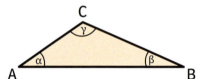

Die Winkelgrössen wurden durch das Vergrössern nicht verändert, nur die Seiten sind länger geworden. Misst man die Längen der Seiten, so wird ein Zusammenhang deutlich.

Bei einem Streckfaktor grösser 1 ergibt sich eine Vergrösserung. Bei einem Streckfaktor zwischen 0 und 1 ergibt sich eine Verkleinerung.

	$\overline{AB}$	$\overline{BC}$	$\overline{AC}$
kleines Dreieck	3 cm	2 cm	1.4 cm
grosses Dreieck	4.5 cm	3 cm	2.1 cm
Längenverhältnis	4.5 cm : 3 cm = $\frac{3}{2}$ = 1.5	3 cm : 2 cm = $\frac{3}{2}$ = 1.5	2.1 cm : 1.4 cm = $\frac{3}{2}$ = 1.5

Dividiert man jeweils die Länge einer Seite des grösseren Dreiecks durch die Länge der entsprechenden Seite im kleineren Dreieck, so erhält man stets den gleichen Quotienten $\frac{3}{2}$. Man sagt: Die Längen entsprechender Seiten stehen in einem festen **Längenverhältnis** zueinander. Dieses Verhältnis heisst **Streckfaktor**.

Zwei Kreise sind stets ähnlich. Der Streckfaktor ist das Radienverhältnis $\frac{R}{r}$.

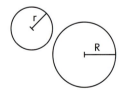

Zwei Figuren heissen **ähnlich**, wenn die Längenverhältnisse einander entsprechender Seiten und die einander entsprechenden Winkel gleich sind.

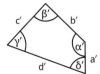 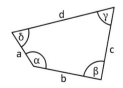

$\frac{a}{a'} = \frac{b}{b'} = \frac{c}{c'} = \frac{d}{d'}$ und $\alpha = \alpha'$; $\beta = \beta'$; $\gamma = \gamma'$; $\delta = \delta'$

Beispiel Auf Ähnlichkeit prüfen und ähnliche Figuren zeichnen
a) Untersuche, ob Fig. 1 zu Fig. 2 oder Fig. 3 ähnlich ist.
b) Zeichne ein zu Fig. 2 ähnliches Viereck mit dem Streckfaktor 3.

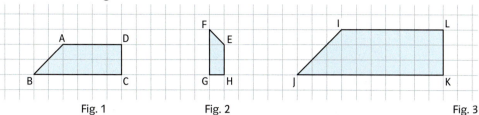

Fig. 1   Fig. 2   Fig. 3

Lösung:
a) Vergleich von Fig. 1 mit Fig. 2:
Winkel: Entsprechende Winkel sind gleich gross.
Dies erkennt man durch Vergleich der Kästchen oder durch Messen.

Seitenverhältnisse: $\frac{FG}{BC} = \frac{GH}{CD} = \frac{HE}{DA} = \frac{EF}{AB} = \frac{1}{2}$; daraus folgt: Fig. 1 und Fig. 2 sind ähnlich.

Vergleich von Fig. 1 mit Fig. 3:

Seitenverhältnisse: $\frac{JK}{BC} = \frac{10}{6} = \frac{5}{3}$; $\frac{KL}{CD} = \frac{3}{2}$; die Seitenverhältnisse sind nicht gleich, also sind Fig. 1 und Fig. 3 nicht ähnlich.

b) Alle Seitenlängen verdreifachen sich.
$\overline{G'H'} = 3 \cdot \overline{GH}$
$\overline{H'E'} = 3 \cdot \overline{HE}$
$\overline{F'G'} = 3 \cdot \overline{FG}$
$\overline{E'F'} = 3 \cdot \overline{EF}$
Alle Winkel bleiben gleich gross.

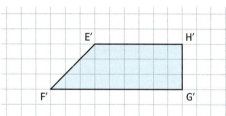

Aufgaben

1 Untersuche die beiden Figuren auf Ähnlichkeit. Welcher Streckfaktor liegt vor?

2 Das Viereck ABCD ist durch die Punkte A(1|1), B(4|1), C(2|3) und D(2|2) gegeben. Zeichne ein zu ABCD ähnliches Viereck A'B'C'D' mit dem Streckfaktor 4.

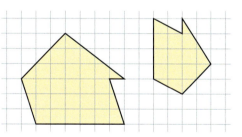

3 Berechne die fehlenden Seiten der ähnlichen Figuren.

a)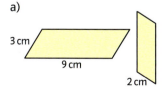

b)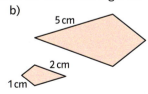

c)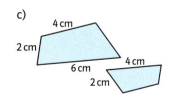

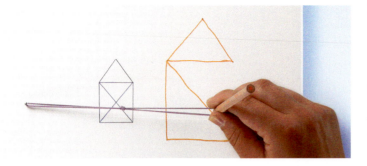

2.2 Zentrische Streckung

▬▬ Mit Gummiband und Stift wird ein Bild vergrössert. Befestige dazu das Gummiband an einem Punkt und bewege den Stift so, dass der Knoten sich über die Linien der Vorlage bewegt. ▬▬

Bei einem Diaprojektor wird durch Lichtstrahlen, die von einer zentralen Lichtquelle ausgehen, ein vergrössertes Bild erzeugt. Nach einem ähnlichen Prinzip soll auch von Hand eine Figur vergrössert werden.

Für die zentrische Streckung gilt:
Für k > 1 wird eine Figur um den Streckfaktor k vergrössert und für 0 < k < 1 wird die Figur verkleinert.

Als Ausgangspunkt für die Konstruktion legt man dazu einen Punkt S fest. Verlängert man alle Strecken von S zur blauen Figur mit demselben Faktor k (hier k = 2), so erhält man die Punkte der vergrösserten Zeichnung. Beispielsweise wird so aus P der Punkt P' (vgl. Fig. 1).
Eine solche Konstruktion nennt man **zentrische Streckung** mit dem **Streckfaktor k**. Der Punkt S ist dabei das **Streckzentrum** der Konstruktion.

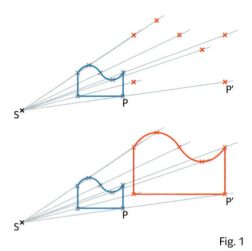

Fig. 1

Auch in Fig. 2 wird die blaue Figur am Streckzentrum S zentrisch gestreckt. Wie in Fig. 1 sind die Punkte des vergrösserten roten Bildes doppelt so weit von S entfernt wie die des blauen Originals. Im Gegensatz zu Fig. 1 liegen hier die Original- und Bildpunkte aber jeweils auf verschiedenen Seiten von S.

Fig. 2

Dieser Sachverhalt wird durch das Vorzeichen des Streckfaktors k angegeben: Man sagt, die blaue Figur ist durch eine zentrische Streckung mit dem negativen Streckfaktor k = –2 auf die rote Figur abgebildet worden.

Die Seitenverhältnisse entsprechender Seiten sind gleich.

Beim Vergleich von Original- und Bildfigur einer zentrischen Streckung erkennt man:
Einander entsprechende Seiten verlaufen parallel zueinander.
Einander entsprechende Winkel sind gleich gross.
Die Seiten der Bildfigur sind bei einem Streckfaktor k = 2 doppelt so lang wie die entsprechenden Seiten des Originals.
Original- und Bildfigur einer zentrischen Streckung sind also **ähnlich**.

Eine **zentrische Streckung** mit dem **Streckzentrum** S und dem **Streckfaktor** k erzeugt man folgendermassen:

1. Man zeichnet einen Strahl von S durch P.
2. Man trägt von S aus das k-fache der Länge der Strecke SP ab und erhält so P'.

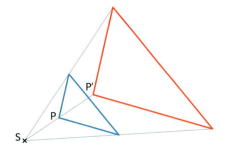

Ist k negativ, verlängert man den Strahl zu einer Geraden durch S und trägt die k-fache Länge der Strecke SP auf der anderen Seite von S ab.

Beispiel 1 Konstruktion ähnlicher Figuren
Gegeben sind die Punkte A(2|3), B(5|1), C(8|4) und S(0|0). Zeichne das Dreieck ABC und den Punkt S in ein Koordinatensystem. Konstruiere ein zum Dreieck ABC ähnliches Dreieck durch eine zentrische Streckung mit dem Streckzentrum S und dem Streckfaktor −0.5.

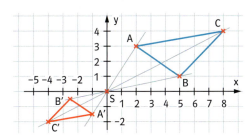

Lösung:
Zur Bestimmung von A' verlängert man die Strecke SA zu einer Geraden durch S und trägt das 0.5-Fache von $\overline{SA}$ auf der anderen Seite (weil der Streckfaktor negativ ist) von S ab. Analog verfährt man bei der Bestimmung von B' und C'. Das gesuchte ähnliche Dreieck hat die Koordinaten A'(−1|−1.5); B'(−2.5|−0.5); C'(−4|−2).

Beispiel 2 Bestimmung des Streckzentrums
Die rote Figur ist durch zentrische Streckung aus der blauen entstanden. Bestimme das Streckzentrum. Lösung:

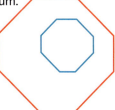 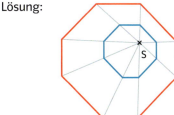

Zeichnet man durch die jeweils einander entsprechenden Punkte Linien, so schneiden sich diese in einem Punkt. Dieser Punkt ist das Streckzentrum S.

Flächeninhalte bei zentrischer Streckung

In Fig. 1 wurde ein Dreieck zentrisch gestreckt. Das Ausgangsdreieck hat den Flächeninhalt $A = \frac{1}{2} \cdot g \cdot h$, das Bilddreieck den Flächeninhalt $A' = \frac{1}{2} \cdot g' \cdot h'$. Ähnlich wie Streckenlängen stehen auch die Flächeninhalte in einem festen Verhältnis zueinander.

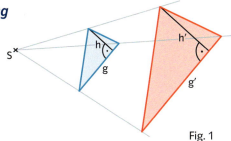

Fig. 1

Wird ein Dreieck mit der Grundseite g und der zugehörigen Höhe h durch eine zentrische Streckung abgebildet, so ändern sich die Grössen der Winkel nicht. Im Bilddreieck ist h' senkrecht zu g' und ist damit Höhe auf g' (vgl. S. 23, Fig. 1). Mit dem Streckfaktor k lassen sich im Bilddreieck die Längen von Grundseite g' und Höhe h' berechnen. Es gilt: h' = k · h und g' = k · g
Damit erhält man:
$A' = \frac{1}{2} \cdot g' \cdot h' = \frac{1}{2} \cdot k \cdot g \cdot k \cdot h = k^2 \cdot \frac{1}{2} \cdot g \cdot h = k^2 \cdot A$

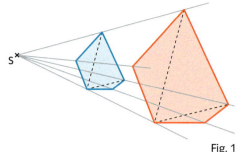

Fig. 1

Da sich jedes Vieleck in Dreiecke zerlegen lässt (Fig. 1), gilt dieser Zusammenhang für jedes Vieleck.

> Wird eine Figur mit dem **Flächeninhalt** A durch eine zentrische Streckung abgebildet, so hat die **Bildfigur** den k^2-fachen Flächeninhalt: $A' = k^2 \cdot A$

Beispiel
Ein Dreieck mit dem Umfang u = 16 cm und dem Flächeninhalt A = 12 cm² wird zentrisch gestreckt. Das Bilddreieck hat den Umfang u' = 12 cm. Bestimme den Flächeninhalt A' des Bilddreiecks.
Lösung:
Berechne zunächst den Streckfaktor k.
$k = \frac{u'}{u} = \frac{12\,cm}{16\,cm} = \frac{12}{16} = \frac{3}{4}$
$A' = k^2 \cdot A = \left(\frac{3}{4}\right)^2 \cdot 12\,cm^2 = \frac{9 \cdot 12}{16}\,cm^2 = 6.75\,cm^2$

Der Umfang u einer Figur ist die Summe aller Seitenlängen. Es ist u' = k · u.

Konstruktionen mithilfe der zentrischen Streckung

Manche Konstruktionsaufgaben lassen sich lösen, indem man zuerst eine Figur mit einer bestimmten Form zeichnet und diese dann durch eine zentrische Streckung in die gewünschte Grösse bringt.

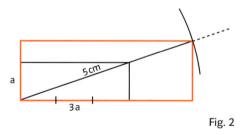

Fig. 2

Konstruiert werden soll zum Beispiel ein Rechteck mit der Diagonalen e = 5 cm, dessen Seiten sich wie 3:1 verhalten. Dazu konstruiert man zuerst ein beliebig grosses Hilfsrechteck mit dem gewünschten Seitenverhältnis (Fig. 2). Durch eine zentrische Streckung, die es erlaubt, Abmessungen einer Figur unter Beibehaltung von Längenverhältnissen und Winkelgrössen zu ändern, wird das Dreieck dann so vergrössert (oder verkleinert), dass die neue Diagonale 5 cm lang ist.

Beispiel 1
Konstruiere ein Dreieck ABC mit dem Seitenverhältnis $a:c = 2:3$, $\beta = 30°$ und $w_\gamma = 5\,\text{cm}$.
Lösung:
Nach der Konstruktion des Winkels $\beta = 30°$ wird auf dem einen Schenkel dreimal eine beliebige Strecke d, auf dem anderen Schenkel zweimal die Strecke d abgetragen, wodurch das Hilfsdreieck $A_0B_0C_0$ mit dem geforderten Seitenverhältnis $a:c = \overline{B_0C_0}:\overline{A_0B_0} = 2:3$ entsteht (Fig. 1). Anschliessend wird die Winkelhalbierende w_γ konstruiert und das Hilfsdreieck $A_0B_0C_0$ von C_0 aus so gestreckt, dass w_γ 5 cm lang ist (Fig. 2). Dabei ist AB parallel zu A_0B_0.

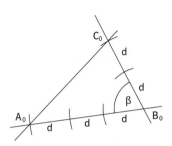
Fig. 1

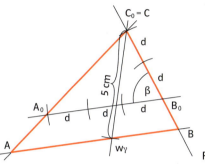
Fig. 2

Einbeschreiben bzw. Umschreiben heisst, dass Ecken und/oder Seiten der einbeschriebenen bzw. umschriebenen Figur auf der Ausgangsfigur liegen.

Beispiel 2
Schreibe einem Viertelkreis mit dem Radius r ein Rechteck ein, dessen Seiten sich wie $a:b = 2:1$ verhalten.
Lösung:
Eine beliebige Senkrechte d wird einmal senkrecht und zweimal waagerecht auf den Kreisradien abgetragen und durch Parallelen zum Hilfsrechteck $A_0B_0C_0D_0$ ergänzt (Fig. 3). Es gilt $a:b = \overline{A_0B_0}:\overline{B_0C_0} = 2:1$. Nun wird der Punkt C_0 von A_0 aus so gestreckt, dass sein Bildpunkt C auf die Kreislinie zu liegen kommt (Fig. 4). Parallele Strecken zu A_0B_0 und B_0C_0 durch C bestimmen die Punkte B und D und somit das gesuchte Rechteck ABCD mit dem Seitenverhältnis $\overline{AB}:\overline{BC} = 2:1$.

Die Lösung im Beispiel 2 ist nicht eindeutig. Es gibt noch weitere Figuren mit den geforderten Eigenschaften.

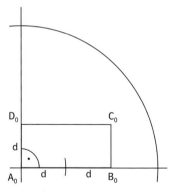
Fig. 3

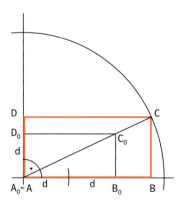
Fig. 4

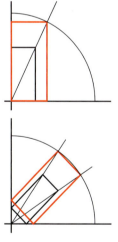

Einige **Konstruktionsaufgaben** lassen sich **mithilfe der zentrischen Streckung** lösen, indem man
– zuerst eine Hilfsfigur konstruiert, deren Seiten die geforderten Längenverhältnisse aufweisen und parallel zur gesuchten Figur sind,
– danach die Hilfsfigur zentrisch streckt.

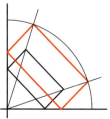

25

Aufgaben

1 Übertrage die Figur ins Heft und führe die zentrische Streckung mit dem Streckfaktor k durch.

a) k = 3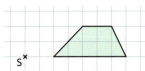
b) k = 2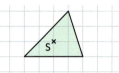
c) k = −0.5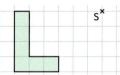

2 Zeichne die Figuren und bestimme das Streckzentrum. Wie gross ist der Streckfaktor?

a)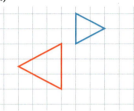
b)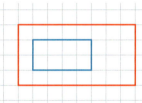
c)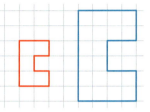

3 Überlege, ob die blaue Figur durch eine zentrische Streckung aus der roten Figur entstanden sein kann. Begründe deine Entscheidung. Gib gegebenenfalls den Streckfaktor an und zeichne das Streckzentrum ein.

a)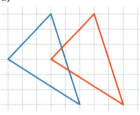
b)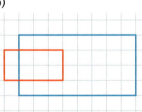
c)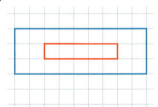

d) Zeichne selbst Figuren wie in a) bis c) und lass sie von deinem Nachbar untersuchen.

4 Bestimme das Streckzentrum und den Streckfaktor der zentrischen Streckung.

Tipp:
Suche dir Punkte auf dem Kreis, die du zur Bestimmung heranziehen kannst

a)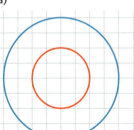
b)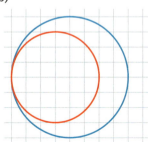
c)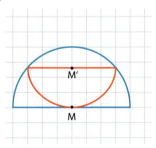

5 Die Figuren werden durch eine zentrische Streckung mit dem angegebenen Streckfaktor k auf eine Bildfigur abgebildet. Bestimme die Flächeninhalte von Original- und Bildfigur.

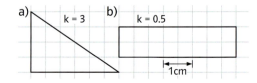

6 Wie ändert sich der Umfang u bzw. der Flächeninhalt A eines Vielecks bei einer zentrischen Streckung mit Streckfaktor k = 5 bzw. k = $\frac{1}{2}$?

7 Ein Viereck mit dem Umfang u = 20 cm und dem Flächeninhalt A = 22 cm² wird so zentrisch gestreckt, dass das Bildviereck den Umfang u' = 15 cm besitzt.
Bestimme den Flächeninhalt A' des Bildvierecks.

8 a) Zeichne das Dreieck ABC mit A(3|1), B(6|1) und C(5|3) und führe eine zentrische Streckung mit k = 2 durch. Bestimme die Flächeninhalte der Dreiecke.
b) Führe eine zentrische Streckung durch, sodass der Flächeninhalt des Bildes nur ein Viertel des Flächeninhaltes der Originalfigur beträgt. Welcher Streckfaktor ist zu benutzen?

9 Zeichne einen Rhombus mit einer 8 cm langen und einer 4 cm langen Diagonale. Strecke den Rhombus so vom Diagonalenschnittpunkt S aus, dass sich der Flächeninhalt verdoppelt.

10 Konstruiere ein Dreieck ABC mit folgenden Eigenschaften.
a) γ = 90°, a:b = 3:5, h_c = 5 cm
b) a:b:c = 4:2:5, s_c = 6 cm
c) α = 45°, b:c = 2:3, Umkreisradius r = 5 cm

11 Konstruiere einen Rhombus mit der Seitenlänge s = 4 cm und dem Diagonalenverhältnis e:f = 3:5.

12 Schreibe einem stumpfwinkligen Dreieck ein Rechteck mit den Seitenverhältnissen a:b = 3:2 ein. Wie viele Lösungen gibt es?

13 Einem Dreieck ABC mit den Seiten a = 3 cm, b = 6 cm und c = 7 cm soll ein Quadrat so einbeschrieben werden, dass eine Quadratseite auf c liegt und je eine Ecke des Quadrats auf a und b.

14 Schreibe einem Viertelkreis mit dem Radius r = 6 cm ein gleichseitiges Dreieck so ein, dass eine Seite des Dreiecks mit der Kreissektorseite einen Winkel von 20° einschliesst.

15 Schreibe einem Halbkreis mit dem Radius r = 4 cm ein Rechteck mit dem Seitenverhältnis a:b = 3:5 ein.

16 Konstruiere ein Dreieck mit α = 45°, β = 60° und einem Umfang von u = 12 cm.

17 Konstruiere das Dreieck ABC mit a = 9 cm, b = 7 cm und c = 13 cm sowie die Schwerlinie s_a. Schreibe dem Dreieck ABC ein gleichseitiges Dreieck so ein, dass eine Seite des gleichseitigen Dreiecks parallel zu s_a verläuft.

18 Zeichne die Situation von Fig. 1 vergrössert in dein Heft und konstruiere den Kreis, welcher die Geraden g und h berührt und durch den Punkt P verläuft.

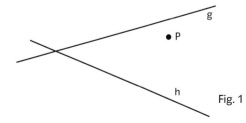

Fig. 1

2.3 Ähnliche Dreiecke

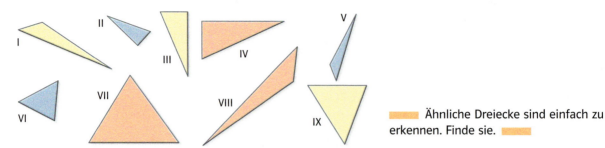

Ähnliche Dreiecke sind einfach zu erkennen. Finde sie.

Um die Ähnlichkeit von zwei Figuren zu überprüfen, muss man die Winkel und die Seitenverhältnisse vergleichen. Bei Dreiecken ist ein solch grosser Aufwand nicht notwendig. Es genügt der Vergleich der Winkel oder der Seitenverhältnisse.

Gleiche Winkel führen zu Ähnlichkeit

Als Erstes wird der Fall betrachtet, dass die Dreiecke ABC und XYZ in den einander entsprechenden Winkeln übereinstimmen. Durch eine zentrische Streckung wird das Dreieck ABC so gestreckt, dass die Bildstrecke A'C' so lang wie die Strecke XZ ist. Die Winkel bleiben dabei unverändert. Nach dem Kongruenzsatz wsw sind die Dreiecke XYZ und A'B'C' kongruent. Dreieck ABC und Dreieck A'B'C' sind ähnlich, da sie aus einer zentrischen Streckung hervorgehen. Damit ergibt sich, dass die Dreiecke ABC und XYZ ähnlich sind.

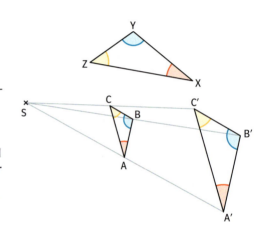

Kongruenzsatz wsw: Zwei Dreiecke sind kongruent, wenn sie in einer Seite und zwei Winkeln übereinstimmen.

Gleiche Seitenverhältnisse führen zu Ähnlichkeit

Nun wird der Fall betrachtet, dass für die beiden Dreiecke ABC und XYZ gilt: Entsprechende Seiten der Dreiecke bilden das gleiche Verhältnis. Das Dreieck ABC kann durch eine zentrische Streckung so vergrössert werden, dass die Seiten des Dreiecks ABC gleich gross zu den entsprechenden Seiten des Dreiecks XYZ sind. Dazu nutzt man eine zentrische Streckung, die als Streckfaktor das Seitenverhältnis hat. Dreiecke mit gleichen Seiten sind nach dem Kongruenzsatz sss kongruent. Sie stimmen also auch in allen Winkeln überein. Da bei der zentrischen Streckung die Winkelgrössen unverändert bleiben, ergibt sich, dass die Dreiecke ABC und XYZ ähnlich sind.

Kongruenzsatz sss: Zwei Dreiecke sind kongruent, wenn sie in allen drei Seiten übereinstimmen.

Ähnliche Dreiecke
1. Wenn zwei Dreiecke in allen entsprechenden **Winkeln** übereinstimmen, dann sind sie ähnlich.
2. Wenn zwei Dreiecke in allen entsprechenden **Seitenverhältnissen** übereinstimmen, dann sind sie ähnlich.

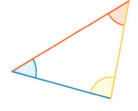

Zum Nachweis der Ähnlichkeit bei Dreiecken reichen auch zwei übereinstimmende Winkel aus. Der dritte Winkel ergibt sich aus der Innenwinkelsumme im Dreieck.

Beispiel Berechnung mithilfe von Ähnlichkeit
In Fig. 1 wurde in das Dreieck ABC eine Senkrechte eingezeichnet, sodass das Dreieck DBE entstand.
a) Begründe, dass die Dreiecke ähnlich sind.
b) Berechne die fehlenden Seitenlängen.
Lösung:
a) Beide Dreiecke stimmen im rechten Winkel und im Winkel β überein. Also sind die Dreiecke ähnlich.
b) Sich entsprechende Seiten sind: AB und BE, CA und DE, BC und BD

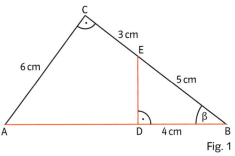

Fig. 1

Streckfaktor: $\frac{\overline{BC}}{\overline{BD}} = \frac{8\,cm}{4\,cm} = 2$

$\overline{AB} = 2 \cdot \overline{BE} = 10\,cm$. Aus $\overline{AC} = 2 \cdot \overline{DE} = 6\,cm$ folgt: $\overline{DE} = \frac{1}{2} \cdot \overline{AC} = 3\,cm$

Aufgaben

1 Prüfe jeweils, ob die beiden Dreiecke ähnlich sind:
a) Ein Dreieck hat die Winkel 65° und 42°, ein anderes Dreieck die Winkel 42° und 73°.
b) Ein Dreieck hat die Winkel 25° und 67°, ein anderes Dreieck die Winkel 67° und 88°.
c) Ein Dreieck hat die Winkel 31° und 105°, ein anderes Dreieck die Winkel 31° und 54°.

2 Gegeben sind ein Dreieck mit den Seiten a, b und c und ein anderes Dreieck mit den Seiten d, e und f.
Prüfe jeweils, ob die beiden Dreiecke ähnlich sind.
a) a = 18 cm, b = 21.6 cm und c = 12 cm; d = 3.6 cm, e = 2 cm und f = 3 cm
b) a = 3.5 cm, b = 6 cm und c = 6.9 cm; d = 5 cm, e = 8 cm und f = 9.4 cm
c) a = 4.5 cm, b = 7.2 cm und c = 3.3 cm; d = 16.8 cm, e = 7.7 cm und f = 10.5 cm

3 In Fig. 2 sind die Geraden g und h parallel.
a) Begründe, dass die Dreiecke MBA und MDC ähnlich sind.
b) Berechne alle Seiten im Dreieck MDC, wenn die Seitenlängen $\overline{MA}$ = 2.5 cm, $\overline{MB}$ = 4 cm, $\overline{AB}$ = 1.5 cm und $\overline{MD}$ = 7.5 cm bekannt sind.

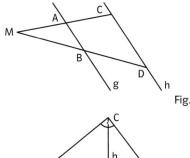

Fig. 2

4 In das rechtwinklige Dreieck ABC wird die Höhe h eingezeichnet. Der Fusspunkt der Höhe sei D (Fig. 3). Begründe, dass die Dreiecke ABC, ADC und BCD ähnlich sind.

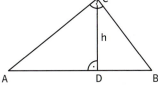

Fig. 3

5 a) Das Dreieck ABC mit dem Flächeninhalt 20 cm² ist zu dem Dreieck A'B'C' ähnlich. Der Seitenlänge a = 4 cm im Dreieck ABC entspricht a' = 6 cm im Dreieck A'B'C'. Berechne den Flächeninhalt des Dreiecks A'B'C'.
b) Für das Dreieck ABC gilt a = 5 cm, b = 9 cm und c = 8 cm. Das dazu ähnliche Dreieck A'B'C' hat den vierfachen Flächeninhalt.
Berechne a', b' und c'.

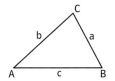

2.4 Strahlensätze

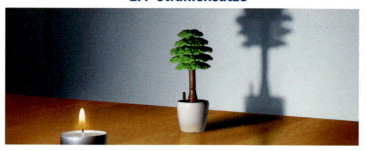

▬ Durch das Bewegen der Kerze oder der Figur kann der Schatten grösser oder kleiner werden.
Probiere es selbst aus. Kannst du durch Experimentieren und Messen von Abständen Gesetzmässigkeiten herausfinden? ▬

Die Ähnlichkeit von Dreiecken kann man nutzen, um Strecken zu berechnen. Es werden zwei Strahlen mit gemeinsamem Anfangspunkt S von zwei parallelen Geraden geschnitten. Man erkennt in Fig. 1 die Dreiecke SAB und SCD. Sie sind ähnlich, da sie in den entsprechenden Winkeln übereinstimmen. Da bei ähnlichen Dreiecken die Seitenverhältnisse gleich sind, ergibt sich für die Strecken auf den Strahlen:
$\frac{a+b}{a} = \frac{c+d}{c}$

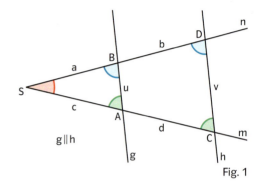

Fig. 1

Dies lässt sich umformen zu $1 + \frac{b}{a} = 1 + \frac{d}{c}$, also gilt auch $\frac{b}{a} = \frac{d}{c}$ bzw. $\frac{a}{b} = \frac{c}{d}$ (Kehrwert).
Die Verhältnisgleichungen für Strahlenabschnitte nennt man den **1. Strahlensatz**.

Im **2. Strahlensatz** werden Verhältnisse von Strahlenabschnitten und Parallelenabschnitten betrachtet. Aus der Ähnlichkeit der Dreiecke ergibt sich:
$\frac{v}{u} = \frac{c+d}{c} = \frac{a+b}{a}$ und $\frac{u}{v} = \frac{c}{c+d} = \frac{a}{a+b}$

Strahlensätze

Werden zwei von einem Punkt S ausgehende Strahlen von zwei Parallelen geschnitten, dann gilt:

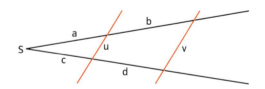

1. Die Abschnitte auf einem Strahl verhalten sich zueinander wie die entsprechenden Abschnitte auf dem anderen Strahl.

1. Strahlensatz
$\frac{a}{b} = \frac{c}{d}, \frac{b}{a} = \frac{d}{c}, \frac{a+b}{b} = \frac{c+d}{d}, \frac{a+b}{a} = \frac{c+d}{c}$

2. Die Abschnitte auf den Parallelen verhalten sich zueinander wie die von S aus gemessenen entsprechenden Abschnitte auf einem Strahl.

2. Strahlensatz
$\frac{v}{u} = \frac{a+b}{a}, \frac{v}{u} = \frac{c+d}{c}$

Beispiel 1   Berechnung einer Länge
In der Figur sind die Geraden g und h parallel. Berechne die Länge der Strecke a und der Strecke b.
Lösung:

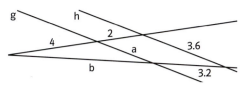

b wird mit dem 1. Strahlensatz berechnet:
$\frac{b}{3.2} = \frac{4}{2}$ und $b = \frac{4 \cdot 3.2}{2} = 6.4$

a wird mit dem 2. Strahlensatz berechnet:
$\frac{a}{3.6} = \frac{4}{4+2}$ und $a = \frac{4 \cdot 3.6}{6} = 2.4$

Beispiel 2   Anwendung Strahlensatz
In ein Dachgeschoss mit einer Höhe von 4.80 m soll auf einer Höhe von 3.20 m eine Decke eingezogen werden. Wie lang muss ein durchgängiger Deckenbalken sein?
Lösung:
Skizze:

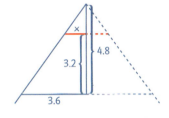

Decke und Boden sind parallel.
Ansatz mit 2. Strahlensatz:
$\frac{x}{3.6} = \frac{4.8 - 3.2}{4.8} = \frac{1}{3}$, also ist $x = 1.2$.

Der Dachbalken muss also
$2 \cdot 1.2\,\text{m} = 2.40\,\text{m}$ lang sein.

Aufgaben

1   In der Zeichnung ist g parallel zu h. Welche Verhältnisse sind gleich?

a)

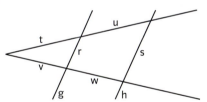

b)

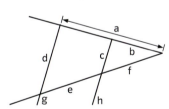

2   In der Zeichnung ist g parallel zu h. Berechne jeweils die fehlenden Grössen.

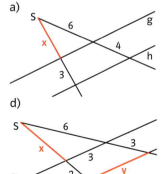

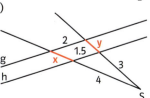

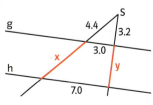

3 Ein Baum wirft einen Schatten der Länge 4.8 m. Die daneben stehende Person von 1.8 m Grösse hat einen Schatten von 1.5 m. Wie gross ist der Baum? Nutze die Skizzen und beschreibe die unterschiedlichen Lösungswege in a) und b).

a)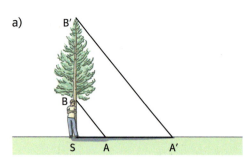

b)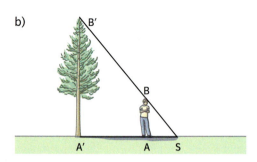

4 Die Strecke AB in Fig. 1 wird in drei Teilstrecken geteilt.
a) Beschreibe, wie man bei der Konstruktion der Teilstrecken vorgeht. Begründe, dass die Teilstrecken gleich lang sind.
b) Teile wie in Fig. 1 eine 11 cm lange Strecke in fünf gleiche Teilstrecken.
c) Teile eine 12 cm lange Strecke in sieben gleiche Teilstrecken.

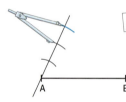

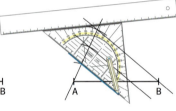

Fig. 1

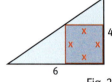

Fig. 2

5 Berechne in Fig. 2 die Seitenlänge x des Quadrates mithilfe des 2. Strahlensatzes (Masse in cm).

Info

Erweiterung der Strahlensätze

Werden zwei Geraden mit Schnittpunkt S von zwei Parallelen geschnitten, dann gilt:

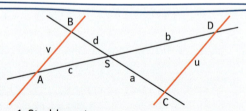

1. Die Abschnitte auf der einen Geraden verhalten sich zueinander wie die entsprechenden Abschnitte auf der anderen Geraden.

1. Strahlensatz
$\frac{a}{d} = \frac{b}{c}, \quad \frac{d+a}{d} = \frac{c+b}{c}, \quad \frac{d+a}{a} = \frac{c+b}{b}$

2. Die Abschnitte auf den Parallelen verhalten sich zueinander wie die von S aus gemessenen entsprechenden Abschnitte auf einer Geraden.

2. Strahlensatz
$\frac{u}{v} = \frac{a}{d}, \quad \frac{u}{v} = \frac{b}{c}$

6 Parallelen werden von zwei Geraden geschnitten. Berechne die fehlenden Längen.

a) 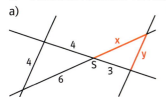   b) 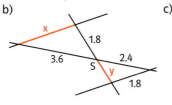   c)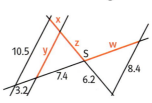

7 Die Punkte A und B liegen am Rand einer Schlucht. Im ebenen Gelände wurden Messungen zur Berechnung des Abstandes der Punkte durchgeführt (Fig. 1). Berechne den Abstand zwischen den Felspunkten (RS ∥ AB).

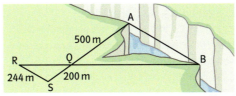

Fig. 1

8 Leonardo da Vinci (1452–1519) schlug vor, die Breite eines Flusses nach der nebenstehenden Zeichnung zu bestimmen. Erläutere das Verfahren, mit dem man die Breite berechnen kann, und bestimme die Flussbreite, wenn die folgenden Grössen gemessen werden:
$\overline{BC} = 1\,m$, $\overline{AB} = 20\,cm$, $\overline{AD} = 1.5\,m$.

Leonardo da Vinci, Selbstbildnis um 1512

Beweisaufgaben

9 Die Seitenhalbierenden eines Dreiecks schneiden sich in einem Punkt, dem Schwerpunkt S. Dieser teilt alle Seitenhalbierenden im Verhältnis 2 : 1. Beweise diese Aussagen mithilfe Fig. 2.

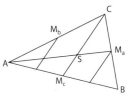

Fig. 2

10 Harmonische Teilung mit dem Verhältnis p : q

Eine Strecke AB (Fig. 3) wird durch die Punkte S (zwischen A und B) und T (ausserhalb von AB) **harmonisch geteilt** (im Verhältnis p : q), wenn die Teilungsverhältnisse der inneren Teilung durch S und der äusseren Teilung durch T gleich sind: $\dfrac{\overline{SA}}{\overline{SB}} = \dfrac{\overline{TA}}{\overline{TB}} = \dfrac{p}{q}$

Fig. 3

Zeige, dass die Konstruktion in Fig. 4 die Strecke AB harmonisch im Verhältnis 5 : 2 teilt, wenn $\overline{AE} = 5\,cm$, $\overline{BF} = \overline{BG} = 2\,cm$ und GF parallel zu AE liegt.

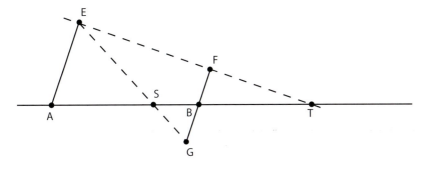

Fig. 4

11 Gemeinsame Tangenten an zwei Kreise, die sich weder schneiden noch umfassen
a) Zeige, dass die Schnittpunkte S und T (Fig. 1) die Strecke AB harmonisch im Verhältnis der beiden Radien unterteilen.
b) Konstruiere unter Verwendung der obigen Tatsache an die Kreise um $A(0|0)$ und $B(10|0)$ mit den Radien 5 cm bzw. 2 cm die gemeinsamen Tangenten.
c) In Fig. 2 sieht es aus, als ob der Thaleskreis über AB durch die Schnittpunkte der Tangenten gehe. Beweise oder widerlege, dass das tatsächlich der Fall ist.

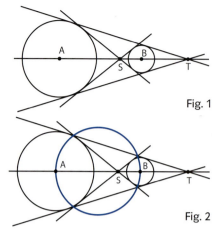

Fig. 1

Fig. 2

12 a) Der Satz von der Winkelhalbierenden (für nicht gleichschenklige Dreiecke)
Zeige im Dreieck ABC (Fig. 3), dass das Paar der Winkelhalbierenden w_1 und w_2 die Gegenseite des Winkels harmonisch im Verhältnis der anliegenden Seiten teilt. Als Hinweis ist in Fig. 4 eine Parallele zur Winkelhalbierenden w_1 durch B gesetzt. Damit kann man zeigen, dass $\frac{\overline{SA}}{\overline{SB}} = \frac{b}{a}$ gilt. Ziehe eine entsprechende Parallele, um zu zeigen, dass $\frac{\overline{TA}}{\overline{TB}} = \frac{b}{a}$ gilt.

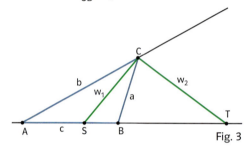 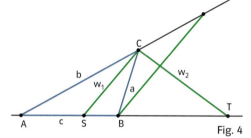

Fig. 3 Fig. 4

b) Der Kreis des Apollonius
Der Thaleskreis über ST (Fig. 5) heisst Kreis des Apollonius. Beweise, dass er für $a \neq b$ alle Punkte C fasst, die ein festes Abstandsverhältnis b:a zu den gegebenen Punkten A und B haben.
c) Benütze b), um die folgende Konstruktionsaufgabe zu lösen: c = 6 cm, b:a = 3:1, h_c = 2 cm

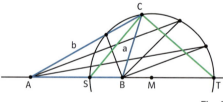

Fig. 5

13 Der Sehnensatz
Liegt ein Punkt S im Inneren eines Kreises (Fig. 6), dann gilt für alle Sehnen, die durch S treffen, dass das Produkt ihrer zwei Teile konstant ist. Zum Beweis sind zwei Sehnen AB und CD mit Schnittpunkt S gezeichnet und die Hilfslinien CA und BD gezogen. Zeige mithilfe des Peripheriewinkelsatzes, dass die so entstandenen Dreiecke ACS und DBS ähnlich sind, und folgere daraus:
$\overline{SA} \cdot \overline{SB} = \overline{SD} \cdot \overline{SC}$

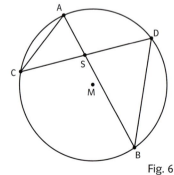

Fig. 6

14 Der Sekanten- und der Sekanten-Tangenten-Satz

a) Beweise den Sekantensatz: Schneiden Sekanten durch S einen Kreis (Fig. 1), dann sind die Produkte der Streckenlängen von S zu den jeweiligen Kreispunkten konstant: $\overline{SB} \cdot \overline{SA} = \overline{SD} \cdot \overline{SC}$

b) Beweise den Tangentensatz: Ist zusätzlich t die Länge einer Tangente von S an den Kreis, dann ist dieses Produkt gleich t^2.

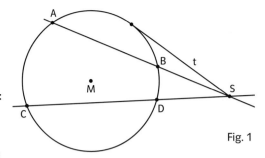

Fig. 1

Vermischte Aufgaben

15 Zwei Kreise mit den Radien 2.9 cm und 5 cm haben einen Mittelpunktabstand von 10 cm. Konstruiere alle Geraden, die aus dem ersten Kreis Sehnen von 4.2 cm und gleichzeitig aus dem zweiten Kreis Sehnen von 6 cm herausschneiden.

16 Berechne die Seiten des Dreiecks ABC aus a+b+c = 25 cm und daraus, dass die Winkelhalbierende von γ die Seite c in einen Abschnitt der Länge 5.1 cm bei A und 3.4 cm bei B teilt.

17 Konstruiere ein Dreieck ABC mit a:b = 2:3, β = 100° und c = 7 cm.

18 Übertrage Fig. 2 ins Heft und konstruiere alle Kreise, die durch A und B gehen und g berühren. (Hinweis: Zeige, dass die Tangenten von P an alle Kreise durch A und B gleich lang sind.)
Begründe, dass die gefundenen Berührungspunkte diejenigen Punkte Q auf der oberen bzw. der unteren Halbgeraden von g sind, von denen man AB jeweils unter den grössten Winkeln sieht.

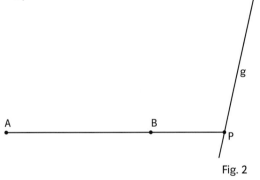

Fig. 2

19 Wie viel weiter sieht ein Matrose – bei offener und ruhiger See – auf dem 50 Meter hohen Mast eines Grossseglers als einer auf Deck, das ungefähr 7 Meter über Meer liegt? Wie erklärt sich daraus die Redensart «Die Piraten lauern hinterm Wasser»?

Hinweis zu Aufgabe 19: Der Erdradius ist $r_E \approx 6400$ km.

20 In der Konstruktion (Fig. 3) ist der Tangentenabschnitt AD gleich lang wie der Durchmesser des Kreises um M. Zeige, dass der Kreis die Strecke AB in T im Goldenen Schnitt (S. 36) unterteilt. Zeige weiter, dass der Kreis um A mit Radius $\overline{AT}$ dasselbe mit der Strecke AD tut.

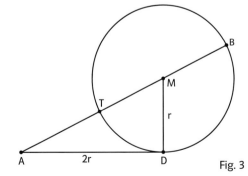

Fig. 3

Exkursion Goldener Schnitt

Fig. 1

Fig. 2

Ab 1556 wurde das damalige Leipziger Rathaus im Renaissancestil umgebaut. Heute ist es ein Museum.

Bei vielen Gebäuden und Kunstwerken, aber auch bei Objekten in der Natur kann man ein besonderes Teilverhältnis entdecken, den **Goldenen Schnitt**. Er wurde von Baumeistern und Künstlern besonders in der Antike und der Renaissance bevorzugt verwendet.

1 Miss in Fig. 1 und Fig. 2 jeweils die Strecken a und b und berechne die Teilverhältnisse $\frac{a}{b}$ und $\frac{a+b}{a}$. Was stellst du fest?

Der Turm des Alten Rathauses in Leipzig (Fig. 1) steht gerade so, dass sich die längere Teilstrecke zur kürzeren Teilstrecke genauso verhält wie die Gesamtstrecke zur längeren Teilstrecke: $\frac{a}{b} = \frac{a+b}{a}$ (Bedingung für den Goldenen Schnitt)

Man sagt, dass die Rathausfront vom Turm im Goldenen Schnitt geteilt wird. Entsprechend teilt beim Parthenon die Unterkante der Säulenauflage die Höhe des Tempels im Goldenen Schnitt (Fig. 2).

Der Parthenon (übersetzt: Jungfrauengemach) ist ein griechisches Baudenkmal, das vor fast 2500 Jahren auf der Akropolis, einem Burgberg im Herzen Athens, erbaut wurde.

Aus der Bedingung $\frac{a}{b} = \frac{a+b}{a}$ lässt sich das Teilverhältnis $k = \frac{a}{b}$ für den Goldenen Schnitt bestimmen: $\frac{a}{b} = \frac{a+b}{a} = 1 + \frac{b}{a}$. Mit $k = \frac{a}{b}$ ist $\frac{b}{a} = \frac{1}{k}$, und k ist Lösung der Gleichung $k = 1 + \frac{1}{k}$.

Das Teilverhältnis a : b beim Goldenen Schnitt ist

$\frac{1 + \sqrt{5}}{2} : 1 \approx 1.618 : 1.$

2 Die Front des Alten Rathauses in Leipzig ist 90 m breit (Fig. 1). Berechne mithilfe der Bedingung für den Goldenen Schnitt die Längen der Teilstrecken a und b.

3 Multipliziere die Gleichung $k = 1 + \frac{1}{k}$ mit k und bestätige: Die entstehende quadratische Gleichung hat die positive Lösung $k = \frac{1 + \sqrt{5}}{2} \approx 1.618$.

*Leonardo da Pisa (1180–1241), genannt **Fibonacci**, italienischer Mathematiker*

4 Die Folge der sogenannten Fibonacci-Zahlen beginnt mit 0 und 1. Jedes nachfolgende Glied der Folge ergibt sich als Summe der beiden vorangehenden Folgenglieder, also 0; 1; 1; 2; 3; 5; 8; 13; 21; 34; …

a) Setze die Fibonacci-Folge weiter fort und teile, beginnend mit 2, jedes Folgeglied jeweils durch seinen Vorgänger. Vergleiche die Quotienten.

b) Im Zusammenhang mit der nach ihm benannten Zahlenfolge entdeckte Fibonacci Anfang des 13. Jahrhunderts eine Zahl, die heute mit dem griechischen Grossbuchstaben Φ (Phi) bezeichnet wird. Dass es sich bei dieser Zahl Φ um das Teilverhältnis $k = \frac{1+\sqrt{5}}{2}$ handelt (Goldener Schnitt), wurde etwa 400 Jahre später von Kepler gezeigt. Bis heute ist die Zahl Φ Gegenstand zahlentheoretischer Untersuchungen und gilt als «irrationalste» und «nobelste» aller Zahlen.

Friedrich Johannes Kepler (1571–1630), deutscher Mathematiker und Astronom

Informiere dich über Fibonacci, den Goldenen Schnitt und den Zusammenhang zwischen beidem.

5 Bei antiken Statuen wie der des Apollon (Fig. 1) teilt der Bauchnabel die Körperlänge etwa im Goldenen Schnitt. Überprüft durch Messungen, ob dies beim menschlichen Körper allgemein zutrifft. Gibt es Unterschiede bei verschiedenen Personengruppen, zum Beispiel bei Männern und Frauen, bei Jugendlichen und Erwachsenen?

6 Erfüllen die Seiten a und b eines Rechtecks die Bedingungen für den Goldenen Schnitt, spricht man von Goldenen Rechtecken.
a) Bestätige durch Nachmessen, dass man folgende Gegenstände bzw. Bilder mit Goldenen Rechtecken umschliessen kann.
b) Suche im Internet weitere Beispiele für Goldene Rechtecke.

Fig. 1

7 Der Goldene Schnitt lässt sich auch durch geometrische Konstruktionen durchführen. Fig. 2 zeigt beispielhaft, wie eine Strecke PQ im Goldenen Schnitt geteilt werden kann. Beschreibe die Konstruktion und führe sie für eine selbst gewählte Strecke PQ durch.

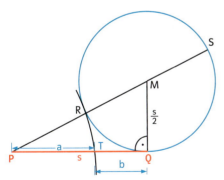

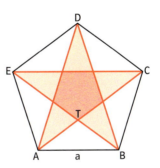

Tipp:
Konstruiere zuerst den Punkt M.

Fig. 2　　　　　　　　　　　　　　　　　　Fig. 3

8 Der Goldene Schnitt tritt auch beim regelmässigen Fünfeck auf, und zwar teilt jeder Schnittpunkt zweier Diagonalen diese im Goldenen Schnitt (vgl. Fig. 3).
Konstruiere ein regelmässiges Fünfeck nur mit Zirkel und Lineal (ohne Geodreieck!). Entnimm hierzu Fig. 2 die Seitenlängen s und a. Starte beispielsweise mit der Strecke s und den Eckpunkten C und E. Finde die anderen Eckpunkte des Fünfecks durch Konstruieren von geeigneten Schnittpunkten der Kreise mit den Radien s bzw. a.
(Tipp: Wenn ihr zu zweit arbeitet, könnt ihr zwei Zirkel benutzen und einen auf die Länge s und einen auf die Länge a einstellen.)

*Die Diagonalen des regelmässigen Fünfecks bilden einen fünfstrahligen Stern, der als **Pentagramm** oder auch «Drudenfuss» bezeichnet wird (vgl. Fig. 3).*

3 Das rechtwinklige Dreieck

3.1 Die Satzgruppe des Pythagoras

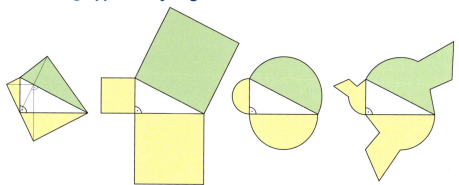

▬ Nina: «Sind auf den vier rechtwinkligen Dreiecken die beiden gelben Flächenstücke zusammen wirklich jeweils gleich gross wie die grüne Fläche?»
David: «Ja, und beim ersten siehst du gleich, dass das so ist. Ist dir übrigens aufgefallen, dass die gelben Figuren und die grüne Figur jeweils zueinander ähnlich sind?» ▬

hypo (griech.): unter
teino (griech.): ich spanne
káthetos (griech.): die herabgelassene, d. h. senkrechte Linie

Bei einem rechtwinkligen Dreieck nennt man die dem rechten Winkel gegenüberliegende Seite **Hypotenuse**, die beiden anderen Seiten **Katheten**. Die Hypotenuse wird durch die zugehörige Höhe in zwei **Hypotenusenabschnitte** zerlegt.

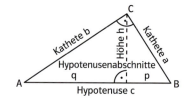

Der Kathetensatz

Das rechtwinklige Gesamtdreieck ABC in Fig. 1 ist ähnlich zum Teildreieck BCD (vgl. S. 29, Aufgabe 4), das heisst, sie stimmen in ihren Seitenverhältnissen überein. Und aus $\frac{a}{p} = \frac{c}{a}$ folgt durch Ausmultiplizieren die erste Gleichung des **Kathetensatzes**: $a^2 = cp$

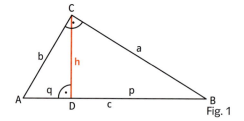

Fig. 1

Diese kann man auch als Beziehung zwischen zwei Flächen auffassen. Das Quadrat mit der Seitenlänge a und das Rechteck mit den Seitenlängen c und p haben den gleichen Flächeninhalt.
Analog folgt aus der Ähnlichkeit der Dreiecke ABC und ADC: $\frac{b}{c} = \frac{q}{b}$ und $b^2 = cq$

Kathetensatz
Für jedes rechtwinklige Dreieck gilt:
Das Quadrat über einer Kathete ist flächengleich zum Rechteck aus der Hypotenuse und dem anliegenden Hypotenusenabschnitt.

$a^2 = cp$ $\qquad$ $b^2 = cq$

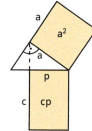 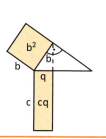

Beispiel 1
Berechne zu einem rechtwinkligen Dreieck mit den Hypotenusenabschnitten p = 2.5 cm und q = 7.5 cm die Längen der Dreiecksseiten.
Lösung:
Für die Hypotenuse c gilt c = p + q = 2.5 cm + 7.5 cm = 10 cm.
Für die Katheten a und b gelten nach dem Kathetensatz
a^2 = c p = 10 cm · 2.5 cm = 25 cm²; a = $\sqrt{25\,cm^2}$ = 5 cm,
b^2 = c q = 10 cm · 7.5 cm = 75 cm²; b = $\sqrt{75\,cm^2}$ = 5 · $\sqrt{3}$ cm ≈ 8.7 cm.

Beispiel 2
Konstruiere zu einem gegebenen Rechteck ABCD ein Quadrat mit gleichem Flächeninhalt.
Beschreibung der Konstruktion:
Man konstruiert ein rechtwinkliges Dreieck, dessen Hypotenuse gleich der Länge des Rechtecks und dessen Hypotenusenabschnitt gleich der Breite des Rechtecks ist. Nach dem Kathetensatz ist das zugehörige Kathetenquadrat flächengleich zum gegebenen Rechteck.
1. Gegeben ist das Rechteck ABCD. Verlängere die kürzere Seite AD bis zu einem Punkt E, sodass $\overline{AE}$ = $\overline{AB}$.
2. Zeichne den Thaleskreis über AE. Die Verlängerung von CD schneidet den Thaleskreis in F.
3. Zeichne das rechtwinklige Dreieck AEF.
4. Zeichne das Quadrat über der Kathete AF. Das Kathetenquadrat ist flächengleich zum Rechteck ABCD.

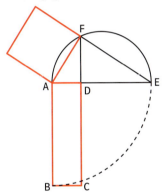

*Im antiken Griechenland versuchte man Flächeninhalte zu bestimmen, indem man ein flächengleiches Quadrat konstruierte. Dies nennt man **Quadratur**. Der Kathetensatz ermöglicht die Quadratur des Rechtecks.*

Der Höhensatz

Zwei weitere ähnliche Dreiecke in Fig. 1 sind ADC und CDB. Dadurch gilt das Seitenverhältnis $\frac{h}{p} = \frac{q}{h}$, woraus der **Höhensatz** h^2 = pq folgt.

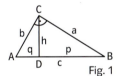
Fig. 1

> **Höhensatz**
> Für jedes rechtwinklige Dreieck gilt:
> Das Quadrat über der Höhe ist flächengleich zum Rechteck aus den beiden Hypotenusenabschnitten.
>
> h^2 = p q

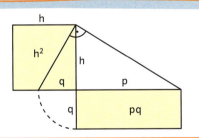

*Der **geometrische Mittelwert** x aus zwei Zahlen a und b ist definiert als: x = $\sqrt{ab}$*

Aus dem Kathetensatz folgt: Eine Kathetenlänge ist das geometrische Mittel aus der Hypotenusenlänge und dem anliegenden Hypotenusenabschnitt.

Aus dem Höhensatz folgt: Die Länge der Höhe ist das geometrische Mittel aus den beiden Hypotenusenabschnitten.

Beispiel 1
Konstruiere mithilfe des Höhensatzes zu einem gegebenen Rechteck ABCD ein Quadrat mit gleichem Flächeninhalt.

Lösung:
1. Verlängere eine Seite des Rechtecks um die andere Seite. Die Gesamtstrecke ist die Hypotenuse eines rechtwinkligen Dreiecks.
2. Zeichne den Thaleskreis über dieser Gesamtstrecke.
3. Zeichne passend zu den Hypotenusenabschnitten die Höhe des Dreiecks. Diese Höhe ist die gesuchte Quadratseite.

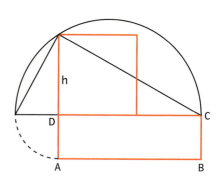

Beispiel 2
Von einem rechtwinkligen Dreieck sind h = 4.0 cm und q = 1.5 cm bekannt. Berechne die fehlenden Stücke (Fig. 1).

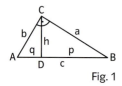

Fig. 1

Lösung:
1. Nach dem Höhensatz ist $h^2 = pq$; $p = \frac{h^2}{q}$; $p = \frac{16}{1.5}$ cm = $10.\overline{6}$ cm ≈ 10.7 cm.
2. Für die Hypotenuse gilt $c = q + p$; $c = 1.5$ cm + $10.\overline{6}$ = $12.1\overline{6}$ cm ≈ 12.2 cm.
3. Für die Katheten gilt nach dem Kathetensatz
$a^2 = cp$; $a^2 = 12.1\overline{6}$ cm · $10.\overline{6}$ cm = $129.\overline{7}$ cm² ≈ 129.8 cm²; $a ≈ \sqrt{129.8 \text{ cm}^2}$ ≈ 11.4 cm,
$b^2 = cq$; $b^2 = 12.1\overline{6}$ cm · 1.5 cm = 18.25 cm²; $b = \sqrt{18.25 \text{ cm}^2}$ ≈ 4.3 cm.

Der Satz des Pythagoras

Pythagoras von Samos lebte von 580 bis 500 v. Chr.

Für das rechtwinklige Dreieck ABC (Fig. 2) gilt nach dem Kathetensatz: $a^2 = cp$ und $b^2 = cq$
Addiert man die beiden Gleichungen, ergibt sich:
$a^2 + b^2 = cp + cq = c(p + q) = c \cdot c = c^2$
Dieser Sachverhalt wird **Satz des Pythagoras** genannt.

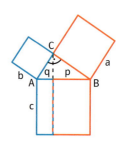

Fig. 2

Satz des Pythagoras
Für jedes rechtwinklige Dreieck gilt:
Die beiden Kathetenquadrate haben zusammen den gleichen Flächeninhalt wie das Hypotenusenquadrat.

$a^2 + b^2 = c^2$

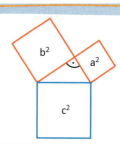

Beispiel 1
Berechne die Länge der Diagonale des Rechtecks ABCD in Fig. 3.
Lösung:
Das Teildreieck ABC ist rechtwinklig, also kann der Satz des Pythagoras angewendet werden.
$d^2 = a^2 + b^2$
$d^2 = (12 \text{ cm})^2 + (5 \text{ cm})^2 = 169 \text{ cm}^2$
$d = \sqrt{169 \text{ cm}^2} = 13$ cm

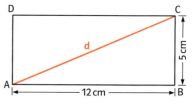

Fig. 3

Beispiel 2
Berechne die Höhe h_a des Dreiecks ABC.
Lösung:
Da das Dreieck gleichschenklig ist, halbiert die Höhe h_a die Grundseite BC. Im Teildreieck ABD gilt der Satz des Pythagoras:
$h_a^2 + \overline{BD}^2 = \overline{AB}^2$; $h_a^2 = \overline{AB}^2 - \overline{BD}^2$
$h_a^2 = (10\,\text{cm})^2 - (3.5\,\text{cm})^2 = 87.75\,\text{cm}^2$
$h_a = \sqrt{87.75\,\text{cm}^2} \approx 9.4\,\text{cm}$

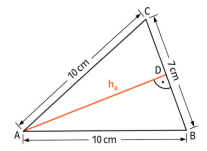

Die Umkehrung des Satzes des Pythagoras

Schreibt man den Satz des Pythagoras in der Wenn-dann-Form, so lautet er:
«Wenn ein Dreieck rechtwinklig mit der Hypotenuse c ist,
dann gilt für die Seiten a, b, c des Dreiecks $a^2 + b^2 = c^2$.»

Die folgende Überlegung zeigt, dass die Umkehrung dieses Satzes auch eine wahre Aussage ist: Wenn in einem Dreieck ABC mit den Seiten a, b und c die Gleichung $a^2 + b^2 = c^2$ gilt, dann stehen a und b senkrecht zueinander.

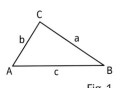 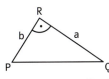

Fig. 1 Fig. 2

Zwei Strecken a und b kann man stets so zusammenlegen, dass sie einen rechten Winkel bilden. So entsteht das Dreieck PQR (Fig. 2). In diesem Dreieck gilt nach dem Satz des Pythagoras $\overline{PQ}^2 = a^2 + b^2$. Das bedeutet $\overline{PQ}^2 = c^2$, also $\overline{PQ} = c$.
Die Dreiecke ABC (Fig. 1) und PQR (Fig. 2) stimmen in allen drei Seiten überein. Sie sind kongruent. Das Dreieck ABC hat folglich an der Ecke C einen rechten Winkel.

Kongruenzsatz sss: Wenn zwei Dreiecke in allen drei Seiten übereinstimmen, sind sie kongruent.

> **Umkehrung des Satzes des Pythagoras**
> Wenn für die Seiten eines Dreiecks die Gleichung $a^2 + b^2 = c^2$ gilt,
> dann bilden die Seiten a und b einen rechten Winkel.

Beispiel 1
Prüfe, ob ein Dreieck mit den Seiten $x = 40\,\text{cm}$; $y = 41\,\text{cm}$; $z = 9\,\text{cm}$ rechtwinklig ist.
Lösung:
Im Falle eines rechtwinkligen Dreiecks muss die längste Seite die Hypotenuse sein.
Es ist $41^2 = 1681$; $40^2 = 1600$; $9^2 = 81$; also $41^2 = 40^2 + 9^2$; das Dreieck ist somit rechtwinklig.

Beispiel 2
Ein gleichschenkliges Dreieck mit der Schenkellänge $s = 5\,\text{cm}$ soll nur spitze Winkel haben. Wie lang darf die Basis b höchstens sein?
Lösung:
Es muss $b^2 < s^2 + s^2$ sein. Das bedeutet $b^2 < 50\,\text{cm}^2$, also $b < \sqrt{50}\,\text{cm}$. Die Länge der Basis muss demnach kleiner als $\sqrt{50}\,\text{cm}$ sein.

Aufgaben

1 Formuliere zu den Dreiecken den Kathetensatz und den Höhensatz.

a) b) c) d)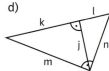

2 Berechne die Länge x der rot markierten Strecke (Masse in cm).

a) b) c) d)

3 ABCD ist ein Rechteck. Wo findest du den Satz des Pythagoras in folgender Figur? Formuliere ihn.

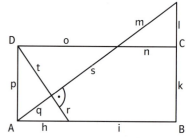

4 Berechne im rechtwinkligen Dreieck ABC die fehlenden Strecken.
a) $a = 6\,cm$, $c = 10\,cm$
b) $b = 8\,cm$, $q = 6.4\,cm$
c) $p = 6\,cm$, $h = \sqrt{12}\,cm$
d) $c = 12\,cm$, $q = \frac{3}{5}p$

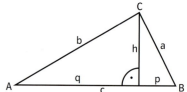

5 Drei ganze Zahlen a, b und c, für die $a^2 + b^2 = c^2$ gilt, nennt man pythagoräische Zahlentripel (vgl. S. 51). Fülle die Tabelle so aus, dass a, b und c pythagoräische Zahlentripel bilden.

a	7	20	
b	24		44
c		29	

6 Konstruiere zu einem Rechteck mit den Seitenlängen a und b ein flächengleiches Quadrat. Benütze dazu entweder den Katheten- oder den Höhensatz.
a) $a = 5\,cm$, $b = 8\,cm$ b) $a = 6\,cm$, $b = 2.5\,cm$

7 Verwandle ein Quadrat mit der Seitenlänge $s = 4\,cm$ in ein flächengleiches Rechteck, das 3 cm breit ist.

8 Konstruiere Strecken der Länge
a) $\sqrt{21}\,cm$,   b) $\sqrt{24}\,cm$,   c) $\sqrt{13}\,cm$.

9 Die Seiten eines Rhombus sind 6 cm, eine Diagonale 3 cm lang. Wie lang ist die andere Diagonale und wie gross ist der Flächeninhalt des Rhombus?

10 Der Umfang eines rechtwinklig-gleichschenkligen Dreiecks misst 24.14 cm. Berechne die Seiten.

11 In einem rechtwinkligen Dreieck misst die Hypotenuse 20 cm. Die eine Kathete ist dreimal so lang wie die andere. Berechne den Flächeninhalt des Dreiecks.

12 Das Tropenhaus im Botanischen Garten von Zürich hat die Form einer ca. 15 m hohen Halbkugel. In der Kuppel befinden sich verschiedene Pflanzen. Berechne, ob ein 2.5 m hoher, dünner Kaktus in einer Entfernung von 0.5 m zum Rand der Kuppel stehen kann, ohne die Decke der Kuppel zu berühren.

In Aufgabe 12 muss man sich an den Satz des Thales erinnern.

13 Bei einem kreisförmigen Brückenbogen misst das vertikale Tragseil in der Mitte 4 m. Berechne die Spannweite s der Brücke, wenn der Kreisradius 10 m beträgt.

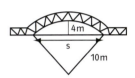

14 ABCD ist ein Rechteck. Berechne die Entfernung der Punkte A und S.

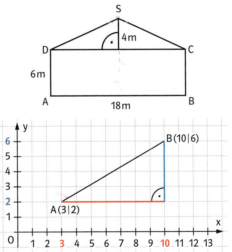

15 Wenn zwei Punkte in einem Koordinatensystem angegeben sind, kann man ihren Abstand aus ihren Koordinaten berechnen.
a) Berechne den Abstand der Punkte A(3|2) und B(10|6).
b) Der Punkt P, dessen y-Koordinate um einen Drittel grösser als seine x-Koordinate ist, ist 15 (Einheiten) vom Ursprung O(0|0) entfernt. Bestimme die Koordinaten von P.

16 Zeichne ein Quadrat. Konstruiere ein Quadrat mit
a) dreifachem Flächeninhalt   b) halbem Flächeninhalt

17 Beweise:
a) Für alle positiven Zahlen m, n mit m > n ist das Dreieck mit den Seitenlängen $a = m^2 - n^2$, $b = 2mn$ und $c = m^2 + n^2$ rechtwinklig.
b) Wenn $a^2 = yc$ und $b^2 = xc$ in dem Dreieck von Fig. 1 gilt, dann ist das Dreieck rechtwinklig.

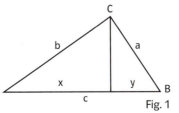

Fig. 1

18 a) Im alten Ägypten (um 2000 v. Chr.) mussten nach der jährlichen Nilschwemme die Felder neu vermessen werden. Die «Seilspanner» benutzten dazu eine Knotenschnur mit Knoten in gleichen Abständen (Fig. 1). Zeichne ein solches Dreieck. Miss die Winkel.
b) Zeichne rechtwinklige Dreiecke mithilfe von Knotenschnüren, bei denen die Anzahl der Knoten nicht mit der in Fig. 1 übereinstimmt.

Fig. 1

19 Berechne die Fläche des schraffierten Rechtecks in Fig. 2.

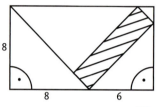
Fig. 2

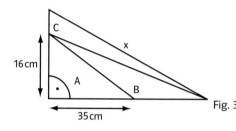
Fig. 3

20 Die Dreiecke A, B und C in Fig. 3 sind flächengleich. Berechne x.

21 Wie gross sind die Hypotenuseabschnitte eines rechtwinkligen Dreiecks mit der Höhe $h = 7$ cm, wenn p viermal so gross ist wie q?

22 a) Ist das Dreieck ABC in Fig. 4 für $x = 7$ rechtwinklig?
b) Bestimme x so, dass das Dreieck ABC rechtwinklig ist.

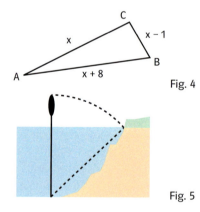
Fig. 4

23 Aus der Arithmetik des Chinesen Ch'in Chiu-Shao (13. Jh. n. Chr.): 5 Fuss vom Ufer eines Teiches entfernt ragt ein Schilfrohr einen Fuss über das Wasser empor. Zieht man seine Spitze an das Ufer, so berührt sie gerade den Wasserspiegel (Fig. 5). Wie tief ist der Teich?

Fig. 5

24 Bestimme den Radius r des Kreises des gotischen Fensters (Fig. 6). Tipp: Suche zwei rechtwinklige Dreiecke, welche die Höhe von M über der Grundseite als eine Seite haben.

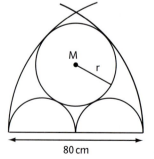
Fig. 6

Weitere Beweise für den Satz des Pythagoras

Vom Satz des Pythagoras kennt man über 200 Beweise. Hier findest du einige besonders interessante Beispiele.

25 Der Beweis von Euklid

a) Vergleiche in Fig. 1 die Flächeninhalte des Kathetenquadrats FBAG mit dem des Dreiecks FBC, des Dreiecks ABD und des Rechtecks mit den Seiten BD und DL. Gehe entsprechend mit dem zweiten Kathetenquadrat vor.

b) Vergleiche diesen Beweis mit dem Beweis des Kathetensatzes.

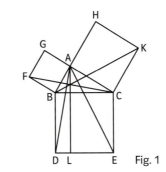

Fig. 1

Fig. 1 stammt aus den «Elementen» von Euklid (300 v. Chr.), der bedeutendsten Darstellung der griechischen Mathematik, insbesondere der Geometrie.

26 «Der Stuhl der Braut»

a) Wo befindet sich in Fig. 2 das rechtwinklige Dreieck, wo die Kathetenquadrate, wo das Hypotenusenquadrat?

b) Ergänze das gelbe Fünfeck auf zwei Arten. Zeige so, dass das Hypotenusenquadrat zerlegungsgleich zu den beiden Kathetenquadraten ist.

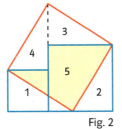

Fig. 2

Der «Stuhl der Braut» stammt aus Indien, etwa 900 n. Chr. Diese merkwürdige Bezeichnung entstand möglicherweise durch einen Übersetzungsfehler. In einer alten chinesischen Schrift heisst eine ähnliche Figur «Figur des Seiles».

27 Beweis durch Flächenberechnung

Drücke zu Fig. 3 den Flächeninhalt des Hypotenusenquadrats durch die Flächeninhalte der Teilflächen aus. Vereinfache die sich ergebende Gleichung.

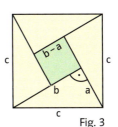

Fig. 3

Fig. 3 findet sich bei dem indischen Mathematiker Bhaskara (1114–1191), allerdings ohne genaue Erläuterung.

28 Beweis von Leonardo da Vinci

a) Welche Symmetrieeigenschaften hat das blau (grün) umrandete Sechseck in Fig. 4?

b) Zeige, dass man eine Hälfte des einen Sechsecks durch eine Drehung in eine Hälfte des anderen Sechsecks überführen kann. Was folgt daraus für die Flächeninhalte beider Sechsecke bzw. der drei Quadrate?

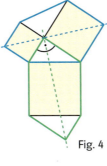

Fig. 4

Der berühmte italienische Maler, Bildhauer und Architekt Leonardo da Vinci (1452–1519) befasste sich auch mit Philosophie und Mathematik, insbesondere mit der Geometrie.

29 Zerlegungsbeweis von Schopenhauer

In Fig. 5 sind alle Trennlinien parallel zu einer der Dreiecksseiten. Zeige: Die Dreiecke bzw. Vierecke 1, 2, 3, 4 und 5 sind jeweils kongruent. Überlege, wie man die Dreiecke bzw. Vierecke aufeinander abbilden kann.

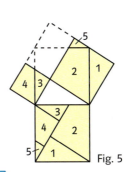

Fig. 5

Der Philosoph Arthur Schopenhauer (1788–1860) kritisierte die Unanschaulichkeit vieler Beweise in der Mathematik. Aufgabe 29 zeigt, wie er es besser machen wollte.

30 Beweis von Garfield

Berechne den Flächeninhalt des Trapezes PQRS in Fig. 6 auf zwei Arten, mit der Flächenformel und als Summe der Dreiecke. Vereinfache die sich ergebende Gleichung.

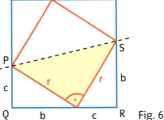

Fig. 6

James Garfield (1831–1881) war der 20. Präsident der USA. Im Jahre 1876 bewies er den Satz des Pythagoras wie in Aufgabe 30.

3.2 Berechnungen an Figuren und Körpern

In einer Zeitschrift liest Stefan, dass die grösste ägyptische Pyramide, die Cheopspyramide (erbaut um 2600 v. Chr.), eine regelmässige vierseitige Pyramide ist. Ihre Grundkanten sind rund 230 m und ihre Seitenkanten rund 213 m lang. Für ihre Höhe werden 205 m angegeben. Das glaubt Stefan nicht.

Mithilfe des Satzes von Pythagoras, des Kathetensatzes und des Höhensatzes kann man in vielen Figuren oder Körpern Streckenlängen berechnen. Dazu muss man oft rechtwinklige Teildreiecke finden, bei denen eine Seite die gesuchte Strecke ist.
Die folgenden Formeln werden häufig benötigt:

Höhe im gleichseitigen Dreieck	**Diagonale eines Quadrats**	**Raumdiagonale eines Würfels**
$h = \frac{a}{2}\sqrt{3}$	$d = a\sqrt{2}$	$d = a\sqrt{3}$

Der Winkel im Dreieck ACG bei C in Fig. 3 ist ein rechter Winkel. Im Schrägbild erscheint er jedoch nicht als rechter Winkel.

Fig. 1

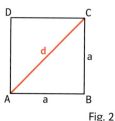

Fig. 2

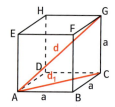

Fig. 3

Wendet man den Satz des Pythagoras auf das Dreieck ADC an, so ergibt sich
$h^2 + \left(\frac{a}{2}\right)^2 = a^2$,
also $h^2 = \frac{3}{4}a^2$
und damit $h = \frac{a}{2}\sqrt{3}$.

Wendet man den Satz des Pythagoras auf das Dreieck ABC an, so ergibt sich
$a^2 + a^2 = d^2$,
also $d^2 = 2a^2$
und damit $d = a\sqrt{2}$.

Wendet man den Satz des Pythagoras auf das Dreieck ACG an, so ergibt sich
$d_1^2 + a^2 = d^2$. Einsetzen von
$d_1^2 = 2a^2$ ergibt $3a^2 = d^2$
und damit $d = a\sqrt{3}$.

Zur **Berechnung von Strecken in Figuren** ist folgende Vorgehensweise sinnvoll:
- Fertige eine Skizze an und benenne alle gegebenen und alle gesuchten Strecken.
- Suche nach rechtwinkligen Teildreiecken, in denen die Längen zweier Seiten bekannt sind. Eventuell müssen dazu Hilfslinien eingezeichnet werden.
- Berechne mithilfe des Satzes von Pythagoras, des Kathetensatzes oder des Höhensatzes die Längen der gesuchten Seiten. Oft müssen auch die Längen der Hilfslinien berechnet werden.

Beispiel 1
Berechne den Flächeninhalt eines regelmässigen Sechsecks, das einem Kreis mit dem Radius r = 8.0 cm einbeschrieben ist.
Lösung:
Das Sechseck besteht aus sechs gleichseitigen Dreiecken mit den Seiten r = 8.0 cm.
$A = 6 \cdot \frac{1}{2} \cdot r \cdot h = 6 \cdot \frac{1}{2} r \cdot \frac{r}{2}\sqrt{3} = \frac{3}{2} r^2 \cdot \sqrt{3}$
$A = \frac{3}{2} \cdot 64 \cdot \sqrt{3}\ cm^2 \approx 166.3\ cm^2$

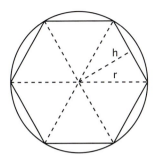

Fig. 1

Hier wird die Formel für die Höhe im gleichseitigen Dreieck benutzt.

Beispiel 2
Berechne die Körperhöhe h und die Höhe k einer Seitenfläche für die quadratische Pyramide in Fig. 2, wenn die Seite a = 6.0 cm der Grundfläche und die Länge s = 9.0 cm der Seitenkanten gegeben sind.

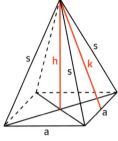

Fig. 2

Lösung:
1. Berechnung der Körperhöhe h
Für die Diagonale der Grundfläche gilt
$d = a\sqrt{2}$.
Anwenden des Satzes des Pythagoras auf das Dreieck aus Körperhöhe, halber Diagonale und Seitenkante: $\quad h^2 + \left(\frac{a\sqrt{2}}{2}\right)^2 = s^2; \quad h^2 = s^2 - \frac{a^2}{2}$
Einsetzen: $\quad h^2 = 81\ cm^2 - \frac{36}{2}\ cm^2 = 63\ cm^2; \quad h = \sqrt{63\ cm^2} \approx 7.9\ cm$

2. Berechnung der Seitenhöhe k
Nach dem Satz des Pythagoras gilt: $k^2 + \left(\frac{a}{2}\right)^2 = s^2; \quad k^2 = s^2 - \frac{a^2}{4}$
Einsetzen: $\quad k^2 = 81\ cm^2 - \frac{36}{4}\ cm^2 = 72\ cm^2; \quad k = \sqrt{72\ cm^2} \approx 8.5\ cm$

Aufgaben

1 Ein Quadrat hat die Seitenlänge s und die Diagonalenlänge d. Berechne die fehlende Länge.
a) s = 5 cm   b) d = 8 cm   c) s = 7 √2 m   d) d = 3 √2 dm

2 a) Ein Rechteck ist 6 dm lang und 4 dm breit. Berechne seine Diagonale.
b) In einem Rhombus messen die Seiten s = 6 cm und die kürzere Diagonale 3 cm. Berechne den Flächeninhalt des Rhombus.
c) Eine Sehne der Länge s = 12 cm ist 4.5 cm vom Mittelpunkt entfernt. Berechne den Radius des Kreises (Fig. 3).

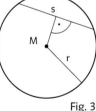

Fig. 3

3 In einem gleichseitigen Dreieck misst
a) die Fläche 25 √3 cm². Wie lang ist eine Dreiecksseite?
b) die Höhe $\frac{7\sqrt{3}}{2}$ mm. Wie gross ist der Umfang des Dreiecks?

4 Ein Rhombus hat die Diagonalen e = 96 cm und f = 28 cm. Berechne seine Höhe.

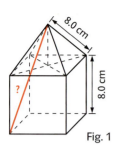
Fig. 1

5 Berechne die Oberfläche des Würfels mit einer Raumdiagonalen $d = \sqrt{108}$ cm.

6 In Fig. 1 ist auf einen Würfel mit Kantenlänge 8.0 cm eine Pyramide mit Kantenlänge 8.0 cm aufgesetzt. Berechne die Länge der rot markierten Strecke.

7 Würfelturm (Fig. 2)
Ergänze die Tabelle. Suche eine Gesetzmässigkeit. Beschreibe sie in Worten und mithilfe einer Formel.

Anzahl der Würfel	1	2	3	4
Länge der Raumdiagonalen				

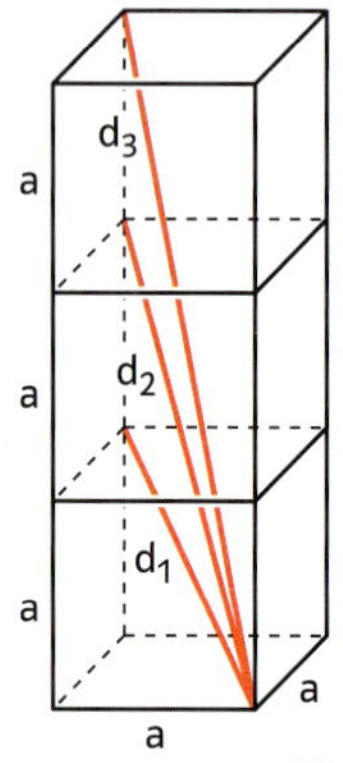

8 Dem Kreis mit Radius r = 8 cm wird ein regelmässiges Sechseck einbeschrieben (Fig. 3). Berechne den Flächeninhalt der orangen Figur.

9 a) In einem gleichseitigen Dreieck beträgt der Unterschied zwischen der Seite und der Höhe 1 cm. Berechne beide.
b) In einem Würfel beträgt der Unterschied zwischen der Seite und der Diagonalen 2 cm. Berechne beide.

10 Der Umfang eines rechtwinkligen Dreiecks mit einem Winkel von β = 60° beträgt 23.66 m. Berechne die Seiten des Dreiecks.

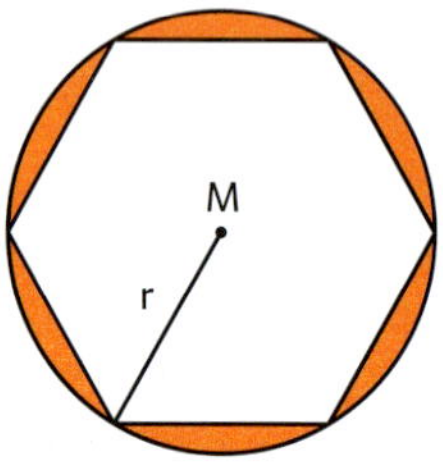

11 Bestimme die Fläche des schraffierten Trapezes ADME in Fig. 4. M ist der Mittelpunkt der Höhe $\overline{CD}$ = 4 (Masse in dm).

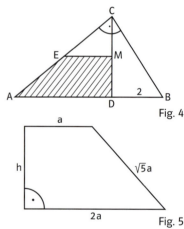
Fig. 4

12 a) Berechne im rechtwinkligen Trapez (Fig. 5) die Fläche in Abhängigkeit von a.
b) Wie gross ist die Höhe, wenn der Flächeninhalt 75 cm² ist?

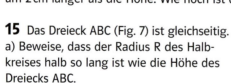
Fig. 5

13 Ein reguläres Tetraeder besteht aus vier gleichseitigen Dreiecken (Fig. 6).
a) Berechne die Höhe einer dreieckigen Fläche des Tetraeders für a = 4.5 cm.
b) Berechne den Oberflächeninhalt des Tetraeders für a = 4.5 cm.
c) Ermittle eine Formel zur Berechnung des Oberflächeninhalts eines Tetraeders.

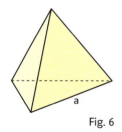
Fig. 6

14 In einem quadratischen Prisma mit der Quadratseite s = 4 cm ist die Raumdiagonale um 2 cm länger als die Höhe. Wie hoch ist das Prisma?

15 Das Dreieck ABC (Fig. 7) ist gleichseitig.
a) Beweise, dass der Radius R des Halbkreises halb so lang ist wie die Höhe des Dreiecks ABC.
b) Beweise, dass der Radius r des kleinen Kreises die Länge $\frac{\sqrt{3}}{12} s$ besitzt.

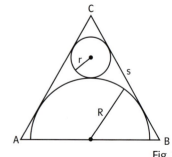
Fig. 7

Exkursion Quadraturen

Unter der **Quadratur** einer Fläche versteht man die Konstruktion eines flächengleichen Quadrats.

1 Welche Quadraturen sind in Fig. 1 dargestellt? Begründe, dass jeweils die gelbe Fläche den gleichen Flächeninhalt hat wie das grüne Quadrat.

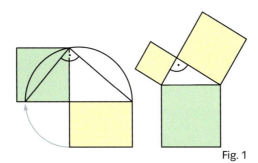

Fig. 1

2 Zeige, dass die gelbe Fläche den gleichen Inhalt wie die grüne hat. Gib auch die Seitenlänge eines Quadrats mit gleichem Inhalt an.

a)   b) 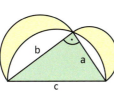   c) 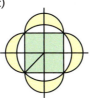   d)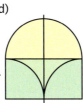

Die gelben Flächen in a) bis c) heissen auch «Möndchen des Hippokrates» nach Hippokrates von Chios, um 440 v. Chr. (vgl. auch S. 19).

Fig. 2

3 Zeige, dass in Fig. 3 der Kreis und die «Sichel» den gleichen Flächeninhalt haben.

4 Welche Seitenlänge hat ein Quadrat, das den gleichen Flächeninhalt hat wie ein Kreis mit dem Radius r = 1?

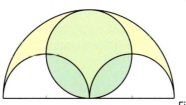

Fig. 3

Zu den berühmtesten geometrischen Problemen der Antike gehört die **Quadratur des Kreises** mit Zirkel und Lineal. Besondere Teile des Kreises wie in Fig. 2 kann man so in ein flächengleiches Quadrat verwandeln. Für den ganzen Kreis ist dies nicht möglich, wie erst 1882 der deutsche Mathematiker Carl Lindemann beweisen konnte. Er zeigte, dass man π (und damit auch $\sqrt{\pi}$) nicht mit Zirkel und Lineal konstruieren kann.

Wenn etwas als unmöglich gilt, vergleicht man dies häufig mit der Quadratur des Kreises.

5 Eine besonders gute Näherungskonstruktion für π stammt von A. Kochanski (1685):
(1) Zeichne einen Kreis um M mit dem Durchmesser AA' und die Tangente in A.
(2) Konstruiere mithilfe eines gleichseitigen Dreiecks einen Winkel von 30° an MA. Nenne den Schnittpunkt des zweiten Schenkels mit der Tangente C.
(3) Trage auf der Tangente von C aus dreimal den Radius r ab. Nenne den Endpunkt D. Dann gilt $\overline{A'D} \approx r \cdot \pi$.

a) Führe die Konstruktion für einen Kreis mit r = 5 cm aus. Miss die Länge von A'D und bestimme damit eine Näherung für π.
b) Begründe an den Dreiecken CAM und A'AD: $\overline{A'D} = r \cdot \sqrt{\frac{40}{3} - 2\sqrt{3}}$

Wie genau ist die Näherung $\pi \approx \sqrt{\frac{40}{3} - 2\sqrt{3}}$?

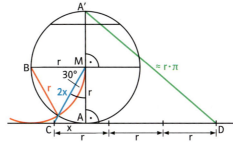

Exkursion   Pythagoreische Zahlentripel

Pythagoras von Samos (etwa 580–500 v. Chr.)

Der Satz des Pythagoras ist ein bei geometrischen Berechnungen oft benötigter Satz. Fragt man jemanden, der schon länger nicht mehr zur Schule geht, was er noch aus dem Mathematikunterricht weiss – an den Satz des Pythagoras kann er sich meistens noch erinnern. Manche halten Pythagoras von Samos für den bedeutendsten griechischen Mathematiker, vielleicht den bedeutendsten Mathematiker überhaupt.

Von seinen Zeitgenossen wurde Pythagoras eher als religiöser Prophet betrachtet. Ihm wurden allerlei Wundergeschichten nachgesagt. Belegt ist, dass er 530 v. Chr. vor dem Tyrannen Polykrates nach Kroton in Süditalien floh. Dort sammelte er einen Kreis von Frauen und Männern um sich, die ihn als religiösen Führer verehrten. Er predigte die Unsterblichkeit der Seele, forderte eine bescheidene Lebensführung und lehrte Astronomie, Mathematik, Musik und Philosophie.

Das zentrale Anliegen von Pythagoras und seinen Schülern (man bezeichnet sie als «die Pythagoreer») war das Streben nach Harmonie, und zwar auf allen Gebieten.

Tetraktys *ist griechisch und bedeutet «Vierheit» oder «Vierergruppe».*

Über die mathematischen Tätigkeiten der Pythagoreer wird berichtet, dass sie sich mit (Rechen-)Steinchen beschäftigten. Archimedes schrieb später, dass sie «Zahlen in die Gestalt von Dreiecken und Vierecken stellten». Besonders wichtig (man könnte fast sagen: heilig) war ihnen die «Tetraktys» (Fig. 1).

Fig. 1

Dieses «vollkommene Dreieck» stellt die Summe $1 + 2 + 3 + 4 = 10$ dar. Pythagoras soll einmal einen Freund gebeten haben zu zählen. Nach 1, 2, 3, 4 unterbrach er ihn: «Siehst du? Was du für 4 hältst, ist 10, ein vollkommenes Dreieck, und unser Eid.»

Dann wurden Folgen von Steinchen in Dreiecken, Vierecken usw. gelegt. Die Anzahlen von Steinchen heissen Dreieckszahlen (Fig. 2), Quadratzahlen (Fig. 3) usw. Man hoffte, durch diese besonderen Zahlen tiefere Einsichten in die Ordnung der Welt zu erhalten.

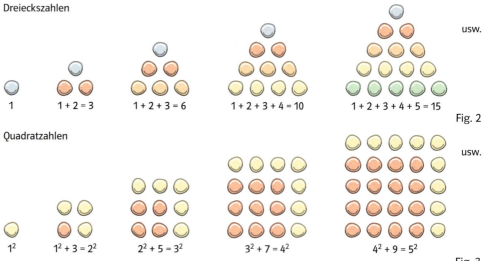

Fig. 2

Fig. 3

50

Mit einer etwas anderen Anordnung der Dreieckszahlen entdeckten die Pythagoreer die Summenformel für die Summe der ersten n natürlichen Zahlen: Sie legten immer zwei Dreiecke zusammen und erhielten ein Rechteck mit n(n + 1) Steinen (Fig. 1).
Also gilt: $1 + 2 + 3 + \ldots + n = \frac{1}{2}n(n + 1)$
Bei den Quadratzahlen entdeckten sie (Fig. 2): $n^2 + 2n + 1 = (n + 1)^2$
Wenn man die Quadratzahl n^2 und $2n + 1$ addiert, erhält man die nächste Quadratzahl $(n + 1)^2$. Kann dabei $2n + 1$ selbst eine Quadratzahl sein? $2n + 1$ ist eine ungerade Zahl, die also höchstens Quadrat einer ungeraden Zahl m sein kann. Sie nahmen einmal an, es gibt eine ungerade Zahl m mit
(1) $2n + 1 = m^2$.
Löst man diese Gleichung nach n auf, so ergibt sich
(2) $n = \frac{1}{2}(m^2 - 1)$.
Addiert man auf beiden Seiten 1, so erhält man
(3) $n + 1 = \frac{1}{2}(m^2 + 1)$.
Quadriert man beide Seiten von Gleichung (3), so ergibt sich: $n^2 + 2n + 1 = \left(\frac{m^2 + 1}{2}\right)^2$
Einsetzen der Gleichungen (2) und (1) führt zu: $\left(\frac{m^2 - 1}{2}\right)^2 + m^2 = \left(\frac{m^2 + 1}{2}\right)^2$

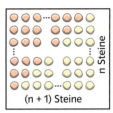
Fig. 1

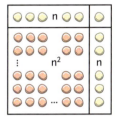
Fig. 2

Damit waren für jede ungerade Zahl m drei Quadratzahlen a^2, b^2 und c^2 gefunden, die mit $a = \frac{m^2 - 1}{2}$, $b = m$ und $c = \frac{m^2 + 1}{2}$ die Formel aus dem Satz des Pythagoras erfüllen.

m	a	b	c
3	4	3	5
5	12	5	13
7	24	7	25
9	40	9	41
11	60	11	61
usw.			

Tab. 1

Für m = 3; 5; 7; ... ergeben sich für a, b und c die Zahlen von Tab. 1.
Solche ganzen Zahlen a, b, c mit $a^2 + b^2 = c^2$ nennt man **pythagoreisches Zahlentripel (a, b, c)**.
Dazu gehören also rechtwinklige Dreiecke mit ganzzahligen Seitenlängen.
Sind a, b, c alle durch die gleiche Primzahl p teilbar, so ist $\left(\frac{a}{p}, \frac{b}{p}, \frac{c}{p}\right)$ auch ein pythagoreisches Zahlentripel. Ist dies nicht der Fall, so spricht man von einem **primitiven pythagoreischen Zahlentripel** oder einem **primitiven pythagoreischen Dreieck**.
Alle primitiven pythagoreischen Dreiecke erhält man mit $a = m^2 - l^2$, $b = 2ml$, $c = m^2 + l^2$, wenn m > l, wenn eine der Zahlen m und l gerade und die andere ungerade ist und wenn $\frac{m}{l}$ nicht gekürzt werden kann.
Es gibt also unendlich viele Lösungstripel für die Gleichung $a^2 + b^2 = c^2$.

Im Jahr 1637 schrieb Fermat bei der Lektüre der ARITHMETICA von Diophantos neben den Satz des Pythagoras folgende Zeilen als Randbemerkung in seine Ausgabe dieses Buchs:
«Es ist unmöglich, einen Kubus in zwei Kuben zu zerlegen oder ein Biquadrat in zwei Biquadrate oder allgemein irgendeine Potenz grösser als die zweite in Potenzen gleichen Grades. Ich habe hierfür einen wahrhaft wunderbaren Beweis gefunden, doch ist der Rand hier zu schmal, um ihn zu fassen.»
Der wunderbare Beweis wurde nie gefunden. Diese Vermutung, dass $a^n + b^n = c^n$ für $n \geq 3$ keine ganzzahligen Lösungstripel besitzt, wurde als der grosse Fermat'sche Satz bekannt.
Erst 1994 gelang es dem britischen Mathematiker Andrew Wiles zusammen mit seinem Schüler Richard Taylor, für den grossen Fermat'schen Satz einen allerdings sehr umfangreichen Beweis zu finden.

Pierre de Fermat (1601 – 1665)

4 Räumliche geometrische Körper

4.1 Prismen und Kreiszylinder

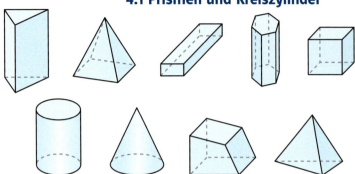

Nenne verschiedene Eigenschaften von Körpern.
Welche der abgebildeten Körper besitzen jeweils diese Eigenschaft und welche nicht?

Prismen und ihre Eigenschaften

Prismen sind Körper, die man sich durch Verschieben eines Vielecks im Raum entstanden denken kann. Erfolgt die Verschiebung senkrecht zur Grundfläche, so spricht man von **geraden** Prismen, andernfalls nennt man sie **schief**. Die Oberfläche eines geraden Prismas besteht aus zwei zueinander kongruenten Vielecken als **Grundflächen** und Rechtecken als **Seitenflächen**. Der Abstand zwischen den beiden Grundflächen heisst **Höhe** des Prismas. Die Gesamtheit der Seitenflächen heisst **Mantelfläche** oder Mantel des Prismas. Grundflächen und Mantelfläche bilden zusammen die **Oberfläche** des Prismas.

Quader sind gerade Prismen mit rechteckiger Grundfläche.

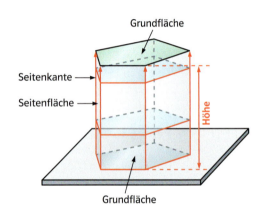

> Ein Körper mit zwei zueinander parallelen, kongruenten Vielecken als Grundflächen und mit Rechtecken als Seitenflächen heisst **gerades Prisma**.

Ein Prisma, dessen Grundfläche ein Fünfeck ist, nennt man fünfseitiges Prisma, da die Anzahl der Seitenflächen fünf ist. Eine n-eckige Grundfläche ergibt ein n-seitiges Prisma. Schneidet man die Oberfläche eines Prismas entlang geeigneter Kanten auf und breitet sie in der Ebene aus, so entsteht das **Netz des Prismas**.

Beispiel
Welches der Bilder ist das Netz eines Prismas?
Lösung: Bild (1) ist nicht das Netz eines Prismas, da nur eine Grundfläche vorhanden ist.
Bild (2) ist das Netz eines dreiseitigen Prismas. Die beiden Grundflächen sind zueinander kongruente Dreiecke.

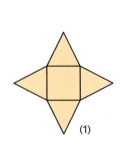
(1)

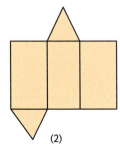
(2)

Volumen und Oberflächeninhalt von Prismen

Quader sind besonders einfache Prismen (Fig. 1). Sind a, b und c die drei Kantenlängen des Quaders, so kann man zum Beispiel c als die Höhe h und a · b als Flächeninhalt G der rechteckigen Grundfläche des Quaders auffassen. Für das Volumen des quaderförmigen Prismas gilt dann V = G · h.

Zerteilt man diesen Quader durch einen Schnitt senkrecht zur Grundfläche wie in Fig. 2 in zwei Prismen mit kongruenten dreieckigen Grundflächen, so ist deren Volumen jeweils gleich dem halben Volumen des Quaders. Jedes der Prismen mit dreieckiger Grundfläche hat also das Volumen $V = \frac{1}{2} \cdot (a \cdot b \cdot c) = \frac{1}{2} \cdot (a \cdot b) \cdot c$. Da für den Flächeninhalt jeder dieser rechtwinkligen Dreiecksflächen $A = \frac{1}{2} \cdot (a \cdot b)$ gilt, erhält man wieder allgemein V = G · h. In diesem Fall bezeichnet G den Flächeninhalt der dreieckigen Grundfläche.

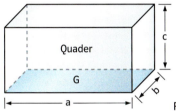
Fig. 1

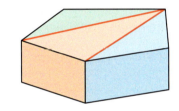
Fig. 2

Ist schliesslich die Grundfläche eines Prismas ein beliebiges Vieleck, so kann man dieses in mehrere Dreiecke zerlegen (Fig. 3), deren Flächeninhalte zusammen den Flächeninhalt des Vielecks ergeben. Für das Volumen dieses Prismas ergibt sich ebenfalls allgemein V = G · h.

Fig. 3

> Ein gerades **Prisma** mit der Grundfläche G und der Höhe h hat das **Volumen V = G · h**.

Der Oberflächeninhalt eines geraden Prismas besteht aus den Flächeninhalten der Grundflächen und der Mantelfläche. Der Oberflächeninhalt eines Prismas entspricht dem Flächeninhalt seines Netzes.

Die Mantelfläche eines geraden Prismas setzt sich aus Rechtecken zusammen. Den Flächeninhalt der Mantelfläche kann man bestimmen, wenn man die Längen der einzelnen Seiten der Grundfläche, also den Umfang u der Grundfläche, sowie die Höhe h des Prismas kennt. Es gilt: M = u · h

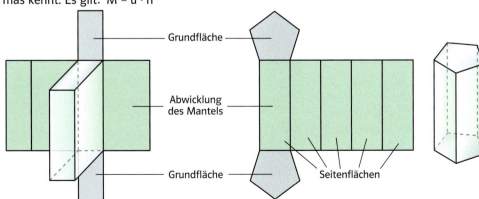

Überlege zunächst, welche Fläche die Grundfläche ist und welche Flächen die Seitenflächen des Prismas sind.

Ein gerades **Prisma** mit Grundfläche G, Grundflächenumfang u und Höhe h hat die
Mantelfläche M = u · h und den **Oberflächeninhalt S = 2 · G + M**.

Beispiel 1
Berechne das Volumen des Prismas in Fig. 1.
Lösung: Die Grundfläche ist ein Dreieck.
$G = \frac{1}{2} \cdot g \cdot h_g = \frac{1}{2} \cdot 8\,m \cdot 10\,m = 40\,m^2$
$V = G \cdot h = 40\,m^2 \cdot 12\,m = 480\,m^3$

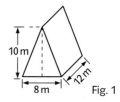
Fig. 1

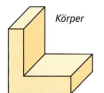
Körper

Beispiel 2
Berechne den Oberflächeninhalt des Prismas in Fig. 2.
Lösung: Die Grundfläche ist ein Trapez.
$G = \frac{1}{2} \cdot (6\,m + 12\,m) \cdot 4\,m = 36\,m^2$
$M = (5\,m + 6\,m + 5\,m + 12\,m) \cdot 13\,m = 364\,m^2$
$S = 2 \cdot 36\,m^2 + 364\,m^2 = 436\,m^2$

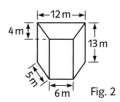
Fig. 2

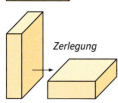
Zerlegung
Fig. 3

Zusammengesetzte Körper

Häufig muss man das Volumen zusammengesetzter Körper berechnen. Dazu wird der Körper in einfach zu berechnende Teilkörper zerlegt (Fig. 3) oder zu einem einfachen Körper ergänzt (Fig. 4).

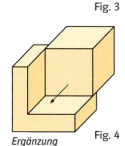
Ergänzung Fig. 4

Durch **Zerlegung** in Prismen oder **Ergänzung** durch Prismen lässt sich häufig das
Volumen zusammengesetzter Körper berechnen.
Der **Oberflächeninhalt** besteht aus der Summe aller äusseren Einzelflächen des Körpers.

Beispiel
Berechne das Volumen des in Fig. 5 abgebildeten Körpers auf zwei verschiedene Arten.
Lösung:
Zerlegung in zwei Quader und ein Prisma mit dreieckiger Grundfläche:
$V = 6\,cm \cdot 2\,cm \cdot 4\,cm + 3\,cm \cdot 1.5\,cm \cdot 4\,cm$
$+ \frac{1}{2} \cdot 4\,cm \cdot 3\,cm \cdot 1\,cm$
$= 48\,cm^3 + 18\,cm^3 + 6\,cm^3 = 72\,cm^3$
Zerlegung in zwei Quader und ein Prisma mit trapezförmiger Grundfläche:
$V = 5\,cm \cdot 1.5\,cm \cdot 4\,cm + 2\,cm \cdot 3.5\,cm \cdot 4\,cm$
$+ \left(\frac{5\,cm + 2\,cm}{2}\right) \cdot 4\,cm \cdot 1\,cm$
$= 30\,cm^3 + 28\,cm^3 + 14\,cm^3 = 72\,cm^3$

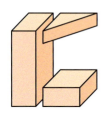

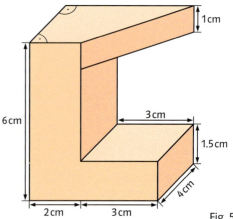
Fig. 5

Volumen und Oberflächeninhalt von Kreiszylindern

Ein **Kreiszylinder** ist ein Körper, dessen Grundflächen aus zwei zueinander kongruenten Kreisen bestehen. Die Mantelfläche eines geraden Kreiszylinders ist ein Rechteck.

*Ein Kreiszylinder wird auch kurz nur als **Zylinder** bezeichnet.*

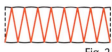

Fig. 2

Aus Kapitel 1.2 ist bekannt, dass die Fläche eines Kreises mit dem Radius r und dem Umfang u den gleichen Flächeninhalt wie ein Rechteck mit den Seitenlängen r und $\frac{1}{2}$u hat (vgl. Fig. 2).
Entsprechend kann man einen geraden Zylinder zerlegen und die Teile wie in Fig. 1 zu einem Körper zusammensetzen, der bei immer feinerer Einteilung zunehmend die Form eines Quaders hat.
Die Grundflächen dieses Quaders haben den gleichen Flächeninhalt wie die Grundflächen des Zylinders. Da beide Körper die gleiche Höhe haben, gilt für das Volumen des Zylinders: $V = G \cdot h = \pi r^2 \cdot h$

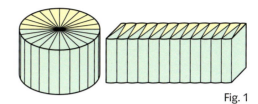

Fig. 1

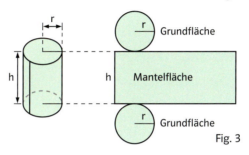

Fig. 3

Den Oberflächeninhalt des Zylinders erhält man, indem man zum doppelten Flächeninhalt der Grundfläche den Flächeninhalt des Mantels addiert (vgl. Fig. 3): $S = 2G + M$
Der Mantel hat die Seitenlängen $2\pi r$ und h, also ist $M = 2\pi r \cdot h$.

Ein gerader **Zylinder** mit dem Radius r, der Grundfläche G und der Höhe h
hat das **Volumen** $V = G \cdot h = \pi r^2 \cdot h$,
die **Mantelfläche** $M = 2\pi r \cdot h$,
den **Oberflächeninhalt** $S = 2G + M = 2\pi r(r + h)$.

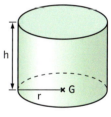

$S = 2 \cdot G + M$
$= 2\pi r^2 + 2\pi r \cdot h$
$= 2\pi r(r + h)$

Beispiel
Eine Konservendose hat einen Durchmesser von 7.0 cm und eine Höhe von 8.0 cm. Berechne
a) das Volumen der Dose,   b) den Flächeninhalt des benötigten Blechs.
Lösung:
a) $V = \pi r^2 \cdot h$
$= \pi \cdot (3.5\,cm)^2 \cdot 8\,cm$
$= 98\pi\,cm^3 \approx 307.9\,cm^3$

b) $G = \pi r^2 = \pi \cdot (3.5\,cm)^2 = 12.25\pi\,cm^2 \approx 38.5\,cm^2$
$M = 2\pi r \cdot h = 2\pi \cdot 3.5\,cm \cdot 8\,cm = 56\pi\,cm^2 \approx 175.9\,cm^2$
$S = 2G + M = 2 \cdot 12.25\pi\,cm^2 + 56\pi\,cm^2 \approx 252.9\,cm^2$

Verwendung der Oberflächenformel:
$S = 2\pi r(r + h)$
$= 2\pi \cdot 3.5\,cm \cdot 11.5\,cm$
$= 80.5\pi\,cm^2$
$\approx 252.9\,cm^2$

Aufgaben

1 Entscheide, ob folgende Körper die Form eines geraden Prismas haben. Begründe.

2 Unten siehst du vier verschiedene Körper und ihre Netze.
a) Ordne jedem Körper das zugehörige Netz zu.
b) Welche der Körper sind Prismen? Begründe deine Antwort.

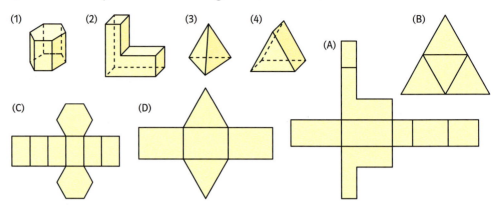

3 Ein Quader besitzt die Kantenlängen a, b und c, das Volumen V und den Oberflächeninhalt S. Berechne die fehlenden Grössen.
a) a = 6.8 m; b = 4.2 m; c = 5.5 m
b) b = 12 cm; c = 0.8 cm; V = 71.04 cm^3
c) a = 4.2 cm; b = 5.5 cm; c = 2.5 cm
d) a = 7.8 cm; b = 0.15 m; V = 35.1 cm^3
e) b = 0.15 m; c = 3.5 dm; V = 31.5 dm^3
f) a = 0.5 mm; b = 1.2 cm; S = 49.5 mm^2
g) c = 6.0 dm; V = 216 dm^3; S = 228 dm^2
h) b = 1.0 cm; V = 2.0 cm^3; S = 10.0 cm^2

4 Berechne das Volumen und den Oberflächeninhalt eines geraden Prismas mit der Höhe h = 52 cm und der folgenden Grundfläche
a) rechtwinkliges Dreieck mit a = 12 cm; b = 16 cm,
b) gleichseitiges Dreieck mit a = b = c = 5 cm; h_a = 4.3 cm,
c) Raute mit a = 4.5 cm; h_a = 3 cm,
d) gleichschenkliges Trapez mit a∥c; a = 6 cm; h_a = 2 cm; c = 3 cm; b = 2.5 cm.

5 Bestimme das Volumen des in Fig. 1 abgebildeten Körpers.

6 Eine Balkenverbindung soll gestrichen werden. Sie ist in Fig. 2 im Schrägbild und in Fig. 4 in der Sicht von vorne und von oben jeweils im Massstab 1:10 dargestellt. Berechne die zu streichende Fläche.

7 Aus einem Holzwürfel mit der Kantenlänge 6 cm werden von allen Seiten «quadratische Löcher» mit der Seitenlänge 3 cm herausgearbeitet (Fig. 3).
a) Berechne das Volumen des «durchlöcherten Würfels».
Gib mindestens zwei verschiedene Lösungswege an.
b) Berechne auch den Oberflächeninhalt des Körpers in Fig. 3.

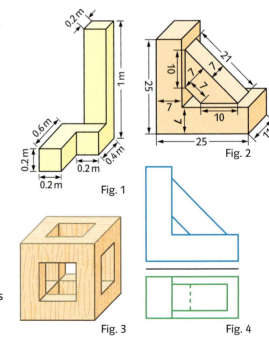

8 In ein Einfamilienhaus sollen nachträglich zwei gleich grosse Dachgauben eingebaut werden (Fig. 1). Berechne, um wie viel Prozent dadurch der umbaute Raum zunimmt.

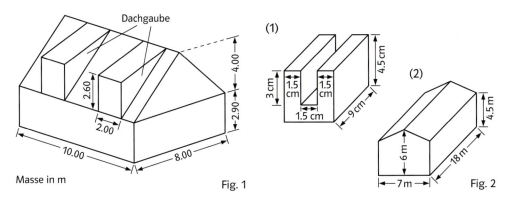

Fig. 1 Fig. 2

9 Berechne das Volumen der in Fig. 2 abgebildeten Prismen auf verschiedene Arten.

10 Welche Masse hat ein Aluminiumprofil von 1.80 m Länge, wenn es den in den Figuren 3 bis 5 angegebenen Querschnitt hat? Die Masse von 1 cm³ Aluminium beträgt 2.7 g.

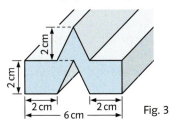 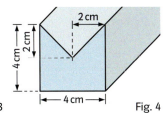 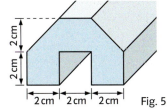

Fig. 3 Fig. 4 Fig. 5

11 Von einem geraden Zylinder sind der Radius r und die Höhe h gegeben. Berechne zu jedem Zylinder sein Volumen sowie die Mantelfläche und den Oberflächeninhalt.
a) r = 12 cm; h = 60 cm   b) r = 8 cm; h = 2.6 dm   c) r = 3.8 mm h = 12.5 m

12 Der 35 km lange Eisenbahntunnel zwischen England und Frankreich besteht aus zwei Röhren von 8 m Durchmesser für die Züge und einem Versorgungstunnel von 5 m Durchmesser. Wie viel m³ Abraum ist beim Bohren dieser drei Röhren angefallen? Wie viele Lastwagen-Ladungen zu 12 m³ sind das?

13 Von einem geraden Zylinder sind der Radius r und eine der Grössen M, S und V gegeben. Berechne die Höhe h und die zwei fehlenden Grössen.
a) r = 6 cm; M = 450 cm²   b) r = 7.6 cm; V = 2.0 l   c) r = 2.5 cm; S = 375 cm²

14 Berechne den Radius eines geraden Zylinders mit der Höhe h = 2 m, wenn folgende Grössen gegeben sind.
a) M = 1256.6 cm²   b) V = 100.5 m³   c) M = G

15 Ein Standzylinder mit einem Innendurchmesser von d = 32 mm soll als Messglas geeicht werden. In welchen Abständen sind die Teilstriche für je 5 cm³ anzubringen?

16 Wie viel Blech benötigt man zur Herstellung einer Konservendose mit dem Durchmesser d und dem Volumen V? Rechne für Falze und Verschnitt 15% dazu.
a) d = 10 cm; V = 1 l   b) d = 8.0 cm; V = $\frac{1}{2}$ l   c) d = 25 cm; V = 2 l

Exkursion   Die platonischen Körper

Platon
(428 – 348 v. Chr.)

*Im Griechischen bedeutet **poly** viel-.*

tettares: vier
hex: sechs
okto: acht
dodeka: zwölf
eikosi: zwanzig

Das Hexaeder kennst du unter einem anderen Namen…

Wo steckt der Fehler? Ein Ikosaeder besteht aus 20 Dreiecken. Jedes Dreieck hat drei Ecken. Also hat das Ikosaeder 60 Ecken.

Regelmässige Körper faszinieren die Menschen schon seit Jahrtausenden. Es gibt einige wenige Körper, die besonders strenge Forderungen erfüllen, die regulären Polyeder. Man spricht von einem regulären Polyeder, wenn
– es ausschliesslich von zueinander kongruenten regelmässigen Vielecken begrenzt wird und
– an jeder Ecke gleich viele dieser Vielecke aufeinandertreffen.
Diese Körper heissen auch platonische Körper, benannt nach dem griechischen Gelehrten Platon.

Es gibt fünf platonische Körper:

 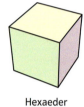 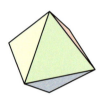  

Tetraeder   Hexaeder   Oktaeder   Dodekaeder   Ikosaeder

Die Namen der Körper setzen sich aus den griechischen Zahlwörtern und dem Wortteil eder für Fläche zusammen. Ein Tetraeder zum Beispiel ist also ein «Vierflächner».

Wir bauen die platonischen Körper
Wenn man die fünf platonischen Körper nachbauen möchte, kann man entweder Baukästen benutzen oder sich selbst Netze der Körper auf Karton zeichnen und sie ausschneiden und dann zusammenkleben. Teilt euch in fünf Gruppen auf und bastelt Modelle der platonischen Körper. Für das Dodekaeder und das Ikosaeder findet ihr hier bereits verkleinerte Vorlagen.
Wählt als Kantenlänge für die Modelle jeweils mindestens 3 cm.

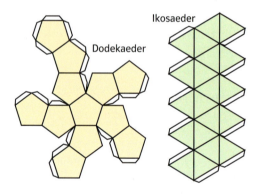

Der Euler'sche Polyedersatz
Wenn man die Zahl der Ecken und Kanten eines Tetraeders ermitteln möchte, ohne wirklich zu zählen, so kann man sich Folgendes überlegen.
Ein Tetraeder besteht aus vier Dreiecken. Jedes Dreieck hat drei Seiten und drei Ecken. An jeder Kante kommen zwei Seiten zusammen. Also hat das Tetraeder $(4 \cdot 3) : 2 = 6$ Kanten. An jeder Ecke des Körpers kommen drei (Dreiecks-)Ecken zusammen. Also hat das Tetraeder $(4 \cdot 3) : 3 = 4$ Ecken.

1 Übertrage die nebenstehende Tabelle in dein Heft. Fülle sie für alle platonischen Körper mithilfe der oben gemachten Überlegungen aus.

Körper	Ecken	Flächen	Kanten
Tetraeder	4	4	6
Hexaeder			
…			

2 a) Betrachte die Tabelle aus Aufgabe 1 und erkläre, welcher Zusammenhang zwischen Ecken-, Flächen- und Kantenzahl besteht (Euler'scher Polyedersatz).
b) Untersuche, ob der gefundene Zusammenhang zwischen Ecken-, Flächen- und Kantenzahl nur für die platonischen Körper gilt oder auch für die unten abgebildeten Körper.

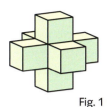
Fig. 1

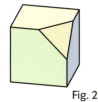
Fig. 2

Fig. 3

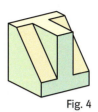
Fig. 4

Leonhard Euler
(1707–1783)

Gibt es noch weitere platonische Körper?

Man kann zeigen, dass es nicht mehr als fünf platonische Körper geben kann. Dazu wird zunächst gezeigt, dass es nur einen platonischen Körper geben kann, der aus regelmässigen Vierecken (= Quadraten) besteht.
Ein Winkel im Quadrat ist 90° gross.
– Treffen drei Quadrate zusammen, so erhält man eine Winkelsumme von 270° und es entsteht ein Würfel (Fig. 5).
– Bei vier Quadraten entsteht bereits eine Winkelsumme von 360° und es ist keine Ecke mehr möglich (Fig. 6).
Also ist der Würfel der einzige platonische Körper, der von Quadraten begrenzt wird.

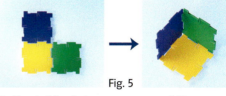
Fig. 5
Treffen drei Quadrate zusammen, so erhält man einen Würfel.

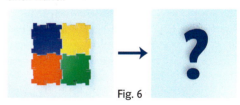
Fig. 6
Treffen vier Quadrate zusammen, so erhält man keine Ecke mehr.

Die folgenden Aufgaben helfen dir dabei, mit ähnlichen Überlegungen wie beim Viereck zu zeigen, dass es insgesamt nur fünf platonische Körper gibt.

3 **Dreiecke**
a) Wie gross ist ein Winkel im gleichseitigen Dreieck?
b) Welche Winkelsummen ergeben sich, wenn drei, vier, fünf bzw. sechs Dreiecke zusammentreffen?
c) Wie viele platonische Körper mit Dreiecken als Flächen kann es also geben und wie heissen sie?

4 **Fünfecke**
a) Wie gross ist ein Winkel im regelmässigen Fünfeck?
b) Begründe mit Winkelsummen, dass es nur einen platonischen Körper geben kann, der aus Fünfecken besteht. Wie heisst dieser?

Tipp zu Aufgabe 4a):

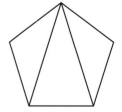

5 **Sechsecke**
a) Wie gross ist ein Winkel im regelmässigen Sechseck?
b) Begründe mit a), dass es keinen Körper geben kann, der nur aus Sechsecken besteht.
c) Erkläre, warum es auch keine Körper geben kann, die nur aus regelmässigen Siebenecken, Achtecken usw. bestehen.

4.2 Satz des Cavalieri

«Ich nehme die linke Vase, denn in die scheint mehr Wasser hineinzupassen.»

Kopierpapier wird häufig in Stapeln zu je 500 Blatt verkauft. Ein solcher Stapel hat die Form eines Quaders, der 29.7 cm lang, 21.0 cm breit und 5.0 cm hoch ist. Mit diesen Massen lässt sich das Volumen V des Stapels errechnen: $V = G \cdot h = 3118.5 \, cm^3$

Verformt man den Papierstapel so, dass die einzelnen Blätter weiterhin parallel zueinander liegen, so bleiben die zur Grundfläche parallelen Querschnittsflächen gleich. Auch die Höhe des Stapels bleibt unverändert. Da kein Papier hinzugefügt oder weggenommen wurde, bleibt das Volumen des Stapels ebenfalls gleich.

Dieser Zusammenhang lässt sich auf beliebig geformte Körper übertragen, die die folgenden Voraussetzungen erfüllen:
1. Die Flächeninhalte der Grundflächen sind gleich gross: $G_1 = G_2$
2. Die Körper haben die gleichen Höhen.
3. Im gleichen Abstand parallel zur Grundfläche liegende Schnittflächen haben den gleichen Flächeninhalt: $S_1 = S_2$
Die Form der Schnittflächen S_1 und S_2 darf verschieden sein.

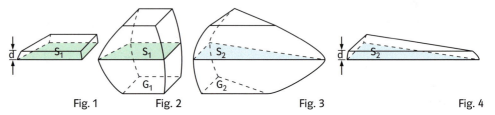

Fig. 1 Fig. 2 Fig. 3 Fig. 4

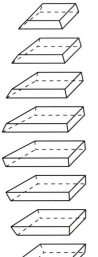

Fig. 5

Die zwei in Fig. 2 und Fig. 3 dargestellten Körper erfüllen die obigen Voraussetzungen. Aus beiden werden in gleicher Höhe parallel zur Grundfläche Scheiben der Dicke d herausgeschnitten (vgl. Fig. 1 und Fig. 4). Je kleiner man d wählt, desto mehr nähern sich die beiden Scheiben an Körper mit paarweise gleich grossen Grund- und Deckflächen an. Diese Scheiben können dann näherungsweise als Prismen betrachtet werden und haben somit annähernd das gleiche Volumen. Diese Überlegung gilt für jedes derart herausgeschnittene Scheibenpaar.
Auf diese Art lassen sich beide Körper vollständig in paarweise volumengleiche Scheiben zerlegen (vgl. Fig. 5). Also ist auch das Volumen beider Körper gleich gross.

Satz des Cavalieri
Zwei Körper haben das **gleiche Volumen**, wenn für sie gilt:
1. Die Flächeninhalte der **Grundflächen** sind gleich: $G_1 = G_2$;
2. sie haben die gleichen **Höhen h**;
3. ihre **Schnittflächen** im gleichen Abstand parallel zur Grundfläche haben den gleichen Flächeninhalt: $S_1 = S_2$.

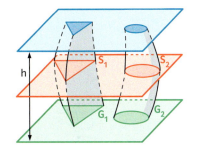

Diese Erkenntnisse hat Bonaventura Cavalieri (1598–1647), ein italienischer Mathematiker, als Satz formuliert, der als der Satz zur Volumenberechnung von Körpern bezeichnet wird.

Beispiel
Berechne das Volumen der Körper in Fig. 1.
Lösung:
a) $G = \frac{1}{2} \cdot 6\,\text{cm} \cdot 4\,\text{cm} = 12\,\text{cm}^2$
$V_{\text{Prisma}} = G \cdot h = 12\,\text{cm}^2 \cdot 10\,\text{cm} = 120\,\text{cm}^3$
b) $V = r^2 \cdot \pi \cdot h = (2\,\text{cm})^2 \cdot \pi \cdot 10\,\text{cm} \approx 126\,\text{cm}^3$

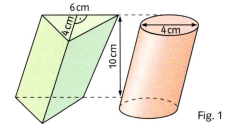

Fig. 1

Aufgaben

1 Berechne das Volumen des Körpers (Fig. 3).

2 Berechne das Volumen des schiefen Zylinders in Fig. 2.
a) $r = 15\,\text{cm}$; $h = 4{,}2\,\text{cm}$
b) $s = 10\,\text{cm}$; $r = 4{,}2\,\text{cm}$; $\alpha = 45°$
c) $s = 8\,\text{cm}$; $r = 12\,\text{cm}$; $\alpha = 60°$

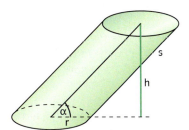

Fig. 2

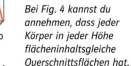

Fig. 3

3 Aus Quadern wurden verschiedene Körper herausgesägt (Fig. 4).
a) Bestimme jeweils das Volumen der einzelnen Körper.
b) Wie viel Prozent des Gesamtvolumens beträgt das Restvolumen?

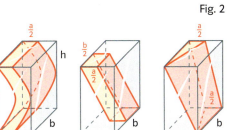

Fig. 4

Bei Fig. 4 kannst du annehmen, dass jeder Körper in jeder Höhe flächeninhaltsgleiche Querschnittsflächen hat.

4 An einem Berghang ist ein Stapel mit 1,50 m langen Holzstämmen aufgestellt (Fig. 5). Wie viele Raummeter Holz enthält der Stapel?

5 Gegeben sind ein Quader mit quadratischer Grundfläche der Kantenlänge a sowie ein schiefer Quader mit gleicher Grundfläche und gleicher Höhe. Vergleiche Volumen und Oberfläche beider Körper. Was stellst du fest? Begründe deine Antwort.

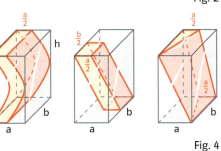

Fig. 5

Raummeter, auch Ster genannt, ist eine Bezeichnung aus der Forstwirtschaft für 1 m³ geschichtetes Holz mit Zwischenräumen.

4.3 Pyramide und Kegel

Christian: «In welches Glas soll ich dir einschenken?»
Sandra: «Das ist mir gleich, aber bitte nur halb voll.»

Pyramide

Eine dreiseitige Pyramide hat drei Seitenflächen und eine Grundfläche.

Um das Volumen einer Pyramide zu bestimmen, zeigt man zunächst, dass Pyramiden mit gleich grosser Grundfläche und gleicher Höhe volumengleich sind.
Die drei dargestellten Pyramiden (Fig. 1) haben gleich lange Höhen h und die Grundflächen G liegen in derselben Ebene. Die drei Querschnittsflächen G' liegen in einer weiteren, dazu parallelen Ebene E. Die zentrische Streckung mit Streckzentrum S und Streckfaktor $\frac{x}{h}$ bildet jeweils G auf G' mit $G' = \left(\frac{x}{h}\right)^2 \cdot G$ ab. Somit sind die zu den entsprechenden Grundflächen parallelen Querschnittsflächen jeweils gleich gross.

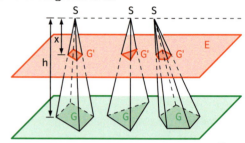

Fig. 1

Nach dem Satz des Cavalieri haben Pyramiden mit gleich langen Höhen und gleich grossen Grundflächen dasselbe Volumen. Das bedeutet, dass das Volumen einer Pyramide nicht von deren Form, sondern ausschliesslich von der Grösse ihrer Grundfläche und von der Länge ihrer Höhe abhängt. Um eine allgemeine Formel zur Berechnung des Volumens einer beliebigen Pyramide herzuleiten, genügt es daher, diese für eine spezielle Pyramide zu entwickeln.

Im Folgenden ist eine Pyramide P_1 dargestellt, bei der eine Seitenkante senkrecht auf der Grundfläche steht (Fig. 2).

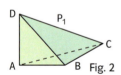 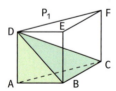 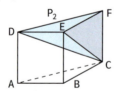 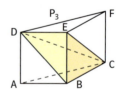 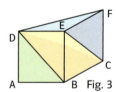

Fig. 2   Fig. 3

Diese spezielle dreiseitige Pyramide lässt sich durch zwei weitere Pyramiden P_2 und P_3 zu einem Prisma ergänzen (Fig. 3). Die Grundfläche G und die Höhe h des Prismas stimmen mit der Grundfläche und der Höhe von P_1 überein. Für das Volumen des Prismas gilt: $V = G \cdot h$. Eine genauere Betrachtung der drei Pyramiden zeigt:

1. Die Pyramide P_1 hat die Höhe AD, die Pyramide P_2 hat die Höhe CF. Somit sind P_1 und P_2 gleich hoch. Ihre Grundflächen ABC und DEF entsprechen der Grundfläche des Prismas und sind ebenfalls gleich gross. Somit sind P_1 und P_2 volumengleich.
2. Die Pyramiden P_2 und P_3 haben beide die Höhe DE. Ihre Grundflächen sind die flächengleichen Dreiecke EBC und ECF. P_2 und P_3 sind daher ebenfalls volumengleich.

Aus 1. und 2. folgt:
Alle drei Pyramiden haben das gleiche Volumen: $V_{Pyramide} = \frac{1}{3} \cdot V_{Prisma} = \frac{1}{3} \cdot G \cdot h$

Für das **Volumen** V einer **Pyramide** mit Grundfläche G und Höhe h gilt: $V = \frac{1}{3} \cdot G \cdot h$

Beispiel 1 Volumen einer rechteckigen Pyramide
Berechne das Volumen einer Pyramide, deren Grundfläche ein Rechteck mit den Seitenlängen a = 3.4 cm und b = 5.2 cm ist. Die Pyramide hat die Höhe h = 9 cm.
Lösung:
$V = \frac{1}{3} \cdot G \cdot h = \frac{1}{3} \cdot 3.4\,\text{cm} \cdot 5.2\,\text{cm} \cdot 9\,\text{cm} = 53.04\,\text{cm}^3$

Beispiel 2 Oberflächeninhalt einer quadratischen Pyramide
Eine quadratische Pyramide hat die Grundkante a = 4.0 cm und die Höhe h = 3.0 cm.
Berechne ihren Oberflächeninhalt.
Lösung:
Zur Berechnung der Flächeninhalte der Seitendreiecke muss zuerst deren Höhe h' nach dem Satz des Pythagoras bestimmt werden.

$h'^2 = h^2 + \left(\frac{a}{2}\right)^2;\qquad h' = \sqrt{h^2 + \left(\frac{a}{2}\right)^2};\qquad h' = \sqrt{(3\,\text{cm})^2 + (2\,\text{cm})^2} = \sqrt{13}\,\text{cm}$

$S = G + 4 \cdot \frac{1}{2} \cdot a \cdot h' = G + 2ah';\quad S = 16\,\text{cm}^2 + 2 \cdot 4\,\text{cm} \cdot \sqrt{13}\,\text{cm} = 8 \cdot (2 + \sqrt{13})\,\text{cm}^2 \approx 44.8\,\text{cm}^2$

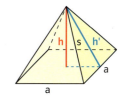

Kegel

Die **Oberfläche** S eines Kegels besteht aus der **Grundfläche** G und der **Mantelfläche** M. Die Grundfläche ist ein Kreis.
Der Abstand der Spitze des Kegels von der Ebene, in der seine Grundfläche liegt, heisst **Höhe** h des Kegels. Die Strecke s (Fig. 1) heisst **Mantellinie**.

*Verläuft die Höhe h wie in Fig. 1 durch den Mittelpunkt des Grundkreises, so nennt man den Kegel einen **geraden Kegel**. Wenn nichts anderes erwähnt wird, werden im Weiteren stets gerade Kegel betrachtet.*

Nach dem Satz des Cavalieri haben Pyramiden mit gleicher Höhe h und gleich grossen Grundflächen G das gleiche Volumen. Dies gilt unabhängig von der Form der Grundfläche für alle spitzen Körper, also auch für solche mit einem Kreis als Grundfläche.
Daher gilt für das Volumen eines Kegels:
$V = \frac{1}{3} \cdot G \cdot h = \frac{1}{3} \cdot r^2 \cdot \pi \cdot h$

Fig. 1

Beim Beweis dieses Satzes wurde nur benutzt, dass bei einer zentrischen Streckung mit einem Streckfaktor k die Grundfläche G mit dem Faktor k^2 multipliziert wird, das heisst: $G' = k^2 \cdot G$

Das Netz des Kegelmantels (Fig. 2) ist ein Kreissektor. Sein Radius ist die Länge s der Mantellinien, sein Bogen ist gleich dem Umfang des Grundkreises:
$b = 2r \cdot \pi$
Für den Flächeninhalt dieses Kreissektors gilt daher:
$A = \frac{1}{2} \cdot b \cdot s = r \cdot \pi \cdot s$

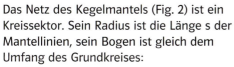
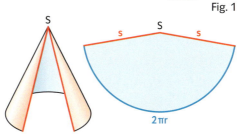

Fig. 2

Für einen **Kegel** mit dem Grundkreisradius r, der Grundfläche G, der Mantellinie s und der Höhe h gilt:
Volumen V $\qquad V = \frac{1}{3} \cdot G \cdot h = \frac{1}{3} \cdot r^2 \cdot \pi \cdot h$
Flächeninhalt der **Mantelfläche** M $\qquad M = r \cdot s \cdot \pi$
Oberflächeninhalt S $\qquad S = G + M = r^2 \cdot \pi + r \cdot s \cdot \pi$

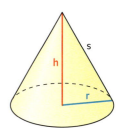

Beispiel
Berechne das Volumen und den Oberflächeninhalt eines Kegels mit dem Radius r = 6 cm und der Höhe h = 7 cm.
Lösung:
$V = \frac{1}{3} \cdot r^2 \cdot \pi \cdot h = \frac{1}{3} \cdot (6\,cm)^2 \cdot \pi \cdot 7\,cm \approx 264\,cm^3$
$s^2 = r^2 + h^2$; $s = \sqrt{r^2 + h^2} = \sqrt{(6\,cm)^2 + (7\,cm)^2} = \sqrt{85}\,cm \approx 9.2\,cm$ (Satz des Pythagoras)
$S = r^2 \cdot \pi + r \cdot s \cdot \pi = (6\,cm)^2 \cdot \pi + (6\,cm) \cdot \sqrt{85}\,cm \cdot \pi \approx 287\,cm^2$

Aufgaben

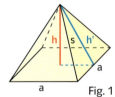
Fig. 1

1 Eine quadratische Pyramide hat die Grundkante a, die Höhe h und die Höhe h' der Seitenflächen. Berechne den Rauminhalt der Pyramide, den Flächeninhalt einer Seitenfläche und den Oberflächeninhalt der Pyramide (Fig. 1).
a) h = 7 cm; h' = 7.4 cm
b) a = 43.2 cm; h = 63 cm
c) a = 5.52 m; h = 8 m
d) a = 126 cm; h' = 87 cm
e) a = 8.5 m; h = 7.7 m
f) h' = 6.5 m; h = 5.6 m

2 a) Zeichne ein Netz einer quadratischen Pyramide mit der Grundkante a = 3 cm und der Seitenkante s = 3.9 cm.
b) Berechne die Höhe h' einer Seitenfläche, die Mantelfläche M, den Oberflächeninhalt S.
c) Berechne die Pyramidenhöhe h und das Volumen V der Pyramide.

3 Bestimme das Volumen V und den Oberflächeninhalt S einer Pyramide mit rechteckiger Grundfläche mit den Grundkanten a = 8 cm; b = 15 cm und der Höhe h = 10 cm.

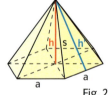
Fig. 2

4 Berechne das Volumen V und den Oberflächeninhalt S einer regelmässigen sechsseitigen Pyramide mit der Grundkante a, der Höhe h und der Seitenkante s (Fig. 2).
a) a = 3 m; h = 4 m
b) a = 6.25 m; s = 16.25 m
c) s = 8.5 m; h = 7.5 m
d) a = 12 cm; s = 37 cm

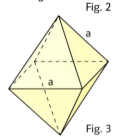
Fig. 3

5 Eine regelmässige vierseitige (dreiseitige) Pyramide hat die Grundkante a. Das Volumen der Pyramide soll verdoppelt (halbiert, gedrittelt, ver-n-facht) werden. Wie muss man
a) die Höhe h,
b) die Grundkante a ändern?

6 Stelle eine Formel für das Volumen V und den Oberflächeninhalt S eines Oktaeders mit der Kantenlänge a (Fig. 3) auf.

7 Begründe mithilfe des Satzes des Cavalieri: Zu einer Pyramide mit beliebiger Grundfläche lässt sich eine dreiseitige Pyramide mit gleichem Volumen und gleicher Höhe finden.

8 Berechne den Rauminhalt der Dächer in Fig. 4 und Fig. 5.
a)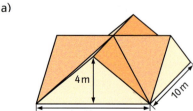
b)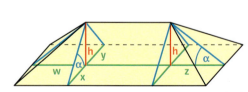

Fig. 4   Fig. 5

9 Ordne die folgenden Körper in aufsteigender Reihenfolge nach ihrem Rauminhalt.

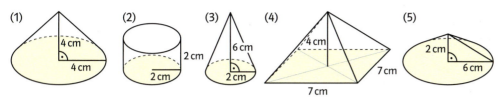

10 Berechne für einen Kegel mit Radius r und Höhe h das Volumen V, den Inhalt des Mantels M und den Oberflächeninhalt S.
a) r = 1.6 m; h = 45 cm
b) r = 3 cm; h = 6 cm
c) r = 9 cm; h = 4 cm
d) r = 12 cm; h = 14 cm
e) r = 16 cm; h = 10.5 cm
f) r = 8 mm; h = 7.5 cm

11 Bei einem Kegel mit Radius r, Höhe h, Mantellinie s, Volumen V, Mantelfläche M und Oberflächeninhalt S sind zwei der sechs Grössen gegeben.
Berechne die fehlenden vier Grössen.
a) s = 41 cm; h = 40 cm
b) r = 26 cm; s = 38.8 cm
c) r = 8 cm; V = 192 π cm³
d) h = 12 cm; s = 13 cm
e) s = 7.5 cm; M = 117.8 cm²
f) s = 6.4 cm; M = 36 π cm²
g) h = 20 cm; V = 2.5 l
h) M = 128 cm²; S = 223 cm²

12 Ein Kreissektor mit dem Zentriwinkel 90° (120°, 180°, 270°) und dem Radius 8 cm wird zu einem Kegel zusammengebogen (Fig. 1).
a) Berechne seine Mantelfläche M.
b) Berechne sein Volumen V.

Fig. 1

13 Berechne Rauminhalt und Oberfläche der folgenden Blumenbehälter (d = 20 cm).

a)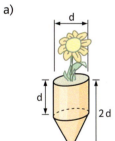
b)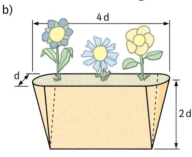
c)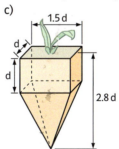

14 Ein kelchförmiges Glas hat die Gestalt eines Kegels mit dem Durchmesser 6.6 cm und der Höhe 9.7 cm (Fig. 2). Dorothee hat es randvoll mit Tomatensaft gefüllt und trinkt jetzt vom Saft. Das Glas kann dabei auf verschiedene Weisen noch «halb voll» sein. Untersuche dazu folgende Fragen:
a) Wie viel Prozent des Rauminhalts des Glases sind noch gefüllt, wenn das Glas noch bis zur halben Höhe mit Saft gefüllt ist?
b) Wie hoch steht der Saft im Glas, wenn der halbe Rauminhalt des Glases gefüllt ist?
c) Wie hoch steht der Saft im Glas, wenn der Durchmesser des Flüssigkeitsspiegels auf die Hälfte abgenommen hat?
d) Wie viel Prozent des Rauminhalts des Glases sind noch gefüllt, wenn der Flächeninhalt des Flüssigkeitsspiegels auf die Hälfte abgenommen hat?
e) Wie hoch steht der Saft, wenn die halbe Mantelfläche von Flüssigkeit bedeckt ist?

Fig. 2

4.4 Kugel

Die Schweiz nimmt eine Fläche von etwa 41 300 km² ein. Der Umfang der Erde beträgt etwa 40 000 km. Wie häufig passt die Fläche der Schweiz wohl in die Erdoberfläche?

(1)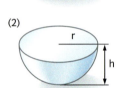

In Fig. 1 sind ein Zylinder, eine Halbkugel und ein Kegel dargestellt, die jeweils die Höhe h und den Radius r haben; für sie gilt $r = h$.
Vergleicht man das Volumen dieser drei Körper, so erkennt man:

$V_{Zylinder} > V_{Halbkugel} > V_{Kegel}$

$r^2 \cdot \pi \cdot r > V_{Halbkugel} > \frac{1}{3} \cdot r^2 \cdot \pi \cdot r$ \quad ($r = h$)

$\pi \cdot r^3 > V_{Halbkugel} > \frac{1}{3} \cdot \pi \cdot r^3$

Bildet man den Mittelwert beider Grenzen, so erhält man den Näherungswert:

(2)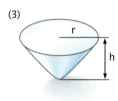

$V_{Halbkugel} \approx 2 \cdot V_{Kegel} \approx \frac{2}{3} \cdot \pi \cdot r^3$

$\frac{2}{3} \cdot \pi \cdot r^3$ ist zugleich das Volumen des Restkörpers, der durch das Herausbohren eines Kegels aus einem Zylinder mit gleicher Höhe und Grundfläche entsteht (Fig. 3).
Dies legt nahe, die Halbkugel und den Restkörper genauer miteinander zu vergleichen:

(3)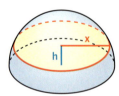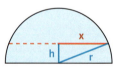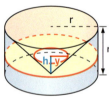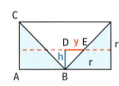

Fig. 1 \quad Halbkugel \quad Fig. 2 \quad Restkörper \quad Fig. 3

1. Legt man durch beide Körper in der Höhe h eine Ebene parallel zur Grundfläche, so entstehen Schnittflächen. Für die jeweilige Schnittfläche A_H bzw. A_R ergibt sich:

$A_H = x^2 \cdot \pi$ \qquad\qquad $A_R = (r^2 - y^2) \cdot \pi$

2. Mit dem Satz des Pythagoras gilt: \qquad Da das Dreieck ABC und damit das Dreieck
$r^2 = h^2 + x^2$; $r^2 - h^2 = x^2$ \qquad DEB gleichschenklig ist, gilt: $h = y$

3. Einsetzen ergibt:
$A_H = (r^2 - h^2) \cdot \pi$ \qquad\qquad $A_R = (r^2 - h^2) \cdot \pi$

4. Da $A_H = A_R$ ist, haben die Halbkugel und der Restkörper für jede Schnitthöhe eine inhaltsgleiche Querschnittsfläche. Da die Halbkugel und der Restkörper auch gleich hoch sind, gilt mit dem Satz des Cavalieri, dass sie auch volumengleich sind.

Also gilt: $V_H = V_R = V_{Zylinder} - V_{Kegel} = r^2 \cdot r \cdot \pi - \frac{1}{3} \cdot r^2 \cdot \pi \cdot r = \frac{2}{3} \cdot r^3 \cdot \pi$

Damit gilt für das Volumen der Kugel: $V = \frac{4}{3} \cdot \pi \cdot r^3$

Um eine Formel für den Oberflächeninhalt einer Kugel zu finden, kann man sich die Kugel in sehr viele kleine Körper zerlegt denken. Alle diese Körper haben näherungsweise die Form von Pyramiden, deren Spitzen sich im Kugelmittelpunkt befinden. Mit zunehmender Anzahl der spitzen Körper lässt sich die Wölbung ihrer Grundflächen vernachlässigen, da die Grundflächen immer kleiner werden. Somit kann man die Volumenformel für Pyramiden mit ebener Grundfläche anwenden.

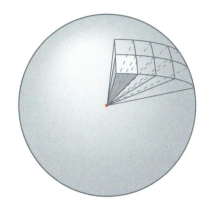

1. Volumenformel einer kleinen Pyramide P_i: $\quad V_{P_i} = \frac{1}{3} G_i \cdot r$
2. Also gilt für das Volumen der Kugel: $\quad V_K = \frac{1}{3}(G_1 + G_2 + G_2 + \ldots + G_n) \cdot r$
3. Die Summe aller Grundflächeninhalte G_i bildet den Oberflächeninhalt S: $\quad S = G_1 + G_2 + G_3 + \ldots + G_n$
4. Einsetzen: $\quad V_K = \frac{1}{3} \cdot S \cdot r$; umgeformt: $S = 3 \cdot \frac{V_K}{r}$
5. Einsetzen der Volumenformel für die Kugel und Kürzen ergeben: $\quad S = 4 r^2 \cdot \pi$

Für das **Volumen** V und für den **Oberflächeninhalt** S einer **Kugel** mit Radius r gilt:
$$V = \frac{4}{3} \cdot \pi \cdot r^3; \quad S = 4 \cdot \pi \cdot r^2$$

Beispiel
Berechne für eine Kugel mit r = 7.5 cm
a) das Volumen und
b) den Oberflächeninhalt.

Lösung:
a) $V = \frac{4}{3} \cdot \pi \cdot r^3 = \frac{4}{3} \cdot \pi \cdot (7.5\,\text{cm})^3 \approx 1767\,\text{cm}^3$
b) $S = 4 \cdot \pi \cdot r^2 = 4 \cdot \pi \cdot (7.5\,\text{cm})^2 \approx 707\,\text{cm}^2$

Aufgaben

1 Bei einer Kugel ist eine der Grössen r, V und S gegeben. Berechne die beiden übrigen.
a) r = 7.5 cm   b) S = 2826 cm²   c) r = 1.12 m   d) V = 113 m³
e) r = 12.5 cm   f) S = 2 m²   g) V = 27 m³   h) V = 2 l

2 Berechne das Volumen der dargestellten Körper.

a) 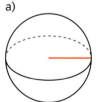 b)   c)   d) 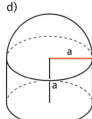 e)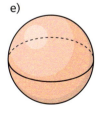

Radius 6.5 cm   Umfang 12.3 m   Kreisfläche 270 cm²   Radius 7.2 cm   Oberfläche 500 cm²

3 Bestimme Volumen V und Oberflächeninhalt S der folgenden Körper.

a) 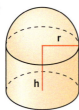 b) 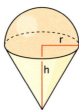 c) 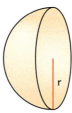 d)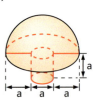

4 Ein kugelförmiger Luftballon wird zu einem Luftballon mit
a) doppeltem Umfang,   b) doppelter Oberfläche,   c) doppeltem Rauminhalt
aufgeblasen. Wie ändert sich dabei jeweils der Radius des Ballons?

Stoff	Dichte in g/cm³
Granit	2.8
Gold	19.3
Holz	0.5
Styropor	0.04

5 Welche Masse hat eine Kugel mit dem Durchmesser $d = 10$ cm aus den folgenden Stoffen (vgl. Tabelle)?
a) Granit   b) Gold   c) Holz   d) Styropor

6 Der Äquatorumfang der Erde beträgt 40 000 km. Berechne
a) den Erdradius,   b) die Grösse der Erdoberfläche,   c) das Volumen der Erde.

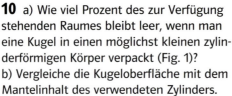

7 Ein Wasserhahn tropft. Die nahezu kugelförmigen Tropfen haben einen Durchmesser von 5 mm. Alle 2 Sekunden fällt ein Wassertropfen. Wie viele Liter Wasser gehen dadurch im Laufe einer Woche verloren?

8 Eine Kugel, ein Zylinder und ein Kegel haben denselben Radius r. Bestimme die Höhe des Zylinders und des Kegels so, dass alle drei Körper
a) das gleiche Volumen,   b) den gleichen Oberflächeninhalt haben.

9 Ein Öltropfen hat einen Durchmesser von 0.5 cm. Er verteilt sich als kreisförmiger Ölfleck von 1 m Durchmesser auf einer Wasseroberfläche. Berechne die Dicke des Ölflecks.

10 a) Wie viel Prozent des zur Verfügung stehenden Raumes bleibt leer, wenn man eine Kugel in einen möglichst kleinen zylinderförmigen Körper verpackt (Fig. 1)?
b) Vergleiche die Kugeloberfläche mit dem Mantelinhalt des verwendeten Zylinders.

11 1000 gleich grosse Bleikugeln mit dem Durchmesser d werden zu einer einzigen Kugel zusammengeschmolzen.
a) Welchen Durchmesser hat diese neue Kugel?
b) Vergleiche ihre Oberfläche mit der Gesamtoberfläche der 1000 kleinen Kugeln.

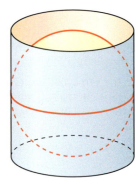

Fig. 1

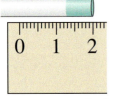

Fig. 2

12 Tina taucht einen Trinkhalm mit 5 mm Durchmesser in eine Seifenlauge und nimmt ihn dann wieder heraus (Fig. 2). Aus dem Pfropfen, der sich am Ende des Halms gebildet hat, bläst sie eine Seifenblase von 70 mm Durchmesser. Wie dick ist etwa die Haut dieser Seifenblase?

Exkursion Näherungsverfahren von Archimedes zur Bestimmung von π

```
Pi = 3.1415926535 8979323846 2643383279 5028841971 6939937510
     5820974944 5923078164 0628620899 8628034825 3421170679
     8214808651 3282306647 0938446095 5058223172 5359408128
     4811174502 8410270193 8521105559 6446229489 5493038196
     4428810975 6659334461 2847564823 3786783165 2712019091
     4564856692 3460348610 4543266482 1339360726 0249141273
     7245870066 0631558817 4881520920 9628292540 9171536436
     7892590360 0113305305 4882046652 1384146951 9415116094
     3305727036 5759591953 0921861173 8193261179 3105118548
     0744623799 6274956735 1885752724 8912279381 8301194912
     ...
```

Um eine Näherung für π zu bestimmen, wird bei der von Archimedes entwickelten Methode ein Einheitskreis betrachtet, also ein Kreis mit r = 1, der durch eine Folge einbeschriebener oder umbeschriebener regelmässiger n-Ecke angenähert wird (Fig. 1). Archimedes begann mit einem 6-Eck. Aus diesem 6-Eck wird dann ein 12-Eck, ein 24-Eck, ein 48-Eck usw. konstruiert. Ist u_n der Umfang des einbeschriebenen, U_n der Umfang des umbeschriebenen n-Ecks und $u_E = 2\pi$ der Umfang des Einheitskreises, so gilt $u_n < u_E < U_n$. Mit grösser werdender Eckenanzahl erhält man aus den Umfängen dieser n-Ecke immer bessere Näherungen für u_E und damit wegen $\pi = \frac{1}{2} \cdot u_E$ auch für π.

*Hinweis:
Es wird durchgehend auf die Angabe der Längeneinheit verzichtet. Man kann sich stets zum Beispiel cm oder dm vorstellen.*

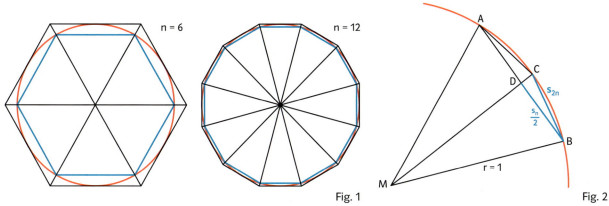

Fig. 1 Fig. 2

1. Ist $\overline{AB} = s_n$ die Seitenlänge des regelmässigen einbeschriebenen n-Ecks, so kann man nach Fig. 2 die Seitenlänge s_{2n} des 2n-Ecks bestimmen.

Zur Begründung der einzelnen Schritte siehe Aufgabe 1.

Es gelten: (1) $s_{2n}^2 = \overline{CD}^2 + \left(\frac{s_n}{2}\right)^2$ und (2) $(1 - \overline{CD})^2 + \left(\frac{s_n}{2}\right)^2 = 1$

Aus (2) folgt: (3) $\overline{CD} = 1 - \sqrt{1 - \left(\frac{s_n}{2}\right)^2}$

Einsetzen in (1) und Vereinfachen ergibt: (4) $s_{2n}^2 = 2 - \sqrt{4 - s_n^2}$ oder
$s_{2n} = \sqrt{2 - \sqrt{4 - s_n^2}}$

Da das regelmässige 6-Eck die Seitenlänge $s_6 = 1$ hat, kann man hiermit nacheinander s_{12}, s_{24}, ..., daraus die Umfänge der 12-, 24-, ... Ecke und damit immer bessere Näherungen für u_E bestimmen (2. und 3. Spalte der Tabelle auf der folgenden Seite).

2. Ist $\overline{SD}$ die Seitenlänge eines umbeschriebenen n-Ecks, so ergibt sich nach Fig. 1 mit dem 2. Strahlensatz: $\frac{S_n}{s_n} = \frac{1}{\overline{MD}}$

Aus $\overline{MD} = 1 - \overline{CD}$ und Gleichung (3) folgen:

$\overline{MD} = 1 - \left(1 - \sqrt{1 - \left(\frac{s_n}{2}\right)^2}\right) = \sqrt{1 - \frac{s_n^2}{4}}$

und damit $S_n = \frac{s_n}{\sqrt{1 - \frac{s_n^2}{4}}}$

Die Seitenlänge S_n eines umbeschriebenen n-Ecks kann also aus der Seitenlänge s_n eines einbeschriebenen n-Ecks berechnet werden. Es ergeben sich für S_n und U_n die Werte in der Tabelle (4. und 5. Spalte).

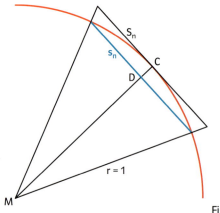

Fig. 1

	A	B	C	D	E
1	n	s_n	u_n = n*s_n	S_n	U_n = n*S_n
2	6	1.0000000000	6.0000000000	1.1547005384	6.9282032303
3	12	0.5176380902	6.2116570825	0.5358983849	6.4307806183
4	24	0.2610523844	6.2652572266	0.2633049952	6.3193198842
5	48	0.1308062585	6.2787004061	0.1310869256	6.2921724303
6	96	0.0654381656	6.2820639018	0.0654732208	6.2854291993
7	192	0.0327234633	6.2829049446	0.0327278443	6.2837461000
8			...		
9	3072	0.0020453074	6.2831842121	0.0020453084	6.2831874976

Für u_n, u_E und U_n gilt: Mit wachsendem n wird $U_n - u_n$ beliebig klein, u_n und U_n bilden eine Intervallschachtelung für u_E bzw. π. Die bis zum 3072-Eck durchgeführte Rechnung ergibt $3{,}141\,591\,620\,3 < \pi < 3{,}141\,593\,263\,6$ oder $\pi \approx 3{,}14159$.

1 a) Begründe an geeigneten Dreiecken die Gleichungen (1) und (2) von Seite 69.
b) Rechne nach, dass sich aus (2) die Gleichung (3) ergibt.
c) Setze (3) in (1) ein und zeige, dass sich (4) ergibt.

2 a) Die Werte in der obigen Tabelle können mit einem Tabellenkalkulationsprogramm berechnet werden. Gib dazu geeignete Formeln an.
b) Rechne die Werte für n = 6, …, 192 nach und bestimme die fehlenden Werte für n = 384 und n = 768.
c) Ab welchem n-Eck erhält man π auf zwei (vier; acht) Stellen genau?

3 Bei der näherungsweisen Berechnung von u_E kann auch mit einem 4-Eck begonnen werden. Zeige, dass $S_4 = \sqrt{2}$ ist, und berechne mit den Formeln für s_n und S_n die Werte für u_4, …, u_{256} und U_4, …, U_{256}. Auf wie viele Nachkommastellen ist die Näherung für π genau, die sich aus dieser Rechnung ergibt?

Tipp:
Siehe hierzu Seite 18 und Seite 19.

4 Gib bei den Näherungswerten für π den Fehler auf fünf Dezimalen und in Prozent an.
a) 3 bei den Babyloniern
b) $\left(\frac{16}{9}\right)^2$ bei den Ägyptern
c) $3 + \frac{1}{7}$ und $3 + \frac{10}{71}$ bei Archimedes
d) $3 + \frac{17}{120}$ bei Ptolemäus
e) $\sqrt{10}$ bei dem Inder Brahmagupta
f) $1{,}8 + \sqrt{1{,}8}$ bei Vieta

5 Trigonometrie

5.1 Seitenverhältnisse in rechtwinkligen Dreiecken

▬ Die Rampe der Achterbahn wird durch zueinander parallele Pfeiler abgestützt. Die Sicherheitsvorschriften erlauben aber höchstens einen Steigungswinkel von 40°.
Timo meint: «Schade, dann wird die Rampe bei drei Pfeilern höchstens 10 Meter hoch!» ▬

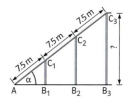

Sinus

Die rechtwinkligen Dreiecke in Fig. 1 stimmen in einem weiteren Winkel (α) überein. Da die Winkelsumme in einem Dreieck stets 180° beträgt, sind auch die beiden nicht gekennzeichneten Winkel gleich gross.

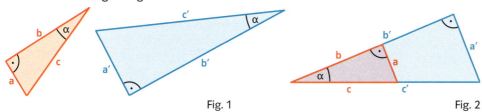

Fig. 1   Fig. 2

Fig. 2 zeigt, wie sich die beiden Dreiecke aus Fig. 1 zu einer Strahlensatzfigur anordnen lassen. Nach dem 1. Strahlensatz gilt daher $\frac{b'}{b} = \frac{c'}{c}$. Der 2. Strahlensatz ergibt die Gleichungen $\frac{a'}{a} = \frac{c'}{c}$ und $\frac{a'}{a} = \frac{b'}{b}$. Formt man die drei Gleichungen um, so erhält man $\frac{b'}{c'} = \frac{b}{c}$ und $\frac{a'}{c'} = \frac{a}{c}$ sowie $\frac{a'}{b'} = \frac{a}{b}$.

Dies bedeutet: In den beiden Dreiecken stimmen die Seitenverhältnisse einander entsprechender Seiten überein. Die Dreiecke sind ähnlich.
Sind α und β die beiden spitzen Winkel in einem rechtwinkligen Dreieck (Fig. 3), so heisst die Kathete, die dem Winkel α gegenüber liegt, **Gegenkathete von α**. Die am Winkel α anliegende Kathete heisst **Ankathete von α**.
Bezogen auf den Winkel β tauschen die Katheten die Rollen: Die Gegenkathete von β ist Ankathete von α, und die Ankathete von β ist Gegenkathete von α (Fig. 4):

Bei ähnlichen Dreiecken stimmen die Verhältnisse einander entsprechender Seiten überein.

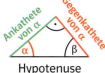
Hypotenuse   Fig. 3

Hypotenuse   Fig. 4

Bei allen rechtwinkligen Dreiecken mit gleich grossem Winkel α hat das Verhältnis *Gegenkathete von α zu Hypotenuse* denselben Wert. Dieser Wert ist eindeutig durch die Grösse des Winkels α bestimmt.

Stimmen rechtwinklige Dreiecke in einem spitzen Winkel überein, so sind sie zueinander ähnlich und die Seitenverhältnisse einander entsprechender Seiten stimmen überein.

Ist α einer der beiden spitzen Winkel in einem rechtwinkligen Dreieck, so nennt man das Verhältnis *Gegenkathete von α zu Hypotenuse* **Sinus von α** und schreibt:

$$\sin(\alpha) = \frac{\text{Gegenkathete von }\alpha}{\text{Hypotenuse}}$$

Ist zum Beispiel $\sin(\alpha) = 0.4$, so bedeutet dies, dass die Gegenkathete von α und die Hypotenuse des zugehörigen Dreiecks im Verhältnis $0.4 = \frac{2}{5} = 2 : 5$ stehen.
Ist der Winkel α bekannt, bestimmt man mit dem Taschenrechner den Wert von $\sin(\alpha)$.
Man erhält zum Beispiel $\sin(35°) \approx 0.57$.

Taschenrechner:
Wenn wir auf dem Taschenrechner einen Winkel (in Grad) mit Arkussinus berechnen wollen, vergewissern wir uns erst, dass der Rechner auf «deg» (degree [engl.] = Grad) eingestellt ist, und beachten, dass arcsin mit $\sin^{-1}$ bezeichnet wird

Zu jedem Seitenverhältnis $\frac{\text{Gegenkathete von }\alpha}{\text{Hypotenuse}}$ gehört eindeutig ein Winkel α.

Man schreibt $\alpha = \arcsin\left(\frac{\text{Gegenkathete von }\alpha}{\text{Hypotenuse}}\right)$ und liest «Arkussinus von Gegenkathete von α durch Hypotenuse». Mit dem Taschenrechner kann man die Grösse des Winkels berechnen.
Hat zum Beispiel die Gegenkathete von α die Länge 6 cm und ist die Hypotenuse 14 cm lang, so ist
$\sin(\alpha) = \frac{6}{14} = \frac{3}{7}$, also $\alpha = \arcsin\left(\frac{3}{7}\right)$. Der Taschenrechner liefert $\alpha \approx 25.4°$.

Beispiel 1
Berechne im Dreieck ABC (Fig. 1)
a) die Grösse des Winkels α für $a = 6.7$ cm und $b = 7.3$ cm,
b) die Längen der Seiten a und c für $b = 8.5$ cm und $\gamma = 43°$.

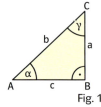
Fig. 1

Lösung:
a) $\sin(\alpha) = \frac{a}{b} = \frac{6.7}{7.3}$. Daraus folgt $\alpha = \arcsin\left(\frac{6.7}{7.3}\right) \approx 66.6°$.
b) $\sin(\gamma) = \frac{c}{b}$, also ist $c = b \cdot \sin(\gamma) = 8.5\,\text{cm} \cdot \sin(43°) \approx 5.8\,\text{cm}$.
$b^2 = a^2 + c^2$, also ist $a = \sqrt{b^2 - c^2} \approx 6.2\,\text{cm}$.

Beispiel 2
a) Berechne die Grösse des Winkels α in Fig. 2 für $\gamma = 90°$, $a = 7.2$ cm und $c = 10.8$ cm.
Wie lang ist die Höhe h?
b) Gib zu $\sin(\alpha)$, $\sin(\beta)$, $\sin(\gamma_1)$ und $\sin(\gamma_2)$ gehörende Seitenverhältnisse an.

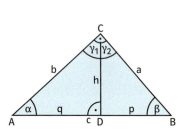
Fig. 2

Lösung:
a) $\sin(\alpha) = \frac{a}{c} = \frac{7.2}{10.8}$. Daraus folgt $\alpha = \arcsin\left(\frac{7.2}{10.8}\right)$.
Der Taschenrechner liefert $\alpha \approx 41.8°$.
Da die Winkelsumme im Dreieck 180° beträgt, ist $\beta = 180° - 90° - \alpha \approx 48.2°$.
Im Teildreieck DBC ist $\sin(\beta) = \frac{h}{a}$, also $h = a \cdot \sin(\beta) \approx 7.2\,\text{cm} \cdot \sin(48.2°) \approx 5.4\,\text{cm}$.

b) $\sin(\alpha) = \frac{a}{c} = \frac{h}{b}$; $\sin(\beta) = \frac{b}{c} = \frac{h}{a}$; $\sin(\gamma_1) = \frac{q}{b}$; $\sin(\gamma_2) = \frac{p}{a}$.

Kosinus und Tangens

In einem rechtwinkligen Dreieck mit den Katheten a und b und der Hypotenuse c lassen sich nach Vorgabe zweier Grössen alle Seitenlängen und Winkelgrössen berechnen. Man kann dazu den Sinus und den Satz des Pythagoras nutzen. Manchmal ist es hilfreich, statt dem Seitenverhältnis $\sin(\alpha) = \frac{a}{c} = \frac{\text{Gegenkathete von } \alpha}{\text{Hypotenuse}}$ auch andere Seitenverhältnisse zu verwenden. Das Seitenverhältnis $\frac{b}{c} = \frac{\text{Ankathete von } \alpha}{\text{Hypotenuse}}$ bezeichnet man als **Kosinus von α** und schreibt $\cos(\alpha)$. Das Kathetenverhältnis $\frac{a}{b} = \frac{\text{Gegenkathete von } \alpha}{\text{Ankathete von } \alpha}$ heisst **Tangens von α**. Man schreibt $\tan(\alpha)$.

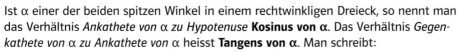

Jedes der sechs Seitenverhältnisse im rechtwinkligen Dreieck hat einen Namen:

Sinus: $\sin(\alpha) = \frac{a}{c}$,
Kosinus: $\cos(\alpha) = \frac{b}{c}$,
Tangens: $\tan(\alpha) = \frac{a}{b}$,
Kotangens: $\cot(\alpha) = \frac{b}{a}$,
Sekans: $\sec(\alpha) = \frac{c}{a}$,
Kosekans: $\csc(\alpha) = \frac{c}{b}$.

Ist α einer der beiden spitzen Winkel in einem rechtwinkligen Dreieck, so nennt man das Verhältnis *Ankathete von α zu Hypotenuse* **Kosinus von α**. Das Verhältnis *Gegenkathete von α zu Ankathete von α* heisst **Tangens von α**. Man schreibt:

$$\cos(\alpha) = \frac{\text{Ankathete von } \alpha}{\text{Hypotenuse}} \quad \text{und} \quad \tan(\alpha) = \frac{\text{Gegenkathete von } \alpha}{\text{Ankathete von } \alpha}$$

Kennt man α, so kann man mithilfe des Taschenrechners den Wert von $\cos(\alpha)$ bzw. $\tan(\alpha)$ bestimmen. So erhält man zum Beispiel $\cos(35°) \approx 0.82$ oder $\tan(85°) \approx 11.4$. Zu jedem Seitenverhältnis $\frac{\text{Ankathete von } \alpha}{\text{Hypotenuse}}$ oder $\frac{\text{Gegenkathete von } \alpha}{\text{Ankathete von } \alpha}$ gehört eindeutig ein Winkel α.
Die Bestimmung der Winkel bei gegebenem Seitenverhältnis geschieht mithilfe des Arkuskosinus bzw. des Arkustangens.
Der Taschenrechner liefert zum Beispiel für $\cos(\alpha) = 0.2$ den Winkel $\alpha = \arccos(0.2) \approx 78.46°$.
Zu $\tan(\alpha) = 105$ gehört der Winkel $\alpha = \arctan(105) \approx 89.45°$.

Beispiel 1
Berechne im Dreieck ABC (Fig. 1)
a) die Längen der Seiten a und b für
c = 5.3 cm und α = 37°,
b) die Grössen der Winkel α und β für
a = 6.1 cm und b = 3.4 cm.

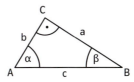

Fig. 1

Lösung:
a) $\sin(\alpha) = \frac{a}{c}$, also $a = c \cdot \sin(\alpha) = 5.3 \text{ cm} \cdot \sin(37°) \approx 3.2 \text{ cm}$
$\cos(\alpha) = \frac{b}{c}$, also $b = c \cdot \cos(\alpha) = 5.3 \text{ cm} \cdot \cos(37°) \approx 4.2 \text{ cm}$

Nach der Berechnung einer Seitenlänge lässt sich die zweite Seitenlänge auch mit dem Satz des Pythagoras bestimmen: $c^2 = a^2 + b^2$, also $b = \sqrt{c^2 - a^2} \approx \sqrt{5.3^2 - 3.2^2} \text{ cm} \approx 4.2 \text{ cm}$.

b) $\tan(\alpha) = \frac{a}{b} = \frac{6.1}{3.4}$, das bedeutet $\alpha = \arctan\left(\frac{6.1}{3.4}\right) \approx 60.9°$; $\beta = 90° - \alpha \approx 29.1°$.

Beispiel 2
a) Gib in Fig. 2 zu $\cos(\alpha)$ und $\tan(\gamma)$ gehörende Seitenverhältnisse an.
b) Drücke in Fig. 2 die Seitenverhältnisse $\frac{s}{t}, \frac{u}{r+s}, \frac{h}{r}, \frac{t}{r+s}, \frac{t}{u}$ und $\frac{h}{t}$ als Sinus, Kosinus oder Tangens aus.

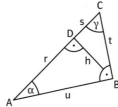

Fig. 2

73

Lösung:

a) $\cos(\alpha) = \frac{u}{r+s} = \frac{r}{u}$, $\tan(\gamma) = \frac{u}{t} = \frac{h}{s}$

b) $\frac{s}{t} = \cos(\gamma)$ (Dreieck DBC),
$\frac{h}{r} = \tan(\alpha)$ (Dreieck ABD),
$\frac{h}{t} = \sin(\gamma)$ (Dreieck DBC),
$\frac{u}{r+s} = \cos(\alpha) = \sin(\gamma)$ (Dreieck ABC)
$\frac{t}{r+s} = \sin(\alpha) = \cos(\gamma)$ (Dreieck ABC)
$\frac{t}{u} = \tan(\alpha)$ (Dreieck ABC)

Aufgaben

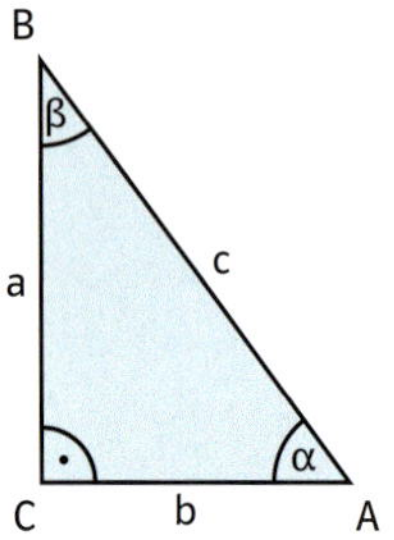

Fig. 1

1 Bestimme für das rechtwinklige Dreieck in Fig. 1 mithilfe des Taschenrechners die Grösse der Winkel α und β.
a) a = 3 cm; c = 8 cm   b) b = 5 cm; c = 10 cm   c) a = 15 cm; b = 12 cm

2 Bestimme für das Dreieck in Fig. 1 den Wert der Seitenverhältnisse $\frac{a}{c}$, $\frac{b}{c}$ und $\frac{a}{b}$.
a) α = 45°   b) β = 40°   c) α = 25°   d) β = 65°

3 Ergänze die fehlenden Seitenverhältnisse.

a) $\tan(\alpha) = \frac{\square}{\square}$
$\cos(\beta) = \frac{\square}{\square}$
$\sin(\beta) = \frac{\square}{\square}$

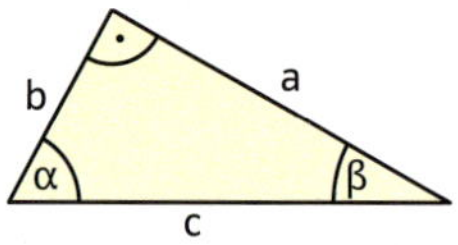

b) $\tan(\delta) = \frac{\square}{\square}$
$\tan(\gamma) = \frac{\square}{\square}$
$\cos(\delta) = \frac{\square}{\square}$

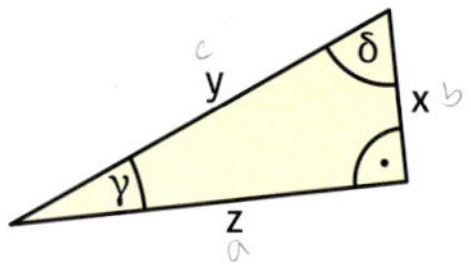

4 Ergänze die fehlenden Angaben.

a) $\frac{w}{v} = \tan(\square)$
$\frac{v}{u} = \square(\varphi)$
$\frac{v}{w} = \tan(\square)$

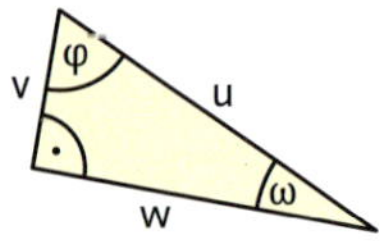

b) $\frac{q}{r} = \cos(\square)$
$\frac{p}{\square} = \sin(\square)$
$\frac{\square}{q} = \tan(\square)$

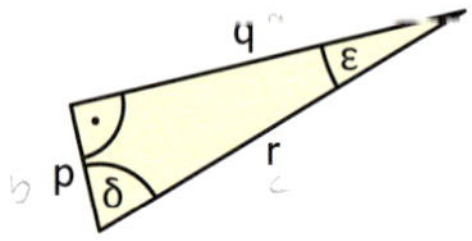

5 Berechne die fehlenden Seitenlängen.

a)
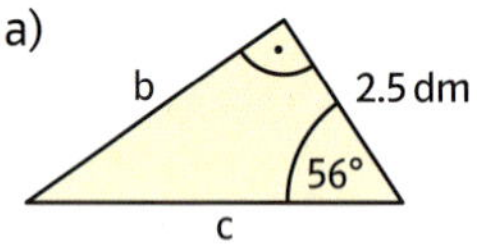

b)
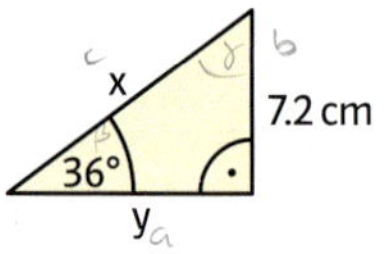

c)
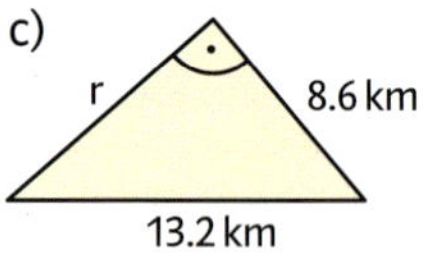

6 Berechne die fehlenden Seitenlängen und Winkelgrössen.

a)
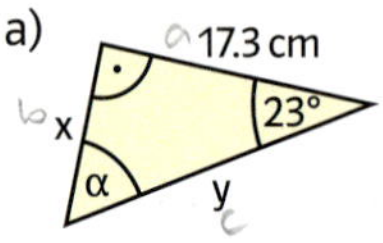

b)
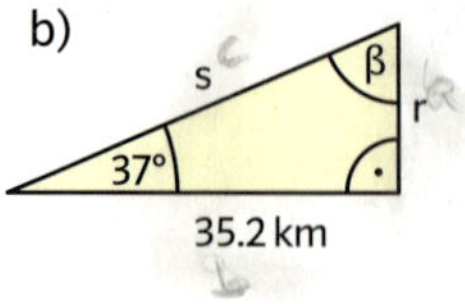

c)
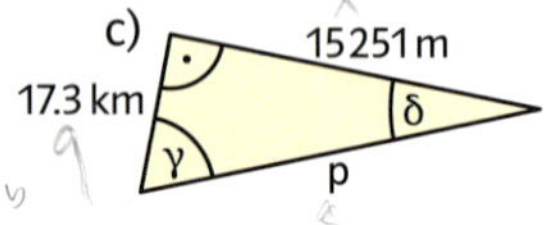

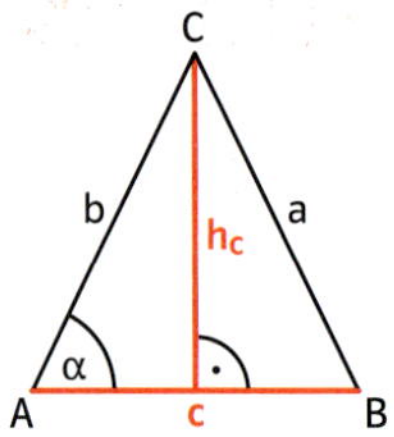

Fig. 2

7 In einem Dreieck ABC sind
a) α = 37°, β = 90°, c = 7.2 cm;   b) α = 90°, b = 5.2 cm, c = 6.5 cm;
c) β = 62°, γ = 90°, c = 9.2 cm;   d) γ = 90°, a = 5.6 cm, c = 7.0 cm.
Bestimme die fehlenden Seitenlängen und Winkelgrössen zeichnerisch und rechnerisch.

8 In einem gleichschenkligen Dreieck ABC (Fig. 2) mit a = b = 5 cm ist cos(α) = 0.7. Berechne die Höhe h_c und die Länge der Basis c. Zeichne das Dreieck.

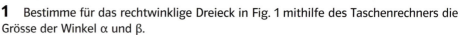

9 Welche der Angaben zu Fig. 1 gehören zusammen? Ordne zu und schreibe mit Gleichheitszeichen.

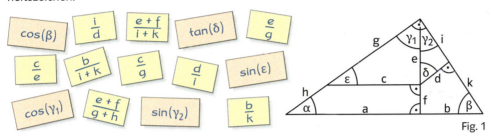

Fig. 1

10 Wahr oder falsch?
Wenn man in einem rechtwinkligen Dreieck mit $\gamma = 90°$
a) den Winkel α verdoppelt, so verdoppelt sich auch $\tan(\alpha)$,
b) die Hypotenuse halbiert und die Ankathete von α beibehält, so verdoppelt sich $\cos(\alpha)$,
c) die Ankathete von α halbiert und die Gegenkathete von α verdoppelt, so vervierfacht sich $\tan(\alpha)$,
d) den Winkel α vergrössert und die Hypotenuse beibehält, so vergrössert sich $\cos(\alpha)$,
e) den Winkel α verkleinert und die Hypotenuse beibehält, so verkleinert sich $\tan(\alpha)$.

11 Zeichne ohne Berechnung der Winkel ein Dreieck ABC mit $\gamma = 90°$, $a = 4.8$ cm und
a) $\tan(\alpha) = 1.2$;   b) $\sin(\alpha) = 0.6$;   c) $\cos(\beta) = 0.8$;   d) $\tan(\beta) = 1.5$.

12 a) Zeichne ein rechtwinkliges Dreieck mit $\cos(\alpha) = \frac{2}{7}$.
b) Zeichne ein rechtwinkliges Dreieck mit $\tan(\alpha) = 1.5$.
c) Zeichne ein rechtwinkliges Dreieck mit $\sin(\beta) = 0.9$.

13 Ein Mountainbiker überwindet auf einer Fahrstrecke von 500 m einen Höhenunterschied von 89 m. Berechne den Steigungswinkel α und die Steigung in Prozent (Fig. 2). Welche Voraussetzungen hast du bei der Rechnung gemacht? Entsprechen diese Voraussetzungen der Realität?

Die Steigung einer Strasse ist das Verhältnis des Höhenunterschiedes h zur horizontal gemessenen Strecke s.

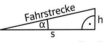

Fig. 2

14 In einer Autozeitschrift wird die Steigfähigkeit des Geländewagens A mit 80 %, die des Geländewagens B mit 60 % angegeben.
a) Welche Steigungswinkel können die beiden Geländewagen gerade noch bewältigen?
b) Welche Höhendifferenz kann der Geländewagen A auf einer Fahrstrecke von 100 m Länge höchstens überwinden, welche der Geländewagen B?
c) Kann es Fahrzeuge mit einer Steigfähigkeit von 100 % geben? Erläutere.

15 Eine 2.3 km lange gerade Strasse hat die mittlere Steigung 12.5 %.
a) Berechne den Steigungswinkel α der Strasse und den Höhenunterschied h, der von der Strasse in Fig. 3 überwunden wird.
b) Wie lang ist dieses Strassenstück auf einer Karte vom Massstab 1:25 000?

Fig. 3

16 α und β sind die beiden spitzen Winkel eines rechtwinkligen Dreiecks.
Zeige, dass dann die folgenden Behauptungen richtig sind.
a) $\sin(\alpha) = \cos(\beta)$
b) Die Werte von $\cos(\alpha)$ und von $\sin(\alpha)$ sind stets kleiner als 1.
c) Die Werte von $\tan(\alpha)$ können beliebig gross werden.
d) Ist das Dreieck gleichschenklig, so gilt $\sin(\alpha) = \cos(\alpha)$ und $\tan(\beta) = \tan(\alpha) = 1$.

5.2 Berechnungen an Figuren

Nicht nur Dachkonstruktionen enthalten eine Vielzahl von Dreiecken. Oft sind diese rechtwinklig und als Teildreiecke in anderen Figuren oder im Raum versteckt …

Mithilfe der Seitenverhältnisse Sinus, Kosinus und Tangens kann man in vielen Figuren fehlende Streckenlängen, Winkelgrössen oder Flächeninhalte berechnen. Dazu muss man in den Figuren rechtwinklige Teildreiecke finden, in denen die gesuchte Strecke oder der unbekannte Winkel vorkommt.

Häufig sind nicht alle benötigten Grössen bekannt. Um den Flächeninhalt eines Parallelogramms berechnen zu können, benötigt man die Länge einer Seite und der zugehörigen Höhe. Kennt man stattdessen zum Beispiel die Seitenlängen $a = 6.5\,cm$ und $b = 3.5\,cm$ sowie die Winkelgrösse $\alpha = 62°$, kann man so vorgehen:

Zuerst fertigt man eine Skizze an und trägt die benötigte Höhe ein (Fig. 1). So entsteht das rechtwinklige Dreieck AFD. In diesem Dreieck gilt $\sin(\alpha) = \frac{h}{d} = \frac{h}{b}$ und damit $h = b \cdot \sin(\alpha)$. Der Flächeninhalt A des Parallelogramms kann nun mithilfe der Gleichung $A = a \cdot h = a \cdot b \cdot \sin(\alpha)$ berechnet werden: $A = 6.5\,cm \cdot 3.5\,cm \cdot \sin(62°) \approx 20.1\,cm^2$

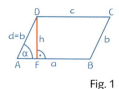

Fig. 1

Zur **Berechnung von Streckenlängen und Winkelgrössen in Figuren** ist folgende Vorgehensweise sinnvoll:
- Fertige eine Skizze an und benenne alle gegebenen und gesuchten Strecken und Winkel.
- Suche rechtwinklige Teildreiecke. Zeichne, falls nötig, Hilfslinien ein.
- Berechne mithilfe der Seitenverhältnisse, des Satzes von Pythagoras und der Winkelsumme im Dreieck die gesuchten Streckenlängen und Winkelgrössen.

Beispiel
Bei einem Dach sind die Dachneigungen und die Länge einer Dachkante bekannt (Fig. 2).
a) Wie lang ist der Träger? Wie weit ist der Fusspunkt des Trägers vom Punkt B entfernt?
b) Wie lang ist der längere Dachbalken?
Lösung:
Zuerst fertigt man eine Skizze mit geeigneten Bezeichnungen an (Fig. 3), die Bezeichnungen können beim Lösen der Aufgabe benutzt werden.

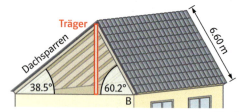

Fig. 2

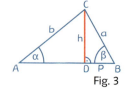

Fig. 3

a) Im Teildreieck DBC sind ausser dem rechten Winkel die Länge der Hypotenuse a und die Grösse des Winkels β bekannt, die Längen der Katheten h und p sind gesucht.

$\sin(\beta) = \frac{h}{a}$, also $h = a \cdot \sin(\beta) = 6.60\,\text{m} \cdot \sin(60.2°) \approx 5.73\,\text{m}$

$\cos(\beta) = \frac{p}{a}$, also $p = a \cdot \cos(\beta) = 6.60\,\text{m} \cdot \cos(60.2°) \approx 3.28\,\text{m}$

Der Abstand p kann auch mit dem Satz des Pythagoras berechnet werden:

$h^2 + p^2 = a^2$, also $p = \sqrt{a^2 - h^2} = \sqrt{6.60^2 - 5.73^2}\,\text{m} \approx 3.28\,\text{m}$

Der Träger ist etwa 5.73 m lang, sein Fusspunkt ist etwa 3.28 m vom Punkt B entfernt.

b) Im rechtwinkligen Teildreieck ADC sind die Werte von α und h bekannt, die Länge der Hypotenuse b ist gesucht.

$\sin(\alpha) = \frac{h}{b}$, also $b = \frac{h}{\sin(\alpha)} \approx \frac{5.73\,\text{m}}{\sin(38.5°)} \approx 9.20\,\text{m}$. Der längere Dachbalken ist etwa 9.20 m lang.

Aufgaben

1 Berechne im gleichschenkligen Dreieck ABC (Fig. 1) die fehlenden Seitenlängen und Winkelgrössen sowie den Flächeninhalt.
a) a = 5.9 cm, α = 32° b) a = 4.5 dm, γ = 98° c) a = 65.4 m, c = 54.7 m

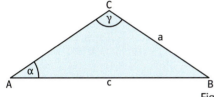

Fig. 1

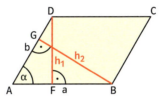

Fig. 2

2 In einem Parallelogramm ABCD sind a = 4.1 cm und b = 3.4 cm (Fig. 2). Berechne die Höhen h_1 und h_2 sowie den Flächeninhalt A für   a) α = 42°;   b) α = 115°.
Zeichne das Parallelogramm und trage die Höhen ein.

3 Berechne für ein symmetrisches Trapez ABCD die fehlenden Grössen (Fig. 3).
a) a = 9.2 cm, b = 4.0 cm, α = 40° b) a = 5.1 cm, h = 3.2 cm, γ = 108°
c) b = 7.5 cm, c = 3.4 cm, h = 5.0 cm d) a = 8.5 cm, c = 4.9 cm, γ = 116°

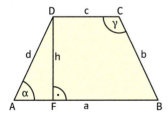

Fig. 3

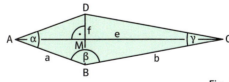

Fig. 4

4 Bei einem symmetrischen Drachen ABCD ist α = 39° (Fig. 4). Die Diagonale f ist 7 cm lang und teilt die Diagonale e im Verhältnis 1 : 2. Berechne
a) die Länge der Diagonalen e und den Flächeninhalt A,
b) die fehlenden Winkelgrössen sowie die Seitenlängen a und b.

5 In einem Würfel mit der Kantenlänge a ist die Raumdiagonale e eingezeichnet (Fig. 5).
a) Bestimme die Grösse des Winkels, den die Raumdiagonale e mit der Grundfläche des Würfels einschliesst.
b) Begründe: Die drei eingezeichneten Winkel, die die Raumdiagonale e mit den Würfelkanten einschliesst, sind gleich gross. Berechne die Grösse dieser Winkel.

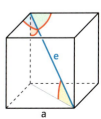

Fig. 5

6 Die Diagonalen eines Rechtecks schneiden sich unter dem Winkel $\varepsilon = 40°$ (Fig. 1). Die Diagonalen sind jeweils 12.5 cm lang.
Wie lang sind die Rechteckseiten? Wie gross ist der Flächeninhalt des Rechtecks?

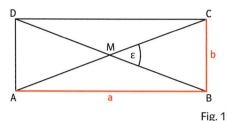

Fig. 1   Fig. 2

7 Berechne für den Rhombus ABCD (Fig. 2) die fehlenden Grössen sowie den Flächeninhalt.
a) $a = 4.4$ cm, $\alpha = 68°$ b) $a = 5.5$ cm, $e = 9.2$ cm   c) $f = 4.8$ cm, $\beta = 136°$

8 a) Begründe mithilfe von Fig. 3: Für den Flächeninhalt eines Dreiecks, dessen Seiten a und b einen stumpfen Winkel γ einschliessen, gilt: $A = \frac{1}{2} a \cdot b \cdot \sin(180° - \gamma)$
b) Berechne mit dieser Beziehung den Flächeninhalt eines Dreiecks mit $a = 5$ cm, $b = 8$ cm und $\gamma = 130°$.

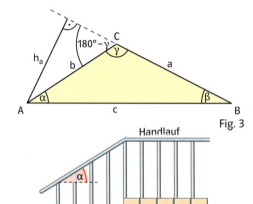

Fig. 3

9 Eine Treppe wird so aus Steinquadern gebaut, dass die Stufen 15 cm hoch und 25 cm tief sind (Fig. 4).
a) Wie gross ist der Neigungswinkel α des Treppengeländers?
b) Wie lang ist der Handlauf, wenn der Überstand auch d lang ist?

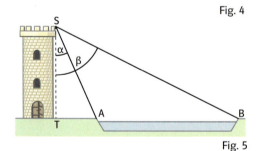

Fig. 4

10 Ein Aussichtsturm steht 30 m vom diesseitigen Kanalufer entfernt (Fig. 5).
Von der Aussichtsplattform aus erscheint das diesseitige Kanalufer unter dem Winkel $\alpha = 24.5°$, das jenseitige unter dem Winkel $\beta = 64°$.
a) Wie hoch ist der Aussichtsturm?
b) Wie breit ist der Kanal?

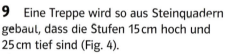

Fig. 5

11 Fig. 6 zeigt den Giebel eines Pultdaches, bei dem eine symmetrische Trapezfläche durch eine Dreiecksfläche ergänzt ist.
a) Berechne die fehlenden Längen von a, h_1, h_2, h und d.
b) Wie gross ist der Flächeninhalt des Giebels?

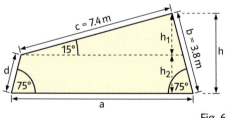

Fig. 6

5.3 Beziehungen zwischen Sinus, Kosinus und Tangens

Clemens und Sarah fahren mit dem Riesenrad. Sie freuen sich auf den Ausblick aus 60 Metern Höhe.
Clemens: «Wow! 60 Meter sind doch ganz schön hoch! Mir reichen die 60 Grad schon, die wir jetzt geschafft haben.»
Sarah: «Aber dann sind wir doch erst 20 Meter hoch! Oder …?»

Wählt man im rechtwinkligen Dreieck die Länge der Hypotenuse als Längeneinheit, so lassen sich sin(α), cos(α) und tan(α) wie in Fig. 1 als Streckenlängen am **Einheitskreis** auffassen.
Man erkennt am Einheitskreis: Nähert sich α immer mehr 0°, so nähern sich sin(α) und tan(α) immer mehr 0. Wenn sich α immer mehr 90° nähert, so unterscheidet sich der Sinuswert immer weniger von 1 und der Kosinuswert immer weniger von 0. Der Tangenswert wird dagegen beliebig gross.

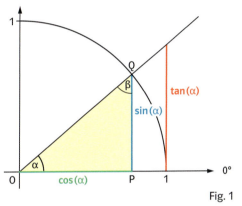

Fig. 1

Einheitskreis:
Kreis, dessen Radius 1 ist.

Obwohl für α = 0° und α = 90° kein Dreieck entsteht, sind die folgenden Festlegungen sinnvoll: **sin(0°) = 0; sin(90°) = 1; cos(0°) = 1; cos(90°) = 0 und tan(0°) = 0.**
Im Dreieck OPQ in Fig. 1 ist β = 90° − α. Damit gilt:
sin(α) = $\overline{PQ}$ = cos(β) = cos(90° − α) und cos(α) = $\overline{OP}$ = sin(β) = sin(90° − α)
Aus dem Satz des Pythagoras folgt für das rechtwinklige Dreieck OPQ:
$(\sin(\alpha))^2 + (\cos(\alpha))^2 = 1$
Ausserdem kann man am Dreieck OPQ ablesen:
$\tan(\alpha) = \frac{\overline{QP}}{\overline{OP}} = \frac{\sin(\alpha)}{\cos(\alpha)}$ und $\tan(90° - \alpha) = \tan(\beta) = \frac{\overline{OP}}{\overline{QP}} = \frac{1}{\tan(\alpha)}$

Für den Winkel 90° kann man keinen sinnvollen Tangenswert festlegen.

Man schreibt für $(\sin(\alpha))^2$ auch $\sin^2(\alpha)$ (lies: Sinus Quadrat α). Bei Kosinus und Tangens verfährt man ebenso.

Wählt man nicht die Länge der Hypotenuse als Längeneinheit, lässt aber die Winkelgrössen unverändert, so ändern sich die Seitenverhältnisse im Dreieck OPQ nicht. Daher gelten die am Einheitskreis hergeleiteten Beziehungen zwischen Sinus, Kosinus und Tangens für beliebige rechtwinklige Dreiecke.

Für alle Winkel α mit 0° ≤ α ≤ 90° gilt:
sin(α) = cos(90° − α) und cos(α) = sin(90° − α) sowie
$\sin^2(\alpha) + \cos^2(\alpha) = 1$
Für alle Winkel α mit 0° < α < 90° gilt: **tan(α)** = $\frac{\sin(\alpha)}{\cos(\alpha)}$ und tan(90° − α) = $\frac{1}{\tan(\alpha)}$

Beispiel 1 Genaue Werte berechnen

Gegeben ist $\sin(\alpha) = \frac{3}{5}$. Berechne genaue Werte für
a) $\cos(\alpha)$; b) $\tan(\alpha)$.

Lösung:
a) $\sin^2(\alpha) + \cos^2(\alpha) = 1$. Also: $\cos^2(\alpha) = 1 - \sin^2(\alpha) = 1 - \left(\frac{3}{5}\right)^2 = \frac{16}{25}$
$\cos(\alpha) = \sqrt{\frac{16}{25}} = \frac{4}{5}$

b) $\tan(\alpha) = \frac{\sin(\alpha)}{\cos(\alpha)} = \frac{\frac{3}{5}}{\frac{4}{5}} = \frac{3}{4}$

Ausser 30° und 60° gibt es noch andere Winkelgrössen, für die die Sinus-, Kosinus- und Tangenswerte exakt angegeben werden können.

Beispiel 2 Sinus-, Kosinus- und Tangenswerte für 30° und 60°

Bestimme $\sin(30°)$, $\sin(60°)$, $\cos(30°)$, $\cos(60°)$, $\tan(30°)$ und $\tan(60°)$ mithilfe des gleichseitigen Dreiecks in Fig. 1.

Lösung:
$\sin(30°) = \cos(60°) = \frac{\frac{a}{2}}{a} = \frac{1}{2}$

$\sin(60°) = \cos(30°) = \frac{\frac{a}{2}\sqrt{3}}{a} = \frac{1}{2}\sqrt{3}$

$\tan(30°) = \frac{\frac{a}{2}}{\frac{a}{2}\sqrt{3}} = \frac{1}{\sqrt{3}} = \frac{1}{3}\sqrt{3}$; $\tan(60°) = \frac{\frac{a}{2}\sqrt{3}}{\frac{a}{2}} = \sqrt{3}$

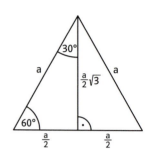

Fig. 1

Merkhilfe:

α	$\sin(\alpha)$	$\cos(\alpha)$
0°	$\frac{1}{2}\sqrt{0}$	$\frac{1}{2}\sqrt{4}$
30°	$\frac{1}{2}\sqrt{1}$	$\frac{1}{2}\sqrt{3}$
45°	$\frac{1}{2}\sqrt{2}$	$\frac{1}{2}\sqrt{2}$
60°	$\frac{1}{2}\sqrt{3}$	$\frac{1}{2}\sqrt{1}$
90°	$\frac{1}{2}\sqrt{4}$	$\frac{1}{2}\sqrt{0}$

Tab. 1

Beispiel 3 Terme vereinfachen

Vereinfache den Term $\frac{\tan^2(\alpha)}{1 + \tan^2(\alpha)}$.

Lösung:
$\frac{\tan^2(\alpha)}{1 + \tan^2(\alpha)} = \frac{\frac{\sin^2(\alpha)}{\cos^2(\alpha)}}{1 + \frac{\sin^2(\alpha)}{\cos^2(\alpha)}} = \frac{\sin^2(\alpha)}{\cos^2(\alpha) + \sin^2(\alpha)} = \frac{\sin^2(\alpha)}{1} = \sin^2(\alpha)$

α	$\tan(\alpha)$
0°	0
30°	$\frac{1}{\sqrt{3}}$
45°	1
60°	$\sqrt{3}$
90°	–

Tab. 2

Aufgaben

1 In der folgenden Tabelle sind einige Sinus- und Kosinuswerte zusammengestellt. Die Werte, die bereits begründet wurden, sind grün hervorgehoben.

	0°	30°	45°	60°	90°
$\sin(\alpha)$	0	$\frac{1}{2}$	$\frac{1}{2}\sqrt{2}$	$\frac{1}{2}\sqrt{3}$	1
$\cos(\alpha)$	1	$\frac{1}{2}\sqrt{3}$	$\frac{1}{2}\sqrt{2}$	$\frac{1}{2}$	0

Begründe den Sinuswert und den Kosinuswert für $\alpha = 45°$ mithilfe eines rechtwinkligen Dreiecks.

2 In Tab. 2 sind spezielle Tangenswerte aufgelistet. Begründe die Tangenswerte
a) mithilfe eines geeigneten Dreiecks, b) mithilfe der Gleichung $\tan(\alpha) = \frac{\sin(\alpha)}{\cos(\alpha)}$.

3 Bestimme $\cos(\alpha)$ ohne Taschenrechner für einen Winkel α mit
a) $\sin(\alpha) = \frac{4}{5}$, b) $\sin(\alpha) = \frac{5}{13}$, c) $\sin(\alpha) = \frac{2}{3}$, d) $\sin(\alpha) = 0.3$, e) $\sin(\alpha) = \frac{1}{3}\sqrt{5}$.

4 Bestimme $\sin(\alpha)$ ohne Taschenrechner für einen Winkel α mit
a) $\cos(\alpha) = 0.6$, b) $\cos(\alpha) = \frac{1}{4}\sqrt{7}$, c) $\cos(\alpha) = \frac{2}{7}\sqrt{7}$, d) $\cos(\alpha) = 0.2$, e) $\cos(\alpha) = \frac{5}{6}$.

5 Gegeben ist $\sin(\alpha) = \frac{2}{7}\sqrt{6}$. Bestimme ohne Taschenrechner
a) $\cos(\alpha)$, b) $\tan(\alpha)$, c) $\sin(90° - \alpha)$, d) $\tan(90° - \alpha)$.

6 Vereinfache:
a) $\tan(\alpha) \cdot \cos(\alpha)$
b) $\frac{\sin(\alpha)}{\tan(\alpha)}$
c) $\sin^3(\alpha) + \sin(\alpha) \cdot \cos^2(\alpha)$
d) $\frac{1}{\tan(\alpha) \cdot \cos(\alpha)}$
e) $\sqrt{1 + \cos(\alpha)} \sqrt{1 - \cos(\alpha)}$
f) $\sin(\alpha) + \frac{\cos(\alpha)}{\tan(\alpha)}$
g) $\sin^4(\alpha) - \cos^4(\alpha)$
h) $\frac{\tan(\alpha)}{\sin(\alpha)} - \tan(\alpha) \cdot \sin(\alpha)$
i) $\frac{\cos(\alpha)}{1 - \sin(\alpha)} - \frac{1}{\cos(\alpha)}$

7 a) Drücke $\tan(\alpha)$ aus durch $\sin(\alpha)$ (durch $\cos(\alpha)$).
b) Berechne $\tan(\alpha)$ mit der passenden Formel aus a), wenn $\sin(\alpha) = \frac{12}{13}$ ist (wenn $\cos(\alpha) = \frac{1}{3}\sqrt{5}$ ist).

8 a) Nimm Fig. 1 zu Hilfe und drücke sowohl $\sin(\alpha)$ als auch $\cos(\alpha)$ durch $\tan(\alpha)$ aus.
b) Berechne $\sin(\alpha)$, wenn $\tan(\alpha) = \frac{11}{5}$ ist.
c) Berechne $\cos(\alpha)$, wenn $\tan(\alpha) = \frac{1}{6}\sqrt{3}$ ist.

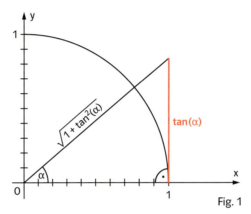
Fig. 1

9 Von den Werten $\sin(\alpha)$, $\cos(\alpha)$ und $\tan(\alpha)$ ist jeweils nur einer gegeben. Berechne die beiden anderen.
a) $\sin(\alpha) = \frac{1}{4}$
b) $\cos(\alpha) = 0.7$
c) $\sin(\alpha) = \frac{3}{4}$
d) $\tan(\alpha) = \frac{3}{4}$
e) $\cos(\alpha) = 0.1$
f) $\sin(\alpha) = \frac{1}{5}\sqrt{3}$
g) $\cos(\alpha) = \frac{1}{3}\sqrt{6}$
h) $\tan(\alpha) = \frac{1}{2}\sqrt{5}$

Tipp zu Aufgabe 9: Benutze in d) und h) Fig. 1.

10 Welche Beziehungen zwischen Sinus, Kosinus und Tangens erhält man, wenn man die Beziehung $a^2 + b^2 = c^2$ im rechtwinkligen Dreieck mit $\gamma = 90°$ durch a^2 (durch b^2; durch c^2) dividiert?

11 Welche Beziehungen zwischen Sinus, Kosinus und Tangens ergeben sich, wenn man in Fig. 2 den 1. Strahlensatz (den 2. Strahlensatz) anwendet?

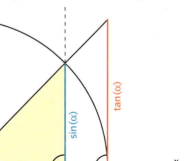
Fig. 2

12 Beweise die Formeln.
a) $\frac{1}{\cos^2(\alpha)} = 1 + \tan^2(\alpha)$
b) $\frac{1}{\sin^2(\alpha)} = 1 + \tan^2(90° - (\alpha))$
c) $\frac{1}{\sin^2(\alpha)} - \frac{1}{\tan^2(\alpha)} = 1$
d) $\sqrt{\frac{1}{\sin^2(\alpha) + \cos^2(\alpha) + \tan^2(\alpha)}} = \cos(\alpha)$
e) $\frac{(\sin(x) + \cos(x))^2 - 1}{\tan(x)} = 2\cos^2(x)$
f) $\frac{1}{\cos^2(\alpha)} - 1 = \frac{1}{\tan^2(90° - (\alpha))}$
g) $\tan(\alpha) = \frac{1}{\tan(90° - (\alpha))}$
h) $(1 + \tan^2(\alpha))\cos(\alpha) = \frac{1}{\cos(\alpha)}$
i) $\frac{1}{1 + \tan^2(\alpha)} = \cos^2(\alpha)$
j) $\frac{\tan(\varphi) - \sin^2(\varphi) - \cos^2(\varphi)}{\sin(\varphi) - \cos(\varphi)} = \frac{1}{\cos(\varphi)}$

5.4 Sinus und Kosinus am Einheitskreis

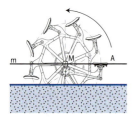

Der Mittelpunkt M des Rades des Dampfschiffes «Unterwalden» liegt 1.10 m über dem Wasserspiegel des Vierwaldstättersees. Bei welchen Winkelauslenkungen, gemessen von der Horizontalen m, tritt die Schaufel bei A ins bzw. aus dem Wasser?

Viele geometrische Probleme wie zum Beispiel die Berechnung stumpfwinkliger Dreiecke werden vereinfacht, wenn die Werte sin(α) und cos(α) auch für Winkel α > 90° erklärt sind. Zur Erweiterung der bisherigen Definition wird die Darstellung am Einheitskreis verwendet.
Ist P(x|y) ein Punkt im I. Quadranten auf dem Einheitskreis, so ist x = cos(α) und y = sin(α). Dies wird auch für stumpfe und überstumpfe Winkel beibehalten (Fig. 1), womit sich folgende Definition ergibt.

Ist P(x|y) ein beliebiger Punkt auf dem Einheitskreis und α der Winkel
mit der positiven x-Achse als erstem und der Halbgeraden von O durch P als zweitem Schenkel, so legt man fest:

$$\sin(\alpha) = y; \quad \cos(\alpha) = x$$

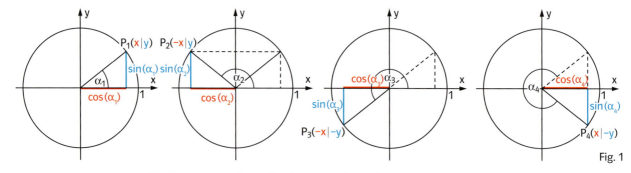

Fig. 1

Die Erweiterung der Definition führt dazu, dass auch negative Sinus- und Kosinuswerte auftreten. Den Abbildungen in Fig. 1 ist zu entnehmen, wie sich die Sinus- und Kosinuswerte von Winkeln zwischen 90° und 360° auf diejenigen spitzer Winkel zurückführen lassen:
Dazu wird der Punkt P_1 nacheinander an der y-Achse, der x-Achse und anschliessend an der y-Achse gespiegelt; man erhält so die Punkte P_2, P_3 und P_4.
Ist α ein spitzer Winkel, so gilt:

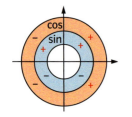

Vorzeichen von sin(α) und cos(α) in Abhängigkeit von α.

sin(180° − α) = sin(α)   sin(180° + α) = −sin(α)   sin(360° − α) = −sin(α)
cos(180° − α) = −cos(α)   cos(180° + α) = −cos(α)   cos(360° − α) = cos(α)

Die **Sinuswerte (Kosinuswerte)** haben für den spitzen Winkel **α** sowie für die Winkel **180° − α**, **180° + α** und **360° − α** den **gleichen Betrag**.
Das Vorzeichen lässt sich jeweils aus der Darstellung am Einheitskreis entnehmen.

Bemerkung
Die Beziehung $\sin^2(\alpha) + \cos^2(\alpha) = 1$ gilt nach der Definition auch für $\alpha > 90°$.

Der Taschenrechner liefert zu jedem Winkel α mit $0° \leq \alpha < 360°$ für Sinus und Kosinus einen Näherungswert mit dem entsprechenden Vorzeichen.
Will man umgekehrt zu vorgegebenen Sinus- und Kosinuswerten die Winkel bestimmen, ergibt sich eine Schwierigkeit: Zu jedem vorgegebenen Wert gehören im Allgemeinen zwei verschiedene Winkel, der Taschenrechner liefert jedoch nur einen.

$\sin(\alpha) = 0.9$ $\qquad\qquad\qquad\qquad\qquad$ $\cos(\beta) = -0.8$

Der Taschenrechner liefert gerundet:
$\alpha_1 = 64.2°$ $\qquad\qquad\qquad\qquad\qquad$ $\beta_1 = 143.1°$

Aus der folgenden Darstellung ergibt sich für den zweiten Winkel:
$\alpha_2 = 180° - \alpha_1 = 115.8°$ $\qquad\qquad$ $\beta_2 = 360° - \beta_1 = 216.9°$

Manche Taschenrechner liefern für besondere Winkel auch exakte Werte.

Tastenfolge:

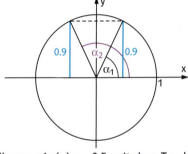 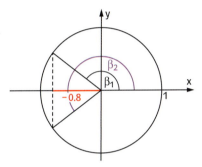

Will man $\sin(\alpha) = -0.5$ mit dem Taschenrechner lösen, gibt man
$\boxed{\text{SIN}^{-1}}$ $\boxed{-}$ $\boxed{0.5}$ $\boxed{=}$ ein.

In der Anzeige erscheint -30. Dies ist so zu verstehen: Denkt man sich den zweiten Schenkel des Winkels im Uhrzeigersinn gedreht, so beschreibt man dies durch einen «negativen» Winkel, das heisst, der Winkel $-30°$ entspricht dem (gegen den Uhrzeigersinn) gezählten Winkel $360° - 30° = 330°$. Als zweiten Winkel erhält man $180° + 30° = 210°$

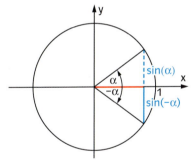

Viele Taschenrechner zeigen auch negative Winkel an.

An dem Bild erkennt man ausserdem: Durch die Spiegelung an der x-Achse erhält man aus α stets $-\alpha$. Daher gilt: $\sin(-\alpha) = -\sin(\alpha)$ und $\cos(-\alpha) = \cos(\alpha)$

Beispiel 1
Zeichne einen Einheitskreis und lies die folgenden Werte ab:
a) $\sin(35°)$ $\qquad$ b) $\cos(35°)$
c) $\sin(-135°)$ $\qquad$ d) $\cos(135°)$
Lösung:
Siehe Fig. 1. Abgelesene Werte sind:
a) $\sin(35°) \approx 0.6$; $\qquad$ b) $\cos(35°) \approx 0.8$;
c) $\sin(-135°) \approx -0.7$; $\qquad$ d) $\cos(135°) \approx -0.7$

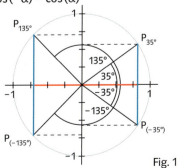

Fig. 1

Beispiel 2

Bestimme alle Winkel, für die gilt:
a) $\sin(\alpha) = -0.6088$
b) $\cos(\beta) = 0.9309$

Fertige jeweils eine Skizze an.
Lösung:

a)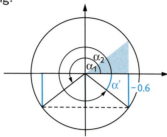

b)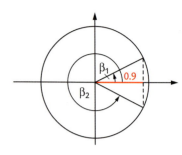

$\sin(\alpha') = -0.6088 \Rightarrow \alpha' = -37.5°$
$\Rightarrow \alpha_1 = 180° + 37.5° = 217.5°$
$\alpha_2 = 360° - 37.5° = 322.5°$

$\cos(\beta) = 0.9309$
$\Rightarrow \beta_1 = 21.4°$
$\beta_2 = 360° - \beta_1 = 338.6°$

Aufgaben

1 Zeichne einen Kreis mit Radius 10 cm und bestimme zeichnerisch Näherungswerte für $\sin(\alpha)$ und $\cos(\alpha)$.
a) $\alpha = 15°$
b) $\alpha = 25°$
c) $\alpha = 105°$
d) $\alpha = 155°$
e) $\alpha = 205°$
f) $\alpha = 325°$
g) $\alpha = -35°$
h) $\alpha = -135°$

2 Zeichne einen Kreis mit Radius 10 cm und bestimme zeichnerisch alle Winkel α zwischen 0° und 360°, für die gilt:
a) $\sin(\alpha) = 0.1$
b) $\cos(\alpha) = 0.2$
c) $\cos(\alpha) = -0.3$
d) $\sin(\alpha) = -0.7$
e) $\sin(\alpha) = -0.1$
f) $\cos(\alpha) = -0.4$
g) $\sin(\alpha) = 0.8$
h) $\sin(\alpha) = -1$

$\sin(0°)$	$\frac{1}{2}\sqrt{0}$	$\cos(90°)$
$\sin(30°)$	$\frac{1}{2}\sqrt{1}$	$\cos(60°)$
$\sin(45°)$	$\frac{1}{2}\sqrt{2}$	$\cos(45°)$
$\sin(60°)$	$\frac{1}{2}\sqrt{3}$	$\cos(30°)$
$\sin(90°)$	$\frac{1}{2}\sqrt{4}$	$\cos(0°)$

Tab. 1

3 Die Tabelle 1 zeigt einige Sinus- und Kosinuswerte, die bisher berechnet wurden. Bestimme mit deren Hilfe ohne Taschenrechner die folgenden Sinuswerte und Kosinuswerte.
a) $\sin(120°)$
b) $\cos(150°)$
c) $\sin(210°)$
d) $\cos(225°)$
e) $\sin(330°)$
f) $\sin(315°)$
g) $\sin(135°)$
h) $\cos(120°)$

4 Bestimme mithilfe des Taschenrechners auf eine Nachkommastelle gerundete Näherungswerte für alle Winkel α zwischen 0° und 360° mit:
a) $\sin(\alpha) = 0.7$
b) $\cos(\alpha) = 0.7$
c) $\sin(\alpha) = -0.64$
d) $\cos(\alpha) = -0.2$
e) $\sin(\alpha) = -0.958$
f) $\cos(\alpha) = -0.958$
g) $\sin(\alpha) = 0.23$
h) $\cos(\alpha) = 0.638$

5 Bestimme ohne Taschenrechner alle Winkel α zwischen 0° und 360°, für die gilt:
a) $\sin(\alpha) = \sin(10°)$
b) $\cos(\alpha) = \cos(20°)$
c) $\cos(\alpha) = \cos(150°)$
d) $\cos(\alpha) = \cos(240°)$
e) $\sin(\alpha) = \sin(95°)$
f) $\sin(\alpha) = \sin(201°)$

6 Für welche Winkel α ist
a) $\sin(\alpha)$ positiv und $\cos(\alpha)$ negativ,
b) $\sin(\alpha)$ negativ und $\cos(\alpha)$ positiv,
c) $\sin(\alpha) < 0.5$ und $\cos(\alpha)$ negativ,
d) $\cos(\alpha) > 0.5$ und $\sin(\alpha)$ positiv?

7 Für welche Winkel gilt:
a) $\sin(\alpha) = \cos(\alpha)$,
b) $\sin(\alpha) = -\cos(\alpha)$?

5.5 Allgemeine Dreiecke – Sinus- und Kosinussatz

Marion, Paola und Irina haben erfahren, dass das Schloss 146 m breit ist. Sie überlegen, ob sie aus dem Sehwinkel α den Abstand des Weges zum Schloss berechnen können.
Marion und Paola wählen günstige Stellen. Irina meint: «Es muss doch von jeder Stelle aus gehen!»

Marion: α = 50°

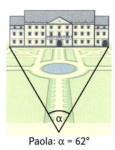
Paola: α = 62°

Irina: α = 60°

Sinussatz

Um Berechnungen an nicht rechtwinkligen Dreiecken durchführen zu können, zeichnet man eine Höhe ein, um zwei rechtwinklige Dreiecke zu erhalten. Im Folgenden ist dies für ein spitzwinkliges und ein stumpfwinkliges Dreieck jeweils mit der Höhe h_c durchgeführt.

Dreieck ABC (α und β spitz)

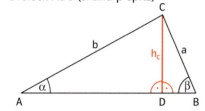

Dreieck ABC (α stumpf)

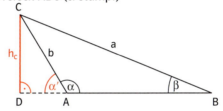

In den Dreiecken ADC und DBC gilt:
$h_c = b \cdot \sin(\alpha)$ und $h_c = a \cdot \sin(\beta)$

In den Dreiecken DAC und DBC gilt:
$h_c = b \cdot \sin(\alpha')$ und $h_c = a \cdot \sin(\beta)$,
wobei $\sin(\alpha') = \sin(180° - \alpha) = \sin(\alpha)$ ist.

Also gilt in beiden Fällen: $b \cdot \sin(\alpha) = a \cdot \sin(\beta)$

oder: $\dfrac{a}{b} = \dfrac{\sin(\alpha)}{\sin(\beta)}$

Entsprechende Verhältnisgleichungen ergeben sich, wenn man anstelle der Höhe h_c die Höhe h_a oder h_b verwendet.

Sinussatz
In jedem Dreieck ABC verhalten sich die Längen zweier Seiten zueinander wie die Sinuswerte der jeweils gegenüberliegenden Winkel.

$$\frac{a}{b} = \frac{\sin(\alpha)}{\sin(\beta)}, \quad \frac{b}{c} = \frac{\sin(\beta)}{\sin(\gamma)}, \quad \frac{a}{c} = \frac{\sin(\alpha)}{\sin(\gamma)}$$

Oder alternativ: Das Verhältnis einer Seite zum Sinus ihres Gegenwinkels ist konstant.

$$\frac{a}{\sin(\alpha)} = \frac{b}{\sin(\beta)} = \frac{c}{\sin(\gamma)}$$

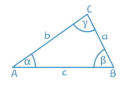

Da der Sinussatz eine Beziehung zwischen zwei Seiten und ihren Gegenwinkeln liefert, kann man mit ihm in einem beliebigen Dreieck fehlende Seiten und Winkel berechnen, wenn
 eine Seite und zwei Winkel oder
 zwei Seiten und der Gegenwinkel einer der beiden Seiten gegeben sind.

Der Sinussatz wurde erstmals bewiesen von Abu Nasr, Mathematiker und Astronom (geb. um 960 n. Chr. in der persischen Provinz Gilan, gestorben um 1036 in Ghazni, Afghanistan).

Beachte: Bei der Winkelberechnung liefert der Sinussatz zwar eindeutig den Sinuswert des gesuchten Winkels, aber nicht den Winkel, der spitz oder stumpf sein kann. Entsprechen die gegebenen Werte den Kongruenzsätzen sww bzw. wsw oder Ssw (vgl. Beispiel 1), so ist die Lösung eindeutig: Der zutreffende Winkel lässt sich über die Winkelsumme oder die Seiten-Winkel-Beziehung im Dreieck ermitteln.

Seiten-Winkel-Beziehung: Der grösseren Seite liegt der grössere Winkel gegenüber und dem grösseren Winkel die grössere Seite.

Bemerkungen
- Mit dem Sinussatz können Stücke von Dreiecken berechnet werden, die bisher nur durch Konstruktion zu ermitteln waren.
- Der Sinussatz ist in der Vermessungspraxis wichtig, da Winkel meist leicht bestimmt werden können, Längen dagegen oft nicht.

Beispiel 1
Von einem Dreieck ABC sind $a = 6\,cm$, $b = 4.5\,cm$ und $\alpha = 62°$ gegeben.
Berechne die Winkel β, γ und die Seite c.
Lösung:

Skizze:

α ist der Gegenwinkel der grösseren Seite. Daher ist nach dem Kongruenzsatz Ssw das Lösungsdreieck eindeutig.

$$\frac{a}{b} = \frac{\sin(\alpha)}{\sin(\beta)} \Rightarrow \sin(\beta) = \frac{b \cdot \sin(\alpha)}{a} = \frac{4.5\,cm \cdot \sin(62°)}{6\,cm} \Rightarrow \beta_1 \approx 41.5°$$

($\beta_2 = 180° - \beta_1$ ist keine Lösung, da aus $b < a$ auch $\beta < \alpha$ folgen muss.)

$\alpha + \beta + \gamma = 180° \Rightarrow \gamma = 180° - (\alpha + \beta) \approx 180° - (62° + 41.5°) = 76.5°$

$\frac{a}{c} = \frac{\sin(\alpha)}{\sin(\gamma)} \Rightarrow c = \frac{a \cdot \sin(\gamma)}{\sin(\alpha)} \approx \frac{6\,cm \cdot \sin(76.5°)}{\sin(62°)} \approx 6.6\,cm$

Beispiel 2

Skizze:

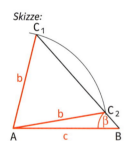

Von einem Dreieck ABC sind $b = 6\,cm$; $c = 7\,cm$ und $\beta = 33°$ gegeben.
Berechne die Seite a und die Winkel α und γ.
Lösung:
β ist der Gegenwinkel der kleineren Seite, also ist der Kongruenzsatz Ssw nicht anwendbar, das heisst, das Lösungsdreieck muss nicht eindeutig sein.

$$\frac{b}{c} = \frac{\sin(\beta)}{\sin(\gamma)} \Rightarrow \sin(\gamma) = \frac{c \cdot \sin(\beta)}{b} = \frac{7\,cm \cdot \sin(33°)}{6\,cm} \Rightarrow \begin{cases} \gamma_1 \approx 39.5° \\ \gamma_2 \approx 140.5° \end{cases}$$

($\gamma_2 = 180° - \gamma_1$ ist eine zweite Lösung, da $\beta + \gamma_2 < 180°$ ist.)

$\alpha + \beta + \gamma = 180° \Rightarrow \begin{cases} \alpha_1 = 180° - (\beta + \gamma_1) \approx 180° - (33° + 39.5°) = 107.5° \\ \alpha_2 = 180° - (\beta + \gamma_2) \approx 180° - (33° + 140.5°) = 6.5° \end{cases}$

$\frac{a}{b} = \frac{\sin(\alpha)}{\sin(\beta)} \Rightarrow \begin{cases} a_1 = \frac{b \cdot \sin(\alpha_1)}{\sin(\beta)} \approx \frac{6\,cm \cdot \sin(107.5°)}{\sin(33°)} \approx 10.5\,cm \\ a_2 = \frac{b \cdot \sin(\alpha_2)}{\sin(\beta)} \approx \frac{6\,cm \cdot \sin(6.5°)}{\sin(33°)} \approx 1.2\,cm \end{cases}$

Hier gibt es zwei Dreiecke mit den gegebenen Stücken.

Skizze:

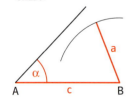

Beispiel 3
Prüfe rechnerisch, ob es ein Dreieck ABC mit $a = 5\,cm$; $c = 10\,cm$ und $\alpha = 37°$ gibt.
Lösung:
α ist der Gegenwinkel der kleineren Seite, also ist der Kongruenzsatz Ssw nicht anwendbar, das heisst, das Lösungsdreieck muss nicht eindeutig sein, falls es existiert.

$$\frac{a}{c} = \frac{\sin(\alpha)}{\sin(\gamma)} \Rightarrow \sin(\gamma) = \frac{c \cdot \sin(\alpha)}{a} = \frac{10\,cm \cdot \sin(37°)}{5\,cm} \approx 1.2$$

Da Sinuswerte über 1 nicht möglich sind, gibt es kein solches Dreieck.

Kosinussatz

Sind bei einem Dreieck zwei Seiten und der eingeschlossene Winkel oder alle drei Seiten bekannt, so hilft der Sinussatz nicht weiter. Für diesen Fall benötigt man einen Zusammenhang zwischen den drei Seiten und einem Winkel.

Wenn im Dreieck ABC die Seiten a und b sowie der eingeschlossene Winkel β gegeben sind, lässt sich die dritte Seite c bestimmen:

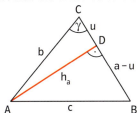 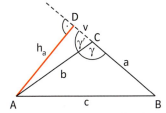

Für das Dreieck ABC (γ spitz) gilt:
$u = b \cdot \cos(\gamma)$ und $h_a = b \cdot \sin(\gamma)$
Nach dem Satz des Pythagoras gilt für das Dreieck ABD: $c^2 = (a - u)^2 + h_a^2$. Also:
$c^2 = a^2 - 2ab \cdot \cos(\gamma) + b^2 \cdot \cos^2(\gamma) + b^2 \cdot \sin^2(\gamma)$
$ = a^2 - 2ab \cdot \cos(\gamma) + b^2 (\cos^2(\gamma) + \sin^2(\gamma))$
$ = a^2 + b^2 - 2ab \cdot \cos(\gamma)$

Für das Dreieck ABC (γ stumpf) gilt:
$v = b \cdot \cos(\gamma')$ und $h_a = b \cdot \sin(\gamma')$
Nach dem Satz des Pythagoras gilt für das Dreieck ABD: $c^2 = (a + v)^2 + h_a^2$. Also:
$c^2 = a^2 + 2ab \cdot \cos(\gamma') + b^2 \cos^2(\gamma') + b^2 \sin^2(\gamma')$
$ = a^2 + 2ab \cdot \cos(\gamma') + b^2 (\cos^2(\gamma') + \sin^2(\gamma'))$
$ = a^2 + b^2 - 2ab \cdot \cos(\gamma)$

Zur Erinnerung:
$\sin^2(\alpha) + \cos^2(\alpha) = 1$
und für $\alpha < 90°$ *gilt:*
$\cos(180° - \alpha) = -\cos(\alpha)$

Entsprechende Gleichungen ergeben sich durch zyklische Vertauschung für β und α als eingeschlossene Winkel.

Kosinussatz
In jedem Dreieck ABC ist das Quadrat einer Seitenlänge genauso gross wie die Summe der Quadrate der anderen Seitenlängen, von der das doppelte Produkt aus diesen beiden Seitenlängen und dem Kosinus des von ihnen eingeschlossenen Winkels subtrahiert wird.
$a^2 = b^2 + c^2 - 2bc \cdot \cos(\alpha)$, $b^2 = a^2 + c^2 - 2ac \cdot \cos(\beta)$, $c^2 = a^2 + b^2 - 2ab \cdot \cos(\gamma)$

Der Kosinussatz wurde erstmals bewiesen von Al-Biruni, muslimischer Universalgelehrter, Mathematiker, Astronom und Karthograf (geb. 937 n. Chr. bei Chiwa, Usbekistan, gestorben 1048 in Ghazni, Afghanistan).

Im Sonderfall γ = 90° geht die letzte Gleichung über in: $c^2 = a^2 + b^2$.
Man nennt deshalb den Kosinussatz auch den «**verallgemeinerten Satz des Pythagoras**».

Mithilfe des Sinus- und des Kosinussatzes lassen sich fehlende Seiten und Winkel eines beliebigen Dreiecks berechnen, wenn drei Stücke gegeben sind.
Mit dem Kosinussatz ergeben sich im Unterschied zum Sinussatz die Winkel eindeutig, denn bei einem sich ergebenden positiven (negativen) Kosinuswert ist der Winkel spitz (stumpf).

Beispiel 1
Von einem Dreieck ABC sind b = 4 cm; c = 7 cm; α = 64° gegeben. Bestimme a, β und γ.
Lösung:
Nach dem Kongruenzsatz sws ist das Lösungsdreieck eindeutig.
$a^2 = b^2 + c^2 - 2bc \cdot \cos(\alpha) = 16 \text{ cm}^2 + 49 \text{ cm}^2 - 56 \text{ cm}^2 \cdot \cos 64°$ $\Rightarrow a \approx 6.4 \text{ cm}$
$\frac{b}{a} = \frac{\sin(\beta)}{\sin(\alpha)}$ $\Rightarrow \sin(\beta) = \frac{b \cdot \sin(\alpha)}{a} = \frac{4 \text{ cm} \cdot \sin(64°)}{6.4 \text{ cm}}$ $\Rightarrow \beta \approx 34.2°$
(Der Winkel $\beta' = 180° - \beta \approx 145.8°$ ist wegen der Winkelsumme im Dreieck keine Lösung.)
$\alpha + \beta + \gamma = 180°$ $\Rightarrow \gamma = 180° - (\alpha + \beta) = 180° - (64° + 34.2°)$ $\Rightarrow \gamma \approx 81.8°$

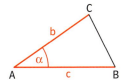

Hinweis:
Durch Rundungen können sich bei verschiedenen Lösungswegen (wie hier für β) voneinander geringfügig abweichende Werte ergeben.

Andere Möglichkeit zur Berechnung von β:

$b^2 = a^2 + c^2 - 2ac \cdot \cos(\beta) \Rightarrow \cos(\beta) = \dfrac{a^2 + c^2 - b^2}{2ac} \approx \dfrac{40.96\,cm^2 + 49\,cm^2 - 16\,cm^2}{89.6\,cm^2} \Rightarrow \beta \approx 33.4°$

Beispiel 2

Von einem Dreieck sind a = 11 cm; b = 16 cm; c = 9 cm gegeben. Bestimme α, β und γ.
Lösung:
Nach dem Kongruenzsatz sss ist das Lösungsdreieck eindeutig.

$a^2 = b^2 + c^2 - 2bc \cdot \cos(\alpha) \Rightarrow \cos(\alpha) = \dfrac{b^2 + c^2 - a^2}{2bc} = \dfrac{256\,cm^2 + 81\,cm^2 - 121\,cm^2}{2 \cdot 16 \cdot 9\,cm} = \dfrac{3}{4}$
$\Rightarrow \alpha \approx 41.4°$
$b^2 = a^2 + c^2 - 2ac \cdot \cos(\beta) \Rightarrow \cos(\beta) = \dfrac{a^2 + c^2 - b^2}{2ac} = \dfrac{121\,cm^2 + 81\,cm^2 - 256\,cm^2}{198\,cm^2} = -\dfrac{3}{11}$
$\Rightarrow \beta \approx 105.8°$
$\alpha + \beta + \gamma = 180° \Rightarrow \gamma = 180° - (\alpha + \beta) \approx 180° - (41.4° + 105.8°) \approx 32.8°$

Andere Möglichkeit zur Berechnung von β:

$\dfrac{b}{a} = \dfrac{\sin(\beta)}{\sin(\alpha)} \Rightarrow \sin(\beta) = \dfrac{b \cdot \sin(\alpha)}{a} \approx \dfrac{16\,cm \cdot \sin(41.4°)}{11\,cm} \Rightarrow \begin{cases} \beta_1 \approx 74.1° \\ \beta_2 \approx 105.9° \end{cases}$

Der Winkel β_1 ist keine Lösung, denn der dann aus der Winkelsumme sich ergebende Winkel $\gamma_1 = 64.5°$ widerspricht der Seiten-Winkel-Beziehung im Dreieck: Wegen a > c muss nämlich α > γ gelten.

Die fehlenden Seitenlängen oder Winkelgrössen von Dreiecken lassen sich mithilfe von Sinussatz und Kosinussatz **eindeutig berechnen**, wenn die Dreiecke **eindeutig konstruierbar** sind, das heisst wenn wsw, sws, sss oder Ssw gilt.
Sind zwei Seitenlängen und die Grösse des Winkels gegeben, der der kleineren Seite gegenüberliegt, so sind die fehlenden Grössen ebenfalls berechenbar, falls es Lösungen gibt.

Aufgaben

1 Zeichne zunächst ein beliebiges Dreieck ABC und sodann weitere Dreiecke mit dem gleichen Winkel β und dem Winkel α' = 2α, 3α, 5α.
Miss jeweils die Winkel und die Seitenlängen a und b und bestätige den Sinussatz.

2 Im abgebildeten Dreieck ABC (Fig. 1) ist w_α Winkelhalbierende und M der Mittelpunkt der Seite c. Notiere mithilfe der bezeichneten Strecken und Winkel den Sinussatz für

Fig. 1 a) △ABC   b) △AMC   c) △MBC   d) △ABE   e) △AEC

3 Berechne die fehlenden Seiten und Winkel des Dreiecks ABC. Warum gibt es jeweils nur eine Lösung?
a) a = 4.5 cm; b = 5.7 cm; β = 70° b) a = 40 dm; c = 5 m; γ = 25°
c) a = 7.5 cm; b = 50 mm; α = 110° d) a = 4.5 cm; α = 40.3°; β = 40.1°
e) b = 9.0 dm; c = 0.58 m; β = 141.5° f) b = 8.4 cm; β = 73.9°; γ = 40.1°

4 Bei einem Kanal (Fig. 2) wird von zwei Punkten A und B ein fester Punkt C auf dem gegenüberliegenden Ufer unter den Winkeln α = 40° und β = 61° angepeilt.
Wie breit ist der Kanal?

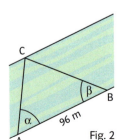

Fig. 2

5 Zu den im Folgenden angegebenen Massen gibt es jeweils zwei Dreiecke. Berechne die restlichen Seiten und Winkel beider Dreiecke und begründe, warum die Lösung nicht eindeutig ist.
a) a = 33 mm; b = 5.2 cm; α = 35°
b) b = 4.2 m; c = 830 cm; β = 30°
c) a = 8.5 cm; c = 0.06 m; γ = 33.5°
d) b = 7.0 cm; c = 56 mm; γ = 50°

6 Untersuche rechnerisch, ob es zwei, ein oder kein Dreieck mit den angegebenen Massen gibt. Berechne gegebenenfalls die fehlenden Stücke.
a) a = 3 cm; b = 6 cm; α = 30°
b) a = 3 cm; b = 5 cm; α = 45°
c) a = 4.5 cm; c = 5.5 cm; α = 40°
d) b = 5.8 cm; c = 6.8 cm; β = 60°
e) a = 8.0 cm; c = 5.5 cm; α = 66°; β = 74°
f) Überlege selbst entsprechende Aufgaben und stelle sie deinen Nachbarn.

7 a) Welche Gleichungen ergeben sich, wenn man den Sinussatz auf ein rechtwinkliges Dreieck anwendet?
b) Zeige mithilfe des Sinussatzes: In einem gleichschenkligen Dreieck ABC mit der Basis c gilt: $\frac{a}{c} = \frac{\sin\alpha}{\sin 2\alpha}$

8 Bestimme die fehlenden Seiten und Winkel eines Trapezes ABCD.
a) a = 7 cm; b = 4 cm; c = 3.2 cm; α = 72°
b) a = 4.2 m; b = 18 dm; α = 40°; β = 105°

9 In einem Parallelogramm mit den Diagonalen e = 8 cm und f = 14 cm ist δ = 122° (Fig. 1). Wie lang sind die Seiten des Parallelogramms?

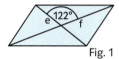

Fig. 1

10 Schreibe den Kosinussatz für die Dreiecke ABD und ADC in Fig. 2 auf.

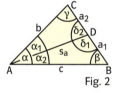

Fig. 2

11 Berechne die fehlenden Seiten und Winkel des Dreiecks ABC.
a) a = 4 cm; b = 5 cm; c = 6 cm
b) b = 5 cm; c = 4 cm; α = 60°
c) a = 3.7 m; c = 62 dm; γ = 107°
d) a = 50.8 cm; b = 53.6 cm; c = 39.4 cm
e) a = 45.65 m; b = 0.0678 km; γ = 77.5°
f) b = 4.5 cm; c = 5.0 cm; h_c = 3.0 cm
g) b = 226.3 m; c = 0.3149 km; α = 103°
Begründe jeweils aufgrund der Angaben, ob die Lösung eindeutig ist.

12 In einem gleichschenkligen Dreieck ABC ist c die Basis; die Schenkel sind mit s bezeichnet. Die Basiswinkel sind α und β, der Winkel an der Spitze ist γ.
a) Berechne die Winkel des Dreiecks für den Fall, dass die Schenkel s doppelt so lang sind wie die Basis c. Warum sind alle Dreiecke mit dieser Eigenschaft ähnlich?
b) Welche Beziehung zwischen der Basis c, der Schenkellänge s und dem Winkel γ bzw. dem Winkel α liefert der Kosinussatz?
c) Berechne s auf zwei Arten für c = 6 cm und α = 54°.
d) Bestimme c für s = 10.5 m und α = 38°. Gibt es mehrere Lösungswege?

13 Konstruiere, falls möglich, ein Dreieck ABC und kontrolliere deine Skizze durch Rechnung.
a) a = 2.78 m, b = 3.77 m, γ = 52.9°
b) b = 1.26 km, α = 121.3°, γ = 31.3°
c) a = 31.5 m, b = 50.2 m, c = 71.2 m
d) b = 17.0 cm, c = 23.1 cm, β = 34.5°

5.6 Anwendungen

▬ Jonas möchte wissen, wie viel Quadratmeter Dachziegel für das neue Haus benötigt werden. Der Architekt hat zwar den Neigungswinkel α angegeben, aber nicht die Gesamthöhe des Daches.
Julius: «Wenn du nicht weisst, wie hoch das Dach werden soll, kannst du die Dachfläche nicht berechnen.»
Jonas: «Doch, das muss auch so funktionieren.» ▬

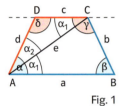

Fig. 1

Mithilfe des Sinussatzes und des Kosinussatzes kann man in vielen Figuren fehlende Streckenlängen, Winkelgrössen oder Flächeninhalte berechnen. Dazu muss man in den Figuren Teildreiecke finden, in denen die gesuchte Strecke oder der unbekannte Winkel vorkommt.
Die Querschnittsfläche eines Dammes hat die Form eines Trapezes (Fig. 1). Die Breite des Dammfusses a und die Grösse der beiden Neigungswinkel der Böschungen (α und β) sind bekannt. Wie breit ist die Dammkrone c für a = 6.10 m, b = 4.00 m, α = 65° und β = 57°?

1 Verstehen der Aufgabe

Was ist gegeben?
α = 65° und β = 57° sind die Basiswinkel, a = 6.1 m ist die Länge der zugehörigen Parallele eines Trapezes.

Was ist gesucht?
Gesucht ist die Länge der anderen Parallele.

2 Zerlegen in Teilprobleme

Rechenplan erstellen
1. Zerlege das Trapez mithilfe der Diagonale e in zwei Dreiecke. Es entstehen die Teilwinkel α_1 und α_2.
2. Berechne die Länge von e mit dem Kosinussatz.
3. Berechne α_1 mit dem Sinussatz.
4. Es gilt $\alpha_2 = \alpha - \alpha_1$ und $\delta = 180° - \alpha$.
5. Berechne c mit dem Sinussatz.

4 Rückschau und Antwort

Kann das Ergebnis richtig sein?
Die Breite der Dammkrone ist kleiner als die des Dammfusses.
Bei der Berechnung des Winkels α_1 mit dem Sinussatz wäre noch eine zweite Lösung möglich: $\alpha_1 = 180° - 40.5° \approx 139.5°$
Dieser Winkel kommt aber nicht infrage, denn er ist grösser als α. Mit den gegebenen Grössen ist die Lösung eindeutig.

Antwortsatz:
Die Dammkrone ist etwa 2.30 m breit.

3 Rechenplan durchführen

Teilaufgaben ausrechnen
1. *Zerlegen in Teildreiecke:* Siehe Fig. 1.
2. *Länge von e berechnen:*
$e^2 = a^2 + b^2 - 2ab \cdot \cos(\beta)$
$e = \sqrt{6.1^2 m^2 + 4.0^2 m^2 - 2 \cdot 6.1 m \cdot 4.0 m \cdot \cos(57°)}$
$e \approx 5.1605828 m \approx 5.2 m$
3. *Grösse von α_1 berechnen:*
$\sin(\alpha_1) \approx \frac{4.0 m \cdot \sin(57°)}{5.1605828 m}$, also $\alpha_1 \approx 40.5°$
4. *Grösse der Winkel α_2 und δ berechnen:*
$\alpha_2 = \alpha - \alpha_1 \approx 23.453965° \approx 23.5°$
$\delta = 180° - \alpha = 115°$
5. *Berechnen der Länge von c:*
$c = \frac{e \cdot \sin(\alpha_2)}{\sin(\delta)} \approx \frac{5.1605828 m \cdot \sin(23.453965°)}{\sin(115°)} \approx 2.3 m$

Berechnungen an Figuren in vier Schritten
1. **Verstehen der Aufgabe:** Was ist gegeben? Was ist gesucht?
2. **Zerlegen in Teilprobleme:** Skizze erstellen und ergänzen; Hilfslinien einzeichnen; Grössen benennen und Teildreiecke suchen.
3. **Durchführen des Plans:** Berechnen der gesuchten Grössen mit Sinussatz, Kosinussatz und Winkelsummen im Dreieck.
4. **Rückschau und Antwort:** Ergebnis überprüfen und Antwort formulieren.

Aufgaben

1 Berechne die fehlenden Streckenlängen und Winkelgrössen des Vierecks ABCD (Fig. 1). Suche geeignete Teildreiecke, in denen man den Sinussatz oder den Kosinussatz anwenden kann.
a) $a = 10$ cm; $b = 8$ cm; $c = 7$ cm; $d = 7$ cm; $\beta = 75°$
b) $a = 9.5$ cm; $b = 7.6$ cm; $c = 8.5$ cm; $d = 3.7$ cm; $e = 6.5$ cm

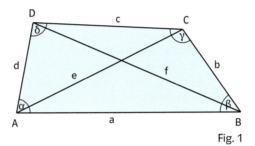
Fig. 1

2 Um die Höhe eines Baumes zu messen, muss man nicht auf den Baum klettern. Auch die Höhe von Gebäuden und Bergen kann man folgendermassen bestimmen. Von einem Hochsitz aus wird der Fusspunkt F eines Baumes unter dem Tiefenwinkel $\delta = 15°$ gesehen, der höchste Punkt H unter dem Erhebungswinkel $\varepsilon = 48°$ (Fig. 2).
a) Wie hoch ist der Baum, wenn der Beobachtungspunkt B in der Höhe $h = 6.5$ m liegt?
b) Wie weit ist der Beobachtungspunkt B von den Punkten F und H entfernt (Luftlinie)?

Beachte: Bei rechtwinkligen Dreiecken muss man nicht mit dem Sinussatz bzw. Kosinussatz arbeiten!

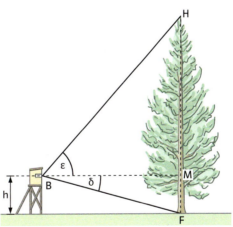
Fig. 2

3 Eine Seilbahn führt von einer Talstation T über eine Zwischenstation Z zu einer Bergstation B (Fig. 3). Die durchschnittlichen Neigungswinkel des Seiles sind $\alpha = 26°$ und $\beta = 37°$, die Bergstation wird von der Talstation aus unter dem Erhebungswinkel $\gamma = 33°$ gesehen.
Wie hoch liegt die Bergstation oberhalb der Talstation, wenn die Zwischenstation 450 m höher liegt als die Talstation?

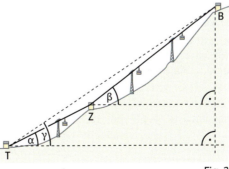
Fig. 3

4 Von einem Viereck ABCD wie in Fig. 1 sind bekannt: d = 3.8 m, f = 6.4 m, α = 84.3°, β = 136.5°, δ = 110.9°.
a) Berechne die Länge der Seite a.
b) Berechne b, c und e.

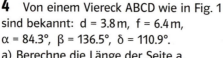

Fig. 1

5 Berechne die beiden Längen der Diagonalen in einem Parallelogramm ABCD (Fig. 2) mit a = 10.2 cm, b = 7.7 cm und α = 36.3°.

Fig. 2

6 Berechne den Umfang und den Flächeninhalt eines Dreiecks ABC mit
a) c = 7.5 cm, α = 60.5°, β = 34.1°,
b) b = 5.8 cm, c = 3.7 cm, β = 107.8°.

7 Gegeben ist ein symmetrisches Trapez wie in Fig. 3 mit der Grundseite a = 5 cm, dem Schenkel b = 3 cm und dem Basiswinkel α = 65°. Die Geraden AD und BC schneiden sich in E. Berechne die Höhe h des Dreiecks DCE.

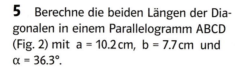

Fig. 3

8 Um die Höhe eines Berges zu bestimmen, wird der Gipfel von den Endpunkten einer 200 Meter langen, direkt auf den Berg zulaufenden Standlinie aus angepeilt (Fig. 4). Berechne die Höhe des Berges, wenn für die beiden Erhebungswinkel α = 30.11° und β = 35.25° gemessen wurden.

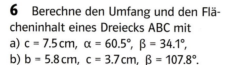

Fig. 4

9 Nach der Seekarte liegen die Leuchtfeuer L_1 und L_2 voneinander 12.6 sm entfernt. Die Verbindungsstrecke L_1L_2 bildet mit der Nordrichtung den Winkel δ = 114° (Fig. 5). Ein Schiff S peilt die Leuchtfeuer unter den Winkeln α = 249° und β = 154° gegenüber der Nordrichtung an. Wie weit ist das Schiff jeweils von den Leuchtfeuern entfernt?

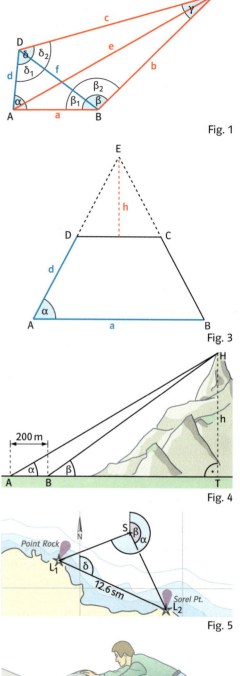

Fig. 5

10 Ein Bierfass wird eine Rampe hinaufgerollt, die den Neigungswinkel α = 21.8° hat. Die Gewichtskraft G ≈ 750 Newton (N) lässt sich dabei wie in Fig. 6 in eine Hangabtriebskraft H parallel zur Rampe und eine Druckkraft D senkrecht dazu zerlegen. Berechne beide Kräfte. Überlege dazu, wie gross der Winkel β ist.

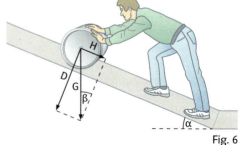

Fig. 6

Exkursion Additionstheoreme

Kennt man den Sinuswert und den Kosinuswert zweier Winkel α und β, so kann man damit die Sinuswerte und die Kosinuswerte von α + β berechnen. Dabei ist zu beachten, dass im Allgemeinen $\sin(\alpha + \beta) \neq \sin(\alpha) + \sin(\beta)$ bzw. $\cos(\alpha + \beta) \neq \cos(\alpha) + \cos(\beta)$ gilt, wie man sich durch Einsetzen konkreter Winkel für α und β leicht überzeugen kann.

Mithilfe von Fig. 1 können die Formeln zur Berechnung von $\sin(\alpha + \beta)$ und $\cos(\alpha + \beta)$ hergeleitet werden.
In den drei rechtwinkligen Dreiecken OCA, ODC und ECA kann man folgende Beziehungen direkt ablesen.

(1) $\sin(\beta) = \overline{AC}$

(2) $\cos(\beta) = \overline{OC}$

(3) $\sin(\alpha) = \frac{\overline{DC}}{\overline{OC}} = \frac{\overline{EB}}{\overline{OC}} \Rightarrow \overline{EB} = \sin(\alpha) \cdot \overline{OC} = \sin(\alpha) \cdot \cos(\beta)$

(4) $\cos(\alpha) = \frac{\overline{AE}}{\overline{AC}} \Rightarrow \overline{AE} = \cos(\alpha) \cdot \overline{AC} = \cos(\alpha) \cdot \sin(\beta)$

(5) $\sin(\alpha + \beta) = \overline{AB}$

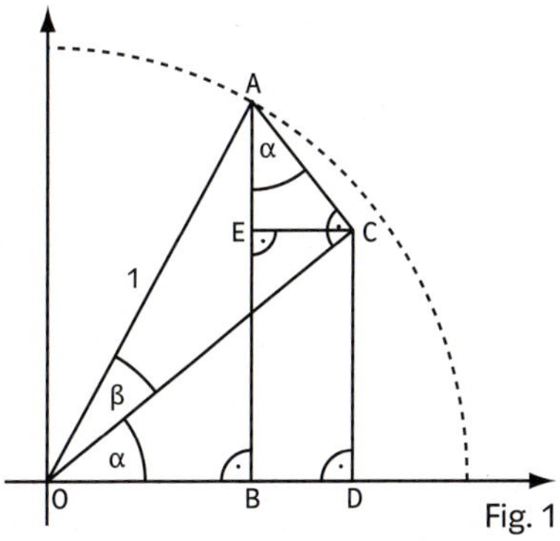

Da $\overline{AB} = \overline{AE} + \overline{EB}$ ist, folgt mit (5), (4) und (3):

(6) $\sin(\alpha + \beta) = \overline{AB} = \overline{AE} + \overline{EB} = \cos(\alpha) \cdot \sin(\beta) + \sin(\alpha) \cdot \cos(\beta)$

Weiter gilt:

(7) $\sin(\alpha) = \frac{\overline{EC}}{\overline{AC}} = \frac{\overline{BD}}{\overline{AC}} \Rightarrow \overline{BD} = \sin(\alpha) \cdot \overline{AC} = \sin(\alpha) \cdot \sin(\beta)$

(8) $\cos(\alpha) = \frac{\overline{OD}}{\overline{OC}} \Rightarrow \overline{OD} = \cos(\alpha) \cdot \overline{OC} = \cos(\alpha) \cdot \cos(\beta)$

(9) $\cos(\alpha + \beta) = \overline{OB}$

Da $\overline{OB} = \overline{OD} - \overline{BD}$ ist, folgt mit (9), (8) und (7):

(10) $\cos(\alpha + \beta) = \overline{OB} = \overline{OD} - \overline{BD} = \cos(\alpha) \cdot \cos(\beta) - \sin(\alpha) \cdot \sin(\beta)$

Die Formeln (6) und (10) nennt man:

Überzeuge dich davon, dass der oben in Fig. 1 eingezeichnete Winkel α die gleiche Grösse besitzt wie der untere Winkel α.

Fig. 1

Additionstheoreme für den Sinus und den Kosinus
$\sin(\alpha + \beta) = \sin(\alpha) \cdot \cos(\beta) + \cos(\alpha) \cdot \sin(\beta)$
$\cos(\alpha + \beta) = \cos(\alpha) \cdot \cos(\beta) - \sin(\alpha) \cdot \sin(\beta)$

Eine Formel für den Tangens erhält man durch die Beziehung $\tan(\alpha) = \frac{\sin(\alpha)}{\cos(\alpha)}$.

$$\tan(\alpha + \beta) = \frac{\sin(\alpha + \beta)}{\cos(\alpha + \beta)} = \frac{\sin(\alpha) \cdot \cos(\beta) + \cos(\alpha) \cdot \sin(\beta)}{\cos(\alpha) \cdot \cos(\beta) - \sin(\alpha) \cdot \sin(\beta)}$$

Kürzt man den letzten Bruch durch $\cos(\alpha) \cdot \cos(\beta)$, so folgt:

$$\tan(\alpha + \beta) = \frac{\frac{\sin(\alpha) \cdot \cos(\beta) + \cos(\alpha) \cdot \sin(\beta)}{\cos(\alpha) \cdot \cos(\beta)}}{\frac{\cos(\alpha) \cdot \cos(\beta) - \sin(\alpha) \cdot \sin(\beta)}{\cos(\alpha) \cdot \cos(\beta)}} = \frac{\frac{\sin(\alpha) \cdot \cos(\beta)}{\cos(\alpha) \cdot \cos(\beta)} + \frac{\cos(\alpha) \cdot \sin(\beta)}{\cos(\alpha) \cdot \cos(\beta)}}{\frac{\cos(\alpha) \cdot \cos(\beta)}{\cos(\alpha) \cdot \cos(\beta)} - \frac{\sin(\alpha) \cdot \sin(\beta)}{\cos(\alpha) \cdot \cos(\beta)}} = \frac{\frac{\sin(\alpha)}{\cos(\alpha)} + \frac{\sin(\beta)}{\cos(\beta)}}{1 - \frac{\sin(\alpha)}{\cos(\alpha)} \cdot \frac{\sin(\beta)}{\cos(\beta)}}$$

Ersetzt man $\frac{\sin(\alpha)}{\cos(\beta)}$ durch $\tan(\alpha)$ und $\frac{\sin(\beta)}{\cos(\beta)}$ durch $\tan(\beta)$ so erhält man:

Additionstheorem für den Tangens

$$\tan(\alpha + \beta) = \frac{\tan(\alpha) + \tan(\beta)}{1 - \tan(\alpha) \cdot \tan(\beta)}$$

---

1 Additionstheoreme für die Differenz zweier Winkel

Ersetze in den gerade bewiesenen Formeln β durch $-\beta$ und zeige, dass gilt:

$\sin(\alpha - \beta) = \sin(\alpha) \cdot \cos(\beta) - \cos(\alpha) \cdot \sin(\beta)$

$\cos(\alpha - \beta) = \cos(\alpha) \cdot \cos(\beta) + \sin(\alpha) \cdot \sin(\beta)$

$\tan(\alpha - \beta) = \frac{\tan(\alpha) - \tan(\beta)}{1 + \tan(\alpha) \cdot \tan(\beta)}$

2 Additionstheoreme für den doppelten Winkel

Ersetze β durch α und zeige die Gültigkeit der Formeln:

$\sin(2\alpha) = 2 \cdot \sin(\alpha) \cdot \cos(\alpha)$

$\cos(2\alpha) = \cos^2(\alpha) - \sin^2(\alpha) = 1 - 2\sin^2(\alpha) = 2\cos^2(\alpha) - 1 \;(*)$

$\tan(2\alpha) = \frac{2\tan(\alpha)}{1 + \tan^2(\alpha)}$

Leite daraus Terme zur Berechnung von $\sin(3\alpha)$ und $\cos(3\alpha)$ her.

3 Additionstheoreme für den halben Winkel

Ersetze α in (*) aus Aufgabe 2 durch $\frac{\alpha}{2}$ und zeige die Gültigkeit der Formeln:

$$\sin\left(\frac{\alpha}{2}\right) = \sqrt{\frac{1 - \cos(\alpha)}{2}} \quad \text{und} \quad \cos\left(\frac{\alpha}{2}\right) = \sqrt{\frac{1 + \cos(\alpha)}{2}}$$

und zeige ausserdem:

$$\tan\left(\frac{\alpha}{2}\right) = \sqrt{\frac{1 - \cos(\alpha)}{1 + \cos(\alpha)}}$$

4 Summen und Produkte

Zeige, dass für alle Winkel α und β gilt:

$\sin(\alpha) + \sin(\beta) = 2 \cdot \sin\left(\frac{\alpha + \beta}{2}\right) \cdot \cos\left(\frac{\alpha - \beta}{2}\right)$

$\cos(\alpha) + \cos(\beta) = 2 \cdot \cos\left(\frac{\alpha + \beta}{2}\right) \cdot \cos\left(\frac{\alpha - \beta}{2}\right)$

und

$\sin(\alpha) \cdot \sin(\beta) = \frac{1}{2}(\cos(\alpha - \beta) - \cos(\alpha + \beta))$

$\cos(\alpha) \cdot \cos(\beta) = \frac{1}{2}(\cos(\alpha - \beta) + \cos(\alpha + \beta))$

$\sin(\alpha) \cdot \cos(\beta) = \frac{1}{2}(\sin(\alpha - \beta) + \sin(\alpha + \beta))$

5 Trigonometrische Gleichungen

Wende bei Aufgabe 5d) ein geeignetes Additionstheorem an.

Welche Winkel zwischen 0° und 360° erfüllen die Gleichungen?

a) $\sin(\alpha) = 0.5$ \qquad b) $2\cos(\alpha) = -0.3$

c) $2\sin^2(\alpha) - \sin(\alpha) = 1$ \qquad d) $\sin(2\alpha) = 2\sin(\alpha)$

Exkursion   Anfänge der Trigonometrie

Wie die Ägypter Winkel festlegten

Die ägyptischen Pyramiden wurden schichtweise aus grossen Kalksteinquadern gebaut und dann nach aussen mit Kalksteinplatten verkleidet. Der Neigungswinkel α aller vier Seiten ist immer genau gleich und liegt meistens wie bei der um 2500 v. Chr. erbauten Cheopspyramide zwischen 52° und 54°.

Die Pyramidenbauer kannten kein Winkelmass. Wie schafften sie es trotzdem, bei einem riesigen Bauwerk Winkel so genau einzuhalten?

Die Ägypter legten die Neigung der Seiten fest, indem sie vorschrieben, wie weit je Elle Höhe jeweils die nächste Schicht zurückgesetzt werden musste. Dieses Mass hiess seqt (= Rücksprung, sprich: seket) und war nach heutiger Sprechweise gleich $\frac{1}{\tan(\alpha)}$ des Seitenneigungswinkels α.

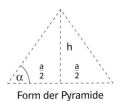

Form der Pyramide

Masse beim Pyramidenbau:
1 Elle = 52.3 cm,
1 Handbreite = $\frac{1}{7}$ Elle

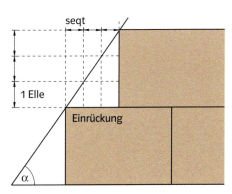

Die Beispiele in altägyptischen Rechenbüchern zeigen, dass der seqt tatsächlich als Seitenverhältnis im rechtwinkligen Dreieck berechnet wurde.

So wird zum Beispiel hier der seqt als Quotient 180 : 250 berechnet, also halbe Grundkante : Pyramidenhöhe.
Als Ergebnis wird der Bruch $\overline{2\,5\,50}$ Ellen angegeben, in der heutigen Schreibweise $\frac{1}{2} + \frac{1}{5} + \frac{1}{50}$ Ellen, also $\frac{12}{85}$ Ellen.
Dann wird der seqt noch in Handbreiten umgerechnet:
$\frac{12}{85} = \frac{1}{\tan(\alpha)}$ ergibt α ≈ 54°

Aufgabe 56 aus dem Papyrus des Schreibers Ahmes (um 1700 v. Chr.):
Beispiel der Berechnung einer Pyramide, 360 Ellen in der Länge, 250 Ellen in der Höhe. Lass mich wissen ihren seqt.
Nimm $\frac{1}{2}$ von 360, es ist 180. Rechne mit 250, um 180 zu erhalten.
Es ist $\overline{2\,5\,50}$ Elle. Eine Elle hat 7 Handbreiten. Nimm mal 7.

1	7
$\overline{2}$	3 $\overline{2}$
$\overline{5}$	1 3 $\overline{15}$
$\overline{50}$	10 $\overline{25}$

Der seqt ist 5 $\overline{25}$ Handbreiten.

Von der Astrologie zur Astronomie

Dass die Babylonier ursprünglich Winkel durch Seitenverhältnisse von rechtwinkligen Dreiecken festlegten, schliesst man aus gefundenen Tontafeln. Die abgebildete Tafel stammt aus dem 18. Jahrhundert v. Chr. Von rechts gezählt geben die erste und die zweite Spalte die Katheten a und b eines rechtwinkligen Dreiecks an, in der letzten Spalte (ganz links) findet sich $\left(\frac{b}{a}\right)^2$, also $\tan^2(\beta)$.

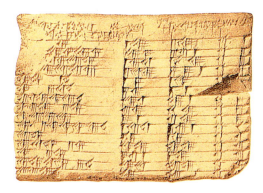

Da die Babylonier an einen Einfluss der Stellung von Sonne, Mond und Planeten auf das menschliche Schicksal glaubten, beobachteten sie den Himmel sehr genau. So entwickelte sich aus Aufzeichnungen über den Weg der Sonne durch die Tierkreissternbilder langsam ein Winkelmass, das auf der Unterteilung des Vollkreises beruhte. Babylonische, später auch ägyptische Kenntnisse wurden von griechischen Mathematikern übernommen und ausgebaut.

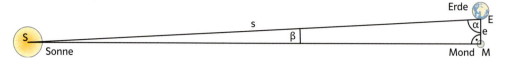

Aristarch von Samos (310–230 v. Chr.) verwendete in seiner Schrift «Über die Grössen und Abstände von Sonne und Mond» den Sinus, ohne ihn so zu nennen. Er bestimmte unter anderem, wie in obiger Figur gezeigt, das Verhältnis der Sonnenentfernung s zur Mondentfernung e, also: $\frac{s}{e} = \frac{1}{\sin(\beta)}$

Wenn der Mond für einen Beobachter auf der Erde genau halb voll ist, hat das Dreieck ESM bei M einen rechten Winkel. Zu diesem Zeitpunkt bestimmte Aristarch den Winkel α zwischen den Richtungen zur Sonne und zum Mond. Er fand $\frac{29}{30}$ eines rechten Winkels, also α = 87°. Damit ist β = 3°. Durch den Vergleich mit einem rechtwinkligen Dreieck mit β = 3° fand Aristarch $18 < \frac{s}{e} < 20$, die Sonnenentfernung ist also 18- bis 20-mal grösser als die Mondentfernung.

Ein Problem für Aristarch war, dass er keine Tafeln mit Sinuswerten zur Verfügung hatte.

Der damit bestimmte Sinuswert ist rechnerisch recht genau, denn $\sin(3°) \approx 0.052336 \approx \frac{1}{19}$. Allerdings beträgt der Winkel α nach heutiger Messung 89.85°, woraus sich $\sin(\beta) = \sin(0.15°) \approx 0.002\,618 \approx \frac{1}{380}$ ergibt.

Griechische Sehnenrechnung

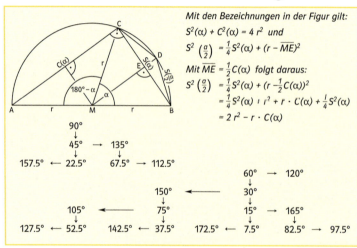

Als Erster soll der griechische Mathematiker und Astronom Hipparch von Nicäa (um 150 v. Chr.) eine «Sehnentafel» aufgestellt haben. Sie ist nicht überliefert, hatte jedoch wahrscheinlich eine Schrittweite von 7.5° für den Zentriwinkel und gab die Länge S(α) der Sehne in Abhängigkeit von α an. Wegen der Beziehung $S(\alpha) = 2r \cdot \sin\left(\frac{\alpha}{2}\right)$ gibt eine solche Tafel indirekt auch Sinuswerte an.

Das links abgebildete Schema zeigt, in welcher Reihenfolge sich mit der obigen Formel eine solche Tafel aufstellen lässt, wenn man von den Winkeln 90° und 60° ausgeht. Ein horizontaler Pfeil bedeutet den Übergang vom Winkel α zu 180° − α, ein vertikaler Pfeil die Halbierung von α. (Beachte hierzu: C(α) = S(180° − α))

Claudius Ptolemäus (um 85–165 n. Chr.) bewies Zusammenhänge der Winkelfunktionen, mit deren Hilfe er die Sehnenlänge S(1°) bestimmte und dann eine Sehnentabelle mit einer Winkelschrittweite von nur 0.5° berechnen konnte. Heute noch existiert eine arabische Übersetzung dieser Tafel.

Wie der Sinus zu seinem Namen kam

Die Mathematik der nächsten Jahrhunderte wurde durch Inder und Araber geprägt. In Indien wurde im 5. Jahrhundert die Sehnenrechnung durch eine «Halbsehnenrechnung» ersetzt und damit wurden Sinus und Kosinus eingeführt. Die Araber führten um 830 zu dem bereits bekannten Sinus und Kosinus zusätzlich den Tangens und dessen Reziprokes ein. Vermutlich wurde aus dem indischen Wort jîva (für Sehne) im Arabischen «dschiba». Da in der arabischen Schrift nur Konsonanten notiert werden, wird es ebenso geschrieben wie «dschaib» (= Busen, Brustbeutel, Bucht). **Gerhard von Cremona** (1114–1187) übersetzte daher bei der späteren Übertragung mathematischer arabischer Texte ins Lateinische dieses Wort mit «sinus» (= Krümmung, Bucht, Geldtasche).

II Funktionen und Gleichungen

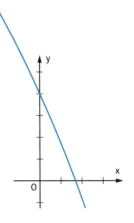

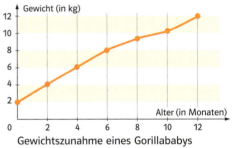
Gewichtszunahme eines Gorillababys

Inhalt
- Lineare Funktionen und Gleichungen
- Systeme linearer Gleichungen
- Quadratische Funktionen und Gleichungen
- Potenz- und Wurzelfunktionen
- Exponentialfunktionen
- Logarithmusfunktionen
- Trigonometrische Funktionen
- Allgemeine Eigenschaften von Funktionen

6 Funktionen

6.1 Abhängigkeiten darstellen und interpretieren

Neu erstellte Gebäude mit Wohnungen in der Schweiz

Jahr	2001	2002	2003	2004	2005	2006	2007	2008	2009
Total	14'493	14'023	15'019	17'109	16'831	17'029	16'892	16'512	14'007
Einfamilienhäuser	11'507	10'840	11'469	12'957	12'407	12'031	11'982	11'320	9'149
Mehrfamilienhäuser	2'986	3'183	3'550	4'152	4'424	4'998	4'910	5'192	4'858

Suche Möglichkeiten, um die Werte zu veranschaulichen, zum Beispiel mithilfe einer Tabellenkalkulation. Interpretiere die Zahlen.

Bisher wurden schon häufig Abhängigkeiten betrachtet. So ist zum Beispiel das Volumen einer Kugel vom zugehörigen Radius abhängig. Der Zusammenhang zwischen Radius r und Volumen V wird durch die Formel $V = \frac{4}{3} \cdot \pi \cdot r^3$ beschrieben. Nun gibt es aber Situationen, in denen man eine solche Formel nicht angeben kann. In solchen Fällen werden die Daten häufig zunächst tabellarisch aufbereitet und dann durch einen Graphen veranschaulicht.

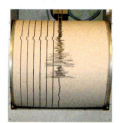

Ein Seismograph überträgt die Erschütterungen der Erde direkt auf Papier.

Abhängigkeiten zwischen zwei Grössen werden häufig in Tabellen dokumentiert und durch Graphen veranschaulicht.
Mithilfe eines solchen Graphen kann man Werte ablesen, den Verlauf interpretieren oder Vermutungen über den weiteren Verlauf anstellen.
Lassen sich Abhängigkeiten durch einen Term beschreiben, so kann man für jeden Ausgangswert den zugeordneten Wert berechnen.

Beispiel

Wühlmäuse sind bekannt für extreme Schwankungen ihrer Populationsdichte. Fig. 1 zeigt das Ergebnis einer Untersuchung in der kanadischen Provinz Manitoba.

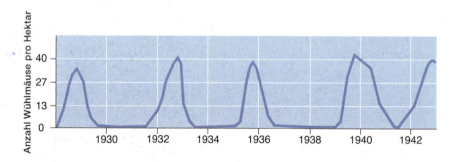

Fig.1

Populationszyklen bei Wühlmäusen sind schon lange bekannt. Dutzende von Hypothesen wurden zur Erklärung dieser Schwankungen aufgestellt. Nenne mögliche Ursachen.

a) Wie lange dauert ungefähr ein Populationszyklus bei Wühlmäusen?
b) Bei welcher Dichte von Tieren pro Hektar bricht die Population zusammen?
Lösung:
a) Ein Populationszyklus bei Wühlmäusen dauert 3 bis 4 Jahre.
b) Sobald eine Dichte von rund 40 Tieren pro Hektar erreicht wird, bricht die Population zusammen.

Aufgaben

1 Eine Mountainbike-Tour in dem spanischen El-Ports-Gebirge hat das abgebildete Höhenprofil.
a) Wie viele Höhenmeter sind beim ersten Anstieg zu überwinden?
b) Wie gross ist der Gesamtanstieg, der bei der Tour zu überwinden ist?
c) Wie steil ist die letzte Abfahrt ab Streckenkilometer 26? Gib das Gefälle in Prozent und den Steigungswinkel an.
d) Zur Quelle Canaleta führt nur eine Sackgasse. Wie äussert sich dies im Graphen? Wie lang ist vermutlich diese Sackgasse?
e) Wo kann es eine weitere Sackgasse geben?

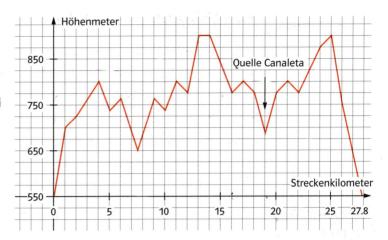

2 Der Zusammenhang zwischen der Geschwindigkeit und dem Kraftstoffverbrauch eines Fahrzeugs ist bei jedem Gang verschieden.
a) Bei welchen Geschwindigkeiten beträgt der Verbrauch 10 l pro 100 km?
b) Bei welcher Geschwindigkeit ist der Verbrauch im 4. Gang am geringsten? Wie hoch ist dieser Verbrauch?
c) Um wie viel sinkt der Verbrauch, wenn man bei 60 km/h im 4. Gang statt im 3. Gang fährt?

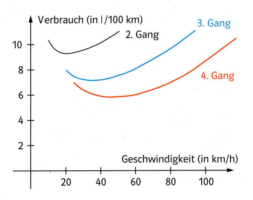

3 Autobusfahrten müssen mithilfe eines Fahrtenschreibers auf eine Tachoscheibe aufgezeichnet werden.
a) Wie lange dauerte die aufgezeichnete Fahrt insgesamt?
b) Nach 4.5 Stunden muss der Fahrer eine Pause von 45 Minuten einlegen. Hat der Fahrer des Busses diese Bestimmung eingehalten?
c) Wie hoch war seine maximale Geschwindigkeit?
d) Woran erkennt man, dass der Autobus zwischen 8 Uhr und 9:30 Uhr auf der Autobahn fuhr?
e) Interpretiere den Abschnitt zwischen 10:15 Uhr und 11 Uhr.
f) Wie lang etwa ist die Strecke, die zwischen 5:10 Uhr und 5:55 Uhr zurückgelegt wurde?

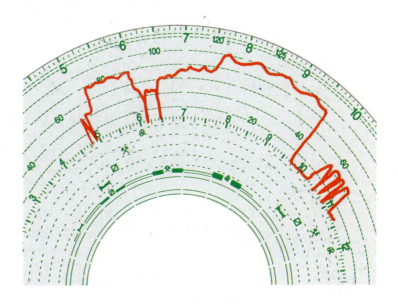

6.2 Eindeutige Zuordnungen – Funktionen

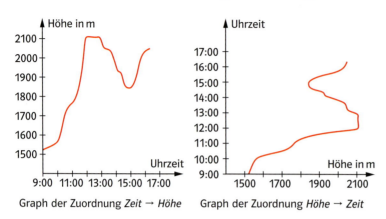

Graph der Zuordnung *Zeit → Höhe*   Graph der Zuordnung *Höhe → Zeit*

Max und sein Vater unternehmen gemeinsam eine Bergtour. Beide Graphen beschreiben den Zusammenhang zwischen erreichter Höhe und Uhrzeit.
– In welcher Höhe befinden sich die zwei um 15:30 Uhr?
– Als sie sich auf der Höhe von 1800 m befinden, entdeckt Max ein Murmeltier. Zu welcher Uhrzeit?
– Auf 1950 m entdeckt der Vater eine Gämse. Zu welcher Uhrzeit?

In der Natur bzw. im täglichen Leben gibt es viele Grössen, die voneinander abhängen: Bei Jugendlichen ändert sich beispielsweise mit dem Alter auch die Körpergrösse, an einer Wetterstation kann man die Lufttemperatur in Abhängigkeit von der Tageszeit ablesen. In solchen Fällen ändert sich mit der einen Grösse (zum Beispiel der Tageszeit) zugleich eine andere, ihr zugeordnete Grösse (zum Beispiel die Lufttemperatur). Mathematisch beschreibt man derartige Zusammenhänge zwischen Grössen mit den bereits bekannten Zuordnungen und veranschaulicht sie häufig durch einen Graphen in einem Koordinatensystem. Damit kann die Art der Veränderung (die zum Beispiel gleichmässig oder ungleichmässig, stark oder schwach sein kann) gut dargestellt werden.

Im Folgenden sind die Graphen zweier Zuordnungen gezeichnet, die jeweils den Zusammenhang zwischen Höhe (in der Erdatmosphäre) und Temperatur beschreiben.

Beachte:
Die Werte der einen Grösse (meist x-Werte genannt) werden an der waagrechten Achse (x-Achse) abgetragen, die Werte der zugeordneten Grösse (y-Werte) an der senkrechten Achse (y-Achse).

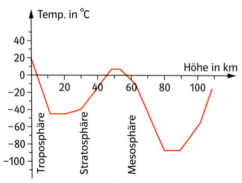

Zuordnung *Höhe → Temperatur*:
Es gibt für jeden Höhenwert jeweils genau eine zugehörige Temperatur, die Zuordnung ist daher eindeutig.

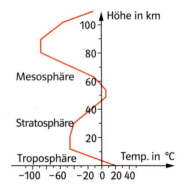

Zuordnung *Temperatur → Höhe*:
Es gibt zum Beispiel für die Temperatur 0 °C verschiedene Höhen, die Zuordnung ist daher nicht eindeutig.

Zwischen diesen beiden Zuordnungen gibt es einen wesentlichen Unterschied: Die linke Zuordnung *Höhe → Temperatur* ist eindeutig, da jedem Höhenwert (x-Wert) **genau eine** Temperatur (y-Wert) zugeordnet wird; die rechte Zuordnung *Temperatur → Höhe* ist hingegen nicht eindeutig. Man definiert:

Eine **Zuordnung** x → y, die jedem Wert für x **genau einen** Wert für y zuordnet, heisst **Funktion**.

Bemerkungen
Zur Bezeichnung von Funktionen verwendet man häufig f, g oder h bzw. wählt einen Buchstaben, der einen Bezug zur zugeordneten Grösse besitzt, zum Beispiel
T: *Höhe → Temperatur*.
Bei der Funktion T: *Höhe (in km) → Temperatur (in °C)* auf S. 100 wird zum Beispiel dem x-Wert 30 der y-Wert –40 zugeordnet. Man nennt –40 den **Funktionswert** von 30 und schreibt T(30) = –40 (lies: T von 30 ist –40).
Ein Graph ist nur dann Graph einer Funktion, wenn jede mögliche Parallele zur y-Achse den Graphen höchstens in einem einzigen Punkt schneidet.

Dieser Graph gehört nicht zu einer Funktion.

Beispiel 1
In einer Autobetriebsanleitung steht:

Geschwindigkeit (in km/h)	Gang
0 – 20	1
15 – 50	2
30 – 100	3
90 – 160	4

Zeichne den Graphen der Zuordnung *Geschwindigkeit → Gang*.
Handelt es sich um eine Funktion?

Lösung:

Nein, es ist keine Funktion, da zum Beispiel die Geschwindigkeit 40 km/h mit dem 2. oder 3. Gang gefahren werden kann.

Beispiel 2
In einer annähernd zylinderförmigen Regentonne steht das Wasser um Mitternacht 30 cm hoch. Anschliessend regnet es und am nächsten Morgen ist die Tonne voll.
Skizziere einen möglichen Graphen, der die Funktion w: *Uhrzeit → Wasserhöhe* veranschaulicht, für den Fall, dass es jeweils von 1:00 Uhr bis 1:30 Uhr und von 3:30 Uhr bis 3:45 Uhr heftige Schauer gab und es dazwischen nicht geregnet hat.
Beschreibe den Verlauf des Graphen mit Worten.

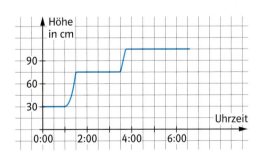

Lösung:
Bis 1:00 Uhr bleibt die Wasserhöhe gleich, dann nimmt sie bis 1:30 Uhr erst langsam und dann immer stärker zu. Von 1:30 Uhr bis 3:30 Uhr bleibt die Wasserhöhe gleich, sie beträgt etwa 75 cm.
Ab 3:30 Uhr nimmt die Wasserhöhe gleichmässig zu, bis sie um etwa 3:45 Uhr den Höchstwert von 105 cm erreicht hat und dann gleich bleibt.

Aufgaben

1 Zeichne drei Graphen von Zuordnungen x → y, die Funktionen sind, und drei Graphen von Zuordnungen x → y, die keine Funktionen sind.

2 Welcher Graph gehört zu einer Funktion, welcher nicht? Begründe.

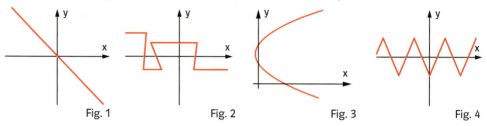

Fig. 1   Fig. 2   Fig. 3   Fig. 4

3 Handelt es sich bei der Zuordnung um eine Funktion? Begründe deine Antwort. Skizziere im Falle einer Funktion einen Funktionsgraphen.
a) *gefahrene Strecke → Benzinverbrauch*
b) *Benzinverbrauch → gefahrene Strecke*
c) *Zeit → Körpergrösse eines Menschen*
d) *Körpergrösse eines Menschen → Zeit*
e) *Quadrat einer rationalen Zahl → Zahl*
f) *Rationale Zahl → Quadrat der Zahl*

4 Sucht und beschreibt verschiedene Zuordnungen, die euch im Alltag begegnen (wie beispielsweise *Datum → Benzinpreis* oder *Briefmasse → Briefporto*). Hierzu könnt ihr auch Zeitungen, Schul- und Fachbücher (Wirtschaft, Geografie, …) oder das Internet verwenden. Überprüft jeweils, ob es sich um eine Funktion handelt.

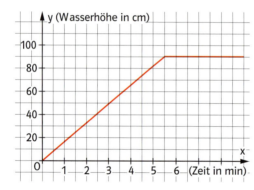

5 Durch einen voll aufgedrehten Wasserhahn fliesst Wasser in eine zylinderförmige Tonne, bis diese überläuft.
a) Der Graph veranschaulicht die Funktion w: *Zeit → Wasserhöhe*. Woran erkennt man, dass während des Füllens nicht am Hahn gedreht wird?
b) Zeichne einen Graphen für den Fall, dass die Tonne zu Beginn leer ist und der Hahn die ganze Zeit voll aufgedreht ist bzw. für den Fall, dass während des Füllens am Hahn gedreht wird.

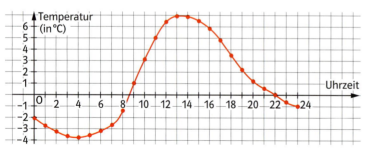

6 Innerhalb von 24 Stunden wurde stündlich an einer Messstation die Temperatur gemessen. Der Graph links veranschaulicht die Funktion T: *Zeit → Temperatur*.
a) Wann war die Temperatur am höchsten, wann am niedrigsten? Warum kann man die Werte nur ungefähr angeben?
b) Beschreibe den Verlauf des Graphen.
c) In welchen Zeiträumen gab es Temperaturen unter dem Gefrierpunkt?

7 Die Kugel rollt den Abhang hinunter. Skizziere einen Graphen zur Funktion g: *gerollte Weglänge → Geschwindigkeit*.

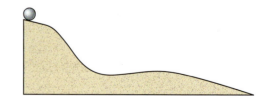

6.3 Funktionsgleichung

Gegeben ist der Term $T(x) = 0.5x^2 - 1$.
a) Zeichne in einem Koordinatensystem für Variablenwerte zwischen -5 und 5 den Graphen der Zuordnung T: *Variablenwert → Termwert*.
b) Handelt es sich bei der Zuordnung T um eine Funktion? Begründe deine Antwort.
c) Liegen die Punkte $A(1.8 | 0.6)$ und $B(10 | 49)$ auf dem Graphen?

Funktionen $x \to y$ lassen sich nicht nur durch Graphen, durch Tabellen oder in Worten, sondern oft auch durch Terme beschreiben. Die Zuordnung $f: x \to 0.5x^2 - 2$ ordnet jedem x-Wert den eindeutig bestimmten Wert $y = 0.5x^2 - 2$ zu. So wird zum Beispiel dem Wert $x = 8$ der y-Wert $y = 0.5 \cdot 8^2 - 2 = 30$ zugeordnet. Man sagt, der Funktionswert von 8 ist 30, mathematisch ausgedrückt: $f(8) = 0.5 \cdot 8^2 - 2 = 30$. Folgende Bezeichnungen sind üblich:

	Funktion f:	Funktion g:
Funktionsvorschrift:	$x \to 0.5x^2 - 2$	$x \to \frac{1}{x-1}$
Funktionsgleichung:	$y = 0.5x^2 - 2$	$y = \frac{1}{x-1}$
oder	$f(x) = 0.5x^2 - 2$	$g(x) = \frac{1}{x-1}$

Neben der Funktionsvorschrift gibt man für eine Funktion f auch die Menge aller Zahlen an, für die ein Funktionswert berechnet werden soll. Sie heisst **Definitionsmenge D_f**.
Häufig lässt man alle Zahlen zu, für die ein Funktionswert berechnet werden kann, und spricht dann von der maximalen Definitionsmenge.
Wird keine Definitionsmenge angegeben, meint man stets die maximale Definitionsmenge.

Bei der Funktion $f: x \to 0.5x^2 - 2$ ist für jede reelle Zahl ein Funktionswert berechenbar, daher gilt: $D_f = \mathbb{R}$
Bei $g: x \to \frac{1}{x-1}$ kann nur für $x = 1$ kein Funktionswert berechnet werden, da beim Einsetzen der Zahl 1 der Nenner null würde. Alle anderen reellen Zahlen können eingesetzt werden. Man drückt dies mit folgender Kurzschreibweise aus: $D_f = \mathbb{R}\setminus\{1\}$ (lies: $\mathbb{R}$ ohne 1)

Erinnerung:
$\mathbb{R}$ bezeichnet die Menge der reellen Zahlen.

Man bezeichnet die **Graphen** der Funktionen f und g mit G_f bzw. G_g. Um sie zu zeichnen, berechnet man für einige x-Werte die zugehörigen Funktionswerte und trägt die entstehenden Zahlenpaare in eine Wertetabelle ein. Beispielsweise ergibt sich:

x	-3	-2	-1	0	1	2	3
f(x)	2.5	0	-1.5	-2	-1.5	0	2.5

x	-3	-1	0	0.5	1.5	2	3
g(x)	-0.25	-0.5	-1	-2	2	1	0.5

Dann kann man für jede Funktion die einzelnen Punkte $P(x | f(x))$ in ein Koordinatensystem einzeichnen und sie jeweils durch eine ihnen angepasste Linie verbinden. Damit man im Diagramm schnell erkennt, welcher Graph zu welcher Funktion gehört, schreibt man an die Graphen meist kurz ihre Funktionsbezeichnungen f bzw. g (oder auch G_f bzw. G_g).

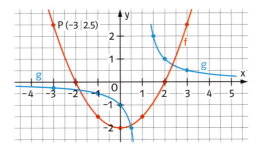

Wegen $0.5 \cdot 4^2 - 2 = 6$ ≠ 8 liegt der Punkt B(4/8) nicht auf G_f: $B \notin G_f$.

Möchte man für $f(x) = 0.5x^2 - 2$ wissen, ob beispielsweise der Punkt A(6|16) auf dem Graphen G_f von f liegt, so muss man überprüfen, ob die Koordinaten von A die Funktionsgleichung $y = 0.5x^2 - 2$ erfüllen: $0.5 \cdot 6^2 - 2 = 0.5 \cdot 36 - 2 = 16$, also gilt: $A \in G_f$
Dieses Vorgehen heisst **Punktprobe**.

> Jeder **Term f(x)** legt eine **Funktion f: x → f(x)** (mit $x \in D_f$) fest.
> Ist keine Definitionsmenge D_f angegeben, so ist die maximal mögliche gemeint.
> Ein Punkt P(x|y) liegt auf dem Graphen G_f, wenn die Koordinaten von P die Funktionsgleichung $y = f(x)$ erfüllen.

Beispiel
Gegeben sind die Funktionen $f(x) = -\frac{1}{2}x - 1$ und $g(x) = \frac{1}{2x+2}$.
a) Gib jeweils die maximal mögliche Definitionsmenge an.
b) Zeichne die Graphen G_f und G_g der Funktionen in ein Koordinatensystem.
c) Liegt der Punkt A(10.5|−6) auf G_f?
d) Für welche x-Werte sind bei f die Funktionswerte kleiner null? Was bedeutet dies für den Graphen G_f?
Lösung:
a) $D_f = \mathbb{R}$ und $D_g = \mathbb{R}\setminus\{-1\}$

Tipp zu b):
Häufig genügt es, beim Erstellen der Wertetabelle ganzzahlige x-Werte zu wählen. Ist für eine Funktion jedoch ein x-Wert ausgeschlossen (da der Nenner null würde), sollten nahe bei der nicht definierten Stelle mehrere Funktionswerte berechnet werden (siehe Tabelle rechts). Dadurch kann die Zeichengenauigkeit erhöht werden.

b)

x	−3	−2	−1.5	−1.25	−1.1	−0.9	−0.75	−0.5	0	1	2	3
g(x)	−0.25	−0.5	−1	−2	−5	5	2	1	0.5	0.25	$\frac{1}{6} = 0.1\overline{6}$	$\frac{1}{8} = 0.125$

x	−3	−2	−1	0	1	2	3
f(x)	0.5	0	−0.5	−1	−1.5	−2	−2.5

c) $f(10.5) = -\frac{1}{2} \cdot 10.5 - 1 = -6.25$ ≠ −6, also gilt: $A(10.5|-6) \notin G_f$
d) Für $x > -2$. Hier verläuft der Graph unterhalb der x-Achse.

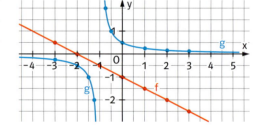

Aufgaben

1 Gib jeweils die Funktionsgleichung an und bestimme die Funktionswerte, wenn für die Zahl 3, $\frac{1}{2}$ bzw. 2 gewählt wird. Zeichne den Graphen der Funktion.
a) g: Zahl → das Zweifache der Zahl
b) h: Zahl → der Kehrwert der verdoppelten Zahl
c) t: Zahl → das um eins verminderte Doppelte der Zahl
d) k: Zahl → das Quadrat der um zwei verminderten Zahl
e) w: Zahl → der Kehrwert der um eins erhöhten verdoppelten Zahl

2 Gib die Definitionsmenge der Funktion an. Liegen die Punkte P(2|1), Q(1|−1) auf dem Graphen der Funktion f?
a) $f(x) = 2x - 3$ b) $f(r) = \frac{1}{r} - 2$ c) $f(x) = (x-1)^2$ d) $f(t) = t(t-2)$

3 Zeichne den Graphen der Funktion f. Für welche Werte von x sind die Funktionswerte positiv?
a) $f(x) = \frac{1}{2}x$ b) $f(x) = -2x - (3-x)$ c) $f(x) = 2x - 6$
d) $f(x) = \frac{1}{2}x(2x - 6)$ e) $f(x) = \frac{1}{4}x^2 - 2x$ f) $f(x) = 3 + 2x - x^2$

4 Zeichne die Graphen der Funktionen f und g. Für welche Werte von x sind die Funktionswerte von g grösser als die Funktionswerte von f?

a) f(x) = 2x + 2
g(x) = 0.5x − 1

b) f(x) = −x − 2
g(x) = 1 − (x + 1)²

c) f(x) = −x² + 4x − 3
g(x) = 0.5x² − 3

5 Welche Funktionsvorschrift liegt der Wertetabelle zugrunde? Beschreibe in Worten.

a)
x	−2	−1	0	1	2
y	−3	−2	−1	0	1

b)
p	−3	−1	0	2	3
q	9	1	0	4	9

c)
t	−2	4	6	7	10
s	−3	6	9	10.5	15

d)
a	−8	−5	−2	1	4
b	−3	−1	1	3	5

6 Stelle für jede Funktion die Funktionsgleichung, den Funktionswert an der Stelle x = 2, die Funktionseigenschaft und den Graphen richtig zusammen.

Funktionsgleichung		f(2)		Funktionseigenschaft		Graph
y = 2x + 1	H	1	Ü	Dem doppelten x-Wert wird der doppelte y-Wert zugeordnet.	L	
y = $\frac{1}{x}$	G	5	A	Bei Zunahme der x-Werte um 1 nehmen die y-Werte um 1 ab.	E	
y = 0.5 x	M	2	E	Dem doppelten x-Wert wird der halbe y-Wert zugeordnet.	L	
y = −x + 4	M	0.5	O	Bei Zunahme der x-Werte um 1 nehmen die y-Werte um 2 zu.	U	

*Lösungskontrolle zu Aufgabe 6:
Für jede Funktion ergeben die roten Buchstaben ein Lösungswort.*

7 a) Zu jeder Funktion gehört einer der abgebildeten Graphen. Entscheide, welcher Graph zu welcher Funktion gehört. Begründe deine Entscheidung.

f(x) = 0.5x   g(x) = x − 1
h(x) = 0.25x²   k(x) = −x + 3

b) Denke dir selbst drei Funktionen aus und zeichne die zugehörigen Graphen in ein gemeinsames Koordinatensystem. Lass deinen Nachbarn anschliessend herausfinden, welcher Graph zu welcher Funktion gehört.

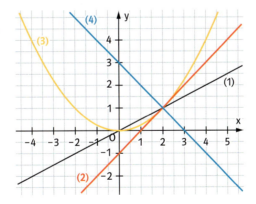

8 Untersuche, welche der folgenden Funktionen einen kleinsten bzw. einen grössten Funktionswert besitzen.

a) f(x) = x² − 1
b) f(x) = 2(x + 1)
c) f(x) = −x² − 4x
d) f(x) = 2x + $\frac{1}{x}$

9 Zeichne den Graphen der Funktion. Ersetze dann die im Funktionsterm rot markierte Zahl nacheinander durch 3; 4; −2; −4. Zeichne jeweils den zugehörigen Graphen. Beschreibe, wie sich die Graphen dabei ändern.

a) f(x) = **2**x
b) g(x) = x + **1**
c) w(x) = **2**|x|
d) k(x) = |x| + **1**

7 Lineare Funktionen und lineare Gleichungen

7.1 Lineare Funktionen

Beide Verkehrsschilder mahnen zur Vorsicht. Aber warum soll man als Radfahrer sogar absteigen …?

Aus Brunnenrohren fliesst Wasser gleichmässig in die abgebildeten Gefässe. Der Wasserstrom ist bei Gefäss 2 (Fig. 2) stärker als bei Gefäss 1 (Fig. 1). In Gefäss 1 steigt die Füllhöhe h pro Sekunde um 1 cm, in Gefäss 2 dagegen um 2 cm.

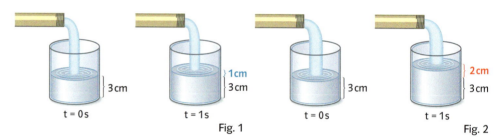

Fig. 1   Fig. 2

Bezeichnet man die Füllhöhe mit h und die Zeit mit t, so kann man das Füllen der Gefässe mithilfe der Funktion t → h beschreiben. Man erhält die folgenden Wertetabellen:

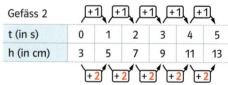

Überträgt man diese Werte in ein Koordinatensystem und verbindet die Punkte, so ergibt sich in beiden Fällen eine Gerade (lat. linea). Deshalb nennt man die Funktion eine **lineare Funktion**. Die Füllhöhe nimmt bei beiden Gefässen pro Sekunde um jeweils denselben Wert zu. Lineare Funktionen haben eine gleich bleibende **Wachstumsrate**. Aus den Wertetabellen kann man für die Funktion t → h für beide Gefässe je eine passende Funktionsvorschrift ablesen. Beide Wasserstände sind am Anfang gleich und wachsen dann linear pro Sekunde um 1 cm bzw. 2 cm. Daraus ergeben sich die Funktionsvorschriften t → 3 + 1t bzw. t → 3 + 2t sowie die unter Fig. 3 stehenden Funktionsgleichungen.

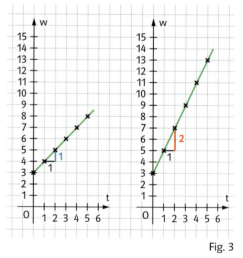

Fig. 3

$h(t) = 1 \cdot t + 3$ $h(t) = 2 \cdot t + 3$

Alle linearen Funktionen haben Gleichungen der Form f(x) = mx + b. Die Graphen linearer Funktionen sind Geraden. Die Wachstumsrate einer linearen Funktion ist die **Steigung m** der zugehörigen Geraden. Der Funktionswert an der Stelle x = 0 heisst **y-Achsenabschnitt** der Geraden.

*Statt y-Achsenabschnitt sagt man auch **Ordinatenabschnitt**.*

Eine Funktion mit der Gleichung **f(x) = mx + b** heisst **lineare Funktion**. Ihr Graph ist eine Gerade mit der Steigung m und dem y-Achsenabschnitt b.

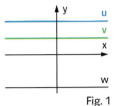

Fig. 1

Ist bei einer linearen Funktion m > 0, so steigt die zugehörige Gerade; ist m < 0, fällt sie.

Sonderfälle
Ist m = 0 und b ≠ 0, so verläuft die Gerade parallel zur x-Achse (Fig. 1).
Ist m = 0 und b = 0, so ist die Gerade identisch mit der x-Achse.
Für den Fall b = 0 ergibt sich die Funktionsgleichung f(x) = mx oder y = mx. Der Quotient $\frac{y}{x}$ der einander zugeordneten Werte ist konstant m. Es liegt eine **Proportionalität** vor. Die Steigung m der zugehörigen Geraden (Fig. 2) ist der **Proportionalitätsfaktor** dieser Funktion.

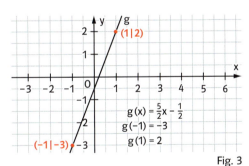

Fig. 2

Eine lineare Funktion mit der Gleichung **f(x) = mx** ist eine **Proportionalität**. Die zugehörige Gerade verläuft durch den Ursprung. Ihre Steigung m ist der Proportionalitätsfaktor der Funktion.

Um die zu einer linearen Funktion gehörende Gerade zu zeichnen, genügt es, mithilfe der Funktionsgleichung die Koordinaten zweier Punkte zu berechnen. Dabei sollte man darauf achten, dass die Punkte nicht zu nahe beieinanderliegen. Die Gerade mit der Gleichung $g(x) = \frac{5}{2}x - \frac{1}{2}$ verläuft durch die Punkte P(1|2) und Q(−1|−3), denn g(1) = 2 und g(−1) = −3 (Fig. 3).

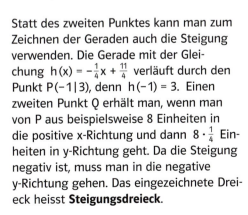

Fig. 3

Statt des zweiten Punktes kann man zum Zeichnen der Geraden auch die Steigung verwenden. Die Gerade mit der Gleichung $h(x) = -\frac{1}{4}x + \frac{11}{4}$ verläuft durch den Punkt P(−1|3), denn h(−1) = 3. Einen zweiten Punkt Q erhält man, wenn man von P aus beispielsweise 8 Einheiten in die positive x-Richtung und dann $8 \cdot \frac{1}{4}$ Einheiten in y-Richtung geht. Da die Steigung negativ ist, muss man in die negative y-Richtung gehen. Das eingezeichnete Dreieck heisst **Steigungsdreieck**.

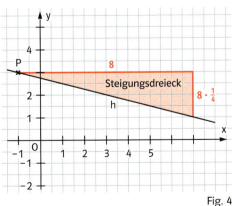

Fig. 4

In manchen Fällen ist es nicht erforderlich, die Koordinaten des ersten Punktes auszurechnen. Ist beispielsweise der y-Achsenabschnitt eine ganze Zahl (Fig. 1), so eignet sich dieser besonders gut als Ausgangspunkt für ein Steigungsdreieck. Dann kann man wie oben k Einheiten in x-Richtung und k · m Einheiten in y-Richtung gehen.

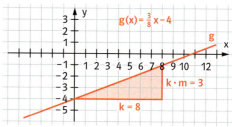

Fig. 1

Beispiel 1 Steigungsdreiecke
Gegeben ist die Gerade g, die zur Funktion g(x) = 2x − 5 gehört. Zeichne drei verschiedene Steigungsdreiecke ein.
Lösung:
Ein mögliches Steigungsdreieck (Fig. 2) beginnt im y-Achsenabschnitt. Man geht 1 Einheit in x-Richtung und 2 Einheiten in y-Richtung. Ein anderes Steigungsdreieck beginnt im Punkt P(2|−1). Von dort aus geht man 2 Einheiten in x-Richtung und 4 Einheiten in y-Richtung.

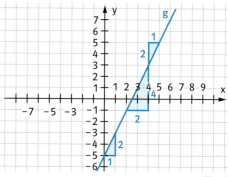

Fig. 2

Beachte:
Steigungsdreiecke kann man auf zwei Arten einzeichnen.
Bei positiver Steigung kann man entweder zuerst nach rechts und dann nach oben gehen oder zuerst nach links und dann nach unten.

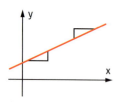

Bei negativer Steigung geht man entweder zuerst nach rechts und dann nach unten oder zuerst nach links und dann nach oben.

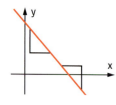

Beispiel 2 Steigung und y-Achsenabschnitt
Zeichne
a) die Gerade h mit der Steigung 3 und dem y-Achsenabschnitt −2,
b) die Gerade f mit der Steigung $-\frac{4}{5}$ und dem y-Achsenabschnitt 3.
Lösung:
a) Vom Punkt P(0|−2) aus zeichnet man das Steigungsdreieck und geht 1 Einheit in x-Richtung und 3 Einheiten in y-Richtung.
b) Vom Punkt Q(0|3) aus geht man 5 Einheiten in x-Richtung und 4 Einheiten in die negative y-Richtung.

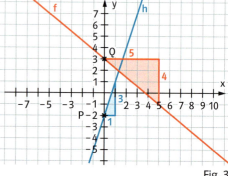

Fig. 3

Beispiel 3
a) Zeichne die Gerade h mit m = −2 und b = 1 mithilfe eines Steigungsdreiecks. Wie lautet die Gleichung der Geraden?
b) Berechne den fehlenden Wert u so, dass der Punkt P(3|u) auf der Geraden liegt.
c) Wie lautet die Gleichung einer Parallelen t zur x-Achse, die die Gerade in Fig. 4 im Punkt P schneidet?
Lösung:
a) siehe Fig. 4; h(x) = −2x + 1
b) h(3) = −2 · 3 + 1 = −5. Also u = −5.
c) m = 0. Also b = −5. Somit lautet die Gleichung der Geraden t(x) = −5.

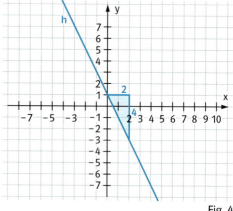

Fig. 4

Aufgaben

1 Gib die Steigung m und den y-Achsenabschnitt b an.
a) $f(x) = 0.5x + 3$ b) $f(x) = 2x - 1$ c) $f(x) = x$ d) $f(x) = 1$
e) $f(x) = 2\left(\frac{1}{4}x - 1\right)$ f) $f(x) = 2x - (1 - x)$ g) $f(x) = 2x - (3 + 2x)$ h) $f(x) = -4 + \frac{1}{3}x$

2 Zeichne den Graphen der linearen Funktion. Liegt eine Proportionalität vor?
a) $f: x \to 1.5x + 1$ b) $g: x \to x - 2$ c) $h: x \to \frac{3}{4}x - 1$ d) $k: x \to 0$
e) $m: x \to -1.8x$ f) $n: x \to 1 + 2.5x$ g) $p: x \to -x$ h) $q: x \to -3.5 - \frac{1}{2}x$

3 Zeichne den Graphen der Funktion
$f: x \to 1.5x - 3$ und gib eine Funktion g an,
deren Graph zum Graphen von f parallel ist
und die y-Achse bei −2 schneidet.

4 Gib jeweils die Gleichung zu den Geraden (Fig. 1) der Zuordnung $x \to y$ an, mit der sich der y-Wert berechnen lässt.

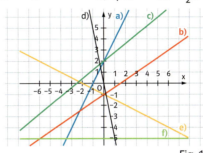

Fig. 1

5 Der Punkt P liegt auf der Geraden g_1 mit der Gleichung $g_1(x) = \frac{1}{2}x + 1$ und der Punkt Q liegt auf der Geraden g_2 mit der Gleichung $g_2(x) = -\frac{2}{3}x + 8$. Der Punkt $R(5|2)$ liegt auf der horizontalen Geraden g_3, welche die Punkte P und Q miteinander verbindet. Bestimme den Abstand zwischen den Punkten P und Q.

6 In vier Gefässe A bis D fliesst Öl. Hierbei lässt sich jeweils die Füllhöhe h (in cm) in Abhängigkeit von der Zeit t (in s) mit einer Funktionsgleichung berechnen.
A: $h(t) = \frac{3}{2} \cdot t + 2$ B: $h(t) = 2 \cdot t + 2$ C: $h(t) = t + 1$ D: $h(t) = 3 \cdot t$
a) Wie hoch steht das Öl in den Gefässen A und B zu Beginn der Messung?
b) Wie schnell steigt das Öl in Gefäss C?
c) In welchen Gefässen ist zu Beginn der Messung kein Öl vorhanden?
d) In welchem Gefäss steigt das Öl um 2 cm pro Sekunde?
e) In welchem Gefäss steigt das Öl am schnellsten (langsamsten)?
f) Zeichne die Graphen der Zuordnungen *Zeit t → Füllhöhe h*.

7 Zeichne den Graphen der Funktion mit der Gleichung $g(x) = mx + b$ für $m = \frac{4}{5}$, $b = 1$.
Untersuche die Auswirkungen auf den Graphen von g.
a) Kehrwertbildung bei m   b) Vorzeichenwechsel bei m
c) Vorzeichenwechsel bei b   d) Vorzeichenwechsel bei m und bei b

8 Prüfe, ob die Punkte auf der Geraden mit der Gleichung $y = -2x + 1$ liegen.
a) $P(5|-9)$ b) $Q(-3|6)$ c) $R\left(\frac{3}{4}|-\frac{1}{2}\right)$ d) $S(2.5|-3.5)$

Führe in Aufgabe 8 eine Punktprobe wie auf Seite 104 durch.

9 Welche der Punkte $A(-4|-5)$; $B(4|0)$; $C(2|-1.6)$; $D(40|27)$ und $E(-7|-9)$ liegen oberhalb, welche unterhalb und welche auf der Geraden mit der Gleichung $y = \frac{3}{4}x - 3$?

10 Gibt es eine Funktion, welche die x-Achse (die y-Achse) als Graphen hat? Begründe.

7.2 Bestimmung der Funktionsgleichung

Claudia berichtet aus dem Chemieunterricht: «Flüssigkeitsthermometer werden so konstruiert, dass die Funktion h: *Temperatur T (in °C)* → *Höhe h der Flüssigkeitssäule (in mm)* linear ist.» Claudias kleine Schwester Luzia schaut sich das Thermometer rechts an und meint: «Das kannst du in einem kalten Winter aber vergessen!»

Funktionsgleichungen von linearen Funktionen nennt man auch Geradengleichungen.

Der Graph einer linearen Funktion g: x → mx + b ist eine Gerade. Die Gerade hat die Gleichung: g(x) = mx + b

Kennt man die Koordinaten zweier Punkte, gibt es genau eine Gerade, die durch beide Punkte verläuft. Die Steigung und den y-Achsenabschnitt der Geraden kann man dann eindeutig berechnen.

Kennt man nur die Koordinaten eines Punktes einer Geraden sowie ihre Steigung, so ist die Gleichung der Geraden ebenfalls eindeutig berechenbar.

Sind beispielsweise die Punkte P(1|3) und Q(4|5) Punkte einer Geraden (Fig. 1), so kann man zunächst deren Steigung m mithilfe eines Steigungsdreiecks berechnen.
Es ist:
$m = \frac{5-3}{4-1} = \frac{2}{3}$
Also hat die Gleichung die Form:
$g(x) = \frac{2}{3}x + b$
Da der Punkt P auf der Geraden liegt, muss er diese Gleichung erfüllen.
Aus g(1) = 3 folgt $3 = \frac{2}{3} \cdot 1 + b$. Daraus ergibt sich: $b = \frac{7}{3}$
Die Gleichung der Geraden lautet:
$g(x) = \frac{2}{3}x + \frac{7}{3}$ oder $y = \frac{2}{3}x + \frac{7}{3}$

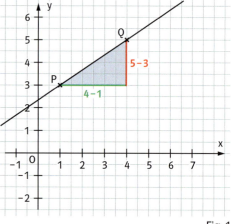

Fig. 1

Sind $P_1(x_1|y_1)$ und $P_2(x_2|y_2)$ zwei verschiedene Punkte auf der Geraden mit der Gleichung **y = mx + b**, dann hat diese die **Steigung**
$m = \frac{y_2 - y_1}{x_2 - x_1}$.
Bei bekannter Steigung ergibt sich der **Wert für b** aus der Geradengleichung y = mx + b durch **Einsetzen der Koordinaten** von P_1 oder P_2.

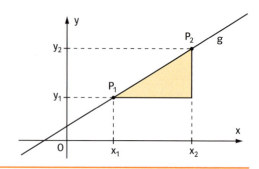

Beispiel

Stelle die Geradengleichung $y = mx + b$ für
a) die Gerade g,
b) die Gerade h auf (Fig. 1).

Lösung:
a) Die Gerade g schneidet die y-Achse in $(0\,|\,-2)$, also ist $b = -2$. Zeichnet man ein Steigungsdreieck ein, so erkennt man, dass $m = \tfrac{1}{2}$ ist. Damit ergibt sich zu g die Geradengleichung $y = \tfrac{1}{2}x - 2$.

b) Die Gerade h verläuft durch die beiden Punkte $A(-2\,|\,1)$ und $B(1\,|\,-1)$. Damit erhält man: $m = \dfrac{y_B - y_A}{x_B - x_A} = \dfrac{-1-1}{1-(-2)} = \dfrac{-2}{3} = -\dfrac{2}{3}$

Also hat die Geradengleichung die Form $g(x) = -\tfrac{2}{3}x + b$. Da B auf der Geraden liegt, muss gelten: $g(1) = -1$, woraus $b = -\tfrac{1}{3}$ und damit $y = -\tfrac{2}{3}x - \tfrac{1}{3}$ folgen.

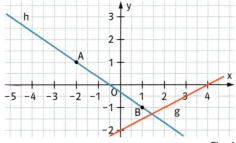
Fig. 1

Die Gleichung für g könnte man auch durch Ablesen der Koordinaten zweier Punkte finden.

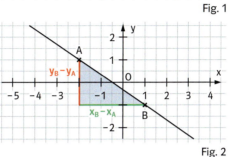
Fig. 2

Die Gleichung für h könnte man auch mithilfe eines Steigungsdreiecks erhalten.

Aufgaben

1 Bestimme die Gleichung der Geraden durch den Punkt P mit der Steigung m.
a) $P(5\,|\,-5);\ m = 2$
b) $P(4\,|\,7);\ m = -3$
c) $P(-2\,|\,5);\ m = -\tfrac{1}{3}$
d) $P\left(\tfrac{1}{2}\,|\,-\tfrac{3}{4}\right);\ m = 2.1$

2 Bestimme die Gleichung der Geraden, die durch die Punkte A und B geht.
a) $A(2\,|\,3);\ B(5\,|\,6)$
b) $A\left(\tfrac{1}{2}\,|\,\tfrac{1}{4}\right);\ B\left(-1\,|\,-\tfrac{3}{4}\right)$
c) $A(-4\,|\,1);\ B(4\,|\,5)$
d) $A\left(\tfrac{1}{2}\,|\,0.8\right);\ B(1.5\,|\,0)$

3 Prüfe, ob die Punkte auf einer Geraden liegen.
a) $P(1\,|\,2);\ Q(3\,|\,5);\ R(-3\,|\,-4)$
b) $P(0.5\,|\,0.7);\ Q(-1\,|\,-0.5);\ R(1\,|\,1.2)$
c) $P(0\,|\,0);\ Q(-50\,|\,45);\ R(2\,|\,-1.8)$

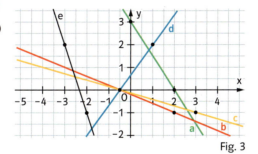
Fig. 3

4 Bestimme die Gleichungen der in Fig. 3 gezeichneten Geraden.

5 Die Tabelle gehört zu einer linearen Funktion. Übertrage die Tabelle ins Heft, ergänze die fehlenden Zahlen und gib jeweils die Funktionsvorschrift an.

a)

x	0	1	3	
f(x)	2	0		-6

b)

x	-3	0	2	
f(x)	5		2.5	0

6 Die Uhr von Thomas geht täglich 2 Minuten vor. Er stellt sie heute um 12:00 Uhr auf 11:55 Uhr. Wie viele Minuten geht die Uhr nach x Tagen vor?

7.3 Lineare Gleichungen

Eine Schulklasse plant für Ende Januar des folgenden Schuljahres ein Skilager. Für jeden Schüler werden monatlich mit Beginn im September des laufenden Schuljahres 20 Fr. beiseite gelegt. Laura ist skeptisch, ob diese Rate genügt, um die gesamten Fahrkosten zu bezahlen. Sie überlegt, wann wohl genügend Geld gespart sein wird.

An welcher Stelle eine Funktion einen bestimmten Funktionswert annimmt, lässt sich am zugehörigen Graphen ablesen oder durch das Lösen einer Gleichung bestimmen.

Fig. 1

Ein Lastwagen mit einem Leergewicht von 3 t wird über ein Förderband mit Kies gefüllt (Fig. 1), das 2 t innerhalb von 3 min schafft. Der Ladevorgang wird durch den Graphen der Funktion f: *Füllzeit x (in min) → Gesamtgewicht y (in t)* dargestellt (Fig. 2). Es ist $f(x) = \frac{2}{3}x + 3$. Mithilfe des Graphen kann man bestimmen, wie lange der Vorgang bis zum Erreichen des zulässigen Gesamtgewichts von 12.5 t etwa dauert. Man kann eine Parallele zur x-Achse durch den Punkt P(0|12.5) einzeichnen, die den Graphen von f etwa an der Stelle 14.5 schneidet. Der Vorgang dauert somit ungefähr 14 min 30 s. Den genauen Wert erhält man mit der Funktionsgleichung. Man berechnet den x-Wert, für den sich der Funktionswert 12.5 ergibt:

$\frac{2}{3}x + 3 = 12.5 \qquad |-3$
$\frac{2}{3}x = 9.5 \qquad |\cdot \frac{3}{2}$
$x = 14.25$

Also dauert der Ladevorgang bis zum Erreichen des zulässigen Gesamtgewichts 14 min und 15 s.

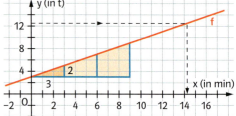

Fig. 2

Die Lösung von Gleichungen wie $-\frac{1}{2}x + 8 = 0$ oder $3x + 2 = 5$ kann mithilfe von linearen Funktionen veranschaulicht werden (Fig. 3). Im Fall $-\frac{1}{2}x + 8 = 0$ sucht man die Stelle, an der die Funktion g mit der Gleichung $g(x) = -\frac{1}{2}x + 8$ den Funktionswert null annimmt. Eine solche Stelle nennt man **Nullstelle** von g. Man erhält die Lösung dieser Gleichung (x = 16) durch Ablesen aus dem Graphen (Fig. 3) oder durch Umformen der linearen Gleichung:

$-\frac{1}{2}x + 8 = 0 \qquad |-8$
$-\frac{1}{2}x = -8 \qquad |:\left(-\frac{1}{2}\right)$
$x = 16$

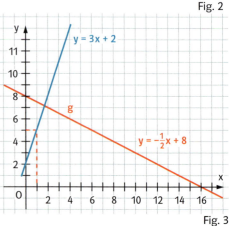

Fig. 3

In diesem Beispiel liefert auch die grafische Lösung den exakten Wert.

Die **Lösung der linearen Gleichung** $ax + b = c$ ist die Stelle x, an der die lineare Funktion $g: x \to ax + b$ den Funktionswert c annimmt.
Im Fall **c = 0** ist die Lösung der Gleichung die **Nullstelle** der Funktion.

Die rechnerische Methode ergibt stets den exakten Wert. Das Ablesen der Lösung am Graphen liefert oft nur einen Näherungswert, kann aber die Orientierung erleichtern.

Lineare Gleichungen vom Typ $ax + b = c$ haben immer dann genau eine Lösung, wenn $a \neq 0$ ist. Rechnerisch bedeutet dies, dass der letzte Schritt, nämlich die Division durch a, ausführbar ist. Zeichnerisch bedeutet dies, dass die zugehörige Gerade $g(x) = ax + b$ eine von null verschiedene Steigung hat und deshalb jeden beliebigen Funktionswert c annehmen kann.
Wenn aber $a = 0$ ist, dann hat die zugehörige Gerade $g(x) = b$ für alle x-Werte nur einen einzigen Funktionswert, nämlich b (Fig. 1). Die Gerade hat die Steigung null und verläuft parallel zur x-Achse. Die Gleichung $0 \cdot x + b = c$ hat keine Lösung, wenn $b \neq c$ ist. Für $b = c$ ist jeder Wert für x eine Lösung der Gleichung.

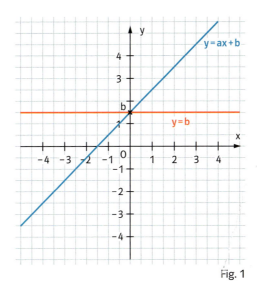
Fig. 1

Beispiel 1
Bestimme rechnerisch und grafisch die Nullstellen der Funktionen
a: $x \to \frac{1}{3}x + 1.4$ und b: $x \to -2x - 1$.
Lösung:
rechnerisch:
zu a: $\quad \frac{1}{3}x + 1.4 = 0 \quad | -1.4$
$\quad\quad\quad \frac{1}{3}x = -1.4 \quad | : \frac{1}{3}$
$\quad\quad\quad\quad x = -4.2$

Die Nullstelle ist bei $x = -4.2$.
zu b: $\quad -2x - 1 = 0 \quad | +1$
$\quad\quad\quad -2x = 1 \quad | :(-2)$
$\quad\quad\quad\quad x = -0.5$
Die Nullstelle ist bei $x = -0.5$.

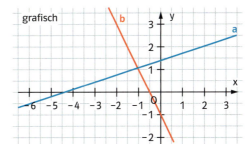

Durch Ablesen erhält man: Die Gerade a schneidet die x-Achse bei $x \approx -4.3$, die Gerade b bei $x \approx -0.5$.

Beispiel 2
Löse die Gleichung $2x + 2 = 2.75$ rechnerisch und grafisch.
Lösung:
rechnerisch: $\quad 2x + 2 = 2.75 \quad | -2$
$\quad\quad\quad\quad\quad 2x = 0.75 \quad | : 2$
$\quad\quad\quad\quad\quad x = 0.375$

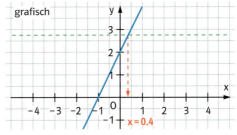

Durch Ablesen erhält man $x \approx 0.4$.

Aufgaben

1 Löse die Gleichungen rechnerisch und zeichnerisch.
a) $7x + 5 = 4$
b) $0.2x - 4 = 1$
c) $-3 + 2x = 0$
d) $-0.6x + 2 = -1$
e) $5 + \frac{1}{3}x = 3$
f) $-3x + 5 = 7$

2 Bestimme die Nullstelle der linearen Funktion f.
a) $f(x) \to 2x - 6$
b) $f(x) \to 3x + 8$
c) $f(x) \to \frac{1}{7}x - 4$
d) $f(x) \to 2(5 - x)$
e) $f(x) \to 8x + 3$
f) $f(x) \to 0.7x - 4$

3 a) Welche linearen Funktionen haben keine Nullstellen? Nenne Beispiele.
b) Gib eine lineare Funktion mit zwei Nullstellen an.

4 Löse die Gleichungen grafisch. Überprüfe deine Ergebnisse durch Rechnung.
a) $\frac{3}{4}x - 2 = 2$
b) $\frac{3}{4}x - 2 = 0$
c) $\frac{3}{4}x - 2 = 6$
d) $\frac{3}{4}x - 2 = -4$

5 Bestimme die fehlenden Werte in den Wertetabellen. Die Funktion f ist jeweils linear.

a)

x	-2	0	1		
f(x)	-1.5	0.5		2	3

b)

x	4	6	0		
f(x)	-2	3		5	-1

6 Der Punkt P liegt auf dem Graphen der linearen Funktion $f: x \to mx + b$.
Berechne die Schnittpunkte des Graphen von f mit den Koordinatenachsen.
a) $P(2|5)$; $f(x) = x + b$
b) $P(-2|-5)$; $f(x) = mx - 10$
c) $P(0.5|3.5)$; $f(x) = 1.8x + b$

7 Der Graph einer linearen Funktion hat die Steigung 2 und schneidet bei $x = 4$ die x-Achse. Bestimme die Lösung der Gleichung $f(x) = 5$ rechnerisch und zeichnerisch.

Tipp:
Häufig kann man Gleichungen auch ohne Äquivalenzumformungen lösen.

8 Welche der Gleichungen sind allgemeingültig, welche sind unerfüllbar? Vereinfache, wenn notwendig, die Gleichungen mithilfe von Äquivalenzumformungen.
a) $3x + 7x = 10x$
b) $3 + 7x = 7x$
c) $12 + 3x = 3x + 12$
d) $3 - 2x = 7 - 2x$
e) $(x + 1) - (x - 3) = 4$
f) $x - 5 = 2x + 3 - (x - 2)$
g) $1 - (x - 1) = 2 - x$
h) $8x + 7 = 4(2x + 3) - 5$
i) $5 - (2x + 3) = -2(x + 1)$

9 a) Notiere jeweils drei Gleichungen mit $L = \{2\}$; $L = \mathbb{Q}$; $L = \{\ \}$ und $L = \{\frac{3}{7}\}$.
b) Gibt es auch eine lineare Gleichung mit der Lösungsmenge $\{-2; 2\}$? Begründe.

10 Zeichne das zu den Gleichungen gehörende Geradenpaar. Gib an, in welchem Quadranten der Schnittpunkt liegt. Lies die Koordinaten des Schnittpunktes S näherungsweise ab. Wie könnte man die Schnittpunkte rechnerisch bestimmen?
a) $y = 4x - \frac{1}{6}$ und $y = 3x + \frac{1}{3}$
b) $y = -\frac{1}{6}x + 4$ und $y = -\frac{1}{3}x + 3$
c) $y = 3x - \frac{1}{2}$ und $y = 2x + \frac{1}{2}$
d) $y = 0.03x - 3$ und $y = -1.32x + 6$

11 Zwei Autovermieter bieten Mietwagen zu folgenden Konditionen an: Vermieter Ast verlangt eine Grundgebühr von 85 Fr. und 0.35 Fr. je gefahrenem Kilometer. Vermieter Lang verlangt 50 Fr. Grundgebühr und 0.50 Fr./km.
Für welchen Vermieter sollte man sich entscheiden? Begründe.

7.4 Lineare Ungleichungen

Paul: «Drei Personen dürfen noch mitfahren.»
Tina: «Aber wir sind doch leichter, dann dürfen alle vier noch mitfahren.»

Viele Sachprobleme führen auf **Ungleichungen**, die sich mit ähnlichen Verfahren lösen lassen wie Gleichungen.

Der Betrag von 50 Fr. steht zum Kauf von Eintrittskarten für das Hallenschwimmbad zur Verfügung. Eine Karte kostet 8 Fr. Um herauszufinden, wie viele Karten man kaufen kann, bezeichnet man beispielsweise die Anzahl der Eintrittskarten mit x. Das führt zu der Ungleichung: $50 - 8x \geq 0$
Anders formuliert: Wie oft kann man 8 von 50 subtrahieren, ohne dass das Ergebnis negativ wird? Man kann dies durch systematisches Probieren (zum Beispiel durch Aufstellen einer Tabelle) lösen.

Beim grafischen Lösen sucht man die Stellen, für welche die Werte der linearen Funktion $f: x \rightarrow 50 - 8x$ grösser als oder gleich null sind. Der Funktionswert null wird bei $x = 6.25$ angenommen.
Für $x < 6.25$ ist $f(x) > 0$, für $x > 6.25$ dagegen ist $f(x) < 0$. Man hätte also mehr als 50 Fr. ausgegeben.
Da als Lösungen nur nicht negative ganze Zahlen infrage kommen, ergibt sich als **Lösungsmenge** der Ungleichung:
$L = \{0; 1; 2; 3; 4; 5; 6\}$

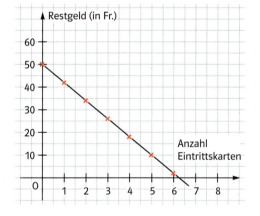

Ungleichungen enthalten anstelle des Gleichheitszeichens «=» **Relationszeichen** wie «<», «≦», «>», «≧».

Aus dem Graphen lässt sich u.a. ablesen, dass man beim Kauf von sieben Eintrittskarten 6 Fr. mehr ausgegeben hätte, als man zur Verfügung hat, da $f(7) = -6$.

Es können somit bis zu sechs Eintrittskarten gekauft werden. Wegen $f(6) = 2$ bleiben beim Kauf von sechs Karten noch 2 Fr. übrig.

Sind alle reellen Zahlen als Lösungen von Ungleichungen wie $x < 7$ oder $x \geq 0$ zulässig, so ist ein Aufzählen aller Lösungen nicht möglich, und man schreibt
$L = \{x \mid x < 7\}$ bzw. $L = \{x \mid x \geq 0\}$.
Die Lösungsmengen dieser Ungleichungen kann man auch an der Zahlengeraden veranschaulichen.

$\{x \mid x \leq 8\}$ bedeutet: «Die Menge aller Zahlen x, die kleiner oder gleich 8 sind.»

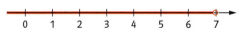   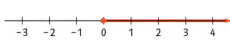

Ungleichungen wie $0.8x - 1 < 3$ lassen sich wie Gleichungen schrittweise durch Äquivalenzumformungen vereinfachen oder grafisch lösen.

1. rechnerisch
$0.8x - 1 < 3 \quad | +1$
$0.8x < 4 \quad | :0.8$
$x < 5$

2. grafisch
$0.8x - 1 < 3$
vgl. Fig. 1

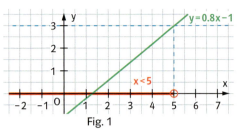
Fig. 1

Bei der grafischen Lösung sucht man den Bereich, in dem die Funktionswerte der zugehörigen linearen Funktion f kleiner als 3 sind, also $\{x \mid x < 5\}$.

Lösungen der linearen Ungleichung $ax + b < c$ ($ax + b > c$) sind die Stellen x, an denen die Funktionswerte der linearen Funktion $g: x \to ax + b$ kleiner als c (grösser als c) sind.

Beim Lösen einer Ungleichung muss man beachten, dass die beidseitige Multiplikation mit der gleichen negativen Zahl oder Division durch die gleiche negative Zahl nur dann eine Äquivalenzumformung ist, wenn man gleichzeitig das Relationszeichen umkehrt.

Zur Erinnerung: «Kleiner» bedeutet «liegt weiter links auf der Zahlengeraden».

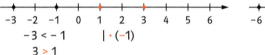

$-3 < -1 \quad | \cdot (-1)$
$3 > 1$

$-6 < 4 \quad | :(-2)$
$3 > -2$

Komplexere Ungleichungen wie $-2x + 3 \geq \frac{1}{4}x - 1.5$ lassen sich rechnerisch ebenfalls durch Äquivalenzumformungen lösen.

Multiplikation mit negativen Zahlen: Relationszeichen umkehren!

$-2x + 3 \geq \frac{1}{4}x - 1.5 \quad | -3$
$-2x \geq \frac{1}{4}x - 4.5 \quad | -\frac{1}{4}x$
$-2.25x \geq -4.5 \quad | :(-2.25); \text{ Umkehren des Relationszeichens}$
$x \leq 2$

Äquivalenzumformungen von Ungleichungen sind
- Termumformungen,
- beidseitige Addition oder Subtraktion der gleichen Zahl oder des gleichen Terms,
- beidseitige Multiplikation mit der gleichen oder Division durch die gleiche **positive** Zahl,
- beidseitige Multiplikation mit der gleichen oder Division durch die gleiche **negative** Zahl, wenn zugleich das Relationszeichen umgekehrt wird.

Multiplikation mit null ist keine Äquivalenzumformung.

Beispiel 1

Löse die Ungleichung $2(x - 1) < 4x + 5$. Gib die Lösungsmenge an und veranschauliche sie an einer Zahlengeraden.

Lösung:

$2(x - 1) < 4x + 5 \quad | \text{Distributivgesetz}$
$2x - 2 < 4x + 5 \quad | +2 \; | -4x$
$-2x < 7 \quad | :(-2)$
$x > -3.5$

Lösungsmenge: $L = \{x \mid x > -3.5\}$

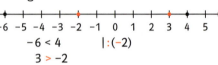

Beispiel 2
Bestimme die Lösungsmenge der Ungleichung $2x + 1 \leq 2$ rechnerisch und grafisch.
Lösung:

rechnerisch:
$2x + 1 \leq 2 \quad |-1$
$\quad 2x \leq 1 \quad |:2$
$\quad\quad x \leq \frac{1}{2}$
$L = \{x \mid x \leq 0.5\}$

grafisch:
$2x + 1 \leq 2$
vgl. Fig. 1

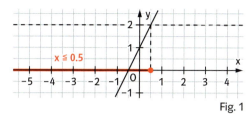
Fig. 1

Aufgaben

1 Bestimme die Lösungsmenge und veranschauliche sie an einer Zahlengeraden.
a) $2x - 1 \leq 5$
b) $2(1 - 2x) \geq 4(x - 7)$
c) $3x - 2(3 - x) > 4$

*Auch bei Ungleichungen kann der Fall $L = \{\}$ (leere Menge) auftreten. Sind Ungleichungen **allgemeingültig**, so ist $L = \mathbb{R}$.*

2 Bestimme die Lösungsmenge.
a) $\frac{1}{2}x + 2 \leq 3$
b) $2x + 3 > -x$
c) $-\frac{2}{3}x - 2 \leq \frac{2}{3}x$
d) $-\frac{3}{5}x - 2 < -\frac{1}{5}x + 2$
e) $3x - 6 < 3x - 5$
f) $3x - 6 \geq 3x - 5$
g) $x + 1 < x - 1$
h) $15x > 12x$

3 Welche Mengen sind auf den Zahlengeraden in Fig. 2 bis Fig. 5 dargestellt?

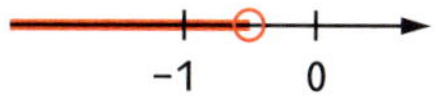

4 Peter, Sebastian und Matthias wiegen zusammen 175 kg und möchten Getränkekisten (14 kg pro Kiste) in den 3. Stock transportieren. Der Fahrstuhl trägt maximal 350 kg. Peter denkt sich: «$175 + k \cdot 14 \leq 350$»
a) Erläutere die Bedeutung der angegebenen Ungleichung.
b) Wie viele Getränkekisten könnten die drei noch im Fahrstuhl mitnehmen?
c) Wie lautet die Ungleichung, wenn eine Getränkekiste 12 kg wiegt?

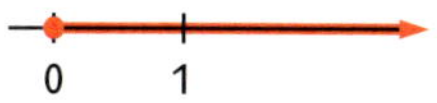

5 Betrachte Fig. 6. Wo steckt jeweils der Fehler?

6 Ordne die in Fig. 7 abgebildeten Lösungsmengen den Ungleichungen zu und du erhältst ein Lösungswort.
a) $7x + 10 < 2x - 5$
b) $-3 - \frac{3}{4}x \leq \frac{1}{4}x$
c) $-14 - \frac{5}{4}x > -\frac{3}{8}x - 21$
d) $0.6 + 0.8x > -0.5 + x$
e) $-\frac{1}{4}(4 + 8x) \leq \frac{1}{2}(x - 1)$
f) $22x - 21 - 20x < -13 + 20 - 5x$
g) $2 - 7x + 5(1 + x) > 4(1 - 2x) + 3$
h) $23x - 45 + 55 - 25x \geq 0$
i) $-3(1 + 3x) \leq 12x - 24x - 18 - 3$
j) $(x - 5)^2 \leq (x - 7)(x - 3)$
k) $x + \frac{1}{3} \geq 0$
l) $\frac{8 + 2x}{4} < 2 \cdot \frac{1 - x}{-2}$

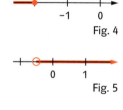
Fig. 2

Fig. 3

Fig. 4

Fig. 5

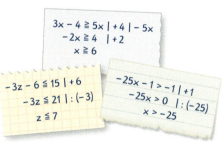
Fig. 6

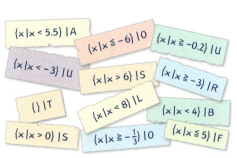
Fig. 7

8 Systeme linearer Gleichungen

8.1 Lineare Gleichungen mit zwei Variablen

Im Streichelzoo tummeln sich Vierbeiner und begeisterte Zweibeiner, zusammen haben sie 100 Beine.

Bisher wurden lineare Gleichungen mit einer Variablen betrachtet. Es gibt jedoch auch eine Reihe von Fragestellungen, die auf Gleichungen mit zwei Variablen führen.

Eine Gruppe von 36 Jugendlichen besucht eine Gaststätte, in der es nur Tische für vier und für sechs Personen gibt. Wie viele 4er-Tische und 6er-Tische können sie komplett belegen?

Bezeichnet man die Anzahl der 4er-Tische mit x und die Anzahl der 6er-Tische mit y, erhält man die Gleichung $4x + 6y = 36$. Eine Lösung dieser Gleichung besteht aus zwei Zahlen, einem Wert für x und einem Wert für y. Zwei mögliche Lösungen sind zum Beispiel $x = 6$ und $y = 2$ oder $x = 3$ und $y = 4$. Das heisst, die Gruppe könnte beispielsweise sechs 4er-Tische und zwei 6er-Tische oder auch drei 4er-Tische und vier 6er-Tische belegen. Man schreibt die Lösungen als **Zahlenpaare** in der Form $(6|2)$ und $(3|4)$.

Um Lösungen systematisch zu berechnen, setzt man für x verschiedene Werte in die Gleichung $4x + 6y = 36$ ein und berechnet die zugehörigen y-Werte. Trägt man die so erhaltenen Zahlenpaare als Punkte in ein Koordinatensystem ein, erhält man eine Gerade. Auflösen von $4x + 6y = 36$ nach y liefert $y = -\frac{2}{3}x + 6$, also die Gleichung einer linearen Funktion. Die Punkte auf dem Graphen dieser Funktion entsprechen also den Lösungen der Gleichung $4x + 6y = 36$.

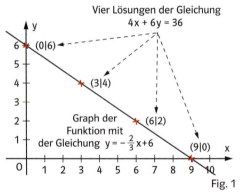

Fig. 1

*Die Faktoren vor den Variablen x und y sowie die Zahl c werden als **Koeffizienten** bezeichnet.*

Eine Gleichung der Form $ax + by = c$ heisst **lineare Gleichung mit zwei Variablen**. Die Koeffizienten a, b und c sind reelle Zahlen, x und y die Variablen.

Jede **Lösung einer linearen Gleichung** $ax + by = c$ mit den Variablen x und y besteht aus zwei Zahlen; sie ist somit ein Zahlenpaar.
Die Lösungen der Gleichung $ax + by = c$ liegen auf einer Geraden, wenn die Koeffizienten a und b nicht gleichzeitig null sind.

Sonderfälle
1. Der **Koeffizient vor y ist null**: Die Gleichung $2x + 0y = 4$ ist nur erfüllbar, wenn $x = 2$ ist. Der zugehörige y-Wert ist dann aber beliebig. Alle Zahlenpaare, deren erste Zahl eine 2 ist, sind somit Lösungen der Gleichung, also zum Beispiel (2|0); (2|5) oder (2|-0.75). Alle Lösungen liegen auf einer **Parallelen zur y-Achse**.
2. Der **Koeffizient vor x ist null**: Der y-Wert einer Lösung der Gleichung $0x + 4y = 12$ muss gleich 3 sein, der x-Wert ist beliebig, also zum Beispiel (0|3); (5|3) oder (-2|3). Die Lösungen liegen auf einer **Parallelen zur x-Achse**.
3. Die **Koeffizienten a und b sind beide null**: Die Gleichung $0x + 0y = 4$ hat keine Lösung, denn 0 ist nicht gleich 4. Die Gleichung ist **nicht erfüllbar**.
4. **Alle Koeffizienten a, b und c sind null**: Die Gleichung $0x + 0y = 0$ ist unabhängig vom Wert für x oder y immer erfüllt. Jedes beliebige Zahlenpaar ist somit Lösung der Gleichung. Die Gleichung ist **allgemeingültig**.

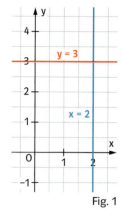

Fig. 1

Beispiel
a) Gib zwei Lösungen der Gleichung $5x - 3y = -9$ an.
b) Stelle deine Lösungen von a) in einem Koordinatensystem dar.
c) Zeichne die Gerade durch die beiden Punkte und lies eine weitere Lösung ab.

Lösung:
a) $5x - 3y = -9 \quad |-5x$
$\quad -3y = -5x - 9 \quad |:(-3)$
$\quad y = \frac{5}{3}x + 3$
Für $x = 0$ erhält man $y = 3$.
Für $x = 3$ erhält man $y = 8$.
b) Vgl. Fig. 2.
c) Eine weitere Lösung ist zum Beispiel (-3|-2), vgl. Fig. 2.

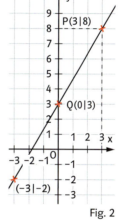

Fig. 2

Aufgaben

1 Prüfe, ob das Zahlenpaar die Gleichung $3x - 8y = 5$ erfüllt.
a) (7|2)   b) (-3|-2)   c) $\left(\frac{1}{3}\big|-\frac{1}{2}\right)$ d) (0|-0.625)   e) $\left(\frac{5}{3}\big|0\right)$ f) (12|4)

2 Gib drei Lösungen der Gleichung an. Stelle die Lösungsmenge grafisch dar.
a) $4x + 3y = 6$ b) $-2x + 5y = 1$ c) $x - 2y + 4 = 0$ d) $2x - y - 3 = 0$

3 Zeichne die zugehörige Gerade und lies drei Lösungen der Gleichung ab. Kontrolliere durch Einsetzen.
a) $2x - y = 0$ b) $x - 2y = 0$ c) $2x + 4y = -8$ d) $2.5x - 0.5y = 3$

4 Bestimme die fehlende Zahl so, dass sich eine Lösung von $3x - 0.5y = 1$ ergibt.
a) (0|☐)   b) (☐|2)   c) (3|☐)   d) (☐|-2)   e) (-0.5|☐)   f) (☐|-0.8)

5 Gib eine lineare Gleichung mit zwei Variablen an, deren Lösungsmenge die beiden angegebenen Zahlenpaare enthält.
a) (1|-2); (4|-8)   b) (-3|-2); (2|3)   c) (-4|4); (2|2)   d) (2|-1.2); (-1|0.8)

6 Können die Zahlenpaare (1|1), (2|4) und (3|3) Lösungen einer einzigen linearen Gleichung mit zwei Variablen sein? Begründe deine Antwort.

8.2 Lineare Gleichungssysteme mit zwei Variablen

«Unsere Tochter Tabea ist aber schon achtzehn!»
«Dann kostet die Karte 2 Franken mehr.»

Unser Wochenendrätsel

In einer Obstschale befinden sich drei Birnen mehr als Äpfel.
Zieht man die Anzahl der Äpfel von der Zahl 5 ab, so erhält man die Anzahl der Birnen.
Sag, wie viele Äpfel und Birnen es sind.

Einsendeschluss: Nächster Freitag

Viele Fragestellungen kann man mithilfe zweier linearer Gleichungen lösen. Auch das Rätsel am Rand führt auf zwei Gleichungen.

Bezeichnet man die Anzahl der Äpfel mit x und die Anzahl der Birnen mit y, so gilt
$y = x + 3$ und $y = 5 - x$.
Jede der beiden Gleichungen hat unendlich viele Lösungen. Ihre Lösungen entsprechen den Punkten auf den beiden Geraden in Fig. 1. Man erkennt, dass das Zahlenpaar (1|4) die gemeinsame Lösung der beiden Gleichungen ist. Also sind in der Schale ein Apfel und vier Birnen.

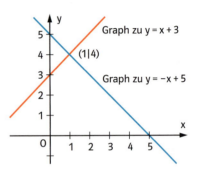

Fig. 1

Zwei lineare Gleichungen mit zwei Variablen nennt man ein **lineares Gleichungssystem**. Das Lösen eines linearen Gleichungssystems bedeutet, gemeinsame Lösungen der beiden Gleichungen zu finden. Die Graphen der zu linearen Gleichungen gehörenden Funktionen sind Geraden. Zwei Geraden können

genau einen gemeinsamen Punkt haben,

keine gemeinsamen Punkte haben,

unendlich viele gemeinsame Punkte haben.

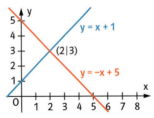
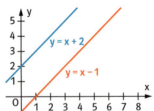
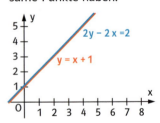

Zwei lineare Gleichungen mit zwei Variablen können genau eine gemeinsame Lösung, keine gemeinsame Lösung oder unendlich viele gemeinsame Lösungen haben.

Ein lineares Gleichungssystem mit zwei Variablen kann genau eine Lösung, keine Lösung oder unendlich viele Lösungen haben. Ein Zahlenpaar, das beide Gleichungen eines linearen Gleichungssystems erfüllt, heisst **Lösung des Gleichungssystems**.

Beispiel
Bestimme jeweils die Lösungen.
a) I: −0.5x + y = 4   b) I: 2x + y = 4
   II: −0.5x + y = 2   II: −x + y = 1
Lösung:
a) Löse die Gleichungen nach y auf.
   I: y = 0.5x + 4
   II: y = 0.5x + 2
Die Geraden haben gleiche Steigungen, aber verschiedene y-Achsenabschnitte, sie sind also parallel (Fig. 1). Das Gleichungssystem hat keine Lösung.
b) Bestimme zu jeder Gleichung zwei Lösungen und zeichne die zugehörige Gerade.
I: (0|4) und (2|0);   II: (0|1) und (−1|0)
Der Schnittpunkt (1|2) der Geraden (Fig. 2) ist die Lösung des Gleichungssystems.

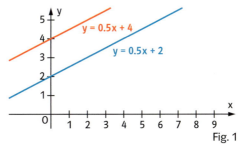
Fig. 1

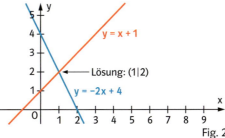
Fig. 2

Beachte:
Bei linearen Gleichungssystemen ist es hilfreich, die Gleichungen zu nummerieren, zum Beispiel mit römischen Zahlen I und II.

Aufgaben

1 Prüfe, ob das Zahlenpaar Lösung des Gleichungssystems ist.
a) x + y = 10
   x − y = 9
   (9.5 | 0.5)
b) 2x + y = −1
   x + 2y = 5
   (2 | 3)
c) 4x − 3y = 10
   6x + y = 0
   (0.5 | −3)
d) 4x + 3y = 10
   6x + y = 8
   (1 | 2)

2 Bestimme die Lösung des Gleichungssystems.
a) y = 4x − 2
   y = 5x − 4
b) 5y − x = 5
   4y − x − 2 = 0
c) 5y − x = 1
   6y − x = 2
d) y = 2 + $\frac{5}{2}$x
   2y + x = −8

3 Gib ein lineares Gleichungssystem an mit der Lösung
a) (2|7),   b) (5|−3),   c) (1.7|1.7),   d) (−1.7|−1.7),   e) (0|0),   f) (−4|6).

4 Mona sagt zu Ben: «Ich denke mir zwei Zahlen. Die erste Zahl ist 1.5-mal so gross wie die zweite Zahl. Wenn ich die zweite Zahl von 5 subtrahiere, dann erhalte ich die erste Zahl.» Erfinde selbst ein Zahlenrätsel und stelle es deinem Nachbarn.

5 Wie viele Lösungen hat das Gleichungssystem? Falls es eine einzige Lösung hat, bestimme diese Lösung.
a) 2x + 3y = 9
   x − y = 2
b) x + y = 1
   3y + 3x = 6
c) 12x + 15y = 3
   4x + 5y = 1
d) 2x − 6y − 21 = 0
   2x = 0.75y

6 Gib ein lineares Gleichungssystem mit zwei Gleichungen und zwei Variablen an, das
a) keine Lösung hat,   b) unendlich viele Lösungen hat,
c) (3|1) als einzige Lösung hat und dessen erste Gleichung (1|1) als Lösung hat.

7 Gibt es ein einziges Zahlenpaar, das Lösung von allen drei Gleichungen ist?
a) 2x − 3y + 4 = 0
   2y + 3x − 4 = 0
   y − $\frac{2}{3}$x = 7
b) x + y + 4 = 0
   2y + 2x = −8
   −3x − 3y − 12 = 0
c) 0.5x + 0.5y = 0
   −4.5y + 5.4x = 0
   y = $\frac{11}{13}$x
d) x + y = 7
   x − y = −1
   2x = 1.5y

8.3 Lösen linearer Gleichungssysteme mit zwei Variablen

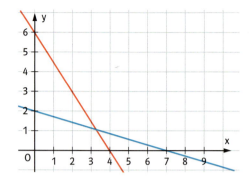

▬▬ Die Lösungen von linearen Gleichungssystemen mit zwei Variablen lassen sich zeichnerisch oft nur näherungsweise bestimmen. ▬▬

Gleichsetzungs- und Einsetzungsverfahren

Die Lösungen linearer Gleichungssysteme lassen sich exakt berechnen. Hierfür gibt es unterschiedliche Verfahren. Die Verfahren haben das Ziel, aus zwei Gleichungen mit zwei Variablen eine einzelne Gleichung zu erzeugen, in der eine der beiden Variablen nicht mehr vorkommt. Diese Gleichung kann dann gelöst werden.

Gleichsetzungsverfahren
Löse: I: $y = 0.4x + 2$
II: $y = -0.6x + 6$

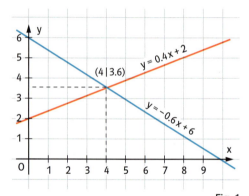

Die Lösung des Gleichungssystems entspricht den Koordinaten des Schnittpunktes der Geraden, die zu den Funktionen mit den Gleichungen $y = 0.4x + 2$ und $y = -0.6x + 6$ gehören. Da diese Funktionen an der Schnittstelle den gleichen Funktionswert annehmen, sind die Funktionsterme für diese Stelle gleichwertig, und man erhält durch Gleichsetzen

Fig. 1

$0.4x + 2 = -0.6x + 6$. Aus dieser Gleichung ergibt sich $x = 4$. Setzt man für x diesen Wert in Gleichung I oder Gleichung II ein, erhält man $y = 3.6$.
Das Zahlenpaar $(4|3.6)$ ist also Lösung des linearen Gleichungssystems.

Beim gezeigten Gleichsetzungsverfahren wurde in Gleichung II anstelle der Variablen y der Term $0.4x + 2$ eingesetzt, um die Gleichung $0.4x + 2 = -0.6x + 6$ zu erhalten. Dieses Prinzip des Einsetzens lässt sich allgemein anwenden.

Einsetzungsverfahren
Löse: I: $3x + y = \frac{16}{3}$
II: $y = 2x + \frac{1}{3}$

Wegen Gleichung II gilt für den y-Wert einer Lösung $y = 2x + \frac{1}{3}$. Deshalb kann man y in Gleichung I auch durch $2x + \frac{1}{3}$ ersetzen. Man erhält somit $3x + 2x + \frac{1}{3} = \frac{16}{3}$.
Aus dieser Gleichung folgt $x = 1$.
Setzt man für x die Zahl 1 in eine der beiden Gleichungen ein, so erhält man $y = \frac{7}{3}$.
Also ist das Zahlenpaar $\left(1 \mid \frac{7}{3}\right)$ die Lösung des linearen Gleichungssystems.

Ein lineares Gleichungssystem kann mit dem **Gleichsetzungsverfahren** oder dem **Einsetzungsverfahren** gelöst werden. Hierbei wird aus zwei Gleichungen mit zwei Variablen eine einzelne Gleichung erzeugt, in der eine der beiden Variablen nicht mehr vorkommt.

In manchen Fällen haben zwei lineare Gleichungen mit zwei Variablen keine gemeinsame Lösung, in manchen Fällen unendlich viele gemeinsame Lösungen. Beim Lösen des Gleichungssystems führt das Gleichsetzen oder Einsetzen in diesen Fällen zu einer falschen Aussage oder zu einer allgemeingültigen Aussage. Das Gleichungssystem
I: $x + y = 5$
II: $y = 3 - x$
beispielsweise hat keine Lösung. Nimmt man dennoch an, dass es eine Lösung gibt, so kann deren y-Wert (Gleichung II) in Gleichung I eingesetzt werden. Man erhält die Gleichung $x + 3 - x = 5$. Hieraus folgt die falsche Aussage $3 = 5$. Die Annahme, es gäbe eine Lösung, ist also falsch, da sie zu einem Widerspruch führt. Die zugehörigen Geraden haben demnach keinen Schnittpunkt; sie verlaufen parallel zueinander (Fig. 1).

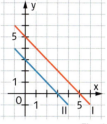
Fig. 1

Ändert man Gleichung I in $x + y = 3$ ab, so erhält man mit dem Einsetzungsverfahren die Gleichung $x + 3 - x = 3$. Hieraus folgt die wahre Aussage $3 = 3$. Die zugehörigen Geraden sind identisch (Fig. 2); das Gleichungssystem hat unendlich viele Lösungen. Die Lösungen des Gleichungssystems sind identisch mit den Lösungen einer der beiden Gleichungen. In diesem Fall sind die Lösungen diejenigen Zahlenpaare (x|y), die die Gleichung $y = 3 - x$ erfüllen.

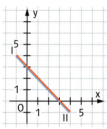
Fig. 2

Ergibt sich beim Lösen eines linearen Gleichungssystems eine **falsche Aussage**, so hat das Gleichungssystem **keine Lösung**. Die zugehörigen **Geraden** sind **parallel**.

Ergibt sich eine **allgemeingültige Gleichung**, so hat das Gleichungssystem **unendlich viele Lösungen**. Die zugehörigen **Geraden** sind **identisch**. Die Lösungen sind diejenigen Zahlenpaare, die auch eine der beiden Gleichungen lösen.

Beispiel 1
Löse: I: $x + 2y = 4$
   II: $x - 4y = 5$
Lösung:
Löse beide Gleichungen nach x auf und wende das Gleichsetzungsverfahren an.
   I: $x = -2y + 4$
   II: $x = 4y + 5$
I = II: $-2y + 4 = 4y + 5 \mid +2y - 5$
     $-1 = 6y \mid : 6$
     $y = -\frac{1}{6}$
Ersetze y in I (oder II) durch $-\frac{1}{6}$.
     $x = -2 \cdot \left(-\frac{1}{6}\right) + 4 = \frac{13}{3}$
Lösung: $\left(\frac{13}{3} \mid -\frac{1}{6}\right)$

Beispiel 2
Löse: I: $2x - 5y = 10$
   II: $y = 0{,}4x - 2$
Lösung:
Verwende das Einsetzungsverfahren: Ersetze y in Gleichung I durch den Term $0{,}4x - 2$.
   $2x - 5 \cdot (0{,}4x - 2) = 10$
   $2x - 2x + 10 = 10$
   $10 = 10$
$10 = 10$ ist eine wahre Aussage; die Gleichung ist allgemeingültig. Alle Zahlenpaare (x|y), die die Gleichung $y = 0{,}4x - 2$ erfüllen, sind Lösung des Gleichungssystems, zum Beispiel (0|−2); (5|0); (7|0,8).

Additionsverfahren

Beim Gleichsetzungsverfahren und beim Einsetzungsverfahren wird aus zwei Gleichungen mit zwei Variablen eine einzelne Gleichung erzeugt, in der eine der beiden Variablen nicht mehr vorkommt. Dies kann man auch mit einem weiteren rechnerischen Lösungsverfahren erreichen; hier werden die rechten Seiten beider Gleichungen und die linken Seiten beider Gleichungen jeweils addiert. Man kann dieses Verfahren mithilfe von Waagen verdeutlichen.

Additionsverfahren
Löse: I: $2x + 3y = 7$
       II: $x - 3y = 5$

Beide Gleichungen lassen sich durch Waagen veranschaulichen, die sich im Gleichgewicht befinden.

Legt man die Gegenstände der linken Waagschale und die Gegenstände der rechten Waagschale jeweils zusammen, so erhält man wieder einen Gleichgewichtszustand. Für die beiden Gleichungen bedeutet dies: Die Summe der linken Seiten der beiden Gleichungen ist genauso gross wie die Summe der rechten Seiten.

$$\begin{aligned}\text{I:} \quad & 2x + 3y = 7 \\ \text{II:} \quad & \underline{x - 3y = 5} \\ \text{I + II:} \quad & 2x + 3y + x - 3y = 7 + 5 \\ & 3x + 0y = 12\end{aligned}$$

Hieraus folgt $x = 4$.
Setzt man für x den Wert 4 in Gleichung I ein, so erhält man $2 \cdot 4 + 3y = 7$.
Hieraus folgt:
$$\begin{aligned}3y &= -1 \quad\quad |:3 \\ y &= -\tfrac{1}{3}\end{aligned}$$
$\left(4 \,\big|\, -\tfrac{1}{3}\right)$ ist die Lösung des linearen Gleichungssystems.

> Ein lineares Gleichungssystem kann mit dem **Additionsverfahren** gelöst werden. Durch Addition der Gleichungen wird aus zwei Gleichungen mit zwei Unbekannten eine einzelne Gleichung erzeugt, in der eine der beiden Variablen nicht mehr vorkommt.

Damit man beim Additionsverfahren eine Gleichung erhält, in der eine der beiden Variablen nicht mehr vorkommt, müssen die Koeffizienten dieser Variablen in beiden Gleichungen den gleichen Betrag, aber unterschiedliche Vorzeichen besitzen. Ist dies nicht der Fall, so muss man zuerst eine oder beide Gleichungen durch beidseitiges Multiplizieren mit einer geeigneten Zahl umformen.

Beispiel

Löse.
a) I: $4x - 5y = 13$
   II: $4x + 5y = 3$

b) I: $2x + 3y = 4$
   II: $3x + 4y = 5$

Lösung:

a) Die Koeffizienten von y sind 5 und −5; addiert man 5y und −5y, so erhält man null.
Addiere die Gleichungen I und II.

$$\begin{array}{rl} \text{I:} & 4x - 5y = 13 \\ \text{II:} & 4x + 5y = 3 \\ \hline \text{I + II:} & 8x = 16 \quad |:8 \\ & x = 2 \end{array}$$

Ersetze x in I (oder II) durch 2.
$4 \cdot 2 - 5 \cdot y = 13 \quad | -8$
$-5 \cdot y = 5 \quad | :(-5)$
$y = -1$

Das Gleichungssystem hat die Lösung $(2|-1)$.

b) Multipliziert man Gleichung I mit 3 und Gleichung II mit −2, dann ergeben 6x und −6x bei der anschliessenden Addition null und die Variable x kommt in der neuen Gleichung nicht mehr vor.

$$\begin{array}{rl} \text{I:} & 2x + 3y = 4 \quad | \cdot 3 \\ \text{II:} & 3x + 4y = 5 \quad | \cdot (-2) \end{array}$$

Man erhält:
$$\begin{array}{rl} \text{I:} & 6x + 9y = 12 \\ \text{II:} & -6x - 8y = -10 \end{array}$$

Addiere die Gleichungen I und II.   I + II: $y = 2$
Ersetze y in I (oder II) durch 2. $2x + 3 \cdot 2 = 4 \quad | -6$
$2x = -2 \quad |:2$
$x = -1$

Das Gleichungssystem hat die Lösung $(-1|2)$.

Aufgaben

1 Bestimme die Lösung mit dem Gleichsetzungsverfahren.

a) $y = 3x - 6$
   $y = 4x + 7$

b) $y = x - 4$
   $y = x + 4$

c) $x = -3y + 7$
   $x = -4y + 7$

d) $x = 7y - 8$
   $x = 8y - 7$

e) $y = 16 - x$
   $y = x - 16$

f) $x + y = 0$
   $x + 0.4y = 0.7$

g) $\frac{2}{3}x - y = 1$
   $x - y = 6$

h) $x + 11 = 11y$
   $x + 22 = 33y$

2 Bestimme die Lösung mit dem Einsetzungsverfahren.

a) $y = 3x + 8$
   $x + y = 12$

b) $y = -0.5x + 2$
   $1.5x + y = 3$

c) $3x + 2y = 8$
   $y = 0.5x - 4$

d) $3y - 6x = 4$
   $y = 3x - 2$

e) $2.7x + 3.2y = 2.5$
   $2.7x = y + 0.4$

f) $x = 5y - \frac{2}{5}$
   $5y = 2x + \frac{1}{3}$

g) $7y = x + 4$
   $4x = 10y + 6$

h) $5x - 6y = 3$
   $3y = x - 1$

3 Löse mit dem Additionsverfahren.

a) $6x + 7y = 23$
   $5x + 7y = 18$

b) $2x - 3y = 23$
   $2x + y = -13$

c) $7x + y = -1$
   $7x - 2y = 5$

d) $7x + 5y = 3$
   $7x + 5y = 5$

e) $7x + 10y = 3$
   $2x + 5y = 3$

f) $6x - 3y = 11$
   $3x - 1.5y = 6.5$

g) $9x - 7y = 10$
   $3x + y = 2$

h) $13x + 13y = 14$
   $-6.5x - 6.5y = 7.5$

$\left(-\frac{3}{2}\,\middle|\,2\right)$ — O

$(1\,|\,3)$ — A

$(-10\,|\,-6)$ — R

$(-2\,|\,-1)$ — V

$(0\,|\,3)$ — M

$(5\,|\,7)$ — G

$\left(\frac{26}{35}\,\middle|\,-\frac{10}{21}\right)$ — I

unlösbar — T

4 Löse mit dem Verfahren, das dir günstig erscheint. Die Ergebnisse, richtig zugeordnet, ergeben ein Lösungswort.

a) $12a - 25b = 1$
   $18a - 35b = -1$

b) $7 - 5y = 2x$
   $1 - 6x = 5y$

c) $(x - 2)(y + 1) = xy$
   $x(x + 3) = x^2 + 5y$

d) $2v = 6 + 5u$
   $2u = 9 - 3v$

e) $2.5r - 4 = 4.5s$
   $6 - 3s = 10r$

f) $x + 8.6y = 5$
   $0.5x + 4.3y = 1$

g) $-\frac{1}{20}y + \frac{32}{15} = \frac{1}{12}x$
   $\frac{x}{9} + \frac{10}{3} = -\frac{y}{15}$

h) $\frac{3x}{4} + \frac{7}{12} = 2 - \frac{2}{9}y$
   $\frac{2y}{5} + \frac{3}{10} = 1 + \frac{x}{2}$

i) $(x + 4)(y - 3) = (x + 7)(y - 4)$
   $(x - 2)(y + 5) = (x - 1)(y + 2)$

5 Untersucht in einer Gruppe die Lösbarkeit der folgenden linearen Gleichungssysteme und beschreibt, wie man möglichst leicht die Lösbarkeit von Gleichungssystemen, auch ohne Zeichnung, erkennen kann.

a) I: $3x + 9y = -6$
   II: $-5x - 15y = -3$

b) I: $0.25x + 4y = 0.5$
   II: $x + 16y = 2$

6 Bestimme die Koordinaten des Schnittpunktes der beiden Geraden.

a)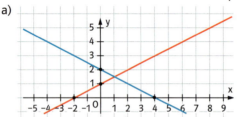

b)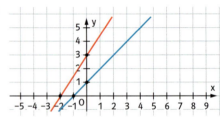

7 Die Beutel in Fig. 1 enthalten verschieden viele Bonbons. Nimmt man zwei Beutel der Sorte Himbeer und drei Beutel der Sorte Erdbeer, dann hat man insgesamt 90 Bonbons. Nimmt man zwei Beutel der Sorte Himbeer und fünf Beutel der Sorte Erdbeer, dann hat man insgesamt 130 Bonbons. Wie viele Bonbons sind in jedem Beutel?

Fig. 1

8 Gleichungsumformungen und Geraden

Fig. 2 zeigt die Geraden zum Gleichungssystem: I: $2x + 3y = 9$
                                                 II: $4x + 3y = 15$

Aufgabe 8 verdeutlicht, dass die linearen Gleichungssysteme I, II und Ia, II sowie I, IIa die gleiche Lösung besitzen, das heisst, dass sie äquivalent sind.

a) Multipliziere den Term auf beiden Seiten von II mit −1 und addiere die erhaltene Gleichung zu I. Bezeichne die Gleichung, die du als Summe erhalten hast, mit Ia. Fig. 3 zeigt die Geraden zu Ia und II.

b) Multipliziere den Term auf beiden Seiten von I mit −2 und addiere die erhaltene Gleichung zu II. Bezeichne die Gleichung, die du als Summe erhalten hast, mit IIa. Fig. 4 zeigt die Geraden zu I und IIa.

c) Was hat sich in Fig. 3 und Fig. 4 gegenüber Fig. 2 verändert, was ist gleich geblieben?

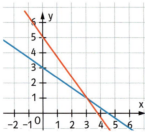 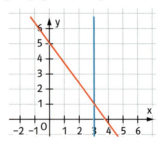 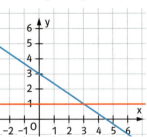

Fig. 2 Fig. 3 Fig. 4

8.4 Anwendungen

Gestern verliessen neun Lastwagen mit insgesamt 24 t Lebensmitteln den Flughafen, um den betroffenen Menschen zu Hilfe zu kommen. Sie haben jeweils nur 2 t oder 4 t geladen, damit die Waren bei der Verteilung nicht mehr umgeladen werden müssen.

Carla und Timo gehen in die Klasse 8a. Sie haben für Pia, die die Klasse 8b besucht, ein Rätsel ausgedacht (Fig. 1). Sie soll herausfinden, wie viele Mädchen und wie viele Knaben die Klasse 8a besuchen.

1 Verstehen der Aufgabe

Was ist gegeben?
Carla und Timo beschreiben jeweils die Anzahl ihrer Mitschülerinnen und Mitschüler in Abhängigkeit voneinander.

Was ist gesucht?
Anzahl der Schülerinnen und Schüler der Klasse 8a.

2 Zerlegen in Teilprobleme

Plan erstellen
1. Führe für die Anzahl der Schülerinnen und Schüler je eine Variable ein.
2. Stelle zu den Aussagen von Carla und Timo je eine Gleichung auf.
3. Löse das zugehörige Gleichungssystem.

3 Durchführen des Plans

1. Einführen der Variablen
   Anzahl der Mädchen: x
   Anzahl der Jungen: y
2. Aufstellen der Gleichungen
   Carlas Aussage: $x - 1 = 1.7 y$
   Timos Aussage: $x = 2(y - 1)$
3. Lösen des Gleichungssystems
   I: $x - 1 = 1.7 y$
   II: $x = 2(y - 1)$
   II in I: $2(y - 1) - 1 = 1.7 y$
           $y = 10; x = 18$

4 Rückschau und Antwort

Kann das Ergebnis richtig sein?
Die Lösung ist sinnvoll, da die Ergebnisse ganzzahlig sind und die Klassenstärke bei etwa 30 Schülerinnen und Schülern liegt.

Antwortsatz:
Die Klasse 8a wird von 18 Mädchen und 10 Jungen besucht.

Carla: «Ich habe 1.7-mal so viele Mitschülerinnen wie Mitschüler.»

Timo: «Ich habe doppelt so viele Mitschülerinnen wie Mitschüler.»

Pia

Fig. 1

Schrittweises Lösen von Anwendungsaufgaben
1. **Verstehen der Aufgabe:** Was ist gegeben? Was ist gesucht?
2. **Zerlegen in Teilprobleme:** Rechenplan und Rechenreihenfolge festlegen
3. **Durchführen des Plans:** Variablen einführen, Gleichungen aufstellen und Gleichungssystem lösen
4. **Rückschau und Antwort:** Ergebnis überprüfen und Antwort formulieren

Aufgaben

1 a) Die Summe aus dem Doppelten einer Zahl und dem Dreifachen einer anderen Zahl ist 23. Die Summe aus dem Dreifachen der ersten Zahl und dem Doppelten der zweiten Zahl ist 34. Wie heissen die beiden Zahlen?
b) Die Summe aus dem Dreifachen einer Zahl und der Hälfte der anderen Zahl ist 5 und damit um 0.25 grösser als die Hälfte der Summe der beiden Zahlen. Berechne die Zahlen.

2 a) Wie lang sind der rote und der blaue Stab in Fig. 1?
b) Wie schwer sind sie jeweils?

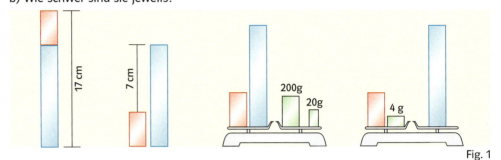

Fig. 1

3 a) Eine zweistellige Zahl ist doppelt so gross wie das Sechsfache ihrer Zehnerziffer und um 18 grösser als ihre Quersumme. Berechne diese Zahl.
b) Wenn man zu einer zweistelligen Zahl das Dreifache ihrer Quersumme addiert, so erhält man 99. Vertauscht man die Ziffern der Zahl und dividiert die neue Zahl durch ihre Quersumme, so ergibt sich 3.
Wie heisst die ursprüngliche Zahl?

4 Julia kauft zum Muttertag einen Strauss mit drei Rosen und zwei Lilien, Cedric kauft einen Strauss mit zwei Rosen und drei Lilien.
Ihr Vater weiss nicht, dass seine Kinder Blumen schenken, und kauft einen Strauss mit zwölf Rosen und drei Lilien. Wie viel muss der Vater für die Blumen bezahlen?

5 Ein rechteckiges Grundstück hat einen Umfang von 120 m. Wie lang sind die Grundstücksseiten, wenn das Grundstück
a) doppelt so lang ist wie breit,
b) 10 m länger ist als breit?

6 In einem Terrarium sitzen Käfer und Spinnen. Die insgesamt 18 Tiere haben zusammen 120 Beine. Wie viele Tiere sind es jeweils?

7 In dem Buch «Vollständige Anleitung zur Algebra» von Leonhard Euler findet man folgende Aufgabe:
Zwei Personen sind 29 Rubel schuldig; nun hat zwar jeder Geld, doch nicht so viel, dass er diese gemeinschaftliche Schuld allein bezahlen könnte; drum sagt der erste zum anderen: «Gibst du mir zwei Drittel deines Geldes, so kann ich die Schuld sogleich allein bezahlen.» Der andere antwortet dagegen: «Gibst du mir drei Viertel deines Geldes, so kann ich die Schuld allein bezahlen.» Wie viel Geld hat jeder?

Leonhard Euler (1707–1783)

8 Die beiden Kanister enthalten jeweils eine Lösung aus Essigsäure und Wasser. Die Aufschrift «Essigsäure 35%» bedeutet: Der Inhalt des Kanisters besteht zu 35% aus reiner Essigsäure, 65% sind Wasser. Man spricht auch von «35%iger Essigsäure».

a) Begründe: Mischt man x Liter der 35%igen Essigsäure mit y Litern der 20%igen Essigsäure, so erhält man $\frac{35}{100}x + \frac{20}{100}y$ Liter reine Essigsäure.

b) Wie viel Liter muss man jeweils aus den beiden Kanistern in das leere Gefäss giessen, um 1.5 Liter 30%ige Essigsäure zu erhalten?

9 Mischt man geschmolzenes Kupfer mit geschmolzenem Zink, so entsteht die Legierung Messing. «Messing 60» enthält 60% reines Kupfer, «Messing 90» sogar 90% reines Kupfer. Wie viel kg von jeder Sorte müssen zusammengeschmolzen werden, wenn 10 kg «Messing 72» benötigt werden?

Legierungen wie Messing sind Stoffe, die durch Zusammenschmelzen mehrerer Metalle entstehen.

10 Eine Wandergruppe legt 5 km in der Stunde zurück. Sie startet um 8 Uhr am See und wandert am Forsthaus (F) vorbei zur Hellhütte (H).
Eine zweite Gruppe, die 4 km pro Stunde zurücklegt, startet um 9 Uhr an der Hellhütte und wandert am Forsthaus vorbei zum See.
Um wie viel Uhr treffen sich die beiden Gruppen?

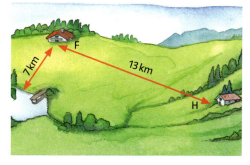

11 Fliegt ein Flugzeug bei gleicher Motorleistung in gleicher Zeit mit oder gegen den Wind, so kommt es verschieden weit. Ein Flugzeug fliegt in einer Stunde 760 km, wenn es mit dem Wind fliegt. Fliegt das Flugzeug in umgekehrter Richung bei gleicher Windstärke, so erreicht es in einer Stunde 690 km.
Wie weit käme es in einer Stunde bei Windstille? Wie gross ist die Windgeschwindigkeit?

12 Mit der Strömung legt ein Flussschiff 22.8 km in einer Stunde zurück, gegen die Strömung sind es 14.2 km in der Stunde.
a) Welche Geschwindigkeit hat das Schiff relativ zum Wasser? Welche Geschwindigkeit hat das Wasser?
b) Welche Zeit benötigt das Flussschiff für eine 10 km lange Strecke mit der Strömung, welche Zeit für die gleiche Strecke gegen die Strömung?
Welche Zeit benötigt das Wasser, um 10 km weit zu fliessen?
c) Wie lange würde das Flussschiff auf einem strömungsfreien Gewässer für eine 10 km lange Fahrstrecke benötigen? Vergleiche mit den Ergebnissen aus b).

Exkursion Drei Gleichungen, drei Variablen – das geht auch

I: $x + y + z = 6$
II: $y + z = 3$
III: $z = 1$

I: $2x + 3y + 4z = 27$
II: $2y - z = 4$
III: $y + z = 3$

I: $2x + 3y + 4z = 38$
II: $-3x + 2y - 4z = -21$
III: $5x - 3y + 6z = 33$

Gesucht sind drei Zahlen. Das Dreifache der ersten Zahl und die zweite Zahl und das Dreifache der dritten Zahl ergeben zusammen 23. Das Doppelte der zweiten Zahl und das Dreifache der dritten Zahl ergeben zusammen 13. Die dritte Zahl ist die zweitkleinste Primzahl. Wie heissen die Zahlen?

1 Will man Fragestellungen wie das Zahlenrätsel beantworten, so muss man lineare Gleichungssysteme mit drei Variablen lösen. Von den links abgebildeten Gleichungssystemen ist das oberste am einfachsten zu lösen. Warum?

Gleichungen des Typs $3x + 2y + 6z = 4$ heissen **lineare Gleichungen mit drei Variablen**. Wenn ein Gleichungssystem mit drei linearen Gleichungen und drei Variablen **Dreiecksform** hat, dann kann man die Lösung leicht ermitteln.

I: **$3x + 2y − 4z = −5$**   Aus III folgt: $z = 3$
II: $0x − 4y + 2z = −2$ Aus III und II folgt: $y = 2$
III: $0x + 0y + 5z = 15$ Aus III und II und I folgt: $x = 1$

Die Lösung dieses Gleichungssystems ist $(1|2|3)$.

Lineare Gleichungssysteme mit drei Gleichungen und drei Variablen, die keine Dreiecksform haben, versucht man in Dreiecksform zu überführen.
Hierbei darf man wie bei Gleichungssystemen mit zwei Gleichungen und zwei Variablen:
1. eine Gleichung mit einer Zahl ($\neq 0$) multiplizieren.
2. eine Gleichung durch die Summe aus ihr und einer anderen Gleichung ersetzen.
Zum Beispiel:

I: $x − 3y + 2z = −4$
II: $-x + y + 3z = 11$
III: $-x − 2y + 2.5z = −2.5$

*Dieses Lösungsverfahren heisst auch **Gaussalgorithmus**, benannt nach dem Mathematiker Carl Friedrich Gauss (1777–1855).*

1. Schritt:
In zwei Gleichungen soll dieselbe Variable nicht mehr vorkommen. Um dies zu erreichen, werden die Gleichungen I und II sowie I und III addiert.

I: $x − 3y + 2z = −4$
II: $-x + y + 3z = 11$ | I + II
III: $-x − 2y + 2.5z = −2.5$ | I + III

2. Schritt:
In Gleichung IIIa soll nun auch die Variable y nicht mehr vorkommen. Um dies zu erreichen, wird zunächst Gleichung IIa mit −5 und Gleichung IIIa mit 2 multipliziert. Anschliessend werden die so veränderten Gleichungen addiert.

I: $x − 3y + 2z = −4$
IIa: $-2y + 5z = 7$ | · (−5)
IIIa: $-5y + 4.5z = −6.5$ | · 2

I: $x − 3y + 2z = −4$
IIb: $10y − 25z = −35$
IIIb: $-10y + 9z = −13$ | IIb + IIIb

3. Schritt:
Vereinfachen der Gleichungen.

I: $x − 3y + 2z = −4$
IIb: $10y − 25z = −35$ | :(−5)
IIIc: $-16z = −48$ | :(−16)

I: $x − 3y + 2z = −4$
(IIc =) IIa: $-2y + 5z = 7$
IIId: $z = 3$

4. Schritt:
Bestimmung der Lösung.

Aus IIId folgt: $z = 3$
Aus IIId und IIa folgt: $y = 4$
Aus IIId und IIa und I folgt: $x = 2$

Die Lösung des Gleichungssystems ist das Zahlentripel $(2|4|3)$.

2 Löse.

a) $x + y + z = 9$
$x - y + z = 3$
$x + y - z = 1$

b) $x + y - z = 7$
$2x - y + z = 8$
$3x + 2y - z = 20$

c) $x + 4y - 5z = 21$
$2x - 3y + 4z = -1$
$x - 6y - 8z = -3$

d) $2x + 3y + 4z = 1.4$
$3x - 2y - z = 1.2$
$5x + 4y + 3z = 1.4$

3 a) Bestimme drei Zahlen so, dass sich die Summen 10 bzw. 11 bzw. 12 ergeben, wenn man je zwei von ihnen addiert.
b) Bei drei Zahlen x, y und z kann man von jeweils zweien das arithmetische Mittel bilden. Ist es möglich, dass sich dabei jedes Mal der Mittelwert 10 (jedes Mal der gleiche Mittelwert) ergibt, obwohl die drei Zahlen x, y, z verschieden sind?

4 Die Summe aus je zwei von drei Zahlen
a) übertrifft die dritte um 12 bzw. um 14 bzw. um 16,
b) wird vom Dreifachen der dritten Zahl um 13 bzw. 25 bzw. 37 übertroffen.
Bestimme die drei Zahlen.

5 Während einer Klassenfahrt kaufen Tobias, Helen und Judith für sich und andere ein. Leider haben sie sich nicht die Einzelpreise gemerkt und die Kassenbons sind zerrissen. Berechne, wie teuer ein Schokoriegel, ein Apfel und eine Banane sind.

```
5 Schokoriegel
3 Äpfel
2 Bananen
-------------
Summe    10.60 Fr.
```

```
3 Schokoriegel
2 Äpfel
4 Bananen
-------------
Summe    9.70 Fr.
```

```
4 Schokoriegel
4 Äpfel
1 Banane
-------------
Summe    9.90 Fr.
```

6 Unendlich viele Lösungen, keine Lösung

a) $3x + 9y - 3z = 15$
$-8x - 19y + 3z = 6$
$2x + y + 3z = 0$

b) $3x + 9y - 3z = 15$
$-8x - 19y + 3z = -30$
$2x + y + 3z = 0$

c) $x + y - z = 0$
$x + 2y = 3$
$y + z = 3$

> **Gleichungssysteme mit drei linearen Gleichungen und drei Variablen** haben wie Gleichungssysteme mit zwei Gleichungen und zwei Variablen entweder **keine Lösung** oder **eine einzige Lösung** oder **unendlich viele Lösungen**.

7 Probiere es auch mal mit vier …

a) $3w - 2x + y + z = 3$
$4x - 2y - z = 3$
$-8x + 2z = 2$
$-2y - z = 1$

b) $2w + x + y = 0$
$x + y + 2z = 4$
$3w - y + 6z = 1$
$w + 2x + 3z = 2$

c) $w + 2x + 3y + 4z = 2$
$2w + x + 4z = 5$
$3w - 3y + 2z = 7$
$-3x + 5y - 2z = 2$

Exkursion Lineare Optimierung

1 a) Beschreibe die rot gefärbte Punktmenge M durch ein System von Ungleichungen.
b) Welcher Punkt von M hat den kleinsten x-Wert (den grössten y-Wert)?
c) Berechne für die Punkte A, P, B und Q die Summe beider Koordinaten. Für welchen Punkt von M ist sie am grössten?

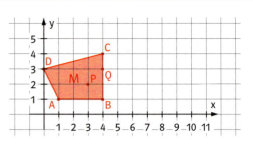

Im Arbeitsalltag von Betrieben treten oft Probleme der folgenden Art auf: Unter gegebenen Bedingungen (Arbeitskosten, Maschinenbelastung usw.) sollen die Unkosten möglichst niedrig gehalten werden, oder es soll der Gewinn möglichst hoch sein, oder es sollen Lieferwagen so eingesetzt werden, dass sie möglichst gut ausgelastet sind usw. Das folgende Beispiel zeigt, wie man solche Probleme prinzipiell lösen kann.

*Den grössten Gewinn!
Die kleinsten Kosten!
Die grösste Stückzahl!*

Ein Baustoffhändler beliefert eine Baustelle mit Kalk und Zement. Sein Lieferwagen kann höchstens 3 t laden. Die Baustelle braucht mindestens halb und höchstens doppelt so viel Zementsäcke wie Kalksäcke. x sei die Zahl der Kalksäcke, y die Zahl der Zementsäcke. Der Lieferwagen muss so beladen werden, dass das folgende **Ungleichungssystem** gilt:

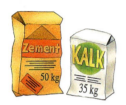

$$35x + 50y \leqq 3000$$
$$y \geqq \tfrac{1}{2}x$$
$$y \leqq 2x$$

«höchstens 3 Tonnen»:
«mindestens halb so viel»:
«höchstens doppelt so viel»:

Der Lösungsmenge dieses Systems entspricht das im Diagramm grün gefärbte «**Planungsvieleck**».
Jeder seiner Punkte P(x|y) gibt durch seine Koordinaten eine mögliche Beladung an.

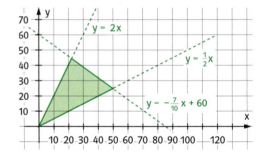

Will der Händler zum Beispiel möglichst viele Säcke zur Baustelle fahren, so wird er diejenige Beladung (x|y) wählen, für welche der Term x + y einen **möglichst grossen Wert**, einen «optimalen» Wert, annimmt.
Man nennt dies ein Problem der **linearen Optimierung**.

optimum (lat.): das Beste

Diese Beladung finden wir so:
Alle Punkte x + y = S bzw. y = −x + S liegen auf einer Geraden mit Steigung −1.
Zum Beispiel bedeutet S = 40, dass die Gesamtzahl der Säcke 40 ist. Von allen diesen Geraden durch mindestens einen Punkt des Planungsvielecks liefert die Gerade durch die Ecke A die grösstmögliche Sackzahl S.

Bei x + y = 90 ist zwar S grösser, die Gerade trifft aber das Planungsvieleck nicht.

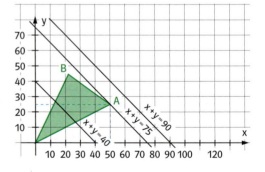

Ergebnis: Die Gerade durch den Punkt A(50|25) ist von allen Geraden g: x + y = S durch mindestens einen Punkt des Planungsvielecks diejenige mit dem grössten Wert von S. Die grösstmögliche Sackzahl beträgt demnach 75 Säcke, und zwar 50 Säcke Kalk und 25 Säcke Zement.

132

Wir nehmen nun in einem weiteren Beispiel an, dass dem Baustoffhändler die erzielten Einnahmen wichtiger sind als die Zahl der transportierten Säcke.
Der Gewinn betrage bei einem Sack Kalk 2 Fr. und bei einem Sack Zement 4 Fr.

Wir suchen denjenigen Punkt P(x|y) des Planungsvielecks, bei dem der Term $2x + 4y$ den grössten Wert annimmt. Die Gleichungen $2x + 4y = G$ bzw. $y = -\frac{1}{2}x + \frac{1}{4}G$ ergeben Geraden mit der Steigung $-\frac{1}{2}$. Je grösser der y-Achsenabschnitt dieser Geraden ist, desto grösser ist der Gewinn G. Am grössten ist er bei der Geraden durch die Ecke B.
Aus der Zeichnung lassen sich die Koordinaten von B nur näherungsweise ablesen.
In einem solchen Fall müsste man B als Schnittpunkt der Randgeraden (hier $y = 2x$ und $y = -0.7x + 60$) berechnen. Zur Lösung der Aufgabe untersucht man nun die Punkte im Planungsvieleck, die «in der Nähe» von B liegen und deren ganzzahlige Koordinaten zum grössten Gewinn führen.
Ergebnis: Den grössten Gewinn erhält der Händler, wenn er den Lieferwagen mit 22 Säcken Kalk und 44 Säcken Zement belädt. Der Gewinn beträgt dann 22 · 2 Fr. + 44 · 4 Fr. = 220 Fr.

Obwohl P näher bei B liegt, führt Q zum grösseren Gewinn.

2 Eine Autofabrik baut einen Typ A zu 30 000 Fr. und einen Typ B zu 20 000 Fr. Je Arbeitstag können entweder 15 Autos vom Typ A oder 30 Autos vom Typ B hergestellt werden.
Wie viele Autos von jedem Typ wird die Firma im Laufe eines Jahres (höchstens 240 Arbeitstage) herstellen, wenn sie mit einem Absatz von höchstens 6000 Autos rechnet und möglichst hohe Gesamteinnahmen erzielen will?
(Anleitung: Nimm an, dass der Typ A an x Tagen, der Typ B an y Tagen gebaut wird.)

3 Eine Kosmetikfirma produziert zwei Sorten Badeöl A und B. Jedes Badeöl wird aus drei Zwischenprodukten zusammengesetzt, die von drei Automaten A_1, A_2, A_3 hergestellt werden. Die Tabelle zeigt die Einsatzzeiten für jeden Automaten.
Wie viel Liter von A und B wird man täglich herstellen, wenn der Gewinn pro Liter 15 Fr. bei A und 20 Fr. bei B beträgt und der Gesamtgewinn maximal sein soll?

Zeitbedarf der Automaten		
Automat	Benötigte Zeit pro Liter Badeöl in min	
	A	B
A_1	4.5	3
A_2	4	4
A_3	1.5	6

Jeder Automat kann täglich höchstens 6 Stunden benutzt werden.

4 Ein Fahrradhändler bezieht von der Fabrik zwei Sorten Fahrräder: Sorte A zu 160 Fr. pro Stück und Sorte B zu 200 Fr. pro Stück. Es sollen von B mindestens halb so viel wie von A und höchstens ebenso viel wie von A sein. Im Ganzen möchte der Fahrradhändler nicht mehr als 20 000 Fr. ausgeben. Wie viel von jeder Sorte wird er nehmen, wenn sein Gesamtverdienst möglichst gross sein soll und er
a) an jedem Fahrrad gleich viel,   b) an Sorte A 15 %, an B 20 %,
c) an beiden Sorten 15 % verdienen kann?

9 Quadratische Funktionen und quadratische Gleichungen

9.1 Quadratische Funktionen

In der Fahrschule lernt man: Wenn man die Geschwindigkeit in km/h durch 10 dividiert und das Ergebnis quadriert, so ergibt sich der Bremsweg in Metern.

Rein quadratische Funktionen

Die Tiefe eines Brunnens kann man bestimmen, indem man zum Beispiel einen Stein in den Brunnen fallen lässt und die Falldauer stoppt.
Hat man die Falldauer t (in Sekunden) gemessen, lässt sich die Fallstrecke s (in Metern) näherungsweise mit der Gleichung $s(t) = 5t^2$ berechnen. Beträgt die Falldauer beispielsweise 1s, so ergibt sich für den Brunnen eine Tiefe von $s(1) = 5 \cdot 1^2 = 5$, also 5m, bei einer Falldauer von 2s eine Tiefe von $s(2) = 5 \cdot 2^2 = 20$, also 20m. Man erkennt: Verdoppelt sich die Falldauer, so wird die Fallstrecke nicht etwa ebenfalls verdoppelt, sondern vervierfacht. Dies liegt daran, dass der Stein beim Fallen beschleunigt wird. Die Strecke, die der Stein während des Fallens in jeweils einer Sekunde zurücklegt, nimmt zu.

Die Gleichung $s(t) = 5t^2$ gehört zu einer **rein quadratischen Funktion**. Setzt man für t verschiedene Werte ein, so erhält man die zugehörigen Werte für s. Die Wertepaare lassen sich in einer Wertetabelle darstellen. Man erkennt: Dem 2-, 3- bzw. n-Fachen der ersten Grösse wird das 4-, 9- bzw. n^2-Fache der zweiten Grösse zugeordnet.

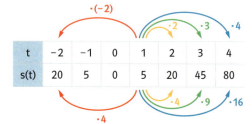

Fig. 1

Überträgt man die Werte in ein Koordinatensystem, so sieht man, dass die Punkte nicht auf einer Geraden liegen. Man darf diese Punkte deshalb nicht geradlinig verbinden.
Den genauen Verlauf des Graphen in Fig. 2 erhält man, indem man durch Einsetzen von Zwischenwerten für t weitere Wertepaare ermittelt.
Ein Graph dieser Art heisst **Parabel**.

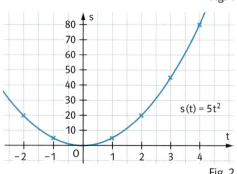

Fig. 2

Eine Funktion mit der Gleichung $f(x) = ax^2$ bzw. $y = ax^2$ heisst **rein quadratische Funktion**. Ihr Graph ist eine Parabel.

134

Eigenschaften rein quadratischer Funktionen

1. Jede rein quadratische Funktion $f(x) = ax^2$ hat an der Stelle $x = 0$ den Funktionswert $f(0) = 0$. Die zugehörige Parabel verläuft also durch den Punkt $S(0|0)$. Dieser Punkt ist entweder der tiefste oder der höchste Punkt der Parabel und heisst **Scheitelpunkt** oder **Scheitel**.

2. Der Koeffizient a vor x^2 heisst **Streckfaktor** der Parabel. Verändert man a, so ändert die Parabel ihre Form. Je grösser der Betrag von a ist, desto schmaler wird die Parabel. Sie wird in y-Richtung gestreckt. Für $a = 1$ lautet die Gleichung der Parabel $y = x^2$. Der zugehörige Graph heisst **Normalparabel**.
Ist der Betrag von a kleiner als 1, so wird die zugehörige Parabel breiter als die Normalparabel.

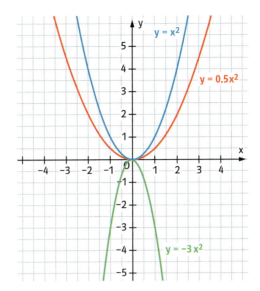

3. Ist der Wert von a positiv, so ist die Parabel nach oben geöffnet. Für negative Werte von a sind die Parabeln nach unten geöffnet.

Beispiel 1 Parabeln zeichnen
Zeichne den Graphen der Funktion mit
a) $f(x) = -x^2$
b) $g(x) = 0.4 x^2$.
Lösung:
a) Der Betrag des Streckfaktors ist 1, das Vorzeichen negativ, der Graph ist also eine nach unten geöffnete Normalparabel.
b) Wertetabelle:

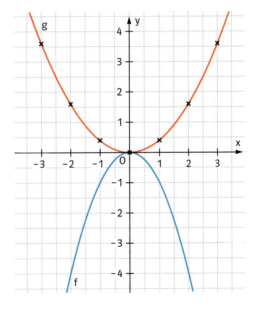

x	-3	-2	-1	0	1	2	3
g(x)	3.6	1.6	0.4	0	0.4	1.6	3.6

Den Graphen erhält man, indem man die Werte aus der Wertetabelle in ein Koordinatensystem überträgt und die Punkte zu einer Parabel verbindet.

Beispiel 2 Punktprobe
Liegen die Punkte $P(5|10)$ und $Q\left(-2|-\frac{8}{5}\right)$ auf der Parabel mit der Gleichung $y = \frac{2}{5}x^2$?
Lösung:
Für $x = 5$ ergibt sich $y = \frac{2}{5} \cdot 5^2 = \frac{2}{5} \cdot 25 = 10$. Daher liegt $P(5|10)$ auf der Parabel.
Für $x = -2$ ergibt sich $y = \frac{2}{5} \cdot (-2)^2 = \frac{2}{5} \cdot 4 = \frac{8}{5}$. Daher liegt $Q\left(-2|-\frac{8}{5}\right)$ nicht auf der Parabel.
Dass Q nicht auf der Parabel liegen kann, lässt sich auch ohne Rechnung erkennen:
Da $a > 0$ ist, können die y-Werte der Punkte der Parabel nicht negativ werden.

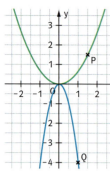

Fig. 1

Beispiel 3 Streckfaktor bestimmen

Die Gleichungen der Parabeln in Fig. 1 haben die Form $y = ax^2$. Bestimme jeweils a.

Lösung:

Lies die Koordinaten eines Punktes der Parabel ab (nicht den Scheitel wählen). Berechne mithilfe dieser Koordinaten a.

P(1.5 | 1.5) liegt auf der oberen Parabel.

$a \cdot (1.5)^2 = 1.5 \qquad | : (1.5)^2$

$a = \frac{2}{3}$

Q(1 | −4) liegt auf der unteren Parabel.

$-4 = a \cdot 1^2$

$a = -4$

Allgemeine quadratische Funktionen

Die Graphen rein quadratischer Funktionen sind Parabeln, deren Scheitel im Ursprung liegt. Gleichungen von **allgemeinen quadratischen Funktionen** beschreiben Parabeln, deren Scheitel nicht im Ursprung liegen muss.

Verschiebung in y-Richtung

Die rote Parabel ist gegenüber der blauen Normalparabel um eine Einheit nach oben verschoben, hat also den Scheitel S(0 | 1).

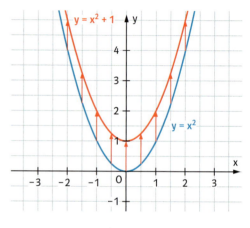

x	−3	−2	−1	0	1	2	3
$y = x^2$	9	4	1	0	1	4	9
	+1	+1	+1	+1	+1	+1	+1
$y = x^2 + 1$	10	5	2	1	2	5	10

Alle Funktionswerte sind gegenüber denen der Funktion mit der Gleichung $f(x) = x^2$ jeweils um 1 erhöht. Die Gleichung der neuen Funktion lautet also $f(x) = x^2 + 1$. Die zugehörige Parabel hat die Gleichung $y = x^2 + 1$.

Positive Werte für v verschieben die Parabel nach oben, negative nach unten.

Allgemein: Verschiebt man die Parabel mit der Gleichung $y = x^2$ um v Einheiten parallel zur y-Achse, so erhält man die Parabel mit der Gleichung $y = x^2 + v$ und dem Scheitel S(0 | v).

Verschiebung in x-Richtung

Die grüne Parabel ist gegenüber der blauen Normalparabel um eine Einheit nach rechts verschoben, hat also den Scheitel S(1 | 0).

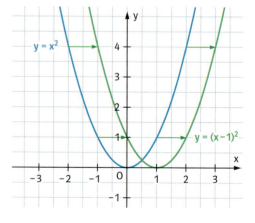

x	−3	−2	−1	0	1	2	3
$y = x^2$	9	4	1	0	1	4	9
$y = (x-1)^2$	16	9	4	1	0	1	4

Die y-Werte der verschobenen Parabel stimmen mit denjenigen der Normalparabel überein, wenn man dort für x einen um 1 kleineren Wert einsetzt. Die neue Parabel hat deshalb die Gleichung $y = (x - 1)^2$.

Allgemein: Verschiebt man die Parabel mit der Gleichung $y = x^2$ um u Einheiten parallel zur x-Achse, so erhält man die Parabel mit der Gleichung $y = (x - u)^2$ und dem Scheitel S(u | 0).

Verschiebung in x- und in y-Richtung
Verschiebt man die Parabel mit der Gleichung $y = x^2$ wie in Fig. 1 um 3 Einheiten nach links, so erhält man die Parabel mit der Gleichung $y = (x - (-3))^2 = (x + 3)^2$. Verschiebt man diese Parabel nun um 2 Einheiten nach unten, so erhält man die Parabel mit der Gleichung $y = (x + 3)^2 - 2$. Ihr Scheitel liegt bei S(−3|−2).

Gestreckte Parabeln werden wie Normalparabeln verschoben. Verschiebt man zum Beispiel die Parabel mit der Gleichung $y = 0.5 x^2$ um 1 Einheit nach links und um 4 Einheiten nach oben, so erhält man die Parabel mit der Gleichung $y = 0.5 (x + 1)^2 + 4$. Ihr Scheitel liegt bei S(−1|4).

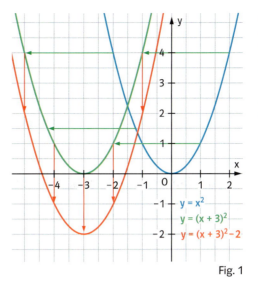

Fig. 1

Verschieben um 3 nach links bedeutet u = −3. Verschieben um 2 nach unten bedeutet v = −2.

In der Form $y + 2 = (x + 3)^2$ wirken sich die Verschiebungen in x- und y-Richtung im gleichen Sinne aus.

Verschiebt man eine Parabel mit der Gleichung $y = a x^2$ um u Einheiten parallel zur x-Achse und um v Einheiten parallel zur y-Achse, so erhält man eine Parabel mit der Gleichung $y = a(x - u)^2 + v$. Der **Scheitel** der verschobenen Parabel liegt bei **S(u|v)**.

Die zugehörige Funktion mit der Funktionsgleichung $f(x) = a(x - u)^2 + v$ heisst **allgemeine quadratische Funktion** oder kurz **quadratische Funktion**.

Verschobene Parabeln können keinen, einen oder zwei Schnittpunkte mit der x-Achse besitzen. Die x-Koordinaten dieser Schnittpunkte sind die Nullstellen der zugehörigen quadratischen Funktion. Quadratische Funktionen können somit keine, eine oder zwei Nullstellen haben.

keine Nullstelle

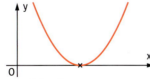
eine Nullstelle

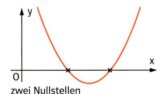
zwei Nullstellen

Beispiel 1 Gleichung einer verschobenen Parabel bestimmen
Eine Parabel hat den Scheitel S(2|3) und verläuft durch den Punkt P(4|−5).
Bestimme die Gleichung der Parabel.
Lösung:
Die Gleichung der Parabel lautet $y = a(x - 2)^2 + 3$. Der Streckfaktor a kann mithilfe des Punktes P(4|−5) bestimmt werden; die Koordinaten von P werden in die Parabelgleichung eingesetzt.
$-5 = a(4 - 2)^2 + 3$ | ausmultiplizieren
$-5 = 4a + 3$ | −3 | :4
$a = -2$.
Die Gleichung der Parabel lautet also: $y = -2(x - 2)^2 + 3$

Beispiel 2 Parabel zeichnen
Zeichne die Parabel mit der Gleichung
a) $y = (x - 2)^2 - 1$, b) $y = -2(x + 1)^2 + 3$.
Lösung:
a) Vgl. Fig. 1. Die Parabel ist gegenüber der Normalparabel um zwei Einheiten nach rechts und um eine Einheit nach unten verschoben.
b) Vgl. Fig. 1. Die Parabel ist gegenüber der Parabel mit der Gleichung $y = -2x^2$ um eine Einheit nach links und um drei Einheiten nach oben verschoben.

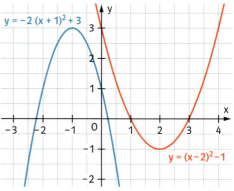

Fig. 1

Aufgaben

1 Zeichne die Parabel mit der Gleichung
a) $y = 3x^2$;
b) $y = -2.5x^2$;
c) $y = -x^2$;
d) $y = \frac{3}{5}x^2$;
e) $y = 0.1x^2$;
f) $y = -4x^2$;
g) $y = -1.2x^2$;
h) $y = 10x^2$.

2 Welche der Punkte liegen auf der Parabel mit der Gleichung $y = 2.5x^2$?
A(2|10) B(−2|10)
C(7|122) D(4|40)
E($\sqrt{2}$|5) F($\sqrt{6.25}$|−1)
G(0|2.5) H(−$\sqrt{3}$|−22.5)

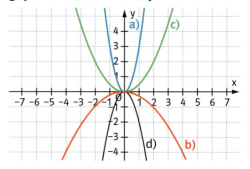

3 Gib zu den nebenstehenden Parabeln jeweils die Gleichung an.

4 Der Punkt P liegt auf der Parabel mit der Gleichung $y = \frac{3}{4}x^2$. Bestimme jeweils die fehlende Koordinate.
a) P(4|y)
b) P(−1|y)
c) P(x|0)
d) P(x|3)
e) P(−1.5|y)
f) P(10|y)
g) P(x|27)
h) P(x|12)

5 Der Graph einer rein quadratischen Funktion verläuft durch den Punkt P. Bestimme die zugehörige Funktionsgleichung und zeichne anschliessend den Graphen.
a) P(1|3)
b) P(−1|−2)
c) P(2|1)
d) P(2|−2)
e) P(3|27)
f) P(−3|−6)
g) P(4|2)
h) P(−4|−5)

6 Eine Parabel hat den Scheitelpunkt S(0|0). Liegen die angegebenen Punkte jeweils auf derselben Parabel?
a) P(2|0.4); Q(−3|0.5)
b) P(−1|3); Q(5|75); R(11|360)

7 Zeichne die Parabel. Wie viele Nullstellen hat sie?
a) $y = x^2 - 3$
b) $y = -x^2 + 5$
c) $y = -(x + 2)^2$
d) $y = (x - 1)^2$
e) $y = -(x + 2)^2 + 2$
f) $y = (x - 3)^2 - 4$
g) $y = (x + 5)^2 - 3$
h) $y = -(x + 1)^2 + 7$

8 Beschreibe, wie die Parabel aus der Normalparabel entstanden ist.
a) $y = 2x^2 + 5$
b) $y = \frac{2}{3}(x - 2)^2$
c) $y = 3(x + 2)^2 + 3$
d) $y = \frac{2}{5}\left(x - \frac{1}{2}\right)^2 + 1$

9 Der Wasserstrahl hat etwa die Form einer Parabel mit der Gleichung $y = a x^2$.
a) Der Strahl trifft 6 m von Christines Fuss entfernt auf den Boden. Wie hoch hält Christine das Schlauchende?
b) Wie hoch muss der Schlauch gehalten werden, damit der Wasserstrahl 7.50 m weit reicht?
c) Wie weit reicht der Wasserstrahl, wenn Christine auf eine Leiter steigt und so den Schlauch 3 m über dem Boden hält?

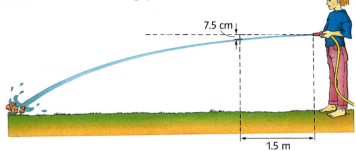

10 Gib zu den Parabeln in Fig. 1 jeweils die Gleichung an.

11 Die Wertetabelle gehört zu einer quadratischen Funktion. Bestimme die zugehörige Funktionsgleichung.

a)

x	−5	−4	−3	−2	−1	0	1	2	3	4	5
f(x)	10	5	2	1	2	5	10	17	26	37	50

b)

x	−5	−4	−3	−2	−1	0	1	2	3	4	5
g(x)	59	44	31	20	11	4	−1	−4	−5	−4	−1

c)

x	−5	−4	−3	−2	−1	0	1	2	3	4	5
h(x)	−27	−13	−3	3	5	3	−3	−13	−27	−45	−67

d) Zeichne die Parabeln in ein gemeinsames Koordinatensystem.

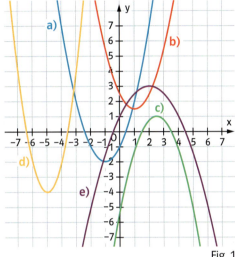

Fig. 1

12 Fig. 2 zeigt eine verschobene Parabel.
a) Bestimme die zugehörige Gleichung, wenn der Ursprung des Koordinatensystems im Punkt A (B, C) liegt.
b) Wo liegt der Ursprung des Koordinatensystems, wenn die zugehörige Gleichung $y = 2(x - 2)^2 - 2$ lautet?

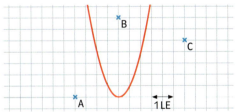

Fig. 2

13 Aus einem Quadrat mit Seite s > 2 cm werden an den Ecken Quadrate der Seitenlänge 1 cm herausgeschnitten. Es bleibt eine Fläche mit dem Inhalt A (in cm²) übrig (Fig. 3).
Bestimme für die Funktion s → A(s) die Funktionsgleichung und zeichne den zugehörigen Graphen.

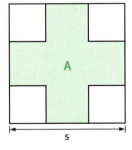

Fig. 3

9.2 Scheitelpunktform und allgemeine Form

▬▬ «Woher kennst Du den Verlauf der Parabel?» ▬▬

Multipliziert man die Klammer im Funktionsterm von $f(x) = 2(x - 1)^2 + 3$ aus, so erhält man:
$$f(x) = 2(x - 1)^2 + 3$$
$$= 2(x^2 - 2x + 1) + 3$$
$$= 2x^2 - 4x + 5$$

Gleichungen quadratischer Funktionen sind häufig nicht in der **Scheitelpunktform** $f(x) = a(x - u)^2 + v$, sondern in der **allgemeinen Form** $f(x) = ax^2 + bx + c$ gegeben. An der allgemeinen Form lässt sich zwar noch erkennen, wie die zugehörige Parabel gestreckt wurde, ihr Scheitel kann jedoch nicht mehr abgelesen werden. Die allgemeine Form erhält man aus der Scheitelpunktform durch Ausmultiplizieren.

Umgekehrt lässt sich für jede quadratische Funktion durch **quadratische Ergänzung** aus der allgemeinen Form die Scheitelpunktform erstellen. Hierbei wird der Funktionsterm so ergänzt, dass eine binomische Formel angewendet werden kann.

$f(x) = 2x^2 + 9x + 15$	Den Faktor 2 aus den ersten beiden Summanden ausklammern
$= 2\left[x^2 + \frac{9}{2}x\right] + 15$	
$= 2\left[x^2 + 2 \cdot \frac{9}{4}x\right] + 15$	$\left(\frac{9}{4}\right)^2$ quadratisch ergänzen
$= 2\left[x^2 + \frac{9}{2}x + \left(\frac{9}{4}\right)^2 - \left(\frac{9}{4}\right)^2\right] + 15$	
$= 2\left[x^2 + \frac{9}{2}x + \left(\frac{9}{4}\right)^2 - \left(\frac{9}{4}\right)^2\right] + 15$	1. binomische Formel anwenden
$= 2\left[\left(x + \frac{9}{4}\right)^2 - \left(\frac{9}{4}\right)^2\right] + 15$	$\left(\frac{9}{4}\right)^2$ berechnen
$= 2\left[\left(x + \frac{9}{4}\right)^2 - \frac{81}{16}\right] + 15$	äussere Klammer ausmultiplizieren
$= 2\left(x + \frac{9}{4}\right)^2 - \frac{81}{8} + 15$	zusammenfassen
$= 2\left(x + \frac{9}{4}\right)^2 + \frac{39}{8}$	

Der Scheitel der zu dieser Funktion gehörenden Parabel liegt bei $S\left(-\frac{9}{4} \mid \frac{39}{8}\right)$.

Die Funktionsgleichung einer quadratischen Funktion kann in der **Scheitelpunktform** $f(x) = a(x - u)^2 + v$ oder in der **allgemeinen Form** $f(x) = ax^2 + bx + c$ dargestellt werden.
Durch Ausmultiplizieren erhält man aus der Scheitelpunktform die allgemeine Form.
Durch quadratische Ergänzung erhält man aus der allgemeinen Form die Scheitelpunktform.

Beispiel 1
Ergänze den Term $x^2 - 10x + \square$ so, dass man eine binomische Formel anwenden kann.
Lösung:
Vergleiche $x^2 - 10x + \square$ mit $a^2 - 2ab + b^2$. Für $a = x$ erhält man $2b = 10$, also $b = 5$.
$x^2 - 10x + \square = x^2 - 2 \cdot x \cdot 5 + 5^2 = (x-5)^2 = x^2 - 10x + 25$

Beispiel 2
Beschreibe den Verlauf der Parabel, ohne sie zu zeichnen.
a) $y = x^2 - 3x + 7$
b) $y = -2(x+8)^2 + 5$

Lösung:
a) $y = x^2 - 3x + 7$
$= x^2 - 3x + \left(\frac{3}{2}\right)^2 - \left(\frac{3}{2}\right)^2 + 7$
$= \left(x - \frac{3}{2}\right)^2 + \frac{19}{4}$
Der Scheitel liegt bei $S\left(\frac{3}{2} \mid \frac{19}{4}\right)$. Der Streckfaktor ist $a = 1$, es handelt sich also um eine verschobene Normalparabel.

b) Der Scheitel liegt bei $S(-8 \mid 5)$.
Da der Streckfaktor a negativ ist, ist die Parabel nach unten geöffnet.
Wegen $|a| > 1$ ist sie schmaler als die Normalparabel.

Beispiel 3
Noel springt im Freibad vom Sprungbrett. Seine Flugbahn entspricht ungefähr einer Parabel mit der Funktionsgleichung $h(x) = -5x^2 + 2x + 3$. Hierbei ist h die Höhe über dem Wasser (in m) und x die horizontale Entfernung vom Absprungpunkt (in m).
a) Von welcher Höhe ist Noel abgesprungen?
b) Was ist Noels grösste Höhe während des Fluges?
c) Gib eine Funktionsgleichung für einen Sprung aus einer anderen Höhe an.
Lösung:
a) Im Absprungpunkt ist $x = 0$. Der Funktionswert an dieser Stelle ist $h(0) = 3$.
Damit ergibt sich: Noel ist aus einer Höhe von 3 m abgesprungen.
b) Die Scheitelpunktform der Funktionsgleichung lautet $h(x) = -5(x - 0.2)^2 + 3.2$. Die grösste Höhe der Flugbahn entspricht der y-Koordinate des Scheitels, beträgt also 3.2 m.
c) Der gleiche Sprung aus 5 m Höhe hat die Gleichung $g(x) = -5x^2 + 2x + 5$.

Beispiel 4   Gleichung einer Parabel bestimmen
Eine Parabel mit der Gleichung $y = ax^2 + bx + 3$ verläuft durch die Punkte $P(1 \mid 0)$ und $Q(2 \mid 3)$. Bestimme die Gleichung der Parabel.
Lösung:
Setzt man die Koordinaten von P und Q in die Gleichung ein, so erhält man:
I: $\quad a + b + 3 = 0$, also $b = -a - 3$
II: $4a + 2b + 3 = 3$, also $b = -2a$
Durch Gleichsetzen erhält man $-a - 3 = -2a$, also $a = 3$. Daraus folgt $b = -6$.
Die Gleichung der Parabel lautet $y = 3x^2 - 6x + 3$.

Aufgaben

1 Ergänze die Terme so, dass man eine binomische Formel anwenden kann.
a) $x^2 - 6x + \square$
b) $y^2 - 3y + \square$
c) $z^2 + z + \square$
d) $u^2 + 1.6u + \square$
e) $s^2 + 4s + \square$
f) $t^2 + 5t + \square$
g) $g^2 - g + \square$
h) $h^2 - \frac{1}{3}h + \square$
i) $25p^2 + 20p + \square$
j) $4x^2 - 4x + \square$
k) $9k^2 + 6k + \square$
l) $16s^2 + 5s + \square$

2 Beschreibe den Verlauf der Parabel, ohne sie zu zeichnen.
a) $y = (x - 1)^2 + 3$ b) $y = 2(x + 5)^2 + 1$ c) $y = -2(x + 4)^2 + 7$ d) $y = -(x - 6)^2$
e) $y = -x^2 + 7$ f) $y = x^2 + 4x + 4$ g) $y = 3x^2 + 24x + 11$ h) $y = -x^2 + 4x + 10$

3 Bestimme den Scheitel der zu der Funktion gehörenden Parabel. Zeichne die Parabel.
a) $f(x) = x^2 - 4x + 1$ b) $f(x) = x^2 + 8x + 16$ c) $f(x) = x^2 + 4x$ d) $f(x) = x^2 + 6x + 7$
e) $f(x) = x^2 - 5x + \frac{9}{4}$ f) $f(x) = x^2 + 3x$ g) $f(x) = x^2 - x + \frac{1}{4}$ h) $f(x) = x^2 - 1.4x + 0.09$

4 Bestimme den Scheitel der Parabel.
a) $y = 2x^2 + 8x - 6$ b) $y = -2x^2 + 4x - 18$ c) $y = -x^2 + 4x - 10$ d) $y = 3x^2 - 27x + 9$
e) $y = -x^2 + 5x$ f) $y = \frac{1}{2}x^2 - 5x - 1$ g) $y = 8x - x^2$ h) $y = 3 - \frac{1}{4}x^2$

5 Bestimme aus den gegebenen Informationen die Funktionsgleichung der zugehörigen quadratischen Funktion $f(x) = ax^2 + bx + c$.
a) $a = 2$ und die Punkte $A(1|-1)$ und $B(3|22)$ liegen auf dem Graphen.
b) $b = 4$ und die Punkte $C(-1|-8)$ und $D(2|-5)$ liegen auf dem Graphen.
c) $c = 3$ und die Punkte $E(2|-8)$ und $F(-1|4)$ liegen auf dem Graphen.
d) Die Punkte $G(0|0)$, $H(-2|33)$ und $P(10|795)$ liegen auf dem Graphen.

6 Gegeben sind vier Parabeln im Koordinatensystem (Fig. 1). Gib jeweils die Gleichung der zugehörigen quadratischen Funktion an.

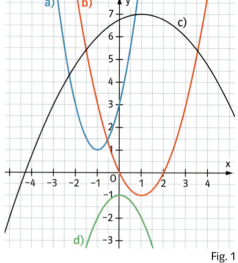

Fig. 1

7 Die Leistung P einer Turbine hängt von der Drehzahl n ab. Die Funktionsgleichung $P(n) = 300n - 0.8n^2$ gibt die Leistung der Turbine in der Einheit Watt (kurz: W) an.
a) Bei welcher Drehzahl hat die Turbine die maximale Leistung?
b) Mit welcher Umdrehungszahl muss sich die Turbine drehen, damit sie eine Leistung von mindestens 10 000 W erzielt?

8 Die Flugbahn eines Fussballs ist nahezu parabelförmig. Jans Schuss kann durch die Parabel mit der Gleichung $y = -0.00625x^2 + 0.25x$ beschrieben werden. Hierbei entspricht x der horizontalen Entfernung vom Abschusspunkt in Metern und y der Höhe des Balles in Metern.
a) In welcher Höhe befindet sich der Ball, wenn er sich 1m in horizontaler Richtung bewegt hat?
b) Welche Höhe erreicht der Ball bei diesem Schuss höchstens? Nach welcher Strecke (horizontal gemessen) hat er diese erreicht?
c) Ein Spieler steht 10 Meter entfernt. Kann er den Ball köpfen?
d) Nach welcher Strecke hat der Ball eine Höhe von 2m erreicht?
e) Wie würde sich die Flugbahn des Balles ändern, wenn die Gleichung der zugehörigen Parabel $y = -0.004x^2 + 0.2x$ lautete?

9.3 Optimierungsaufgaben

▬▬ Die Form ist für den Inhalt nicht entscheidend. ▬▬

Häufig versucht man herauszufinden, wann eine Grösse den kleinsten oder grössten Wert annimmt. Bei Grössen, die sich durch eine quadratische Funktion bestimmen lassen, können diese Werte mithilfe des Scheitels der zugehörigen Parabel berechnet werden.

Mit einem 12 m langen Zaun soll an einer Hauswand ein Rechteck eingezäunt werden. Wie müssen die Seiten des Rechtecks gewählt werden, damit sein Flächeninhalt möglichst gross wird?

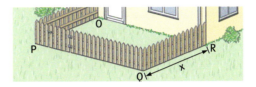

1 Verstehen der Aufgabe

Was ist gegeben?
Der Zaun ist 12 m lang. An der Hauswand wird kein Zaun benötigt.

Was ist gesucht?
Der Flächeninhalt soll maximal werden.

2 Zerlegen in Teilprobleme

Plan erstellen
1. Drücke die Seiten mithilfe einer Variablen aus.
2. Stelle eine Gleichung zur Berechnung des Flächeninhalts des Rechtecks auf.
3. Bestimme den Scheitel der zur quadratischen Funktion gehörenden Parabel.

4 Rückschau und Antwort

Kann das Ergebnis richtig sein?
Die Parabel ist nach unten geöffnet. Der Scheitel ist ihr höchster Punkt.

Antwortsatz:
Der Flächeninhalt wird für $\overline{OP}$ = 3 m und $\overline{PQ}$ = 6 m maximal. Er beträgt dann 18 m².

3 Durchführen des Plans

1. *Einführen der Variablen*
   $\overline{OP} = \overline{QR} = x$; $\overline{PQ} = 12 - 2x$
2. *Aufstellen der Gleichung*
   $A(x) = \overline{OP} \cdot \overline{PQ} = x \cdot (12 - 2x)$
   $= -2x^2 + 12x$
3. *Bestimmung des Scheitels*
   $A(x) = -2x^2 + 12x = -2(x^2 - 6x + 9 - 9)$
   $= -2(x - 3)^2 + 18$
   Der Scheitel der Parabel liegt bei S(3|18).

Schrittweises Lösen von Optimierungsaufgaben
1. **Verstehen der Aufgabe:** Was ist gegeben? Was ist gesucht?
2. **Zerlegen in Teilprobleme:** Rechenplan und Rechenreihenfolge festlegen
3. **Durchführen des Plans:** Variablen einführen, Gleichung der quadratischen Funktion aufstellen und Scheitel der zugehörigen Parabel bestimmen
4. **Rückschau und Antwort:** Ergebnis überprüfen und Antwort formulieren

Aufgaben

1 a) Welche beiden Zahlen, deren Summe 12 beträgt, haben das grösste Produkt?
b) Welche beiden Zahlen, deren Differenz 2 beträgt, haben das kleinste Produkt?
c) Für welche Zahl wird das Produkt aus dem Dreifachen und der um 1 vergrösserten Zahl am kleinsten?

2 a) Judith will mit 11 m Maschendraht einen rechteckigen Platz für ihren Hund einzäunen. Sie benutzt die Wände von Garage und Haus (Fig. 1). Für welche Abmessungen wird der Platz am grössten? Gib diesen Flächeninhalt an.
b) Wie hätte sie die Abmessungen wählen müssen, wenn sie eine 3 m lange Mauer einbeziehen würde (Fig. 2)?

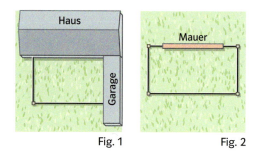

Fig. 1   Fig. 2

3 Karin möchte aus einem Brett mit den Abmessungen 5 m × 0.4 m entsprechend Fig. 3 ein Regal mit maximalem Volumen bauen. Welche Masse hat das Regal?

4 Ein quadratischer Tisch mit der Seitenlänge 2 m soll entsprechend Fig. 4 mit zwei quadratischen Einlegearbeiten verziert werden. Aus Kostengründen soll dieser Flächenanteil möglichst klein werden.
Welche Masse bieten sich für die Einlegearbeiten an?

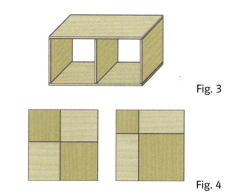

Fig. 3

Fig. 4

5 Auf den Seiten des Rechtecks ABCD wird auf jeder Seite die Strecke x abgetragen (Fig. 5). Es entsteht das Viereck EFGH.
a) Welche besondere Form hat das Viereck EFGH? Begründe.
b) Für welche Länge x ist der Flächeninhalt des Vierecks EFGH am kleinsten?
Tipp: Überlege, welche Flächen von der Fläche des Rechtecks abgezogen werden müssen, um auf das Viereck EFGH zu kommen.

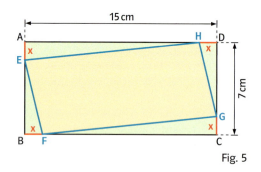

Fig. 5

6 Auf der in Fig. 6 abgebildeten dreieckigen Wiese soll ein Gebäude mit rechteckigem Grundriss so gebaut werden, dass es direkt an die Schlossallee und die Parkstrasse grenzt. Eine Gebäudeecke soll die Badstrasse berühren. Die verbleibenden Dreiecke sollen als Grünflächen genutzt werden. Welche Masse würdest du als Architekt für den Grundriss vorschlagen?

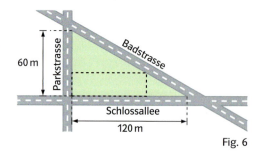

Fig. 6

9.4 Quadratische Gleichungen

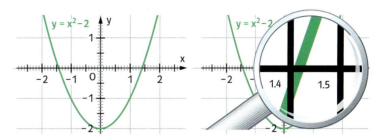

Peter: «Die Vergrösserung reicht noch nicht ganz um die Nullstelle genau zu bestimmen.» Paula: «Dann vergrössere es nochmal.»

Grafische Lösung quadratischer Gleichungen

Gleichungen wie $9x^2 + 5x + 1 = 0$ heissen **quadratische Gleichungen**. Quadratische Gleichungen lassen sich grafisch auf zwei Arten lösen. Dazu wird vorher die Gleichung durch Äquivalenzumformungen in **Normalform** $x^2 + px + q = 0$ gebracht.

1. Möglichkeit
Die Lösungen der quadratischen Gleichung $x^2 + px + q = 0$ sind die Nullstellen der quadratischen Funktion $f(x) = x^2 + px + q$. Durch quadratische Ergänzung erhält man den Scheitel der verschobenen Normalparabel. Die Nullstellen lassen sich nun am Graphen ablesen.

Für $f(x) = x^2 - 2x - 3$ erhält man die Scheitelpunktsform $f(x) = (x - 1)^2 - 4$, also $S(1|-4)$. Die Nullstellen sind $x = -1$ und $x = 3$ (Fig. 1).

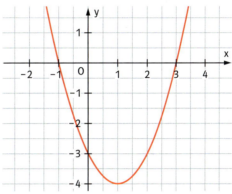

Fig. 1

2. Möglichkeit
Die quadratische Gleichung $x^2 + px + q = 0$ lässt sich zu $x^2 = -px - q$ umformen. Auf der linken Seite der Gleichung steht der Funktionsterm der zur Normalparabel gehörenden quadratischen Funktion, auf der rechten Seite der Term einer linearen Funktion. Die Lösungen der quadratischen Gleichung $x^2 + px + q = 0$ sind also diejenigen Stellen, an denen die Normalparabel mit $y = x^2$ und die Gerade mit der Gleichung $y = -px - q$ den gleichen y-Wert annehmen. Das sind die x-Koordinaten der Schnittpunkte der beiden Graphen.

Aus $x^2 - 2x - 3 = 0$ ergibt sich $x^2 = 2x + 3$. Die Gerade mit der Gleichung $y = 2x + 3$ und die Normalparabel schneiden sich bei $x = -1$ und $x = 3$ (Fig. 2).

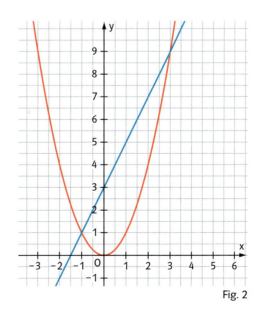

Fig. 2

Nicht jede quadratische Gleichung ist lösbar. Eine quadratische Gleichung besitzt entweder zwei Lösungen, eine Lösung oder keine Lösung, da die zugehörige quadratische Funktion entweder zwei Nullstellen, eine Nullstelle oder keine Nullstelle besitzt.

zwei Nullstellen – zwei Lösungen

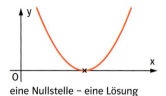
eine Nullstelle – eine Lösung

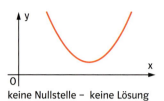
keine Nullstelle – keine Lösung

Die **Lösungen einer quadratischen Gleichung** $ax^2 + bx + c = 0$ sind die Nullstellen der zugehörigen quadratischen Funktion $f(x) = ax^2 + bx + c$. Eine quadratische Gleichung hat entweder zwei Lösungen, eine Lösung oder keine Lösung.

Beispiel
Bestimme die Lösungsmenge.
a) $0{,}5x^2 - 2{,}5x + 2 = 0$ b) $-x^2 + 2x + 2 = 0$ c) $1 + x^2 = 0$
Lösung:

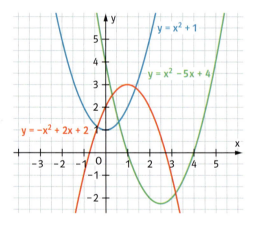

a) Die Normalform lautet $x^2 - 5x + 4 = 0$.
Wegen $x^2 - 5x + 4 = \left(x - \frac{5}{2}\right)^2 - \frac{9}{4}$ hat die zugehörige Parabel den Scheitel $S\left(\frac{5}{2} \big| -\frac{9}{4}\right)$.
Am Graphen lassen sich die Nullstellen $x = 1$ und $x = 4$ ablesen. $L = \{1;\ 4\}$
b) Die verschobene Normalparabel hat den Scheitel $S(1|3)$ und ist nach unten geöffnet. Die Nullstellen lassen sich nur näherungsweise ablesen: $x \approx -0{,}7$ und $x \approx 2{,}7$.
c) Die Parabel mit der Gleichung $y = x^2 + 1$ ist eine um 1 Einheit nach oben verschobene Normalparabel. Sie hat keine Nullstellen, also ist $L = \{\ \}$.

Lösungsformel für quadratische Gleichungen

Die Lösungen quadratischer Gleichungen kann man zeichnerisch oft nur näherungsweise bestimmen. Die exakten Lösungen können dann nur rechnerisch ermittelt werden.

Eine quadratische Gleichung in Normalform $x^2 + px + q = 0$ kann man durch quadratische Ergänzung lösen.

$x^2 + px + q = 0 \qquad |-q$
$x^2 + px = -q$

z. B. $x^2 + 5x + 6 = 0 \qquad |-6$
$x^2 + 5x = -6$

Addiert man $\left(\frac{p}{2}\right)^2$ auf beiden Seiten der Gleichung, so kann man auf der linken Seite eine binomische Formel anwenden.

Addiert man $\left(\frac{5}{2}\right)^2$ auf beiden Seiten der Gleichung, so kann man auf der linken Seite eine binomische Formel anwenden.

$x^2 + px + \left(\frac{p}{2}\right)^2 = \left(\frac{p}{2}\right)^2 - q$

$\left(x + \frac{p}{2}\right)^2 = \left(\frac{p}{2}\right)^2 - q$

$\left|x + \frac{p}{2}\right| = \sqrt{\left(\frac{p}{2}\right)^2 - q}$

Also gilt:

$x + \frac{p}{2} = \sqrt{\left(\frac{p}{2}\right)^2 - q}$ oder $x + \frac{p}{2} = -\sqrt{\left(\frac{p}{2}\right)^2 - q}$.

Man erhält somit die Lösungen

$x_1 = -\frac{p}{2} + \sqrt{\left(\frac{p}{2}\right)^2 - q}$ und

$x_2 = -\frac{p}{2} - \sqrt{\left(\frac{p}{2}\right)^2 - q}$

$x^2 + 5x + \left(\frac{5}{2}\right)^2 = \left(\frac{5}{2}\right)^2 - 6$

$\left(x + \frac{5}{2}\right)^2 = \left(\frac{5}{2}\right)^2 - 6$

$\left|x + \frac{5}{2}\right| = \sqrt{\left(\frac{5}{2}\right)^2 - 6}$

Also gilt:

$x + \frac{5}{2} = \sqrt{\left(\frac{5}{2}\right)^2 - 6}$ oder $x + \frac{5}{2} = -\sqrt{\left(\frac{5}{2}\right)^2 - 6}$.

Man erhält somit die Lösungen

$x_1 = -\frac{5}{2} + \sqrt{\left(\frac{5}{2}\right)^2 - 6} = -2$ und

$x_2 = -\frac{5}{2} - \sqrt{\left(\frac{5}{2}\right)^2 - 6} = -3$

Besitzt eine Gleichung mehrere Lösungen, werden diese häufig durchnummeriert.

Spezielle Lösungsformel (pq-Formel)
Die Lösungen einer quadratischen Gleichung in **Normalform** $x^2 + px + q = 0$ kann man durch quadratische Ergänzung berechnen. Sie lauten: $x_{1,2} = -\frac{p}{2} \pm \sqrt{\left(\frac{p}{2}\right)^2 - q}$

Da man aus einer negativen Zahl keine Wurzel ziehen kann, entscheidet das Vorzeichen des Terms $\left(\frac{p}{2}\right)^2 - q$, ob die Gleichung Lösungen besitzt. Der Term $D = \left(\frac{p}{2}\right)^2 - q$ heisst **Diskriminante**.

Ist $\left(\frac{p}{2}\right)^2 - q > 0$, so sind x_1 und x_2 verschieden. Es gibt **zwei** Lösungen.

Ist $\left(\frac{p}{2}\right)^2 - q = 0$, so sind x_1 und x_2 gleich. Es gibt nur **eine** Lösung.

Ist $\left(\frac{p}{2}\right)^2 - q < 0$, so ist die Diskriminante negativ. Es gibt **keine** Lösung.

discriminare (lat.): unterscheiden

Um eine in der allgemeinen Form $ax^2 + bx + c = 0$ vorliegende quadratische Gleichung zu lösen, dividiert man diese zuerst durch a und bringt sie so in Normalform $x^2 + \frac{b}{a}x + \frac{c}{a} = 0$. $\frac{b}{a}$ entspricht nun p und $\frac{c}{a}$ entspricht q. Die Lösungen lauten damit $x_{1,2} = -\frac{b}{2a} \pm \sqrt{\left(\frac{b}{2a}\right)^2 - \frac{c}{a}}$.

Durch Termumformung erhält man die **allgemeine Lösungsformel** $x_{1,2} = \frac{-b \pm \sqrt{b^2 - 4ac}}{2a}$.

Auch bei dieser Lösungsformel wird der Term $b^2 - 4ac$ in der Wurzel Diskriminante genannt, da er über die Anzahl Lösungen der quadratischen Gleichung entscheidet.

Allgemeine Lösungsformel
Eine quadratische Gleichung in allgemeiner Form $ax^2 + bx + c = 0$ ($a \neq 0$) hat

die beiden Lösungen $x_1 = \frac{-b + \sqrt{b^2 - 4ac}}{2a}$, $x_2 = \frac{-b - \sqrt{b^2 - 4ac}}{2a}$, falls $b^2 - 4ac > 0$,

genau eine Lösung $x = -\frac{b}{2a}$, falls $b^2 - 4ac = 0$,

keine Lösung, falls $b^2 - 4ac < 0$.

*Die allgemeine Lösungsformel wird auch **abc-Formel** genannt*

Beispiel 1
Berechne die Lösungen.
a) $3x^2 - 12 = 6x$
Lösung:
Die Normalform lautet $x^2 - 2x - 4 = 0$.
Mit $p = -2$ und $q = -4$ erhält man:
$x_1 = -\frac{-2}{2} + \sqrt{\left(\frac{-2}{2}\right)^2 - (-4)} = 1 + \sqrt{5} \approx 3.24$
$x_2 = -\frac{-2}{2} - \sqrt{\left(\frac{-2}{2}\right)^2 - (-4)} = 1 - \sqrt{5} \approx -1.24$

b) $4x^2 - 28x - 15 = 0$
Lösung:
Wende die allgemeine Lösungsformel für $a = 4$, $b = -28$ und $c = -15$ an.
$x_1 = \frac{28 + \sqrt{(-28)^2 - 4 \cdot 4 \cdot (-15)}}{2 \cdot 4} = \frac{15}{2}$
$x_2 = \frac{28 - \sqrt{(-28)^2 - 4 \cdot 4 \cdot (-15)}}{2 \cdot 4} = -\frac{1}{2}$

Beispiel 2
Für welche Werte von k hat die Gleichung $x^2 + 8x + k = 0$ zwei Lösungen, genau eine Lösung oder keine Lösung?
Lösung:
Einsetzen von $p = 8$ und $q = k$ in die pq-Formel ergibt $x_{1,2} = -4 \pm \sqrt{16 - k}$.
Das Vorzeichen der Diskriminante $16 - k$ entscheidet über die Anzahl der Lösungen.
Für $16 - k > 0$, also für $k < 16$, gibt es zwei Lösungen;
für $16 - k = 0$, also für $k = 16$, gibt es eine Lösung;
für $16 - k < 0$, also für $k > 16$, gibt es keine Lösung.

Linearfaktorzerlegung

Sind x_1 und x_2 die Lösungen der quadratischen Gleichung $x^2 + px + q = 0$, so ist diese äquivalent zur Produktgleichung $(x - x_1) \cdot (x - x_2) = 0$, da die Lösungsmengen beider Gleichungen übereinstimmen. Das Produkt $(x - x_1)(x - x_2)$ lässt sich durch Termumformungen in eine Summe verwandeln:
$(x - x_1) \cdot (x - x_2) = x^2 - x_1 x - x_2 x + x_1 x_2 = x^2 - (x_1 + x_2)x + x_1 x_2$
Hieraus kann man ablesen:
Für $p = -(x_1 + x_2)$ und $q = x_1 x_2$ sind die Terme $x^2 + px + q$
und $x^2 - (x_1 + x_2)x + x_1 x_2$ für jede beliebige Einsetzung für x gleichwertig. Es gilt dann:
$x^2 + px + q = x^2 - (x_1 + x_2)x + x_1 x_2$ oder
$x^2 + px + q = (x - x_1) \cdot (x - x_2)$

Die Faktoren $(x - x_1)$ und $(x - x_2)$ nennt man **Linearfaktoren**.
Die Umformung einer Summe in ein Produkt bezeichnet man als **Faktorisieren**.

> **Linearfaktorzerlegung**
> Sind x_1 und x_2 die Lösungen einer quadratischen Gleichung $x^2 + px + q = 0$, so gilt:
> $$x^2 + px + q = (x - x_1) \cdot (x - x_2)$$
> **Satz von Vieta**
> Sind x_1 und x_2 die Lösungen einer quadratischen Gleichung $x^2 + px + q = 0$, so gilt:
> $$p = -(x_1 + x_2) \text{ und } q = x_1 x_2$$

*François Vieta
(1540 – 1603)*

Beispiel 1
Prüfe mithilfe des Satzes von Vieta, ob die angegebenen Lösungsmengen richtig sind.
a) $x^2 + 5x + 6 = 0$ L = {2; –3}
b) $x^2 + 5x + 6 = 0$ L = {–2; –3}
Lösung:
a) $2 + (-3) = -1$ und nicht -5. L = {2; –3} ist nicht die Lösungsmenge von $x^2 + 5x + 6 = 0$.
b) $(-2) + (-3) = -5$ und $(-2)(-3) = 6$. L = {–2; –3} ist die Lösungsmenge von $x^2 + 5x + 6 = 0$.

Beispiel 2
Zerlege $x^2 + x - 12$ in Linearfaktoren.
Lösung:
Zerlege -12 so in zwei Faktoren, dass deren Summe -1 ergibt.
Durch geschicktes Probieren findet man $3 \cdot (-4) = -12$ und $3 + (-4) = -1$.
Daraus folgt: $x^2 + x - 12 = (x - 3)(x + 4)$

Aufgaben

1 Löse die Gleichung zeichnerisch und rechnerisch. Vergleiche.
a) $x^2 + 6x + 5 = 0$ b) $x^2 + 8x - 9 = 0$ c) $3x^2 - 4x - 4 = 0$ d) $2x^2 - 5x - 42 = 0$
e) $z^2 - 13z - 48 = 0$ f) $3z^2 - 4z - 4 = 0$ g) $2z^2 + 9z + 7 = 0$ h) $3z^2 - 11z + 10 = 0$

2 Forme zunächst in die Form $ax^2 + bx + c = 0$ um. Ermittle die Anzahl der Lösungen und bestimme dann – falls vorhanden – die Lösungen zeichnerisch und rechnerisch.
a) $3x^2 - 6x = -3$ b) $3x + 1 = 4x^2$ c) $12x = -6x^2 - 7$
d) $3(5 - 2x) = 9x^2 + 9$ e) $-36 = x^2 - 12x$ f) $(x - 3)^2 = 2x^2 - 18$

3 Löse die Gleichung. Braucht man hier Lösungsformeln?
a) $x^2 + 3x = 0$ b) $1.5x^2 - 6x = 0$ c) $u^2 = 64$ d) $y^2 - 9 = 0$
e) $-z^2 = 4z$ f) $5t^2 - 80 = 0$ g) $-4x^2 = -484$ h) $7s - 14s^2 = 0$

4 Bestimme die Lösungsmenge.
a) $x^2 + x = 2x^2 - x$ b) $(v + 7)(v - 7) = 15$ c) $3w^2 = \frac{1}{3}$ d) $\frac{1}{2}x^2 = \frac{9}{32}$
e) $9y^2 - 125 = 4y^2$ f) $u^2 + u = 8u^2$ g) $(r - 9)(r + 8) = 2r^2 - 72 + 3r$

5 Kann man den Wert von s so wählen, dass die Gleichung zwei, eine oder keine Lösung besitzt? Gib ggf. an, wie der Wert von s jeweils gewählt werden muss.
a) $4x^2 + 3x + s = 0$ b) $-4x^2 + sx + 8 = 0$ c) $sx^2 + 3x + 5 = 0$
d) $-6x^2 - 11x + s = 0$ e) $-sx^2 + 3x = 6$ f) $-x^2 = sx - 56$

6 Prüfe mithilfe des Satzes von Vieta, ob die angegebene Menge die Lösungsmenge der quadratischen Gleichung ist.
a) $x^2 + 7x + 12 = 0$; $\{3; 4\}$ b) $x^2 - 3x - 10 = 0$; $\{2; -5\}$ c) $x^2 - 5x - 24 = 0$; $\{-3; 8\}$
d) $x^2 - 8x + 16 = 0$; $\{4\}$ e) $z^2 - 2z + \frac{3}{4} = 0$; $\{\frac{1}{2}; \frac{3}{2}\}$ f) $u^2 + 4u + 4 = 0$; $\{2\}$

7 Gib mithilfe des Satzes von Vieta p und q in der Gleichung $x^2 + px + q = 0$ an, wenn x_1 und x_2 ihre Lösungen sind.
a) $x_1 = 2$; $x_2 = 5$ b) $x_1 = 0$; $x_2 = 7$ c) $x_1 = x_2 = -\frac{2}{3}$
d) $x_1 = 5$; $x_2 = \frac{3}{5}$ e) $x_1 = \sqrt{2}$; $x_2 = \sqrt{3}$ f) $x_1 = -1 + \sqrt{3}$; $x_2 = -1 - \sqrt{3}$

8 Schreibe die Gleichung in der Form $a(x - u)(x - v) = 0$ und gib die Lösungsmenge an.
a) $x^2 + 2x - 15 = 0$ b) $x^2 - 5x - 14 = 0$ c) $x^2 - 7x + 12 = 0$ d) $x^2 + 2x + \frac{3}{4} = 0$
e) $x^2 - \frac{3}{4}x + \frac{1}{8} = 0$ f) $x^2 - x + \frac{1}{4} = 0$ g) $z^2 + 2.5z - 1.5 = 0$ h) $2x^2 - x - 3 = 0$

9 Bestimme p bzw. q so, dass die angegebene Zahl x_1 eine Lösung ist. Wie lautet dann x_2?
a) $x^2 + px - 21 = 0$; $x_1 = 7$ b) $x^2 + px - 18 = 0$; $x_1 = -9$ c) $x^2 + 11x + q = 0$; $x_1 = -2$
d) $x^2 + px + 4 = 0$; $x_1 = -2$ e) $2x^2 + px - 1 = 0$; $x_1 = 1$ f) $2x^2 - 4x + q = 0$; $x_1 = 1 - \sqrt{3}$

Wahr oder falsch? Eine quadratische Gleichung der Form $x^2 + px + q = 0$ besitzt immer zwei Lösungen, wenn q negativ ist. Eine quadratische Gleichung der Form $ax^2 + bx + c = 0$ besitzt immer zwei Lösungen, wenn a und c unterschiedliche Vorzeichen haben.

9.5 Anwendungen

Zwischen Plan und Wirklichkeit: die Argentobelbrücke.

Viele mathematische Fragestellungen führen auf quadratische Gleichungen. Lea und Tim sollen den Rasen mähen. Tim fängt an und mäht von aussen nach innen. Lea: «Stopp, wir wollten doch fair teilen!» Tim fragt sich, wie viele Runden er mähen darf.

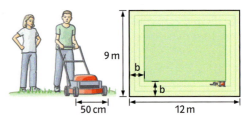

Tipp:
Fertige eine Skizze an.

1 Verstehen der Aufgabe

Was ist gegeben?
Die Fläche ist $9 \cdot 12 \, m^2$ gross, die Mähbreite 50 cm. Tim mäht die halbe Fläche.

Was ist gesucht?
Die Anzahl der Runden erhält man aus der Breite des Randes.

2 Zerlegen in Teilprobleme

Plan erstellen
1. Drücke die Breite der von Tim gemähten Randfläche durch eine Variable aus.
2. Stelle für den Flächeninhalt der Randfläche eine Gleichung auf.
3. Löse die Gleichung.

3 Durchführen des Plans

1. *Einführen der Variablen*
   Die Breite des Randes heisst b.
2. *Aufstellen einer Gleichung*
   Randfläche = $\frac{1}{2}$ · Gesamtfläche
   $2 \cdot 12b + 2 \cdot (9 - 2b)b = \frac{1}{2} \cdot 9 \cdot 12$,
   also $b^2 - \frac{21}{2}b + \frac{27}{2} = 0$
3. *Lösen der Gleichung*
   Lösungen: $b_1 = 9$ und $b_2 = 1.5$

4 Rückschau und Antwort

Kann das Ergebnis richtig sein?
$b = 1.5 \, m$ entspricht 3 Bahnen; $b = 9 \, m$ ist nicht sinnvoll, da $2b < 9 \, m$ sein muss.

Antwortsatz:
Tim muss drei Bahnen mähen.

Schrittweises Lösen von Anwendungsaufgaben
1. **Verstehen der Aufgabe:** Was ist gegeben? Was ist gesucht?
2. **Zerlegen in Teilprobleme:** Rechenplan und Rechenreihenfolge festlegen
3. **Durchführen des Plans:** Variablen einführen, Gleichung aufstellen und lösen
4. **Rückschau und Antwort:** Ergebnis überprüfen und Antwort formulieren

Beispiel

Vergrössert man die Kanten eines Würfels um 2 cm, so vergrössert sich das Volumen um 152 cm³. Wie lang sind die Kanten des Würfels?

Lösung:

1. Gegeben sind die Vergrösserung der Kantenlänge und die Vergrösserung des Volumens.
Gesucht ist die Kantenlänge des ursprünglichen Würfels.

2. Drücke die Kantenlänge des ursprünglichen Würfels durch eine Variable aus. Stelle je einen Term zur Berechnung des Volumens beider Würfel auf und vergleiche beide Terme. Löse die entstandene Gleichung.

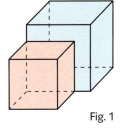
Fig. 1

3. Wählt man zur Bezeichnung der Kantenlänge des ursprünglichen Würfels die Variable k, so gilt für sein Volumen $V_1 = k^3$, für das des vergrösserten Würfels $V_2 = (k + 2)^3$. Er ist um 152 cm³ grösser, also gilt:

$k^3 + 152 = (k + 2)^3$
$k^3 + 152 = (k^2 + 4k + 4)(k + 2)$
$k^3 + 152 = k^3 + 6k^2 + 12k + 8 \quad | - k^3$
$k^2 + 2k - 24 = 0$
$k_1 = -6, \; k_2 = 4$

4. Die Lösung $k = -6$ ist negativ, in diesem Zusammenhang also unbrauchbar, weil es keine negativen Kantenlängen gibt. Der Würfel hat die Kantenlänge $k = 4$ cm.

Aufgaben

1 Berechne die gesuchten Zahlen.
a) Das Produkt einer Zahl und der um 4 verminderten Zahl ist 21.
b) Das Produkt zweier aufeinanderfolgender ganzer Zahlen ist um 55 grösser als ihre Summe.
c) Die Summe der Quadrate vierer aufeinanderfolgender natürlicher Zahlen ist 446.

2 Der Umfang eines Rechtecks beträgt 49 cm, sein Flächeninhalt 111 cm². Wie lang sind seine Seiten?

3 In ein quadratisches Blech werden Löcher wie in Fig. 2 gestanzt.
a) In der untersten Reihe sind n Löcher. Wie viele Löcher sind es insgesamt?
b) Es sind insgesamt 85 (265) Löcher. Wie viele Löcher sind in der untersten Reihe?

Fig. 2

4 Wie lang sind die Seiten des Rechtecks in Fig. 3, wenn die Seite b dreiviertelmal so lang ist wie die Seite a und die Diagonale 2 m länger ist als die Seite b?

5 Wie lang ist die Seite c des Dreiecks in Fig. 4, wenn die Seiten a und b gleich lang sind und die Höhe h halb so lang wie die Seite a ist?

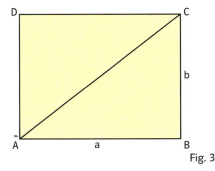
Fig. 3

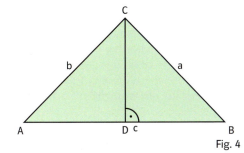
Fig. 4

6 Berechne die Seitenlängen eines Rhombus, dessen Flächeninhalt 120 cm² beträgt und dessen Diagonalen sich um 14 cm unterscheiden.

7 Berechne die Länge des Kreisradius r und der eingezeichneten Sehne in Fig. 1, wenn der Radius des Kreises um 3 cm länger ist als die Länge dieser Sehne.

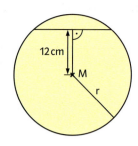
Fig. 1

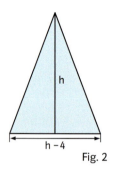
Fig. 2

8 Berechne die Seitenlängen und die Höhe h des gleichschenkligen Dreiecks in Fig. 2, wenn sein Flächeninhalt 48 cm² beträgt.

9 Wie lang sind die Seiten a und b des Dreiecks in Fig. 3, wenn die Strecke DB so lang ist wie die Seite b und die Seite c die Länge 8 cm hat?

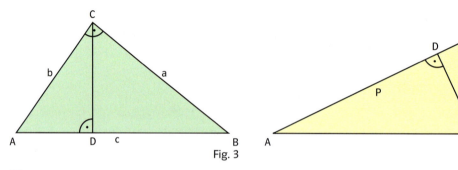
Fig. 3   Fig. 4

10 Drücke bei dem Dreieck in Fig. 4 die Länge der Seite AC durch p aus, wenn die Seite AC viermal so lang ist wie die Strecke DB.

11 Karin ist Lehrtochter eines Gartenbaubetriebes. Der Meister gibt ihr den Auftrag: «Lege im Park ein rechteckiges Beet an. Wie im Plan skizziert (Fig. 5) soll um das Beet herum ein Weg führen, der überall gleich breit ist. Der rechteckige Platz, der für Beet und Weg vorgesehen ist, soll zu zwei Dritteln für das Beet und zu einem Drittel für den Weg genutzt werden.» Wie gross muss Karin die Breite des Weges wählen?

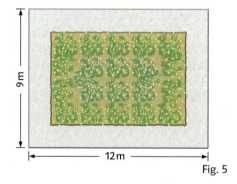
Fig. 5

12 Sarah liest im Urlaub in einer Broschüre: «Der Triumphbogen hat eine Höhe von 7 m und ist parabelförmig gebaut worden.» Sarah bezweifelt, dass der Bogen parabelförmig ist, und misst zur Kontrolle drei Punkte des Bogens: P(0|0); Q(1|2.2) und R(11|0).
Führe mithilfe von Sarahs Messdaten die Kontrolle durch.

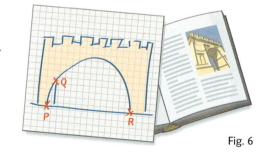
Fig. 6

9.6 Gleichungen, die auf quadratische Gleichungen führen

$x^3 - 9x = 0 \quad |:x$
$x^2 - 9 = 0 \quad |+9$
$x^2 = 9$
$x_1 = 3; \; x_2 = -3$

Olga: «Ich habe sogar an die negative Lösung gedacht!»
Paul: «Und was ist mit der Null?»

Viele Gleichungen führen beim Lösen auf quadratische Gleichungen.

Gleichungen dritten Grades

Gleichungen der Form $ax^3 + bx^2 + cx + d = 0$ heissen Gleichungen dritten Grades. In der Gleichung $x^3 - 2x^2 - 8x = 0$ kommen ausschliesslich Summanden mit x vor. In dem Term auf der linken Seite kann man den Faktor x ausklammern. Dabei entsteht eine Produktgleichung.

$x^3 - 2x^2 - 8x = 0 \quad |\text{ x ausklammern}$
$x \cdot (x^2 - 2x - 8) = 0$
entweder: $\quad x_1 = 0$
oder: $\quad x^2 - 2x - 8 = 0$
$\quad\quad x_2 = 1 + \sqrt{1+8} = 4$
$\quad\quad x_3 = 1 - \sqrt{1+8} = -2$
Lösungsmenge: $L = \{-2; 0; 4\}$

Eine Gleichung dritten Grades kann bis zu drei verschiedene Lösungen haben.

Biquadratische Gleichungen

Eine Gleichung der Form $ax^4 + bx^2 + c = 0$ heisst biquadratische Gleichung, denn $(x^2)^2 = x^4$. Die Gleichung kann durch **Substitution** gelöst werden. Hierbei wird x^2 durch eine neue Variable ersetzt. Die so entstehende quadratische Gleichung wird für die neue Variable gelöst. Anschliessend wird die Substitution rückgängig gemacht und die Lösungen für x werden berechnet.

$x^4 - 3x^2 - 4 = 0$
Substitution: $x^2 = z; \; z^2 - 3z - 4 = 0$
$z_1 = 1.5 + \sqrt{2.25 + 4} = 4$
$z_2 = 1.5 - \sqrt{2.25 + 4} = -1$
Setzt man z_1 und z_2 in die Gleichung $x^2 = z$ ein, erhält man für z_1 die Gleichung $x^2 = 4$, also die Lösungen $x_1 = 2$ und $x_2 = -2$. Für $z_2 = -1$ erhält man $x^2 = -1$. Diese Gleichung hat keine Lösung.
Lösungsmenge: $L = \{-2; 2\}$

bi (lat.) = zwei
substituere (lat.) = ersetzen

Bruchgleichungen

In der Bruchgleichung $\frac{x}{2} + \frac{x}{x-3} = \frac{3}{x-3} - 2$ kommt die Variable x auch im Nenner eines Bruchs vor. Da der Nenner nicht null werden darf, ergibt sich für die Definitionsmenge der Bruchgleichung $D = \mathbb{R}\setminus\{3\}$.

Um die Lösungsmenge einer Bruchgleichung zu bestimmen, ist es sinnvoll, die Terme auf beiden Seiten der Gleichung mit dem Hauptnenner zu multiplizieren.

$\frac{x}{2} + \frac{x}{x-3} = \frac{3}{x-3} - 2 \quad |\cdot 2(x-3)$
$\frac{2x(x-3)}{2} + \frac{2x(x-3)}{x-3} = \frac{6(x-3)}{x-3} - 4(x-3) \quad |\text{ kürzen}$
$x(x-3) + 2x = 6 - 4(x-3)$
$x^2 + 3x - 18 = 0$
$x_1 = -1.5 + \sqrt{2.25 + 18} = 3$
$x_2 = -1.5 - \sqrt{2.25 + 18} = -6$

Vergleichen der Lösungen mit der Definitionsmenge:
$x_1 = 3$ gehört nicht zur Definitionsmenge.
$x_2 = -6$ gehört zur Definitionsmenge
Lösungsmenge: $L = \{-6\}$

Da der Term in der Wurzel nicht negativ werden darf, gilt hier für die Definitionsmenge der Gleichung:
$D = \{x \mid x \geq 2\}$

Die quadrierte Gleichung hat unter Umständen mehr Lösungen als die ursprüngliche, denn: Wenn $a = b$ ist, dann ist auch $a^2 = b^2$. Aber $a^2 = b^2$ ist auch dann richtig, wenn $a = -b$ ist.

Wurzelgleichungen

Um eine Wurzelgleichung zu lösen, wird diese durch Quadrieren in eine Gleichung umgeformt, in der keine Wurzel mehr vorkommt. Die Gleichung $\sqrt{x-2} + 14 = x$ muss hierbei zunächst so umgeformt werden, dass die Wurzel alleine auf einer Seite steht.
Da Quadrieren keine Äquivalenzumformung ist, müssen die Lösungen der neuen Gleichung nicht Lösungen der Ausgangsgleichung sein. Also ist eine Probe erforderlich.

$\sqrt{x-2} + 14 = x \qquad \mid -14$
$\sqrt{x-2} = x - 14 \qquad \mid \text{quadrieren}$
$(\sqrt{x-2})^2 = (x-14)^2$
$x - 2 = x^2 - 28x + 196$
$x^2 - 29x + 198 = 0$
$x_1 = 14{,}5 + \sqrt{210{,}25 - 198} = 18$
$x_2 = 14{,}5 - \sqrt{210{,}25 - 198} = 11$

Probe:
Setzt man 18 in die Ausgangsgleichung ein, nehmen die Terme auf beiden Seiten den gleichen Wert 18 an.
Setzt man 11 ein, nimmt der Term auf der linken Seite den Wert 17 an, der Term auf der rechten Seite den Wert 11.
18 erfüllt die Gleichung, 11 erfüllt sie nicht.
Lösungsmenge: $L = \{18\}$

Gleichungen höheren Grades kann man lösen durch
- Ausklammern, wenn dadurch ein Produkt entsteht, dessen Faktoren höchstens zweiten Grades sind,
- Substitution, wenn dadurch eine quadratische Gleichung entsteht.

Bruchgleichungen löst man durch
- Bestimmen der Definitionsmenge,
- Multiplizieren mit dem Hauptnenner,
- Lösen der entstandenen Gleichung,
- Vergleichen der Lösungen mit der Definitionsmenge.

Wurzelgleichungen löst man durch
- Isolieren der Wurzel,
- Quadrieren und Lösen der entstandenen Gleichung,
- Durchführen der Probe.

Beispiel

Löse: a) $2x^5 - 26x^3 + 72x = 0$ \qquad b) $\sqrt{5x-4} + \sqrt{x} = 6$

Lösung:

a) $2x^5 - 26x^3 + 72x = 0 \qquad \mid :2$
$\qquad x^5 - 13x^3 + 36x = 0 \qquad \mid x \text{ ausklammern}$
$\qquad x(x^4 - 13x^2 + 36) = 0$
Entweder: $\qquad x_1 = 0$
oder: $x^4 - 13x^2 + 36 = 0$
Substituiere $z = x^2$; $z^2 - 13z + 36 = 0$
$z_1 = \frac{13}{2} + \sqrt{\left(\frac{13}{2}\right)^2 - 36} = \frac{13}{2} + \sqrt{\frac{25}{4}} = \frac{18}{2} = 9$
$z_2 = \frac{13}{2} - \sqrt{\left(\frac{13}{2}\right)^2 - 36} = \frac{13}{2} - \sqrt{\frac{25}{4}} = \frac{8}{2} = 4$
Setzt man z_1 und z_2 in die Gleichung $x^2 = z$ ein, erhält man für z_1 die Gleichung $x^2 = 9$, also die Lösungen $x_2 = 3$ und $x_3 = -3$.
Für z_2 erhält man $x^2 = 4$, also die Lösungen $x_4 = 2$ und $x_5 = -2$.
Lösungsmenge: $L = \{-3; -2; 0; 2; 3\}$

b) $\sqrt{5x-4} + \sqrt{x} = 6 \qquad \mid -\sqrt{x}$
$\sqrt{5x-4} = 6 - \sqrt{x} \qquad \mid \text{quadrieren}$
$5x - 4 = 36 - 12\sqrt{x} + x \qquad \mid -x - 36$
$4x - 40 = -12\sqrt{x} \qquad \mid \text{quadrieren}$
$16x^2 - 320x + 1600 = 144x \qquad \mid -144x$
$16x^2 - 464x + 1600 = 0 \qquad \mid :16$
$x^2 - 29x + 100 = 0$
$x_1 = \frac{29}{2} + \sqrt{\left(\frac{29}{2}\right)^2 - 100} = \frac{29}{2} + \sqrt{\frac{441}{4}} = \frac{50}{2} = 25$
$x_2 = \frac{29}{2} - \sqrt{\left(\frac{29}{2}\right)^2 - 100} = \frac{29}{2} - \sqrt{\frac{441}{4}} = \frac{8}{2} = 4$
Probe: Für $x_1 = 25$ ist die Ausgangsgleichung nicht erfüllt, für $x_2 = 4$ ist sie erfüllt.
Lösungsmenge: $L = \{4\}$

Aufgaben

1 Löse die Gleichung dritten Grades.
a) $x^3 + 8x^2 - 9x = 0$
b) $x^3 - x^2 - 56x = 0$
c) $2x^3 - 5x^2 - 42x = 0$
d) $3u^3 - 4u^2 - 4u = 0$
e) $4z^3 + 9z^2 + 2z = 0$
f) $18x^4 + 39x^3 - 7x^2 = 0$

2 Löse die Gleichung.
a) $(7x^2 + 14x + 7) = 24x(x + 1)^2$
b) $(x^3 - 2x^2 + x) = 11x^2(x - 1)^2$
c) $(25x^2 + 10x + 1)^2 + 5x(5x + 1)^3 = (1 + 5x)^3$
d) $(9x^2 - 6x + 1)(1 - 3x) = (3x - 1)^2$
e) $(9 + 25x^2 + 30x) + (5 - 8x)(5x + 3)^2 = 0$
f) $(x + 2)^2(3x - 5) = (x - 2)(2 + x)$

3 Löse die biquadratische Gleichung.
a) $(x^2 - 14)^2 = 5(6x^2 - 49)$
b) $(x^2 + 25)^2 = 111x^2 - 275$
c) $(6x^2 - 11)(6x^2 + 11) = 5(101x^2 - 181)$
d) $(2x^2 - 11)^2 - 6 = 29(x^2 - 1)$
e) $x^4 - 11x^2 + 18 = 0$
f) $5x^4 - 9x^2 + 2 = 0$
g) $(x^2 + 2)^2 + 3(2x + 1) = (3x + 1)^2$
h) $(3x^2 - 4)^2 = (2x - 1)^2 + 4(x + 3)$

4 Löse die Bruchgleichung.
a) $x - \frac{4}{x} = 0$
b) $\frac{x}{x - 1} = 3x$
c) $\frac{x - 9}{x + 1} = x$

5 Löse die Bruchgleichung.
a) $\frac{3x + 4}{3} + \frac{18}{2 - 3x} = 2$
b) $\frac{x + 3}{x} + \frac{x}{x - 2} = 5$
c) $\frac{7 - x}{x} - \frac{x}{x + 8} = 5$
d) $\frac{x + 1}{x - 1} - \frac{9}{5} = \frac{x - 2}{x + 2}$
e) $\frac{3x - 2}{x - 3} + \frac{2x - 3}{x + 7} = 5$
f) $\frac{x + 11}{2x + 1} - \frac{x + 3}{5 + x} = 0$

6 Löse die Bruchgleichung.
a) $\frac{x}{2x - 3} - \frac{1}{2x} = \frac{3}{4x - 6}$
b) $\frac{2x}{x - 4} + \frac{3x}{x + 4} = \frac{4(x^2 - x + 4)}{x^2 - 16}$
c) $\frac{9 + 2x}{9 - x^2} = \frac{5}{3 - x} - \frac{4 + x}{6 + 2x}$
d) $\frac{3x^2 + 25}{x^2 - 25} + \frac{5 - x}{5 + x} = \frac{2x}{x - 5}$
e) $\frac{2(2x + 1)}{2x + 3} = \frac{7x - 4}{4x - 1}$
f) $\frac{2}{2x - 3} + \frac{1}{1 + x} = \frac{3}{2x^2 - x - 3}$

7 Löse die Wurzelgleichung.
a) $6 - \sqrt{1 - 4x} = \frac{1}{6}x$
b) $3 - \sqrt{12 - 33x} = 6x$
c) $\sqrt{13 - 4x} = 2 - x$
d) $7 - \sqrt{4x + 1} = 2x$
e) $7 + \sqrt{2x - 5} = 2x$
f) $\sqrt{13 - 4x} = 4 - x$
g) $1 - \sqrt{2x - 3} = x$
h) $x + \sqrt{25 - 10x} = 5$
i) $\sqrt{13 - 4x} = 6 - x$

8 Löse die Wurzelgleichung.
a) $\sqrt{x - 5} = 5 - \sqrt{x}$
b) $\sqrt{x + 5} = \sqrt{x + 12} - 1$
c) $\sqrt{x - 3} - \sqrt{x + 6} = 9$
d) $\sqrt{2x + 1} - \sqrt{2x - 8} + 1 = 0$

9 Löse die Wurzelgleichung.
a) $7 + \sqrt{3x^2 + x - 5} = 2x$
b) $3x + \sqrt{8x^2 - 9x - 20} = 4$
c) $5x - \sqrt{(6x - 2)(4x - 11)} = 11$
d) $\sqrt{(5x + 9)(3x - 1)} - 4x = 36$

10 Führe zuerst eine geeignete Substitution durch.
a) $(x^2 - 6)^2 - (x^2 - 6) - 42 = 0$
b) $(x^2 + 4)^2 - 25(x^2 + 4) + 100 = 0$

10 Potenz- und Wurzelfunktionen

10.1 Potenzfunktionen mit ganzzahligen Exponenten

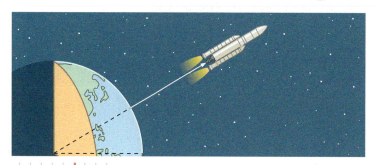

Die Anziehungskraft der Erde nimmt mit zunehmender Entfernung vom Erdmittelpunkt ab. Verdoppelt man diese Entfernung, so reduziert sich die Anziehungskraft auf ein Viertel.
Wenn man ein Loch zum Erdmittelpunkt bohren könnte, müsste sich die Anziehungskraft auf dem Weg dorthin eigentlich auch verändern …

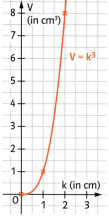

Der 2-fachen, 3-fachen, 4-fachen, …, k-fachen Kantenlänge wird das 8-fache, 27-fache, 64-fache, … k^3-fache Volumen zugeordnet.

Beim Würfel kann man für jede Kantenlänge k das Volumen V berechnen. Dieser Zusammenhang lässt sich durch die Funktionsgleichung $V(k) = k^3$ beschreiben. Allgemein heisst eine Funktion f mit einer Funktionsgleichung wie $f(x) = 2x^3$, $f(x) = -5x^3$ oder $f(x) = \frac{3}{4}x^3$ **Potenzfunktion dritten Grades**.

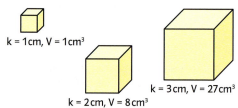

Entsprechend gibt es auch Potenzfunktionen vierten, fünften oder noch höheren Grades. Der Grad ist durch den Exponenten festgelegt. Die Graphen dieser Potenzfunktionen heissen entsprechend Parabeln dritter, vierter oder fünfter Ordnung.
Auch rein quadratische Funktionen mit den Gleichungen $f(x) = ax^2$ sowie proportionale Funktionen mit $f(x) = ax^1$ sind Potenzfunktionen. Sie haben den Grad 2 bzw. 1.

> Für jeden natürlichen Exponenten n und jedes a (a ≠ 0) heisst die Funktion
> f: x → a · x^n **Potenzfunktion n-ten Grades**.
> Der Graph einer Potenzfunktion n-ten Grades (n > 1) heisst **Parabel n-ter Ordnung**.

x	x^2	x^4	x^6
-3	9	81	729
-2	4	16	64
-1	1	1	1
0	0	0	0
1	1	1	1
2	4	16	64
3	9	81	729

x	x^3	x^5	x^7
-3	-27	-243	-2187
-2	-8	-32	-128
-1	-1	-1	-1
0	0	0	0
1	1	1	1
2	8	32	128
3	27	243	2187

Häufig verwendet man anstelle der Funktionsgleichung $f(x) = a \cdot x^n$ auch $y = a \cdot x^n$. Diese Schreibweise heisst Parabelgleichung.

Eigenschaften der Potenzfunktionen mit natürlichen Exponenten p: x → x^n

Funktionen p: x → x^n mit geradem Exponenten

Funktionen p: x → x^n mit ungeradem Exponenten

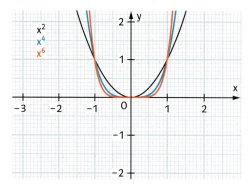
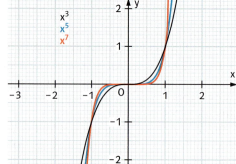

156

1. Für alle betrachteten Funktionen gilt p(0) = 0. Alle Graphen verlaufen also durch den Ursprung (0|0).
2. Bei geraden Exponenten sind die Funktionswerte zu betragsgleichen x-Werten wie zum Beispiel zu x = 3 und x = −3 jeweils gleich gross: p(−x) = p(x). Die Graphen sind **achsensymmetrisch** zur y-Achse.
3. Bei ungeraden Exponenten unterscheiden sich die Funktionswerte zu betragsgleichen x-Werten jeweils nur um das Vorzeichen: p(−x) = −p(x). Die Graphen sind **punktsymmetrisch** zum Ursprung.

Die Symmetrieeigenschaften von Funktionen sind auf Seite 203 erklärt.

Die Funktionsterme von umgekehrt proportionalen Funktionen wie zum Beispiel $f(x) = \frac{6}{x} = 6x^{-1}$ oder $f(x) = \frac{1}{2x} = \frac{1}{2}x^{-1}$ kann man ebenfalls in Potenzschreibweise angeben. Sie sind Potenzfunktionen mit dem Exponenten −1. Die Graphen dieser Funktionen heissen **Hyperbeln**. Auch für alle anderen ganzzahligen negativen Exponenten bezeichnet man die Graphen als Hyperbeln, also zum Beispiel auch die Graphen von $f(x) = ax^{-2}$ oder $f(x) = ax^{-3}$.

> Für jede natürliche Zahl und jedes a ≠ 0 heisst der Graph der Potenzfunktion
> f: x → a · x⁻ⁿ **Hyperbel n-ter Ordnung**.

Eigenschaften der Potenzfunktionen mit negativen ganzzahligen Exponenten h: x → x⁻ⁿ

Funktionen h: x → x⁻ⁿ mit geradem Exponenten

Funktionen h: x → x⁻ⁿ mit ungeradem Exponenten

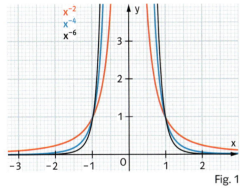

Fig. 1

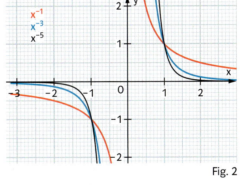

Fig. 2

x	x^{-2}	x^{-4}	x^{-6}
−3	$\frac{1}{9}$	$\frac{1}{81}$	$\frac{1}{729}$
−2	$\frac{1}{4}$	$\frac{1}{16}$	$\frac{1}{64}$
−1	1	1	1
0	nicht definiert		
1	1	1	1
2	$\frac{1}{4}$	$\frac{1}{16}$	$\frac{1}{64}$
3	$\frac{1}{9}$	$\frac{1}{81}$	$\frac{1}{729}$

x	x^{-1}	x^{-3}	x^{-5}
−3	$-\frac{1}{3}$	$-\frac{1}{27}$	$-\frac{1}{243}$
−2	$-\frac{1}{2}$	$-\frac{1}{8}$	$-\frac{1}{32}$
−1	−1	−1	−1
0	nicht definiert		
1	1	1	1
2	$\frac{1}{2}$	$\frac{1}{8}$	$\frac{1}{32}$
3	$\frac{1}{3}$	$\frac{1}{27}$	$\frac{1}{243}$

1. Für alle betrachteten Funktionen ist h(0) nicht definiert. Der Graph von h ist eine Hyperbel. Hyperbeln bestehen aus zwei nicht zusammenhängenden Teilen, den Hyperbelästen.
2. Nähern sich die x-Werte immer mehr der Zahl 0, so werden die Beträge der Funktionswerte immer grösser. Die Hyperbeläste schmiegen sich jeweils an die y-Achse an.
3. Wird |x| immer grösser, so nähert sich h(x) der Zahl 0 immer weiter an. Die Hyperbeläste schmiegen sich jeweils an die x-Achse an.
4. Bei geraden Exponenten sind alle Funktionswerte positiv. Die Funktionswerte zu betragsgleichen x-Werten sind jeweils gleich gross: h(x) = h(−x). Die Graphen sind **achsensymmetrisch** zur y-Achse.
5. Bei ungeraden Exponenten unterscheiden sich die Funktionswerte zu betragsgleichen x-Werten jeweils nur im Vorzeichen: h(−x) = −h(x). Die Graphen sind **punktsymmetrisch** zum Ursprung.

*Eine Gerade, an die sich der Graph einer Funktion anschmiegt, heisst **Asymptote** des Graphen. **asymptotos** (griech.): nicht zusammenfallend*

x	$f(x) = -2x^{-1}$
-4	0.5
-3	$\frac{2}{3}$
-2	1
-1	2
-0.5	4
0.5	-4
1	-2
2	-1
3	$-\frac{2}{3}$
4	-0.5

Beispiel 1
a) Zeichne den Graphen von f: $x \to -2x^{-1}$.
b) Prüfe, ob die Punkte P(-4|0.5) und Q(5|1) auf dem Graphen von f liegen.
Lösung:
a) Man zeichnet den Graphen mithilfe einer Wertetabelle.
b) $f(-4) = -2 \cdot (-4)^{-1} = -2 \cdot \frac{1}{-4} = 0.5$
$f(5) = -2 \cdot (5)^{-1} = -2 \cdot \frac{1}{5} = -0.4 \neq 1$

P liegt auf dem Graphen von f, Q ist kein Punkt des Graphen von f.

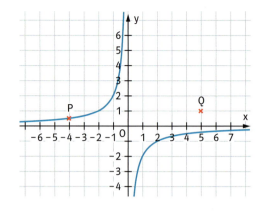

Beispiel 2
Bestimme die Gleichung einer Potenzfunktion fünften Grades, deren Graph durch den Punkt P(3|-972) verläuft.
Lösung:
Die gesuchte Funktion f hat die Gleichung $f(x) = a \cdot x^5$ und es gilt $f(3) = a \cdot 3^5 = -972$.
Damit ist $243a = -972$, also $a = -4$. Die gesuchte Funktionsgleichung lautet $f(x) = -4 \cdot x^5$.

Aufgaben

1 Zeichne den Graphen der Potenzfunktion f mithilfe einer Wertetabelle. Berechne zusätzlich die Funktionswerte für $x = 0.1$ und $x = 10$.
a) f: $x \to 0.5 x^3$ b) f: $x \to -x^4$ c) f: $x \to 0.1 x^5$ d) f: $x \to -0.25 x^3$

2 Zeichne den Graphen der Potenzfunktion f mithilfe einer Wertetabelle.
a) f: $x \to 4x^{-1}$ b) f: $x \to -2x^{-2}$ c) f: $x \to 8x^{-3}$ d) f: $x \to \frac{1}{2x^2}$

3 Ordne jeder Gleichung die passende Hyperbel aus Fig. 1 zu.
a) $y = 0.5 x^{-3}$ b) $y = 2x^{-1}$ c) $y = 0.5 x^{-1}$ d) $y = -x^{-6}$

4 Wie ändert sich der Funktionswert, wenn man den Wert für x verdoppelt (halbiert)?
$f(x) = 4x^4$ $g(x) = 5x^{-4}$ $h(x) = -5x^2$ $k(x) = 4x^{-2}$
$r(x) = -\frac{3}{2}x^{10}$ $s(x) = -x^{-10}$ $t(x) = \frac{1}{2\pi}x^3$ $u(x) = \frac{2}{x^3}$

5 Zeichne die Graphen der Potenzfunktionen $f(x) = a \cdot x^4$ für $a = 1$, $a = -2$ und $a = 0.25$. Erläutere, welche Auswirkung der Faktor a auf die Form des Graphen hat.

6 Ein Holzwürfel mit der Kantenlänge 1.5 cm wiegt 3 g. Wie schwer ist ein Würfel aus gleichem Holz mit der Kantenlänge 3 cm, wie schwer bei einer Kantenlänge von 1.5 m?

7 Bestimme jeweils die Gleichung einer Potenzfunktion vierten Grades, deren Graph durch den Punkt P verläuft.
a) P(4|4)   b) P(-2|80)   c) P(10|-10)   d) (-0.5|-2)

8 Der Graph der Funktion f: $x \to a \cdot x^{-4}$ verläuft durch den Punkt P(2|-1).
a) Bestimme den Wert von a.
b) Prüfe, ob auch die Punkte Q(-1|16) und R(0.5|-256) auf dem Graphen von f liegen.

Fig. 1

Verwende für Aufgabe 5 ein gemeinsames Koordinatensystem für alle Graphen.

10.2 Wurzelfunktionen

«Du bist mein Vater, aber ich bin nicht dein Sohn.» Wer sagt das?

Das Volumen eines Würfels wird bei gegebener Kantenlänge mithilfe der Funktionsgleichung $V(k) = k^3$ berechnet. Umgekehrt kann man bei einem Würfel zu jedem Volumen V die zugehörige Kantenlänge k berechnen. Die Gleichung der Zuordnung V → k lässt sich in Wurzel- oder Potenzschreibweise angeben: $k(V) = \sqrt[3]{V} = V^{\frac{1}{3}}$
Diese Zuordnung V → k ist die **Umkehrzuordnung** der Funktion k → V.

Die Umkehrung der Zuordnungsrichtung bewirkt einen Tausch der Koordinaten jedes Punktes des Graphen (vgl. Fig. 1). Ist beispielsweise A(3|1) ein Punkt des Graphen der Funktion, dann ist B(1|3) ein Punkt der Umkehrzuordnung (Fig. 2). Ist allgemein P(a|b) ein Punkt des Graphen der Funktion, so ist Q(b|a) ein Punkt des Graphen der Umkehrzuordnung. Der Punkt wird dadurch an der ersten Winkelhalbierenden w des Koordinatensystems gespiegelt. Die Graphen von Funktion und Umkehrzuordnung liegen folglich spiegelbildlich zu w (Fig. 3).

Funktion k → V	Umkehrzuordnung V → k
(k in cm; V in cm³)	
0 → 0	0 → 0
0.5 → 0.125	0.125 → 0.5
1 → 1	1 → 1
$\sqrt[3]{2}$ → 2	2 → $\sqrt[3]{2}$
$\sqrt[3]{5}$ → 5	5 → $\sqrt[3]{5}$
2 → 8	8 → 2
3 → 27	27 → 3

Fig. 1

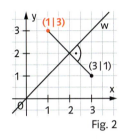

Fig. 2

Nicht jede Umkehrzuordnung ist wieder eine Funktion. Eine Potenzfunktion $x \to x^n$ mit geradem Exponenten n ordnet a und −a die Zahl a^n zu. Beispielsweise ordnet die Umkehrzuordnung von $x \to x^2$ der Zahl 4 die Zahlen 2 und −2 zu. Die Umkehrzuordnung ist also keine Funktion (Fig. 4). Ist n ungerade, so werden verschiedenen x-Werten auch verschiedene Funktionswerte zugeordnet. Deshalb ist die Umkehrzuordnung der Funktion $x \to x^3$ wieder eine Funktion (Fig. 5).
Betrachtet man bei $f: x \to x^2$ nur positive x-Werte, so ist auch die Umkehrung von f eine Funktion.

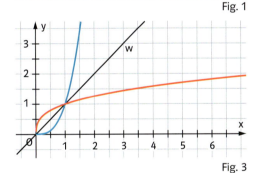

Fig. 3

*Für gerade Zahlen n gilt: $(-a)^n = a^n$
Für ungerade Zahlen n gilt:
$(-a)^n = -a^n \neq a^n$*

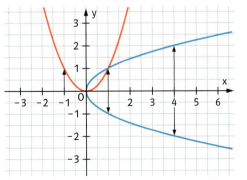

Fig. 4

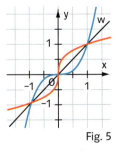

Fig. 5

Man erhält die Funktionsgleichung der Umkehrfunktion f⁻¹ zu einer gegebenen Funktion f, indem man in der zu f gehörenden Gleichung die Variablen x und y vertauscht und die entstehende Gleichung nach y auflöst.

Aufschreiben der Gleichung:	$y = x^n$
Vertauschen der Variablen:	$x = y^n$
Auflösen nach y:	$y = x^{\frac{1}{n}} = \sqrt[n]{x}$
Umkehrfunktion:	$f^{-1}: x \rightarrow \sqrt[n]{x}$

Ist die Umkehrzuordnung einer Funktion f wieder eine Funktion, so ist die Funktion f **umkehrbar**. Ihre Umkehrzuordnung heisst **Umkehrfunktion f⁻¹**.
Jede auf $x \geq 0$ beschränkte Potenzfunktion $f: x \rightarrow x^n$ ($n \in \mathbb{N}$, $n \neq 0$) ist umkehrbar. Ihre Umkehrfunktion ist die **Wurzelfunktion** $f^{-1}: x \rightarrow x^{\frac{1}{n}}$ bzw. $x \rightarrow \sqrt[n]{x}$ ($x \geq 0$). Die Graphen von f und f⁻¹ liegen spiegelbildlich zur Winkelhalbierenden des I. Quadranten.

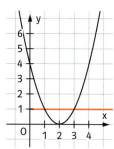

Fig. 1

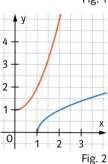

Fig. 2

Beispiel 1 Umkehrbarkeit prüfen
Skizziere den Graphen der Funktion f. Entscheide anhand des Graphen, ob die Funktion umkehrbar ist. Bestimme ggf. die Gleichung der Umkehrfunktion f⁻¹ sowie deren Definitionsbereich und skizziere ihren Graphen.

a) $f: x \rightarrow (x - 2)^2$; $(x \geq 0)$
b) $f: x \rightarrow x^2 + 1$; $(x \geq 0)$

Lösung:

a) Die eingezeichnete Parallele zur x-Achse (Fig. 1) schneidet den Graphen in den Punkten (1|1) und (3|1). Den Zahlen 1 und 3 wird also derselbe y-Wert 1 zugeordnet. Die Umkehrzuordnung ordnet deshalb der Zahl 1 die Zahlen 1 und 3 zu.
Die Umkehrzuordnung ist keine Funktion.

b) Es gibt keine Parallele zur x-Achse, die den Graphen zweimal schneidet (Fig. 2). Die Funktion ist umkehrbar.

$y = x^2 + 1$ | Variablen tauschen
$x = y^2 + 1$ | -1
$x - 1 = y^2$ | $(\ )^{\frac{1}{2}}$
$\sqrt{x - 1} = y$
$f^{-1}: x \rightarrow \sqrt{x - 1}$ $\quad (x \geq 1)$

Beispiel 2 Umkehrfunktion bestimmen
Bestimme für $x \geq 0$ jeweils die Gleichung der Umkehrfunktion f⁻¹ zur Funktion f mit

a) $f(x) = x^5$;
b) $f(x) = \frac{1}{3}x^4$;
c) $f(x) = 2 \cdot \sqrt{x}$.

Lösung:

a) $y = x^5$
$\quad x = y^5 \qquad | (\ )^{\frac{1}{5}}$
$\quad x^{\frac{1}{5}} = y$
$\quad f^{-1}(x) = \sqrt[5]{x}$; $(x \geq 0)$

b) $y = \frac{1}{3}x^4$ | Vertauschen der Variablen
$\quad x = \frac{1}{3}y^4$ | $\cdot 3$
$\quad 3x = y^4$ | $(\ )^{\frac{1}{4}}$
$\quad (3x)^{\frac{1}{4}} = (y^4)^{\frac{1}{4}}$
$\quad (3x)^{\frac{1}{4}} = y$
$\quad f^{-1}(x) = (3x)^{\frac{1}{4}} = \sqrt[4]{3x}$; $(x \geq 0)$

c) $y = 2\sqrt{x}$
$\quad y = 2 \cdot x^{\frac{1}{2}}$ | Vertauschen der Variablen
$\quad x = 2 \cdot y^{\frac{1}{2}}$ | $:2$
$\quad \frac{1}{2}x = y^{\frac{1}{2}}$ | $(\ )^2$
$\quad \left(\frac{1}{2}x\right)^2 = \left(y^{\frac{1}{2}}\right)^2$
$\quad \frac{1}{4}x^2 = y$; d.h. $f^{-1}(x) = \frac{1}{4}x^2$

Aufgaben

1 Bestimme zur Funktion f die Gleichung der Umkehrfunktion f^{-1}. Zeichne f und f^{-1}.
a) $f: x \to x^4$; ($x \geq 0$)
b) $f: x \to \frac{1}{5}x^3$; ($x \geq 0$)
c) $f: x \to x^{\frac{1}{2}}$; ($x \geq 0$)
d) $f: x \to -2x^{\frac{1}{2}}$; ($x \geq 0$)

2 In Fig. 1 sind für verschiedene Exponenten z die Graphen der Funktionen $x \to x^z$ im I. Quadranten gezeichnet.
a) Welche der Funktionen sind Umkehrfunktionen zueinander? Was kannst du über die beiden Exponenten aussagen?
b) Welche Punkte haben alle Graphen gemeinsam? Begründe.

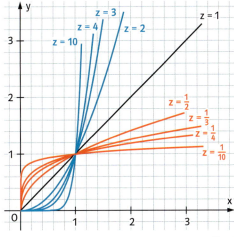

Fig. 1

3 a) Begründe: Die Funktion $f: x \to 3x^2 - 5$ mit der Definitionsmenge $\mathbb{R}$ ist nicht umkehrbar.
b) Ist die Funktion $f: x \to 3x^2 - 5$ für $x \geq 0$ umkehrbar? Gib in diesem Fall die Gleichung der Umkehrfunktion an und skizziere beide Graphen.

4 Entscheide anhand der Graphen in Fig. 2, ob die zugehörigen Funktionen umkehrbar sind. Schreibe die Funktionsgleichung und ggf. die Gleichung der Umkehrfunktion auf.

5 Zeichne den Graphen der Funktion. Schränke, falls nötig, die Definitionsmenge so ein, dass eine umkehrbare Funktion entsteht. Bestimme dann die Gleichung der Umkehrfunktion.
a) $f(x) = 0.5x^2$
b) $f(x) = x^2 - 2$
c) $f(x) = 0.5x^2 - 2$
d) $f(x) = (x+1)^2$
e) $f(x) = (x-3)^2$
f) $f(x) = 2(x-1)^2$

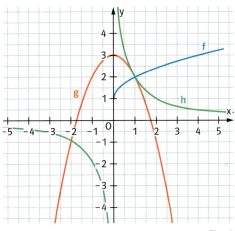

Fig. 2

6 Zu welcher Funktion f ist f^{-1} die Umkehrfunktion?
a) $f^{-1}: x \to \sqrt{x}$
b) $f^{-1}: x \to x^{\frac{1}{4}}$
c) $f^{-1}: x \to x^{\frac{3}{2}}$
d) $f^{-1}: x \to x - 1$
e) $f^{-1}: x \to \sqrt{x-2}$
f) $f^{-1}: x \to x$
g) $f^{-1}: x \to x^2$
h) $f^{-1}: x \to (x-2)^2$

7 Umkehrfunktionen bei linearen Funktionen
a) Gib deinem Nachbarn die Gleichung einer linearen Funktion und lasse ihn die Gleichung der zugehörigen Umkehrfunktion bestimmen.
b) Zeichne die Graphen beider Funktionen in ein Koordinatensystem. Kannst du so überprüfen, ob die Gleichung der Umkehrfunktion richtig bestimmt ist?
c) Betrachtet gemeinsam weitere Beispiele. Bestimmt dann allgemein zur linearen Funktion $f: x \to mx + b$; ($m \neq 0$) die Gleichung der Umkehrfunktion f^{-1}.

10.3 Potenzgleichungen

Leonie träumt von späteren Reichtümern und überlegt, ob sich ihr Geld in 20 Jahren wohl verdoppelt hat.
Dana ist sich sicher: «Mit einem Sparbuch wirst du das nicht schaffen, selbst wenn die Zinsen wieder steigen.»

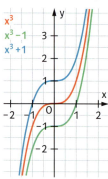

Fig. 1

Fig. 2

Gleichungen der Form $x^3 = 8$, $x^5 = 243$ oder allgemein $x^n = a$, bei denen die Basis x gesucht ist, heissen **Potenzgleichungen**.
Man kann Potenzgleichungen näherungsweise lösen, indem man die Gleichung auf die Form $x^n - a = 0$ bringt, den Graphen der Funktion $x \to x^n - a$ zeichnet und die Stellen abliest, an denen der Graph die x-Achse schneidet. Fig. 1 und Fig. 2 zeigen die Vorgehensweise für Potenzfunktionen mit geraden und ungeraden Exponenten. Man erkennt, dass Potenzgleichungen mit geraden Exponenten bis zu zwei Lösungen haben können. Potenzgleichungen mit ungeraden Exponenten haben immer genau eine Lösung.

Da sich die exakten Lösungen einer Potenzgleichung nur in wenigen Fällen mithilfe der grafischen Lösungsmethode bestimmen lassen, werden sie im Allgemeinen mit rechnerischen Lösungsverfahren bestimmt.

Gerade Exponenten
$x^n = 3$ hat für $x \geq 0$ die Lösung $x_1 = \sqrt[n]{3}$.
Wegen $(-x)^n = x^n$ ist auch $x_2 = -\sqrt[n]{3}$ eine Lösung der Gleichung $x^n = 3$.
$x^n = -5$ hat keine Lösung, da x^n für gerades n nicht negativ werden kann.

Ungerade Exponenten
$x^n = 6$ hat für $x \geq 0$ die Lösung $x = \sqrt[n]{6}$.
Es gibt keine weitere Lösung, denn x^n ist für $x < 0$ negativ.
Wenn die Gleichung $x^n = -6$ eine Lösung hat, dann ist diese negativ.
Wegen $(-x)^n = -x^n$ ist $x^n = -6$ äquivalent zu $(-x)^n = 6$.
Da $-x$ eine positive Zahl ist, gilt $-x = \sqrt[n]{6}$.
Also ist $x = -\sqrt[n]{6}$ die Lösung der Gleichung $x^n = -6$.

Eine **Potenzgleichung** der Form $x^n = a$ mit $n \in \mathbb{N}$ und $a \in \mathbb{R}$ kann **zwei Lösungen**, **genau eine Lösung** oder **keine Lösung** haben:

	n gerade	n ungerade
$a > 0$	$x_1 = \sqrt[n]{a}$; $x_2 = -\sqrt[n]{a}$	$x = \sqrt[n]{a}$
$a = 0$	$x = 0$	$x = 0$
$a < 0$	keine Lösung	$x = -\sqrt[n]{|a|}$

Gleichungen der Form $x^{\frac{p}{q}} = a$ nennt man ebenfalls Potenzgleichungen. Sie sind nur für $x \geq 0$ definiert.

$x^{\frac{1}{p}} = \sqrt[p]{x}$
$x^{\frac{p}{q}} = \sqrt[q]{x^p}$

Positive Exponenten

$x^{\frac{4}{7}} = a$

Wegen $x^{\frac{4}{7}} = \left(x^{\frac{1}{7}}\right)^4$ gilt $x^{\frac{1}{7}} = \sqrt[4]{a}$, also
$x = \left(\sqrt[4]{a}\right)^7 = \sqrt[4]{a^7}$.

Negative Exponenten

$x^{-\frac{3}{5}} = a$

Das bedeutet $x^{\frac{3}{5}} = a^{-1}$,
also $x = \sqrt[3]{a^{-5}}$.

Beispiel

Bestimme die Lösungsmenge der Potenzgleichung
a) $x^6 = 64$
b) $x^6 = -64$
c) $x^5 = -1024$
d) $x^{\frac{3}{2}} = 8$
e) $\sqrt[5]{x^3} = -8$
f) $x^{-3} = 8$

Lösung:
a) $x_1 = \sqrt[6]{64} = 2$; $x_2 = -\sqrt[6]{64} = -2$; $L = \{2; -2\}$
b) $L = \{\,\}$, denn x^6 kann nicht negativ werden.
c) $x = -\sqrt[5]{1024} = -4$; $L = \{-4\}$
d) $x = 8^{\frac{2}{3}} = \sqrt[3]{8^2} = \sqrt[3]{64} = 4$; $L = \{4\}$
e) $L = \{\,\}$, denn $\sqrt[5]{x^3}$ kann nicht negativ werden.
f) $x^3 = 8^{-1} = \frac{1}{8}$, also $x = \sqrt[3]{\frac{1}{8}} = \frac{1}{2}$; $L = \left\{\frac{1}{2}\right\}$

Man beachte, dass die Gleichung in e) nur für $x \geq 0$ definiert ist.

Aufgaben

1 Welche Lösungen hat die Potenzgleichung?
a) $x^6 = 20$
b) $x^6 = -20$
c) $x^5 = 32$
d) $x^{-5} = -32$
e) $x^4 = 625$
f) $x^5 + 1024 = 0$
g) $500 + x^3 = 157$
h) $2x^{-3} + 12 = 66$

2 Schreibe die Wurzel als Potenz und löse die Potenzgleichung.
a) $\sqrt{x} = 11$
b) $\sqrt[3]{x} - 8 = 0$
c) $1 - \sqrt[3]{2x} = 0$
d) $\sqrt[3]{5-x} = 2$
e) $\sqrt{x^3} = 2$
f) $\sqrt[3]{x^2} + 2 = 0$
g) $2\sqrt[3]{x+4} = 6$
h) $4 - \sqrt[4]{x^3} = 5$

3 Bestimme die Lösungen der folgenden Potenzgleichungen.
a) $5x^3 - 20 = 7 - 3x^3$
b) $55 - 3x^2 = 6 + 97x^2$
c) $1.2x^5 + 243 = 0.2x^5$
d) $5x^4 + 32 = 3x^4$

4 Bestimme die Lösungsmenge.
a) $(x - 3)^3 = 8$
b) $(2x - 1)^4 = 16$
c) $(0.4x + 1)^5 = 243$
d) $(7x - 23)^8 = 10^{-8}$
e) $(10^7 \cdot x - 23)^9 = 10^{18}$
f) $125 \cdot 100^2 = (12 - 0.1x)^4$

5 Welche Lösung hat die Gleichung.
a) $x^{\frac{1}{2}} = 11$
b) $x^{\frac{1}{5}} = -7$
c) $x^{\frac{1}{3}} = 8$
d) $x^{-\frac{1}{5}} = 2$
e) $\sqrt[3]{2x} = 1$
f) $\sqrt[3]{2x} = 4$
g) $\sqrt[3]{x-1} = 2$
h) $\sqrt[3]{1-2x} = -0.1$
i) $\sqrt{x^3} = 2$
j) $\sqrt[3]{x^2} = 2$
k) $x^{\frac{2}{3}} = 3$
l) $x^{-\frac{9}{2}} = 0.001$

6 Berechne die x-Koordinaten der Schnittpunkte der Graphen von g und f.
a) $g: x \to x^3$; $f: x \to 6x$
b) $g: x \to x^7$; $f: x \to 6x^6 + x^5$
c) $g: x \to x^3 + 2x^2$; $f: x \to x^4 + 2x^2$

7 Gib eine Potenzgleichung an, die die angegebenen Lösungen hat.
a) 5
b) $-\sqrt[3]{3}$
c) $-\sqrt{2}$; $\sqrt{2}$
d) $\sqrt[3]{25}$

Exkursion Ellipsen und Kepler'sche Gesetze

In der Antike nahm man an, die Erde sei der Mittelpunkt der Welt und die Sterne würden sich an einem «Firmament» bewegen (geozentrisches Weltbild).
Nikolaus Kopernikus stellte die Theorie auf, das Zentrum der Welt sei nicht die Erde, sondern die Sonne, um die sich die Planeten auf Kreisen bewegen (heliozentrisches Weltbild). Mithilfe der Messungen von **Tycho Brahe** versuchte **Johannes Kepler**, die Theorie von Kopernikus zu prüfen. Dabei erkannte er unter anderem, dass die Bahn des Planeten Mars kein Kreis, sondern eine **Ellipse** ist. In seinem Buch *Astronomia nova* (Neue Astronomie) stellte Kepler im Jahre 1609 die Behauptung auf, dass sich nicht nur der Mars, sondern alle Planeten auf Ellipsenbahnen um die Sonne bewegen.

elleipsis (griech.): Mangel, Unvollkommenheit

Nikolaus Kopernikus (1473–1543), polnischer Astronom

Ellipsen erhält man zum Beispiel, indem man einen Kreis senkrecht zu einem Durchmesser streckt. In Fig. 1 ist dabei der Streckfaktor $k = 0.5$ gewählt. Ebenso erhält man eine Ellipse, indem man alle die Punkte betrachtet, für die die Summe der Entfernungen zu zwei gegebenen **Brennpunkten** F_1 und F_2 einen konstanten Wert d hat ($d > \overline{F_1F_2} = 2e$). So ist in Fig. 2 die Ellipse zu $2e = 6\,cm$ und $d = 10\,cm$ gezeichnet.
Die Strecke a vom Mittelpunkt zu einem der beiden am weitesten voneinander entfernten Ellipsenpunkte heisst **grosse Halbachse**, entsprechend ist die **kleine Halbachse** b die Strecke vom Mittelpunkt zu einem der beiden am nächsten liegenden Ellipsenpunkte.

Tycho Brahe (1546–1601), dänischer Astronom

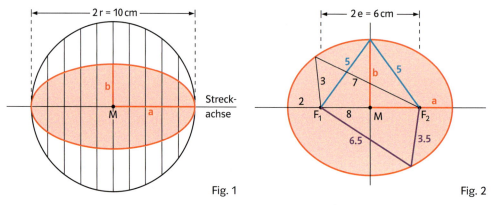

Fig. 1   Fig. 2

Die Ellipse in Fig. 1 hat die Halbachsen $a = r = 5\,cm$ und $b = \frac{r}{2} = 2.5\,cm$.
Mit $2a = d$ und $b^2 = \left(\frac{d}{2}\right)^2 - e^2 = a^2 - e^2$ ergeben sich auch die Halbachsen der Ellipse in Fig. 2: $a = \frac{d}{2} = 5\,cm$ und $b = \sqrt{5^2 - 3^2}\,cm = 4\,cm$.

1 a) Bestimme zur Ellipse in Fig. 1 die Lage der Brennpunkte F_1 und F_2, indem du den Abstand $e = \overline{MF_1} = \overline{MF_2}$ berechnest.
b) Zeichne einen Kreis mit dem Radius 6 cm. Entwickle daraus durch senkrechte Achsenstreckung eine Ellipse mit den Halbachsen $a = 6\,cm$ und $b = 4\,cm$. Wo liegen die Brennpunkte der Ellipse?

Friedrich Johannes Kepler (1571–1630), deutscher Astronom

2 a) Zwei Punkte F_1 und F_2 sind 10 cm voneinander entfernt. Zeichne zehn Punkte P, für die jeweils $\overline{PF_1} + \overline{PF_2} = 12\,cm$ ist. Verbinde die Punkte zu einer Ellipse.
b) Wie lang sind die Halbachsen der in a) gezeichneten Ellipse?

Die von Kepler 1609 veröffentlichten Aussagen zur Planetenbewegung sind heute als die beiden ersten **Kepler'schen Gesetze** bekannt. Die Aussagen können völlig gleichlautend auch auf Bewegungen wie die eines Satelliten um ein Zentralgestirn übertragen werden.

Erstes Kepler'sches Gesetz
Die Planeten bewegen sich auf Ellipsen, in deren einem Brennpunkt die Sonne steht.

Zweites Kepler'sches Gesetz
Der Leitstrahl eines Planeten überstreicht in gleichen Zeiten gleiche Flächen.

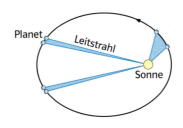

Fig. 1

Welche Folgerung ergibt sich aus dem zweiten Kepler'schen Gesetz für die Geschwindigkeit, mit der sich ein Planet auf seiner Ellipsenbahn bewegt?

Kepler vermutete zusätzlich einen Zusammenhang zwischen den mittleren Entfernungen r der Planeten von der Sonne und ihren Umlaufzeiten T. Die ihm zur Verfügung stehenden Messwerte sind in Tab. 1 in der heute üblichen Form zusammengestellt. Als astronomische Längeneinheit (AE) ist die mittlere Entfernung der Erde von der Sonne zugrunde gelegt.

1 AE = 149.6 · 10^6 km

Planet	Merkur	Venus	Erde	Mars	Jupiter	Saturn
r (in AE)	0.3871	0.7233	1.000	1.5237	5.2028	9.5389
T (in Jahren)	0.2408	0.6152	1.000	1.8808	11.8616	29.4563

Tab. 1

Lässt sich die Funktion r → T mathematisch beschreiben? Um eine proportionale Funktion kann es sich nicht handeln, denn dann müsste für die mittleren Sonnenentfernungen r_1 und r_2 zweier Planeten und die zugehörigen Umlaufzeiten $T_1 : T_2 = r_1 : r_2$ sein. Auch die «doppelte Proportion», also ein quadratischer Zusammenhang, kommt nicht in Betracht, weil $T_1 : T_2$ nicht mit $(r_1 : r_2)^2$ übereinstimmt.

In den *Harmonice mundi* (Harmonie der Welt) beschreibt Kepler, wie er 1618 die Gesetzmässigkeit entdeckte, die heute als **drittes Kepler'sches Gesetz** bekannt ist.
Mit dem «Anderthalbfachen der Proportion» meint Kepler, dass $T_1 : T_2 = (r_1 : r_2)^{1.5}$ ist. Also ist die Funktion r → T eine Potenzfunktion mit der Gleichung $T = c \cdot r^{1.5}$ mit einer passenden Konstanten c.

Drittes Kepler'sches Gesetz
Die Quadrate der Umlaufzeiten zweier Planeten verhalten sich zueinander wie die dritten Potenzen der grossen Halbachsen ihrer Bahnen: $T_1^2 : T_2^2 = a_1^3 : a_2^3$

Man kann zeigen, dass die mittleren Entfernungen r der Planeten von der Sonne mit den grossen Halbachsen a der Bahnen übereinstimmen.

3 Prüfe das dritte Kepler'sche Gesetz für verschiedene Planetenpaare aus Tab. 1.

4 Der Planet Uranus hat die mittlere Entfernung r = 19.2809 AE von der Sonne, der noch sonnenfernere Planet Neptun die Umlaufzeit T = 165.49 Jahre. Berechne
a) die mittlere Sonnenentfernung des Neptun,   b) die Umlaufzeit des Uranus.

> Aus *Harmonice mundi* von Johannes Kepler, übersetzt von Max Caspar
> *Nachdem ich [...] die wahren Intervalle der Bahnen mithilfe der Beobachtungen Brahes ermittelt hatte, zeigte sich mir endlich, endlich die wahre Proportion der Umlaufzeiten in ihrer Beziehung zu der Proportion der Bahnen: [...] Am 8. März dieses Jahres 1618 [...] ist sie in meinem Kopf aufgetaucht. [...] Allein es ist ganz sicher [...], dass die **Proportion, die zwischen den Umlaufzeiten irgend zweier Planeten besteht, genau das Anderthalbfache der Proportion der mittleren Abstände [...] ist.***

11 Exponentialfunktionen und Logarithmusfunktionen

11.1 Wachstumsvorgänge

Herr Mayer sieht jeden Morgen nach den Goldfischen in seinem Teich. An einem Samstag stellt er fest, dass 1 m² des 64 m² grossen Teichs mit Algen bedeckt ist. Schon einen Tag darauf sind es 2 m². Da für die Fische eine algenfreie Oberfläche überlebenswichtig ist, nimmt er sich für den nächsten Samstag eine Reinigung vor.

Bei vielen Grössen verändert sich der **Bestand** B mit der Zeit, zum Beispiel die Einwohnerzahl einer Stadt oder das Körpergewicht eines Menschen.

Nach dem Konsum von Alkohol kann man diesen im Blut nachweisen. In einem Experiment wird nach dem Konsum die im Blut befindliche Alkoholmenge in jeweils gleichen Zeitabständen gemessen. Fig. 1 und Fig. 2 zeigen Messwerte für einen Erwachsenen nach dem Konsum von 50 g Alkohol (zum Beispiel etwa 1 Liter Bier).

Ein erwachsener Mensch hat etwa 5 Liter Blut. Der Alkoholgehalt in seinem Blut drei Stunden nach dem Verzehr eines Liters Bier beträgt also noch 0.9 g pro Liter Blut. Das sind etwa 0.9 Promille.

Zeit t nach Einnahme (in h)	Alkoholmenge B(t) (in g)
0	0
1	3.5
2	5.0
3	4.5
4	3.75
5	3.0
6	2.25

Fig. 1

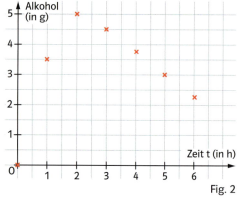

Fig. 2

Um zu beschreiben, wie schnell sich der Blutalkohol im Lauf der Zeit ändert, betrachtet man die Änderungen innerhalb von Zeitschritten. Dabei kann man unterschiedlich vorgehen.

1. Man betrachtet die **(absolute) Änderung** für einen Zeitschritt. Dazu berechnet man die Differenz der Werte.
Änderung von der 1. zur 2. Stunde:
B(2) − B(1) = 5.0 − 3.5 = 1.5
Die Alkoholmenge im Blut nimmt von der 1. zur 2. Stunde um 1.5 g zu.
Änderung von der 2. zur 3. Stunde:
B(3) − B(2) = 4.5 − 5.0 = −0.5
Die Alkoholmenge im Blut nimmt von der 2. zur 3. Stunde um 0.5 g ab.

2. Man betrachtet die **relative** oder **prozentuale Änderung** für einen Zeitschritt.
Relative Änderung von der 1. zur 2. Stunde:
$\frac{B(2) - B(1)}{B(1)} = \frac{1.5}{3.5} \approx 0.43 = 43\%$
Die Alkoholmenge im Blut nimmt von der 1. zur 2. Stunde um 43% zu.
Relative Änderung von der 2. zur 3. Stunde:
$\frac{B(3) - B(2)}{B(2)} = \frac{-0.5}{5} = -0.1 = -10\%$
Die Alkoholmenge im Blut nimmt von der 2. zur 3. Stunde um 10% ab.

Wie im Beispiel kann der Bestand zu- oder abnehmen. Solche Veränderungen fasst man unter dem Begriff **Wachstum** zusammen.

Für jeden Zeitschritt zwischen zwei Zeitpunkten n und n + 1 kann man das **Wachstum** eines Bestandes B auf verschiedene Weisen beschreiben.
1. Man gibt die **absolute Änderung** als Differenz $d = B(n + 1) - B(n)$ von aufeinanderfolgenden Werten an.
2. Man gibt die **relative** oder **prozentuale Änderung** als Quotient $p = \dfrac{B(n+1) - B(n)}{B(n)}$ an.

Beispiel
Die Einnahmen des Bundes für die Jahre 2005, 2006 und 2007 betrugen 51 282 Millionen Franken, 54 911 Millionen Franken und 58 092 Millionen Franken.
a) Gib jeweils die jährliche Änderung und die jährliche prozentuale Änderung an.
b) Die Einnahmen für 2008 änderten sich gegenüber 2007 um 9.9 %. Bestimme die Höhe der Einnahmen für 2008.
Lösung:
a)

	2006 gegenüber 2005	2007 gegenüber 2006
Änderung	3629 Millionen Franken	3181 Millionen Franken
relative Änderung	$\dfrac{3629}{51282} \approx 0.071$ Zunahme etwa 7.1 %	$\dfrac{3181}{54911} \approx 0.058$ Zunahme etwa 5.8 %

b) Die Zunahme von 9.9 % entspricht einer Multiplikation mit dem Faktor 1.099. $58\,092 \cdot 1.099 \approx 63\,843$. Die Einnahmen im Jahre 2008 betrugen etwa 63 840 Millionen Franken.

Lineares und exponentielles Wachstum

In einem Wildtierpark hat man in drei aufeinanderfolgenden Jahren den Bestand an Gnus gezählt. Anfangsbestand: 30 000; nach einem Jahr: 33 000; nach zwei Jahren: 36 100. Die Verwaltung des Tierparks versucht, die weitere Entwicklung der Gnuanzahl vorherzusagen, also eine Prognose zu erstellen. Dabei kann man verschiedene Ergebnisse erhalten.

Prognose 1:
Man vermutet als Ursache des Anstiegs eine gleichbleibende Zuwanderung aus umliegenden Gebieten.
Die Prognose lautet:
Die Anzahl der Gnus wird jährlich um ca. 3000 zunehmen.

Prognose 2:
Man vermutet als Ursache die Abnahme der Anzahl von Raubtieren, sodass immer mehr Gnus Junge aufziehen können.
Die Prognose lautet:
Die Anzahl der Gnus wird jährlich um ca. 10 % des aktuellen Bestandes zunehmen.

prognosis (griech.): Vorhersage, Voraussage

Kennt man den Bestand B(n) nach n Jahren, so lässt sich hieraus bei beiden Prognosen der Bestand B(n + 1) nach n + 1 Jahren berechnen.
$B(n + 1) = B(n) + 3000$ $B(n + 1) = B(n) + B(n) \cdot 0.1$
                               $= B(n) \cdot (1 + 0.1) = B(n) \cdot 1.1$

Schrittweise (**rekursiv**) ergibt sich also für den Bestand B(n):

n (in Jahren)	0	1	2	3	...	10
B(n) (in Tsd.)	30	33	36	39	...	60

+3000 +3000 +3000 +3000

n (in Jahren)	0	1	2	3	...	10
B(n) (in Tsd.)	30	33	36.3	39.9	...	77.8

·1.1 ·1.1 ·1.1 ·1.1

recurrere (lat.): zurückgehen

Bei Prognose 1 wird davon ausgegangen, dass die Anzahl jährlich hinzukommender Gnus konstant ist. Einen solchen Vorgang bezeichnet man als **lineares Wachstum**.
Prognose 2 bedeutet, dass die Anzahl der Gnus jährlich um den gleichen Faktor wächst. Einen solchen Vorgang bezeichnet man als **exponentielles Wachstum**.
Beide Entwicklungen lassen sich auch grafisch darstellen:

Bei der grafischen Darstellung von linearem Wachstum liegen die Punkte auf einer Geraden. Deshalb heisst es «lineares» Wachstum.

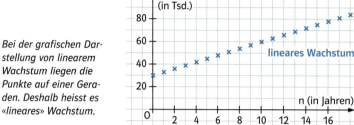
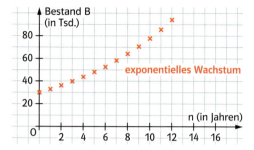

explicare (lat.): entwickeln

Der Bestand $B(n)$ lässt sich auch direkt **(explizit)** aus dem Anfangsbestand $B(0)$ berechnen.

$B(0) = 30\,000$
$B(1) = B(0) + 3000 = 33\,000$
$B(2) = B(1) + 3000$
$\quad\ \ = B(0) + 2 \cdot 3000 = 36\,000$
$B(3) = B(2) + 3000$
$\quad\ \ = B(0) + 3 \cdot 3000 = 39\,000$
Der Bestand nach n Jahren beträgt:
$B(n) = B(0) + n \cdot 3000$

$B(0) = 30\,000$
$B(1) = B(0) \cdot 1.1 = 33\,000$
$B(2) = B(1) \cdot 1.1$
$\quad\ \ = B(0) \cdot 1.1^2 = 36\,300$
$B(3) = B(2) \cdot 1.1$
$\quad\ \ = B(0) \cdot 1.1^3 = 39\,930$
Der Bestand nach n Jahren beträgt:
$B(n) = B(0) \cdot 1.1^n$

Bei linearem Wachstum ist die Differenz der Bestände zweier aufeinanderfolgender Jahre $d = B(n+1) - B(n) = B(n) - B(n-1)$ konstant; diese nennt man **Wachstumsrate**.
Bei exponentiellem Wachstum ist die relative Änderung $p = \frac{B(n) - B(n-1)}{B(n-1)}$ konstant. Der Bestand $B(n-1)$ ändert sich dabei um $p \cdot B(n-1)$. Es gilt $B(n) = B(n-1) + p \cdot B(n-1) = B(n-1) \cdot (1 + p)$. Da sich p nicht ändert, ist auch das Verhältnis der Bestände zweier aufeinanderfolgender Jahre $q = (1 + p) = \frac{B(n)}{B(n-1)}$ konstant. Dieses Verhältnis nennt man **Wachstumsfaktor**.

Der Wachstumsfaktor q ist stets positiv.
$0 < q < 1$: Abnahme
$q > 1$: Zunahme

Eine negative Wachstumsrate d bedeutet Abnahme.

Lineares Wachstum

Die Differenz $d = B(n) - B(n-1)$ ist konstant und heisst Wachstumsrate.
rekursive Berechnung:
$B(n) = B(n-1) + d$
explizite Berechnung:
$B(n) = B(0) + n \cdot d$

Exponentielles Wachstum

Der Quotient $q = \frac{B(n)}{B(n-1)}$ ist konstant und heisst Wachstumsfaktor.
rekursive Berechnung:
$B(n) = q \cdot B(n-1)$
explizite Berechnung:
$B(n) = B(0) \cdot q^n$

Beispiel 1 Unterscheiden von linearem und exponentiellem Wachstum
Untersuche für beide Tabellen, ob lineares oder exponentielles Wachstum vorliegt, und begründe deine Entscheidung. Berechne jeweils $B(14)$.

n	0	1	2	3	4	5
B(n)	9.4	8.2	7.0	5.8	4.6	3.4

n	0	1	2	3	4
B(n)	1.6	2.0	2.5	3.125	3.906

Lösung:
Die Differenz d aufeinanderfolgender Bestände ist immer $d = -1.2$. Es handelt sich um lineares Wachstum (lineare Abnahme).
Es gilt: $B(14) = 9.4 + 14 \cdot (-1.2) = -7.4$

Der Quotient q aufeinanderfolgender Bestände ist immer $q = 1.25$. Es handelt sich um exponentielles Wachstum (exponentielle Zunahme).
Es gilt: $B(14) = 1.6 \cdot 1.25^{14} \approx 36.38$

Beispiel 2 Beschreiben von exponentieller Abnahme
In einem Testbericht steht: «Das Auto kostet neu 24 800 Fr. Es ist mit einer Wertminderung von jährlich 18 % des jeweiligen Restwerts zu rechnen.»
a) Stelle die Entwicklung des Fahrzeugwertes für die ersten fünf Jahre in einer Tabelle zusammen.
b) Berechne den Restwert des Fahrzeugs nach zehn Jahren.

Lösung:
a) In jedem Jahr ist die prozentuale Änderung $p = -0.18$ gleich. Es handelt sich um exponentielles Wachstum. Der Wachstumsfaktor ist $q = -0.18 + 1 = 0.82$.
Es gilt: $B(1) = 0.82 \cdot 24\,800 = 20\,336$; $B(2) = 0.82 \cdot 20\,336 \approx 16\,676$ usw.

n (in Jahren)	0	1	2	3	4	5
Wert (in Fr.)	24 800	20 336	16 676	13 674	11 213	9 194

b) Für den Fahrzeugwert nach zehn Jahren gilt: $B(10) = 24\,800 \cdot 0.82^{10} \approx 3409$
Nach zehn Jahren ist das Auto noch etwa 3400 Fr. wert.

Aufgaben

1 Aus dem Wirtschaftsteil einer Zeitung:

A Der Umsatz des Unternehmens hat sich im letzten Jahr von 3.2 Millionen Fr. auf 3.45 Millionen Fr. erhöht.

B Der Gewinn der Firma betrug im letzten Jahr 560 000 Fr. und hat sich in diesem Jahr um 7.8 % verringert.

C Im abgelaufenen Jahr wurden 45 600 Geräte verkauft. Das war gegenüber dem vorausgegangenen Jahr eine Steigerung von 6500. Auch im kommenden Jahr sollen wieder 6500 Geräte mehr verkauft werden.

D In diesem Jahr konnte die Verschuldung um 8 % auf 62 000 Fr. gedrückt werden. Auch im kommenden Jahr ist eine Verringerung der Schulden um 8 % geplant.

a) Bestimme für A die absolute Änderung und die relative Änderung.
b) Wie gross ist bei B der Gewinn in diesem Jahr?
c) Bestimme für C die prozentualen Änderungen im abgelaufenen bzw. kommenden Jahr.
d) Bestimme für D die Änderungen im abgelaufenen bzw. kommenden Jahr.

2 a) Für einen Bestand gilt $B(1) = 1.6$. Er nimmt von $n = 1$ zu $n = 2$ um 12 % zu. Berechne $B(2)$.
b) Für einen Bestand gilt $B(8) = 34$. Er nimmt von $n = 8$ zu $n = 9$ um 4.3 % ab. Berechne $B(9)$.
c) Ein Bestand nimmt von $n = 4$ zu $n = 5$ um 7.5 % auf $B(5) = 12.8$ zu. Berechne $B(4)$.

3 Handelt es sich um lineares oder um exponentielles Wachstum? Berechne B(20).

a)
n	0	1	2	3	4	5
B(n)	1	3	5	7	9	11

b)
n	0	1	2	3	4	5
B(n)	1	2	4	8	16	32

c)
n	0	1	2	3	4	5
B(n)	2	3.6	6.48	11.66	21.00	37.79

d)
n	0	1	2	3	4	5
B(n)	10	8	6.4	5.12	4.10	3.28

Auch Sachverhalte, bei denen keine Zeitschritte auftreten, lassen sich als Wachstumsvorgänge auffassen.

4 Untersuche, ob es sich bei den Wachstumsprozessen um lineares oder um exponentielles Wachstum oder um keines von beiden handelt.
Bestimme B(5).

	n = 0	n = 1	n = 2	n = 3
a) B(n) ist die Anzahl der Streichhölzer.				
b) B(n) ist die Anzahl der Würfelchen.				

5 Ein Bestand mit dem Anfangswert B(0) = 5000 nimmt monatlich um 4% ab.
a) Stelle die Entwicklung des Bestandes in den ersten 12 Monaten in einer Tabelle dar.
b) Wie gross ist jeweils die Änderung, wie gross die prozentuale Änderung des Bestandes von n = 0 zu n = 1 bzw. von n = 20 zu n = 21?

6 Handelt es sich um lineares oder um exponentielles Wachstum? Berechne B(1) bis B(6) und B(12). Erläutere, was B(12) im gegebenen Zusammenhang bedeutet.
a) Der Umsatz im Januar beträgt B(1) = 100 000 Fr. Er erhöht sich monatlich um 3000 Fr.
b) Babys wiegen bei der Geburt durchschnittlich 3200 g. Sie nehmen wöchentlich um 4% zu.
c) Die Schulden einer Firma betragen zurzeit 1 Million Franken. Es ist beabsichtigt, die Schulden von Jahr zu Jahr zu halbieren.

7 Bei einem exponentiellen Wachstumsvorgang ist der Anfangsbestand B(0) = 200.
Bestimme B(6) bei
a) einem Wachstumsfaktor von 1.2,
b) einer prozentualen Zunahme von 25%,
c) einer prozentualen Abnahme von 15%,
d) einem Wachstumsfaktor von 0.92.

8 Papier mit einer Stärke von 0.2 mm wird auf eine Rolle gewickelt (Fig. 1).
a) Auf welchen Durchmesser wächst die Rolle mit x Lagen an?
b) Wie viele Lagen sind auf der Rolle, wenn der Durchmesser 1.80 m beträgt?

9 Eine Seerosenart verdoppelt täglich die von ihr bedeckte Teichfläche. Am Anfang wird eine Seerose in einen Teich gepflanzt. Nach 30 Tagen ist der ganze Teich bedeckt.
a) Nach wie vielen Tagen ist der Teich zur Hälfte bedeckt?
b) Nach wie vielen Tagen ist der Teich vollständig bedeckt, wenn man am Anfang zwei Seerosen statt einer Seerose pflanzt?

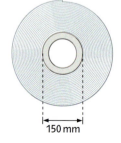

Fig. 1

10 Ein hängender Tropfstein in einer Höhle wächst jährlich um durchschnittlich 3 mm.
a) Der Tropfstein ist 1.062 m lang. Wie alt ist er vermutlich?
b) In wie vielen Jahren wird der Stein voraussichtlich 1.5 m lang sein?

11.2 Exponentialfunktionen

Christina: «Und wie viele Menschen lebten 1950?»
Stefanie: «Nimm doch einen Zwischenwert.»
Christina: «Aber kurz vorher war doch der Zweite Weltkrieg!»

Bei einer Bakterienkultur wächst die Anzahl der Bakterien stündlich um 80 %. Zu Beginn der Beobachtung wurden 50 Millionen Bakterien gezählt. Die Anzahl der Bakterien (in Millionen) nach n Stunden lässt sich also mit $B(n) = 50 \cdot 1.8^n$ berechnen.

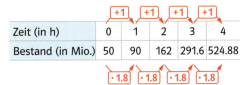

Bestand (in Mio.) nach 1 h: $B(1) = 90$
Bestand (in Mio.) nach 2 h: $B(2) = 162$

Bei exponentiellem Wachstum gibt der Wachstumsfaktor a an, mit welcher Zahl man den jeweiligen Bestand multiplizieren muss, wenn die Zeit um eine Einheit wächst. Für exponentielles Wachstum gilt allgemein: Wächst die erste Grösse (Zeit) immer um einen festen Betrag, so wächst die zweite Grösse (Bestand) stets um den gleichen Faktor.

Damit kann man nun auch berechnen, wie viele Bakterien zum Beispiel nach einer halben Stunde vorhanden sind. Der Bestand wächst stündlich um den Faktor 1.8. Innerhalb einer halben Stunde wächst er dann um den Faktor $1.8^{\frac{1}{2}}$, denn $1.8^{\frac{1}{2}} \cdot 1.8^{\frac{1}{2}} = 1.8^1$. Der Bestand nach einer halben Stunde kann also durch $B\left(\frac{1}{2}\right) = 50 \cdot 1.8^{\frac{1}{2}}$ berechnet werden. Nach einer weiteren halben Stunde beträgt der Bestand:
$B\left(\frac{1}{2}\right) \cdot 1.8^{\frac{1}{2}} = 50 \cdot 1.8^{\frac{1}{2}} \cdot 1.8^{\frac{1}{2}} = 50 \cdot 1.8^1 = B(1)$

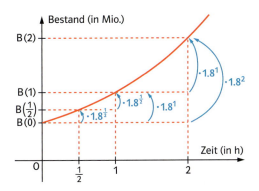

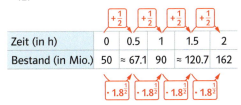

Bestand (in Mio.) nach $\frac{1}{2}$ h: $B\left(\frac{1}{2}\right) \approx 67.1$
Bestand (in Mio.) nach 1.5 h: $B(1.5) \approx 120.7$

Das Wachstum kann also durch die Funktion f mit der Gleichung $f(x) = 50 \cdot 1.8^x$ beschrieben werden. Mithilfe der Funktionsgleichung lassen sich auch Bestände berechnen, die vor dem Beobachtungsbeginn vorhanden waren. Der Bestand eine Stunde vor Beobachtungsbeginn ist nämlich gleich $f(0) : 1.8 = f(0) \cdot 1.8^{-1} = f(-1)$. Analog ergibt sich für den Bestand 45 Minuten vor dem Beobachtungsbeginn: $f(0) : 1.8^{\frac{1}{4}} : 1.8^{\frac{1}{4}} : 1.8^{\frac{1}{4}} = f(0) \cdot 1.8^{-\frac{3}{4}}$
$= 50 \cdot 1.8^{-\frac{3}{4}} = f\left(-\frac{3}{4}\right)$

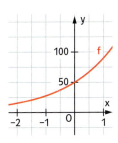

Eine Funktion f mit der Gleichung **f(x) = b · a^x** (a > 0, a ≠ 1) heisst **Exponentialfunktion**. Hierbei ist a der **Wachstumsfaktor** und b der Funktionswert an der Stelle x = 0. Er wird auch **Anfangswert** genannt.

Eigenschaften der Funktion f mit f(x) = a^x

1. Ist a > 1, so nehmen die Funktionswerte zu, wenn x grösser wird; die Funktion ist **zunehmend**.

   Ist 0 < a < 1, so nehmen die Funktionswerte ab, wenn x grösser wird; die Funktion ist **abnehmend**.
2. Alle Graphen von f mit f(x) = a^x verlaufen durch den Punkt P(0|1).
3. Spiegelt man den Graphen von f mit f(x) = a^x an der y-Achse, so erhält man den Graphen von g mit $g(x) = a^{-x} = \left(\frac{1}{a}\right)^x$.

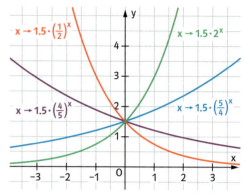

Streckung des Graphen

Den Übergang von der Funktion f mit f(x) = a^x zur Funktion g mit g(x) = b · a^x kann man als Streckung des Graphen von f in Richtung der y-Achse mit dem Streckfaktor b auffassen, da alle Funktionswerte von f mit dem Faktor b multipliziert werden. Der Graph von g verläuft durch den Punkt P(0|b).

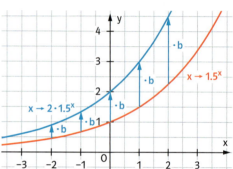

Beispiel

Bestimme die Gleichung einer Exponentialfunktion f mit f(x) = a^x, deren Graph durch
a) P(3|5), b) Q(−2|9) verläuft.

Lösung:

a) Aus $a^3 = 5$ folgt $a = \sqrt[3]{5}$, also $f(x) = \left(\sqrt[3]{5}\right)^x$.

b) Aus $a^{-2} = 9$ folgt $a = \frac{1}{3}$, also $f(x) = \left(\frac{1}{3}\right)^x$.

Bestimmung von Exponentialfunktionen

Exponentielles Wachstum lässt sich durch eine Exponentialfunktion f mit f(x) = b · a^x beschreiben. Kennt man den Bestand zu zwei Zeitpunkten, so lassen sich der Anfangswert b und der Wachstumsfaktor a bestimmen. Damit wird es möglich, den Bestand zu jedem beliebigen Zeitpunkt zu berechnen.

Salmonellen sind nur mithilfe des Mikroskops sichtbare Bakterien, die sich unter günstigen Bedingungen sehr schnell vermehren. Das Wachstum der Population verläuft exponentiell, lässt sich also durch eine Exponentialfunktion beschreiben.
Morgens um 9 Uhr beträgt die Konzentration in einer frisch zubereiteten Speise 70 Salmonellen pro Gramm. Am frühen Nachmittag um 15 Uhr beträgt sie bereits etwa 18.35 Millionen Salmonellen pro Gramm.

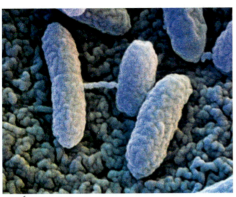

Bezeichnet man mit x die Anzahl der Stunden seit Zubereitung der Speise und mit f(x) die Anzahl der Bakterien in der Speise, so gilt f(0) = 70 und f(6) = 18 350 000. Setzt man diese Werte in die Funktionsgleichung ein, so erhält man die Gleichungen $70 = b \cdot a^0$ und $18\,350\,000 = b \cdot a^6$. Aus der ersten Gleichung ergibt sich direkt b = 70. Setzt man diesen Wert für b in die zweite Gleichung ein, so erhält man $18\,350\,000 = 70 \cdot a^6$. Daraus ergibt sich $a^6 \approx 262\,143$ bzw. $a \approx \sqrt[6]{262\,143} \approx 8.0$. Das Wachstum wird also näherungsweise durch $f(x) = 70 \cdot 8^x$ beschrieben. Der Wachstumsfaktor beträgt a ≈ 8. Das bedeutet, dass die Anzahl der Bakterien innerhalb einer Stunde auf das Achtfache wächst.

Grundsätzlich kann man den Beginn der Messung frei wählen.

Zur **Bestimmung** des **Anfangswertes** b und des **Wachstumsfaktors** a der zum exponentiellen Wachstum gehörenden Funktion f mit der Gleichung $f(x) = b \cdot a^x$ genügt es, zwei beliebige Wertepaare zu kennen.

Besonders einfach ist die Bestimmung des Anfangswertes und des Wachstumsfaktors, wenn man neben dem Funktionswert von x = 0 auch den von x = 1 kennt. Unabhängig vom Wert von a und b gilt nämlich stets $f(0) = b \cdot a^0 = b$ und $f(1) = b \cdot a^1 = ab$, also $a = \frac{f(1)}{f(0)}$. Demzufolge verläuft der Graph der Funktion in jedem Fall durch die Punkte P(0|b) und Q(1|ab).

Beispiel 1
Bestimme a und b so, dass der Graph der Funktion f mit $f(x) = b \cdot a^x$ durch P und Q verläuft.
a) P(0|1.5); Q(1|1.8) b) P(0|3); Q(2|12) c) P(−1|24); Q(1.5|0.75)

Lösung:
a) Da P(0|1.5) auf dem Graphen liegt, ist b = f(0) = 1.5. Da auch der Funktionswert an der Stelle x = 1 bekannt ist, erhält man $a = \frac{f(1)}{f(0)} = \frac{1.8}{1.5} = \frac{6}{5} = 1.2$.

b) Da P(0|3) auf dem Graphen liegt, ist b = f(0) = 3. Setzt man die Koordinaten von Q in die Funktionsgleichung ein, so erhält man:
$12 = 3 \cdot a^2 \quad |:3$
$4 = a^2$
Also ist a = 2, da a > 0 sein muss.

c) Einsetzen in die Funktionsgleichung: $\quad b \cdot a^{-1} = 24$ und $b \cdot a^{1.5} = 0.75 = \frac{3}{4}$
Auflösen der 1. Gleichung nach b: $\quad b = 24a$
Einsetzen in die 2. Gleichung: $\quad 24a \cdot a^{1.5} = \frac{3}{4}$
$a^{2.5} = \frac{1}{32}$ bzw. $a^{\frac{5}{2}} = \frac{1}{32}$

Potenzieren mit $\frac{2}{5}$, um a^1 zu erhalten: $\quad a = \left(\frac{1}{32}\right)^{\frac{2}{5}} = \frac{1}{4}$
Berechnen von b durch Einsetzen in die 1. Gleichung: $\quad b \cdot \left(\frac{1}{4}\right)^{-1} = 24;\ 4b = 24$, also b = 6

Beispiel 2

Gegeben ist die Funktion f mit $f(x) = 2^{3x+5}$. Schreibe die Funktionsgleichung in der Form $f(x) = b \cdot a^x$.

Lösung:

Forme den Funktionsterm um; wende dazu die Potenzgesetze an:
$2^{3x+5} = 2^{3x} \cdot 2^5 = 2^5 \cdot (2^3)^x = 32 \cdot 8^x$, also $f(x) = 32 \cdot 8^x$.

Oft interessiert, nach welcher Zeit sich die Wachstumsgrösse verdoppelt bzw. bei Abnahme halbiert hat.

Verdopplungszeit T_D nennt man die Zeit, in der sich der Funktionswert jeweils verdoppelt.

Halbwertszeit T_H nennt man die Zeit, in der sich der Funktionswert jeweils halbiert.

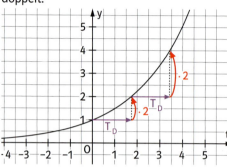
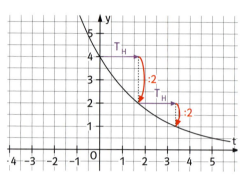

Bei der Reaktorkatastrophe von Tschernobyl im Jahr 1986 wurde neben Jod 131 vor allem Cäsium 137 freigesetzt.

Beispiel 3

a) Cäsium 137 hat eine Halbwertszeit von 33 Jahren. Gib den Wachstumsfaktor für ein Jahr an. Wie viel Prozent beträgt die jährliche Abnahme?

b) Zu Beginn einer Beobachtung sind 250 mg Cäsium 137 vorhanden. Bestimme die Exponentialfunktion, die den Zerfall von Cäsium 137 mit diesem Anfangswert beschreibt.

Lösung:

a) Der Zerfall des Cäsiums wird durch eine Funktion f mit $f(x) = b \cdot a^x$ beschrieben.

Nach der Halbwertszeit T_H gilt: $\qquad b \cdot a^{T_H} = \frac{1}{2}b$

Einsetzen der gegebenen Halbwertszeit: $\qquad b \cdot a^{33} = \frac{1}{2}b$

Daraus folgt (da $b \neq 0$): $\qquad a^{33} = \frac{1}{2}$; $a = \left(\frac{1}{2}\right)^{\frac{1}{33}} \approx 0.979$

Aus $a \approx 0.979$ (= 97.9 %) ergibt sich eine jährliche Abnahme von etwa 2.1 %.

b) Anfangswert: $b = 250$ (mg); $f(x) = 250 \cdot 0.979^x$

Aufgaben

1 Der Graph einer Exponentialfunktion f mit $f(x) = a^x$ verläuft durch den Punkt P. Bestimme a und gib an, ob die Funktion zu- oder abnimmt.
a) P(1|3)   b) P(1|0.25)   c) P(2|6)   d) P(−1|3)

2 Zeichne den Graphen der Funktion f mithilfe einer Wertetabelle. Zeichne dann den Graphen von g durch Multiplikation der Funktionswerte von f mit dem Streckfaktor.
a) $f(x) = 1.2^x$; $g(x) = 3 \cdot 1.2^x$ b) $f(x) = 0.4^x$; $g(x) = 5 \cdot 0.4^x$ c) $f(x) = 2^x$; $g(x) = 0.3 \cdot 2^x$

3 Die Graphen in Fig. 1 gehören zu Exponentialfunktionen f mit $f(x) = a^x$. Bestimme jeweils den Wert von a.

Fig. 1

4 Zeichne für $x \geq 0$ die Graphen von f und g mit $f(x) = 2^x$ und $g(x) = x^2$ in dasselbe Koordinatensystem. Untersuche, welche der beiden Funktionen «stärker zunimmt».

5 Ein Bestand kann näherungsweise durch die Funktion f mit $f(t) = 20 \cdot 0.95^t$ (t in Tagen) beschrieben werden.
a) Wie gross ist der Bestand nach 3; 4; 8; 16 bzw. 24 Stunden?
b) Wie gross war der Bestand vor einem, zwei bzw. drei Tagen?
c) Gib die tägliche und die wöchentliche Abnahme in Prozent an.

6 Ordne die Funktionen mit den angegebenen Gleichungen den Graphen am Rand zu.
a) $f(x) = 0.5^x$ b) $f(x) = 0.5^x + 2$ c) $f(x) = 0.5^{x-1}$ d) $f(x) = 0.5^{x-1} + 1$

7 Wie ändert sich bei einer Funktion f mit $f(x) = a^x$ der Funktionswert $f(x)$, wenn man
a) x um 1 vergrössert,   b) x um 2 verkleinert,   c) x verdoppelt,
d) x halbiert,   e) x mit 3 multipliziert,   f) x durch 3 dividiert?

8 Für welche Werte von a ist die Exponentialfunktion zunehmend, für welche Werte von a ist sie abnehmend?
a) $f(x) = (a+1)^x$ b) $f(x) = (1-a)^x$ c) $f(x) = \left(\frac{a}{2}\right)^x$ d) $f(x) = (3a)^x$

9 Bestimme a und b so, dass der Graph der Funktion f mit $f(x) = b \cdot a^x$ durch die Punkte P und Q verläuft.
a) P(0|5), Q(1|1)   b) $P\left(0|\frac{1}{2}\right)$, Q(1|1)   c) $P(0|\sqrt{2})$, Q(1|2)
d) P(2|1), Q(3|5)   e) P(1|5), Q(4|40)   f) P(5|24), Q(8|3)
g) P(3|15), Q(5|3)   h) P(0|b), Q(1|d)   i) P(0|b), Q(c|1)

10 Zeichne in dasselbe Koordinatensystem die Graphen der Exponentialfunktionen
$f(x) = \left(\frac{3}{2}\right)^x$, $f(x) = \frac{1}{2} \cdot \left(\frac{3}{2}\right)^x$, $f(x) = \frac{3}{2} \cdot \left(\frac{3}{2}\right)^x$, $f(x) = \frac{1}{2} \cdot \left(\frac{2}{3}\right)^x$, $f(x) = \left(\frac{2}{3}\right)^{x+1}$ und $f(x) = \frac{1}{2} \cdot \left(\frac{2}{3}\right)^{x+1}$.
Vergleiche die Graphen. Wie gehen sie auseinander hervor?

Info

Verschieben des Graphen in y-Richtung
Der Graph der Funktion h mit $h(x) = b \cdot a^x + c$ ist gegenüber dem Graphen der Funktion g mit $g(x) = b \cdot a^x$ um c Einheiten in Richtung der y-Achse verschoben, da zu jedem Funktionswert von g der Summand c addiert wird (Fig. 1).

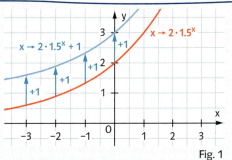

Fig. 1

Verschieben um 1 nach oben bedeutet $c = 1$.

Verschieben des Graphen in x-Richtung
Den Graphen der Funktion k mit $k(x) = b \cdot a^{x-d}$ erhält man, indem man den Graphen der Funktion g mit $g(x) = b \cdot a^x$ um d Einheiten in Richtung der x-Achse verschiebt (Fig. 2). Wegen $a^{x-d} = a^{-d} \cdot a^x = \frac{1}{a^d} \cdot a^x$ kann man diese Verschiebung auch als Streckung des Graphen von g in Richtung der y-Achse mit dem Faktor $\frac{1}{a^d}$ auffassen.

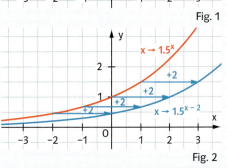

Fig. 2

Verschieben um 2 nach rechts bedeutet $d = 2$.

11 Fig. 1 bis Fig. 4 zeigen die Graphen von Exponentialfunktionen. Bestimme die zugehörigen Funktionsgleichungen.

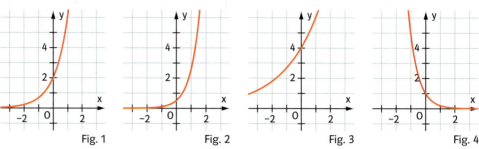

Fig. 1   Fig. 2   Fig. 3   Fig. 4

12 Schreibe die Funktion in der Form $f(x) = b \cdot a^x$. Zeichne ihren Graphen.
a) $f(x) = 2^{x-1}$ b) $f(x) = 2^{2x}$ c) $f(x) = 2^{2x+4}$ d) $f(x) = \left(\frac{1}{2}\right)^{x-1}$
e) $f(x) = \left(\sqrt{2}\right)^{2x+4}$ f) $f(x) = \left(\sqrt{3}\right)^{4x-2}$ g) $f(x) = \left(\sqrt{2}\right)^{3x+5}$ h) $f(x) = \left(\sqrt[3]{5}\right)^{6x-3}$

13 In einem See verringert sich je 1 m Wassertiefe die Helligkeit (Beleuchtungsstärke) um 40 %. In 1 m Wassertiefe zeigt der Belichtungsmesser 3000 Lux.
a) Die Funktion *Tiefe → Beleuchtungsstärke* hat die Gleichung $f(x) = b \cdot a^x$. Bestimme a und b. Zeichne den Graphen.
b) Bestimme am Graphen, nach wie viel m jeweils die Beleuchtungsstärke halbiert wird.

14 Strontium 90 hat eine Halbwertszeit von 28 Jahren. Zu Beginn der Beobachtung sind 100 mg vorhanden.
a) Gib den Wachstumsfaktor für ein Jahr an. Wie lautet die zugehörige Funktionsgleichung?
b) Wie viel mg Strontium 90 sind nach 50 Jahren noch vorhanden?

15 In einem zylindrischen Gefäss wird der Zerfall von Bierschaum untersucht. Die Höhe der Schaumsäule verringert sich alle 15 Sekunden um 9 %.
a) Um wie viel Prozent verringert sich die Höhe der Schaumsäule in einer Minute?
b) Zu Beginn der Beobachtung beträgt die Schaumhöhe 10 cm. Bestimme die Exponentialfunktion *Zeit (in min) → Schaumhöhe (in cm)*. Zeichne den Graphen.
c) Man spricht von «sehr guter Bierschaumhaltbarkeit», wenn die Halbwertszeit des Schaumzerfalls grösser als 110 Sekunden ist. Überprüfe am Graphen, ob sehr gute Bierschaumhaltbarkeit vorliegt.

16 Die gedämpfte Schwingung eines Federpendels wurde aufgezeichnet. Die Entfernung des Umkehrpunktes zur Ruhelage heisst Amplitude. Die Amplitude nimmt mit der Zeit exponentiell ab.
a) Bestimme aus Fig. 5 die Amplitude nach jeweils 10 Sekunden. Um welchen Faktor ändert sich die Amplitude alle 10 Sekunden?
b) Die Exponentialfunktion *Zeit (in s) → Amplitude (in cm)* kann durch $f(x) = b \cdot a^{\frac{x}{10}}$ beschrieben werden. Bestimme a und b.

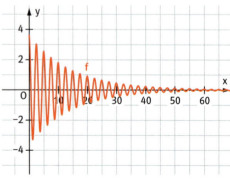

Fig. 5

11.3 Logarithmen

Ein Blatt Papier ist etwa 0.1mm dick. Faltet man das Blatt einmal, wird der Stapel doppelt so dick. Wenn man es oft genug faltet, entspricht die Dicke der Entfernung bis zum Mond (≈ 384 000 km).

Ist in einer Gleichung der Form $a^u = b$ die Basis a gesucht, so muss eine Potenzgleichung gelöst werden. Die Lösung der Gleichung $x^3 = 125$ findet man durch Potenzieren mit dem Kehrwert des Exponenten: $x = 125^{\frac{1}{3}} = \sqrt[3]{125} = 5$. Es treten jedoch auch Gleichungen mit Potenzen auf, in denen der Exponent gesucht wird, zum Beispiel $2^x = 16$.

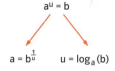

Die Gleichung $2^x = 16$ lässt sich leicht lösen, da 16 eine Potenz von 2 ist: $16 = 2^4$, also $x = 4$. Die Gleichung $2^x = 5$ ist auf diese Weise nicht lösbar, weil sich 5 nicht als Zweierpotenz mit rationalem Exponenten schreiben lässt. Da 2^x jeden beliebigen positiven Wert annehmen kann, sind alle Gleichungen der Form $2^x = c$ mit $c > 0$ lösbar. Die Lösungen lassen sich näherungsweise am Graphen der Funktion f mit $f(x) = 2^x$ ablesen. Für $2^x = 5$ ergibt sich $x ≈ 2.3$. Man bezeichnet x als den **Logarithmus** von 5 zur Basis 2 und schreibt kurz: $x = \log_2(5)$

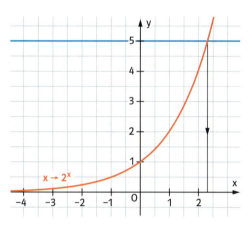

logos arithmos (griech.): Verhältniszahl

Dies lässt sich auf jede positive Basis a mit $a \neq 1$ übertragen. Zu jeder positiven Zahl b gibt es genau eine Zahl x, sodass $b = a^x$ gilt. Diese Zahl x heisst $\log_a(b)$.

Die Bezeichnung Logarithmus wurde vom schottischen Mathematiker John Napier (1550 bis 1617) eingeführt.

> Der **Logarithmus von b zur Basis a** ($a > 0$, $b > 0$, $a \neq 1$) ist diejenige Zahl, mit der man a potenzieren muss, um b zu erhalten. Man schreibt kurz $\log_a(b)$.
> Die Gleichung $a^x = b$ ist gleichwertig mit der Gleichung $x = \log_a(b)$.

Nach der Definition des Logarithmus gilt $\log_a(a^q) = q$ und $a^{\log_a(b)} = b$. Die Operationen Potenzieren von a und Logarithmieren zur Basis a heben sich also gegenseitig auf und sind damit Umkehroperationen zueinander wie zum Beispiel Addieren und Subtrahieren.

Beim Rechnen mit Logarithmen gelten bestimmte Gesetze. Beispielsweise gilt:
$\log_a(u \cdot v) = \log_a(u) + \log_a(v)$ für $u > 0$, $v > 0$, $a > 0$, $a \neq 1$. Dies kann man so begründen:
Man setzt $x = \log_a(u)$ und $y = \log_a(v)$. Dann ist nach Definition $a^x = u$ und $a^y = v$.
Damit gilt: $\quad\quad\quad\quad\quad\quad\quad\quad \log_a(u \cdot v) = \log_a(a^x \cdot a^y)$
Anwenden der Potenzgesetze ergibt: $\quad\quad\quad\quad\quad = \log_a(a^{x+y})$
Mit der Definition des Logarithmus gilt: $\quad\quad\quad\quad = x + y = \log_a(u) + \log_a(v)$

Potenzgesetze:
$a^x \cdot a^y = a^{x+y}$
$a^x : a^y = a^{x-y}$
$a^x \cdot b^x = (a\,b)^x$
$(a^x)^y = a^{xy}$

Darüber hinaus gilt für jede reelle Zahl r: $\log_a(u^r) = r \cdot \log_a(u)$
Man setzt $x = \log_a(u)$. Dann ist nach Definition $a^x = u$.
Damit gilt: $\log_a(u^r) = \log_a((a^x)^r)$
Anwenden der Potenzgesetze ergibt: $= \log_a(a^{x \cdot r})$
Mit der Definition des Logarithmus gilt: $= x \cdot r = r \cdot \log_a(u)$

Logarithmengesetze
Für $u > 0$, $v > 0$, $a > 0$, $a \neq 1$ gilt:
$$\log_a(u \cdot v) = \log_a(u) + \log_a(v)$$
$$\log_a(u : v) = \log_a(u) - \log_a(v)$$
$$\log_a(u^r) = r \cdot \log_a(u)$$

Es gibt noch zwei andere Basen, für die es spezielle Schreibweisen gibt.

*Für Logarithmen mit der Basis $e \approx 2{,}718$ (Euler'sche Zahl) schreibt man: $\log_e(x) = \ln(x)$ Er wird **natürlicher Logarithmus** genannt.*

*Für Logarithmen mit der Basis 2 schreibt man: $\log_2(x) = lb(x)$ Er wird **binärer Logarithmus** oder **Zweierlogarithmus** genannt.*

Die erste Begründung benutzt die Logarithmusdefinition, die zweite die Tatsache, dass sich Potenzieren und Logarithmieren gegenseitig aufheben.

Jede positive Zahl hat unendlich viele Logarithmen. Es genügt, den Logarithmus zu einer bestimmten Basis zu kennen. Damit kann man alle anderen Logarithmen berechnen. Logarithmen zur Basis 10 nennt man **Zehnerlogarithmen**. Man bezeichnet sie kurz mit lg:
$\log_{10}(b) = \lg(b)$
Man kann Logarithmen zu jeder Basis mithilfe von Zehnerlogarithmen berechnen.
Begründung: Man setzt $x = \log_a(u)$. Dann ist nach Definition: $a^x = u$
Anwenden des Zehnerlogarithmus ergibt: $\lg(a^x) = \lg(u)$
Anwenden des 3. Logarithmengesetzes ergibt: $x \cdot \lg(a) = \lg(u)$
Auflösen der Gleichung nach x ergibt: $x = \dfrac{\lg(u)}{\lg(a)}$
Also gilt: $\log_a(u) = \dfrac{\lg(u)}{\lg(a)}$

Beispiel 1 Logarithmen bestimmen
Bestimme den Logarithmus. Begründe dein Ergebnis.
a) $\log_2(8)$ b) $\lg(100\,000)$ c) $\log_9\left(\dfrac{1}{81}\right)$ d) $\log_3(\sqrt{27})$
Lösung:
a) $\log_2(8) = 3$, denn $2^3 = 8$ oder $\log_2(8) = \log_2(2^3) = 3$
b) $\lg(100\,000) = 5$, denn $10^5 = 100\,000$ oder $\lg(100\,000) = \lg(10^5) = 5$
c) $\log_9\left(\dfrac{1}{81}\right) = -2$, denn $9^{-2} = \dfrac{1}{9^2} = \dfrac{1}{81}$ oder $\log_9\left(\dfrac{1}{81}\right) = \log_9(9^{-2}) = -2$
d) $\log_3(\sqrt{27}) = \dfrac{3}{2}$, denn $3^{\frac{3}{2}} = (3^3)^{\frac{1}{2}} = \sqrt{27}$ oder $\log_3(\sqrt{27}) = \log_3(3^{\frac{3}{2}}) = \dfrac{3}{2}$

Beispiel 2 Beliebige Logarithmen mithilfe von Zehnerlogarithmen berechnen
Berechne den Logarithmus. Runde, falls erforderlich, auf zwei Dezimalen.
a) $\log_5(10)$ b) $\log_2(200)$ c) $\log_3(5^4)$ d) $\log_{\sqrt{10}}(0{,}01)$
Lösung:
a) $\log_5(10) = \dfrac{\lg(10)}{\lg(5)} \approx 1{,}43$ b) $\log_2(200) = \dfrac{\lg(200)}{\lg(2)} \approx 7{,}64$
c) $\log_3(5^4) = 4 \cdot \log_3(5) = \dfrac{4 \cdot \lg(5)}{\lg(3)} \approx 5{,}86$ d) $\log_{\sqrt{10}}(0{,}01) = \dfrac{\lg(0{,}01)}{\lg(\sqrt{10})} = \dfrac{-2}{0{,}5} = -4$

Beispiel 3
Löse die Gleichung $\lg(x) = 2 \cdot \lg(5) + \lg(3)$.
Lösung:
$\lg(x) = 2 \cdot \lg(5) + \lg(3) = \lg(5^2 \cdot 3) = \lg(75)$, also $x = 75$; $L = \{75\}$

Beispiel 4
a) Schreibe $\lg(\sqrt{x^3})$ als Vielfaches von $\lg(x)$.
b) Schreibe $\lg(u) - 3 \cdot \lg(v)$ als einen einzigen Logarithmus.
Lösung:
a) Wende das 3. Logarithmengesetz an: $\lg(\sqrt{x^3}) = \lg(x^{\frac{3}{2}}) = \frac{3}{2} \cdot \lg(x)$
b) Wende das 3. und das 2. Logarithmengesetz an: $\lg(u) - 3 \cdot \lg(v) = \lg(u) - \lg(v^3) = \lg\left(\frac{u}{v^3}\right)$

Aufgaben

1 Schreibe als Logarithmus wie im Beispiel auf dem Rand.
a) $4^3 = 64$ b) $7^2 = 49$ c) $3^{-2} = \frac{1}{9}$ d) $\left(\frac{1}{3}\right)^{-3} = 27$
e) $36^{0.5} = 6$ f) $8^0 = 1$ g) $(\sqrt{10})^{-6} = \frac{1}{1000}$ h) $x^y = z$

Beispiel zu Aufgabe 1:
$2^5 = 32$; $5 = \log_2(32)$

2 Schreibe als Potenzgleichung wie im Beispiel auf dem Rand.
a) $\log_5(125) = 3$ b) $\log_5(0.2) = -1$ c) $\log_5(5) = 1$ d) $\log_5(1) = 0$
e) $\log_{0.5}(8) = -3$ f) $\log_{0.2}(0.04) = 2$ g) $\log_{\sqrt{2}}(0.25) = -4$ h) $\log_b(a) = c$

Beispiel zu Aufgabe 2:
$\log_4(16) = 2$; $4^2 = 16$

3 Bestimme den Logarithmus. Begründe dein Ergebnis.
a) $\log_2(64)$ b) $\lg(1)$ c) $\log_3(\sqrt{3})$ d) $\log_7(7)$
e) $\log_2\left(\frac{1}{16}\right)$ f) $\log_5\left(\frac{1}{\sqrt{5}}\right)$ g) $\log_6\left(\frac{1}{\sqrt[3]{6}}\right)$ h) $\log_{\sqrt[3]{6}}\left(\frac{1}{6}\right)$

4 Bestimme.
a) $\log_a(a)$ b) $\log_a(1)$ c) $\log_a\left(\frac{1}{a}\right)$ d) $\log_a(a^n)$ e) $\log_a\left(\frac{1}{a^n}\right)$

5 Berechne a bzw. b.
a) $\log_b(25) = 2$ b) $\log_b\left(\frac{1}{49}\right) = -2$ c) $\log_b(16) = -4$ d) $\log_b(\sqrt{125}) = \frac{3}{2}$
e) $\log_3(a) = 4$ f) $\log_4(a) = 3$ g) $\log_9(a) = 1.5$ h) $\lg(a) = -4$

6 Schreibe als Summe oder Produkt «einfacher» Logarithmen.
a) $\lg(3x)$ b) $\log_a(abc)$ c) $\lg(u^2)$ d) $\log_a(2ab^2)$
e) $\log_a\left(\frac{5e}{f}\right)$ f) $\log_a\left(\frac{uv}{w}\right)$ g) $\lg(\sqrt{x})$ h) $\log_a(\sqrt[4]{b})$
i) $\log_a\left(\frac{x^2 y^3}{u^2 v^3}\right)$ j) $\log_a\left(\frac{1}{a^2 b^4 c^7}\right)$ k) $\log_2\left(\frac{r^2 s t^4}{u^3 v}\right)$ l) $\log_a(\sqrt{a^{11} b^3 c^5})$

7 Schreibe als einen einzigen Logarithmus.
a) $\lg(x) + \lg(2y)$ b) $\log_a(u^2) - \log_a(u)$ c) $\log_a(ab) - \log_a(a^2 b)$
d) $\log_a\left(\frac{1}{x}\right) - \log_a\left(\frac{2}{x}\right)$ e) $2\lg\left(\frac{1}{a}\right) + \lg(a^2)$ f) $\log_a(x) + 3$
g) $\log_a(2u) - 2\log_a(u) + \log_a(u^2) + \log_a\left(\frac{1}{u}\right)$ h) $\lg(\sqrt{x}) - \lg(\sqrt{4x}) + \lg\left(\frac{1}{2}x^2\right) + \lg(4)$

8 Löse die Gleichung wie in Beispiel 3, also ohne Taschenrechner.
a) $\log_a(x) = 2\log_a(3)$ b) $\lg(x) = \lg(6) - \lg(3)$ c) $\lg(x) = 2\lg(5) + 3\lg(2)$
d) $3\log_a(x) = 27$ e) $2\lg(x) = \lg(16) + \lg(9)$ f) $\log_a(bx) = 1 + \log_a(5)$

9 a) Der Logarithmus von a^2 zur Basis b ist c. Wie gross ist der Logarithmus
von a^6 zur Basis b?
b) Betrachte die Gleichung $\log_c(k \cdot a) = \frac{1}{2} b$. Drücke k durch a aus, wenn $b = \log_c(a)$ gilt.

11.4 Logarithmusfunktion

«Der Graph wird den oberen Rand der Tafel nie erreichen.»
«Logisch! Die ist ja auch viel zu schmal. Ich denke, dass man auch dann nicht oben ankommt, wenn sie so breit wäre wie eine Kinoleinwand.»
«Und wenn sie zehn Kilometer breit wäre?»

Die Exponentialfunktion $f: x \to a^x$ ist für $a \neq 1$ entweder überall zunehmend oder überall abnehmend. Sie ist also umkehrbar. Für die Umkehrfunktion f^{-1} gilt dann $f^{-1}: a^x \to x$.
Mit $y = a^x$ erhält man $x = \log_a(y)$,
also $f^{-1}: y \to \log_a(y)$.
Bezeichnet man wie üblich die unabhängige Grösse mit x, so ergibt sich $f^{-1}: x \to \log_a(x)$.
f^{-1} heisst **Logarithmusfunktion**. Die zugehörige Funktionsgleichung lautet
$f^{-1}(x) = \log_a(x)$. Spiegelt man den Graphen der Exponentialfunktion an der ersten Winkelhalbierenden, so erhält man den Graphen der zugehörigen Logarithmusfunktion (Fig. 1).

Zur Erinnerung:
$a^{\log_a(x)} = x$
$\log_a(a^x) = x$

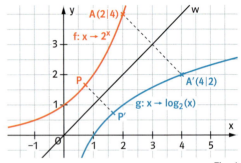

Fig. 1

Die **Logarithmusfunktion** $x \to \log_a(x)$ ($a > 0$, $a \neq 1$) ist die Umkehrfunktion der Exponentialfunktion $x \to a^x$. Sie ist nur für positive x-Werte definiert.

Eigenschaften der Logarithmusfunktion:
Für $a > 1$ gilt:
– Die Funktionswerte nehmen zu, wenn x grösser wird. Die Funktion ist **zunehmend**.
– Der Graph verläuft für $x > 1$ über der x-Achse, für $0 < x < 1$ unter der x-Achse.
– Für $x \to \infty$ gilt $\log_a(x) \to \infty$, für $x \to 0$ gilt $\log_a(x) \to -\infty$.
Für $0 < a < 1$ gilt:
– Die Funktionswerte nehmen ab, wenn x grösser wird. Die Funktion ist **abnehmend**.
– Für $x > 1$ sind die Funktionswerte negativ, für $0 < x < 1$ sind sie positiv.
– Für $x \to \infty$ gilt $\log_a(x) \to -\infty$, für $x \to 0$ gilt $\log_a(x) \to \infty$.

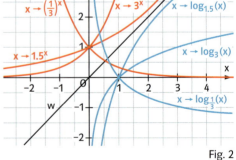

Fig. 2

Für beliebige Werte von a ($a \neq 0$, $a \neq 1$) gilt:
– Alle Graphen von f mit $f(x) = \log_a(x)$ verlaufen durch den Punkt $P(1|0)$.
– Spiegelt man den Graphen von f mit $f(x) = \log_a(x)$ an der x-Achse, so erhält man den Graphen von g mit $g(x) = -\log_a(x) = \log_{\frac{1}{a}}(x)$ (Fig. 2).

$\log_{\frac{1}{a}}(x) = \dfrac{\log_a(x)}{\log_a\left(\frac{1}{a}\right)}$
$= \dfrac{\log_a(x)}{-\log_a(a)} = \dfrac{\log_a(x)}{-1}$
$= -\log_a(x)$

Beispiel

Fig. 1 zeigt die Graphen zweier Logarithmusfunktionen $x \to \log_a(x)$. Bestimme a.
Lösung:
Man liest die Koordinaten eines Punktes des Graphen ab und wählt, wenn möglich, einen «Gitterpunkt», jedoch nicht (1|0). Dann setzt man die Koordinaten in $\log_a(x) = y$ ein.
(1) P(2.5|1) liegt auf dem Graphen. Aus $\log_a(2.5) = 1$ folgt $a^1 = 2.5$, also $a = 2.5$.
(2) Q(3|0.5) liegt auf dem Graphen. Aus $\log_a(3) = \frac{1}{2}$ folgt $a^{\frac{1}{2}} = 3$, also $a = 9$.

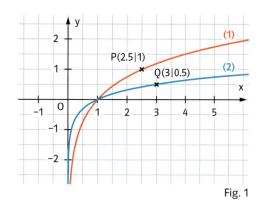

Fig. 1

Aufgaben

1 a) Zeichne den Graphen der Funktion mit der Gleichung $f(x) = 1.2^x$ und spiegele ihn an der ersten Winkelhalbierenden. Wie lautet die Gleichung der Umkehrfunktion?
b) Zeichne die Umkehrfunktion von $g: x \to 0.8^x$ und lies daran eine Näherungslösung für die Gleichung $0.8^x = 2$ ab.

2 a) Konstruiere den Graphen von $x \to \log_3(x)$ aus dem Graphen der Umkehrfunktion.
b) Für welche x-Werte sind die Funktionswerte grösser als 4, für welche kleiner als $\frac{1}{4}$?

3 a) Strecke den Graphen der Funktion $f: x \to \log_2(x)$ mit dem Streckfaktor 2.
b) Begründe: Die Graphen von $h: x \to \log_2(x^2)$ und $k: x \to 2 \cdot \frac{\lg(x)}{\lg(2)}$ stimmen mit dem gestreckten Graphen aus Teilaufgabe a) überein.

4 Gib die Gleichung der Umkehrfunktion an.
a) $f(x) = 5^x$ b) $f(x) = \left(\frac{1}{3}\right)^x$ c) $f(x) = \left(\frac{2}{5}\right)^x$ d) $f(x) = \left(\sqrt{3}\right)^x$ e) $f(x) = 100^x$
f) $f(x) = \log_4(x)$ g) $f(x) = \log_{2.5}(x)$ h) $f(x) = \log_{0.6}(x)$ i) $f(x) = \lg(x)$ j) $f(x) = \log_{\sqrt{5}}(x)$

5 Fig. 2 zeigt die Graphen verschiedener Logarithmusfunktionen $x \to \log_a(x)$. Bestimme a mithilfe geeigneter Punkte.

6 a) Begründe: Der Graph der Logarithmusfunktion $x \to \log_a(x)$ verläuft stets durch den Punkt $P(a|1)$.
b) Überprüfe mit der Eigenschaft aus Teilaufgabe a), soweit möglich, deine Lösungen von Aufgabe 5.

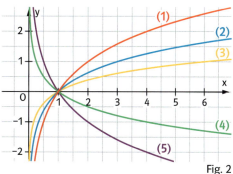

Fig. 2

*Die Logarithmusfunktion $x \to \log_a(x)$ ist die Umkehrfunktion der Exponentialfunktion $x \to a^x$.
Damit ist auch die Exponentialfunktion $x \to a^x$ Umkehrfunktion der Logarithmusfunktion $x \to \log_a(x)$.*

7 Bestimme diejenige Logarithmusfunktion $x \to \log_a(x)$, deren Graph durch den Punkt P geht.
a) P(9|3)   b) P(100|2)   c) P(3|9)
d) P(0.5|−1)   e) $P\left(\sqrt{5} \mid \frac{1}{2}\right)$ f) $P\left(\sqrt[3]{4} \mid \frac{2}{3}\right)$

181

11.5 Exponentialgleichungen

Alles eine Frage der Zeit …

Gleichungen, bei denen die Variable im Exponenten steht, wie zum Beispiel $3^x = 5$, heissen **Exponentialgleichungen**. Solche Gleichungen lassen sich häufig durch Logarithmieren lösen.

Frau Ott möchte 5000 Fr. zu einem Zinssatz von 4.8 % anlegen und so lange warten, bis das Guthaben mindestens 10 000 Fr. beträgt. Bezeichnet man die Anzahl der Jahre mit n, so gilt:

$u = v$
$\Leftrightarrow \log_a(u) = \log_a(v)$

$10\,000 = 5000 \cdot 1.048^n$	| : 5000
$2 = 1.048^n$	| Zehnerlogarithmus anwenden
$\lg(2) = \lg(1.048^n)$	| 3. Logarithmengesetz anwenden
$\lg(2) = n \cdot \lg(1.048)$	| : lg(1.048)
$n = \frac{\lg(2)}{\lg(1.048)} \approx 14.78$	

Frau Ott muss also etwa 15 Jahre warten.

> Eine **Exponentialgleichung** vom Typ $c = a^x$ hat die **Lösung:** $x = \frac{\lg(c)}{\lg(a)}$

Beispiel 1
Löse die Exponentialgleichung $1.2^{4x-7} = 9$.
Lösung:
Wende auf die gegebene Gleichung $\qquad\qquad 1.2^{4x-7} = 9$
den Zehnerlogarithmus an: $\qquad\qquad \lg(1.2^{4x-7}) = \lg(9)$
Benutze das 3. Logarithmengesetz: $\qquad (4x - 7) \cdot \lg(1.2) = \lg(9)$
Vereinfache und löse: $\qquad\qquad 4x - 7 = \frac{\lg(9)}{\lg(1.2)}$
$\qquad\qquad\qquad\qquad x = \left(\frac{\lg(9)}{\lg(1.2)} + 7\right) : 4$
$\qquad\qquad\qquad\qquad x \approx 4.763$

Beispiel 2
Löse $2^{3x-1} = 32$.
Lösung:
Da sich $32 = 2^5$ als Potenz von 2 schreiben lässt, kann man die Gleichung durch Vergleich der Exponenten lösen.
$\qquad\qquad\qquad\qquad 2^{3x-1} = 32$
Schreibe 32 als Zweierpotenz: $\qquad 2^{3x-1} = 2^5$
Vergleiche die Exponenten: $\qquad 3x - 1 = 5 \Rightarrow 3x = 6 \Rightarrow x = 2$

Beispiel 3
Wassermelonen wachsen sehr schnell. Unter idealen Bedingungen nimmt ihr Gewicht täglich um 12% zu. In wie vielen Tagen hat eine Wassermelone ihr Gewicht verdoppelt?
Lösung:
Ein tägliches Wachstum von 12% entspricht dem Wachstumsfaktor 1.12. Das Wachstum wird daher durch $f(x) = b \cdot 1.12^x$ beschrieben. Verdoppelung bedeutet: $f(x)$ nimmt in der Zeit x gegenüber $f(0) = b$ um den Faktor 2 zu.

$$f(x) = 2 \cdot f(0)$$
$$b \cdot 1.12^x = 2 \cdot b$$
$$1.12^x = 2$$
$$x \cdot \lg(1.12) = \lg(2)$$
$$x = \frac{\lg(2)}{\lg(1.12)} \approx 6.12$$

Die Verdoppelungszeit hängt nicht vom Anfangsgewicht b ab.

Die Melone benötigt etwa 6 Tage, um ihr Gewicht zu verdoppeln.

Beispiel 4
Löse die Exponentialgleichung $7^{x-1} = 3 \cdot 5^x$.
Lösung:
Wende auf die Gleichung den Zehnerlogarithmus an:
Wende die Logarithmengesetze an:
Multipliziere aus:

Klammere x aus:
Löse nach x auf:

$$7^{x-1} = 3 \cdot 5^x$$
$$\lg(7^{x-1}) = \lg(3 \cdot 5^x)$$
$$(x-1) \cdot \lg(7) = \lg(3) + \lg(5^x)$$
$$x \cdot \lg(7) - \lg(7) = \lg(3) + x \cdot \lg(5)$$
$$x \cdot \lg(7) - x \cdot \lg(5) = \lg(3) + \lg(7)$$
$$x \cdot [\lg(7) - \lg(5)] = \lg(3) + \lg(7)$$
$$x = \frac{\lg(3) + \lg(7)}{\lg(7) - \lg(5)} \approx 9.05$$

Aufgaben

1 Löse wie in Beispiel 1. Gib die Lösungen auf drei Nachkommastellen genau an.
a) $4^x = 12$ b) $2.4^x = 3.9$ c) $1.14^y = 0.7$ d) $0.45^z = 1.9$
e) $3.7^{2x} = 5$ f) $1.46^{3x} = 0.8$ g) $8.2^{-x} = 4.9$ h) $5.6^{-2x} = 1.4$
i) $2 \cdot 3^x = 1.4$ j) $6 \cdot 1.5^y = 2.3$ k) $1.3 \cdot 5^{-x} = 2.8$ l) $0.9 \cdot 1.4^t = 3.2$

2 a) $10^{x-1} = 6$ b) $6^{x+1} = 108$ c) $5^{1-2x} = 17$ d) $10^{5x+1} = 2$
e) $3 \cdot 8^{-x-2} = 25$ f) $(7^{2x-1})^2 = 36$ g) $5 \cdot 2^{-3x+4} = 1$ h) $3 \cdot 4^{5-x} = 1$

3 Löse durch Vergleich der Exponenten wie in Beispiel 2.
a) $5^{2x-3} = 5$ b) $6^{4x-5} = 216$ c) $4^{2x-1} = 64$ d) $3^{2x+1} = 3^{x+2}$
e) $3^x = \frac{1}{81}$ f) $25^{x+1} = \frac{1}{5}$ g) $7^{x-2} = \sqrt{7}$ h) $3^{5x} = \sqrt[3]{3^2}$

4 Eine Braunalge verdoppelt jede Woche ihre Höhe. Zu Beginn der Beobachtung ist sie 1.20 m hoch. Das Wasser ist an dieser Stelle 30 m tief. Wie viele Wochen dauert es, bis die Braunalge an die Wasseroberfläche gelangt?

5 In Münsteregg geht man davon aus, dass der Wert einer Wohnung jährlich um 1.5% zunimmt.
a) Nach wie vielen Jahren ist eine für 80 000 Fr. gekaufte Wohnung 90 000 Fr. wert?
b) Wie viel muss eine Wohnung kosten, damit ihr Wert in 15 Jahren 120 000 Fr. beträgt?
c) Wie gross müsste die jährliche Wertsteigerung sein, damit der Wert einer Wohnung in 16 Jahren von 60 000 Fr. auf 80 000 Fr. steigt?

6 Bei der Geburt von Lea hat ihre Grossmutter auf einem Sparbuch 100 Fr. zu 2.8% angelegt.
a) Wie viel Geld ist an Leas 18. Geburtstag auf dem Sparbuch vorhanden?
b) An ihrem 18. Geburtstag beschliesst Lea, das Guthaben so lange auf dem Sparbuch zu lassen, bis sich der ursprüngliche Betrag verdoppelt hat. Wie lange muss sie noch warten?

7 Bei Versuchen mit einem Gummiball wird festgestellt, dass nach jeweils sechsmaligem Aufspringen die Höhe nur noch 10% der Anfangshöhe beträgt. Es wird angenommen, dass sich die Höhe bei jedem Aufspringen um den gleichen Prozentsatz vermindert. Bestimme den Prozentsatz.

8 Die Bevölkerung eines Staates A beträgt 60 Millionen Einwohner und wächst jährlich um 3%, die eines Staates B beträgt 110 Millionen Einwohner und wächst jährlich um 1%. Nach wie vielen Jahren haben beide Staaten etwa die gleiche Einwohnerzahl?

9 Zwei verschieden grosse Bakterienkulturen wachsen beide täglich um 8%. Begründe, dass es in beiden Fällen gleich lang dauert, bis sich der Bestand jeweils verdoppelt hat.

10 Berechne die Halbwertszeit.
a) Phosphor 32: Jeden Tag zerfallen 4.7% der vorhandenen Atome.
b) Cobalt 58: Jeden Tag zerfällt 1% der vorhandenen Atome.
c) Polonium 218: Jede Minute zerfallen 20% der vorhandenen Atome.

11 Die Temperatur eines Glases Tee beträgt 90°C. Der Tee kühlt ab; die Temperaturdifferenz zur Raumtemperatur von 20°C nimmt jede Minute um 10% ab. Nach wie vielen Minuten beträgt die Temperatur des Tees nur noch 50°C?

12 Bestimme die Lösungsmenge.
a) $4^x = 2$
b) $4^x = -2$
c) $4^{(x^2)} = 2$
d) $2^{(x^2)} = 4$

13 Löse durch Logarithmieren.
a) $2^x = 3^{x-1}$
b) $7^{x+1} = 2^{7x}$
c) $5^{2y} = 4^{1-y}$
d) $4^{2z+1} = 10^{3z}$
e) $3 \cdot 1.4^{3t} = 2^{t-1}$
f) $4 \cdot 5^{x-1} = 10^{x+1}$
g) $7 \cdot 6^{2x} = 11^{x+3}$
h) $\left(\frac{3}{4}\right)^{3x-2} = \left(\frac{2}{5}\right)^{2x-3}$

14 Schreibe als Exponentialgleichung und löse dann.
a) $\sqrt[3]{5^{7-x}} = 5^{x-2}$
b) $\sqrt[5]{2^x} = \sqrt[3]{\left(\frac{1}{2}\right)^7}$
c) $\sqrt[4]{3^{2x+5}} = \sqrt{27^x}$
d) $\sqrt{2^{3x}} \cdot \sqrt[3]{5^{2x}} = 1$

15 Forme mithilfe der Potenzgesetze in eine Gleichung der Form $b^x = a$ um. Löse die erhaltene Gleichung.
a) $2^x + 3 = 2^{x+1}$
b) $7 \cdot 2^x = 13 \cdot 3^x$
c) $3^{2x} \cdot 9^{-x} = 5$
d) $2^{x+1} + 2^{x+2} = 48$

16 Löse die Gleichung, falls sie eine Lösung hat. Begründe sonst, wenn sie nicht lösbar ist.
a) $1^x = 3$
b) $1^x = 1$
c) $1^x = -1$
d) $1^x = 1^{2x+1}$

17 Forme die Gleichung zunächst so um, dass auf beiden Seiten ein Produkt steht.
a) $2^{x+1} + 5 \cdot 2^x = 3^{2x-1}$
b) $3^{2x+1} - 5^{x+1} = 3^{2x} + 5^x$
c) $2^x + 2^{x+1} + 2^{x+2} = 3^x + 3^{x+1} + 3^{x+2}$

18 Löse durch eine geeignete Substitution.
a) $9^x - 4 \cdot 3^x + 3 = 0$
b) $7^x + 4 = 21 \cdot 7^{-x}$
c) $\frac{3 \cdot 5^x - 2}{0.5 \cdot 5^x} = 2 \cdot 5^x$
d) $2^{6x} - 5 \cdot 2^{3x} - 24 = 0$

Exkursion Anwendungen des Logarithmus

Von Michael Stifel (1487–1567) gingen wichtige Impulse zur Weiterentwicklung der Mathematik aus. So führte er die negativen Zahlen in der heutigen Form ein. Dabei untersuchte er in seiner «Arithmetica integra» auch die beiden Zahlenfolgen:

–3 –2 –1 0 1 2 3 4 5 6
$\frac{1}{8}$ $\frac{1}{4}$ $\frac{1}{2}$ 1 2 4 8 16 32 64

Er schrieb dazu:

«$\frac{1}{8}$ multipliziert mit 64 ergibt 8. So auch –3 addiert zu 6 ergibt 3: Es ist aber –3 der Exponent von $\frac{1}{8}$, so auch 6 der Exponent der Zahl 64.» Mit «Exponent» meinte Stifel den Zweier-Logarithmus, also kurz: $\log_2\left(\frac{1}{8} \cdot 64\right) = \log_2(8) = 3 = (-3) + 6 = \log_2\left(\frac{1}{8}\right) + \log_2(64)$

Die praktische Bedeutung dieser Entdeckung erkannte zuerst (vermutlich 1588) der Schweizer Uhrmacher und Erbauer astronomischer Instrumente Jost Bürgi (1552–1632). Er war Freund und Mitarbeiter des schwäbischen Astronomen und Mathematikers Johannes Kepler (1571–1630). Bürgi baute für Kepler nicht nur Instrumente, sondern half ihm auch bei seinen umfangreichen Berechnungen, die schliesslich zur Entdeckung der drei nach Kepler benannten Gesetze über die Planetenbewegungen führten (S. 164).

Jost Bürgi (1552–1632)

Bei diesen Berechnungen mussten häufig 8-stellige Zahlen multipliziert werden. Die Multiplikation zweier 8-stelliger Zahlen bedeutet aber 64-mal das kleine Einmaleins anwenden, Überträge beachten und schliesslich acht Teilprodukte addieren. Die Logarithmen ermöglichen nun, die Multiplikation durch eine Addition zu ersetzen. Fig. 1 macht die Idee deutlich.

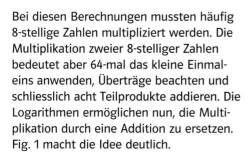

Fig. 1

John Napier (1550–1617)

Für den praktischen Umgang benötigt man eine Tafel, die zu x den Wert von $\log_a(x)$ angibt. Eine solche **Logarithmentafel** (vgl. Fig. 2) wurde 1603–1611 von Bürgi berechnet. (Unabhängig von Bürgi brachte auch der schottische Lord John Napier eine Logarithmentafel heraus.) Benutzt man nach einer Idee von Henry Briggs (1574–1660) Zehnerlogarithmen, so benötigt man nur Tafeln für Zahlen zwischen 1 und 10, denn es gilt zum Beispiel:

lg(207.8) = lg(100 · 2.078)
= 2 + lg(2.078)

Ausschnitt aus einer Logarithmentafel, wie sie in der Schule benutzt wurde. (Es werden nur Nachkommastellen angegeben, hier von lg(2.000) bis lg(2.109)).

N	0	1	2	3	4	5	6	7	8	9
200	3010	3012	3015	3017	3019	3021	3023	3025	3028	3030
201	3032	3034	3036	3038	3041	3043	3045	3047	3049	3051
202	3054	3056	3058	3060	3062	3064	3066	3069	3071	3073
203	3075	3077	3079	3081	3084	3086	3088	3090	3092	3094
204	3096	3098	3101	3103	3105	3107	3109	3111	3113	3115
205	3118	3120	3122	3124	3126	3128	3130	3132	3134	3137
206	3139	3141	3143	3145	3147	3149	3151	3153	3156	3158
207	3160	3162	3164	3166	3168	3170	3172	3174	3176	3179
208	3181	3183	3185	3187	3189	3191	3193	3195	3197	3199
209	3201	3204	3206	3208	3210	3212	3214	3216	3218	3220
210	3222	3224	3226	3228	3230	3233	3235	3237	3239	3241

Fig. 2

x	lg(x)	
2.105	0.3233	lg(2.105) ablesen
207.8	+ 2.3176	lg(207.8) ablesen
437.4	2.6409	addieren und x zu
		lg(x) = 2.6409 bestimmen

Fig. 3

Fig. 3 zeigt, wie man 2.105 · 207.8 mithilfe der Logarithmentafel berechnen kann.
Es ist also 2.105 · 207.8 = 437.4.
Bis zur Verbreitung des Taschenrechners, also bis etwa 1980, wurden im Mathematikunterricht noch Logarithmentafeln für Berechnungen benutzt.

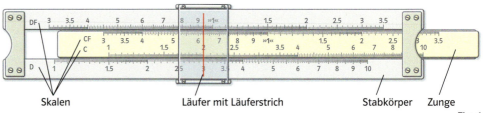

Skalen Läufer mit Läuferstrich Stabkörper Zunge

Fig. 1

Eine weitere geschichtlich wichtige Anwendung der Logarithmen stellt der **Rechenstab** (manchmal auch Rechenschieber genannt) dar. Fig. 1 zeigt eine einfache Ausführung. Bis ca. 1980 gehörte ein Rechenstab zum täglichen Werkzeug eines jeden Technikers.

Beim Rechnen mit Logarithmen werden diese addiert, beim Rechenstab werden Strecken auf einer logarithmischen Skala aneinandergefügt. Die Idee zu dieser Skala hatte der englische Theologe und Astronom Edmund Gunter (1581–1626). Auf einem 24 Zoll langen Brett hatte er eine logarithmische Skala aufgetragen. Mithilfe eines Zirkels konnte man damit multiplizieren.

1727 veröffentlichte Jacob Leupold sein Buch «Theatrum Arithmetico-Geometricum» mit dem deutschen Untertitel «Schauplatz der Rechen- und Messkunst». Das XIII. Kapitel handelt vom Rechenstab.

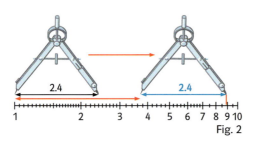

Fig. 2

Beispiel: $3.7 \cdot 2.4$ soll bestimmt werden. In den Zirkel wird der Abstand von 1 bis 2.4 genommen und nach 3.7 angetragen. So erhält man das Produkt $3.7 \cdot 2.4 = 8.9$ (Fig. 2).

Mathematisch gesehen wurden Strecken der Länge $\log_a(3.7)$ und $\log_a(2.4)$ aneinandergefügt. Die Summe ergibt $\log_a(3.7) + \log_a(2.4) = \log_a(3.7 \cdot 2.4)$, sodass man das Produkt an der Skala ablesen kann.

Nur drei Jahre später hatte Edmund Wingate (1593–1656) die Idee, statt eines Zirkels eine zweite Skala zu nehmen.

Stellt man (wie in Fig. 1) jetzt zum Beispiel die 1 der Skala C über die 1.5 der Skala D und den Läuferstrich über 2 auf der Skala C, so kann man auf der Skala D das Produkt 3 ablesen. Man hat nämlich mittels der logarithmischen Skalen $\log_a(2)$ und $\log_a(1.5)$ addiert. Entsprechend kann man auch dividieren. Man stellt die zu dividierenden Zahlen (zum Beispiel 3 und 2) auf den Skalen D und C übereinander. Unter der 1 der Skala C kann man dann den Quotienten ablesen.

Eine Sonderform des Rechenstabes gibt es noch heute als «Benzin-Rechner» zur Bestimmung des durchschnittlichen Benzinverbrauchs. Bei ihm ist die logarithmische Skala zu einem Kreis zusammengebogen. Der Zunge des Rechenstabes entspricht eine zweite, innere Scheibe.

186

Exkursion Die C-14-Methode zur Altersbestimmung

Überall auf der Erde findet man das Element Kohlenstoff (chemisches Zeichen C). Pflanzen nehmen beim Atmen CO_2 auf und damit auch Kohlenstoff. Durch die Nahrungskette gelangt Kohlenstoff in Tiere und Menschen.

Ein Teil des auf der Erde vorkommenden Kohlenstoffs ist das radioaktive Kohlenstoffisotop C 14. Obwohl es mit einer Halbwertszeit von 5730 Jahren zerfällt, ist sein Anteil immer gleich, weil es durch kosmische Strahlung ständig neu gebildet wird.

Stirbt ein Organismus, so wird kein Kohlenstoff mehr aufgenommen. Das radioaktive C 14 zerfällt, der nichtradioaktive Kohlenstoff bleibt nahezu erhalten. Damit verändert sich das Verhältnis von radioaktivem und nichtradioaktivem Kohlenstoff im Laufe der Zeit.

1 Wie viel des ursprünglichen Gehalts an Kohlenstoff C 14 wird noch gemessen, wenn der Organismus 5730 Jahre bzw. 11 460 Jahre tot ist?

2 Wie lange ist ein Organismus tot, wenn der ursprüngliche Anteil von C 14 auf 12.5 % gesunken ist?

3 Im Jahr 1991 wurde in den Ötztaler Alpen die Gletschermumie «Ötzi» gefunden.
Die Mumie enthielt nur noch ca. 53 % des Kohlenstoffs C 14, der in lebendem Gewebe enthalten ist. Vor wie vielen Jahren hat «Ötzi» etwa gelebt?

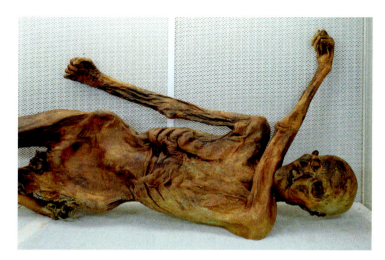

4 Zeichne einen Graphen, der dem Alter einer Probe den noch vorhandenen C-14-Gehalt nach einer Halbwertszeit, nach zwei Halbwertszeiten, nach drei Halbwertszeiten usw. zuordnet. Ergänze diesen Graphen mit Werten in Schritten von 1000 Jahren.

5 Die Lascaux-Höhle in Frankreich ist berühmt für ihre Höhlenmalereien. Holzkohle aus einer Fundstelle in der Höhle hatte im Jahr 1950 einen C-14-Gehalt von ca. 6.3 % verglichen mit dem C-14-Gehalt in lebendem Holz. Wann entstanden diese Höhlenmalereien vermutlich?

Mit dem Graphen aus Aufgabe 4 kann man die Ergebnisse der Aufgaben 5 und 6 überprüfen.

6 Das Alter der kleinen Frauenfiguren wurde mit der C-14-Methode bestimmt. Die Elfenbein-Figur von Gönnersdorf (links) enthielt ca. 15.5 %, die Figur von Lespugue aus Mammutelfenbein ca. 5.5 % des ursprünglichen C-14-Gehalts. Wie alt sind die beiden Figuren etwa?

12 Trigonometrische Funktionen

12.1 Das Bogenmass

Welchen Weg legt die Spitze des 1 dm langen Minutenzeigers einer Uhr in 20 Minuten zurück?
Welchen Winkel überstreicht der Minutenzeiger, wenn seine Spitze 15 cm zurücklegt?

Neben dem Gradmass kann man Winkel auch im sogenannten **Bogenmass** angeben. Als Bogenmass zum Winkel α wird die Länge x des Bogens bezeichnet, den der Zeiger auf dem Einheitskreis überstreicht (vgl. Fig. 1). Das Bogenmass drückt also die **Grösse des Winkels** durch die **Länge des Kreisbogens** am Einheitskreis aus. Dabei entspricht dem Vollwinkel α = 360° der gesamte Umfang des Einheitskreises x = 2π.

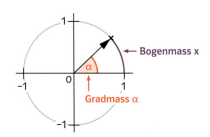

Fig. 1

Für den Zusammenhang von Gradmass und Bogenmass gilt: $\frac{\alpha}{360°} = \frac{x}{2\pi}$

Gradmass α	Bogenmass x
0°	0
30°	$\frac{\pi}{6}$
45°	$\frac{\pi}{4}$
60°	$\frac{\pi}{3}$
90°	$\frac{\pi}{2}$
120°	$\frac{2\pi}{3}$
135°	$\frac{3\pi}{4}$
180°	π
270°	$\frac{3\pi}{2}$
360°	2π

Fig. 2

Beachte:
Der Taschenrechner muss auf RAD umgestellt werden, wenn mit dem Bogenmass gerechnet werden soll.

> Jeden Winkel kann man entweder im **Gradmass** α oder im **Bogenmass** x angeben.
> Das Bogenmass x ist die Länge des Kreisbogens am Einheitskreis zum Winkel α.
> Dabei gilt: $x = \frac{\alpha}{360°} \cdot 2\pi$ und $\alpha = \frac{x}{2\pi} \cdot 360°$

Bogenmasse werden oft als Vielfaches oder Teile von π angegeben (Fig. 2).

Aufgaben

1 Gib die Winkel im Bogenmass als Vielfaches von π und als Dezimalzahl an. Runde die Dezimalzahl auf Tausendstel.
a) 180°; 90°; 270°; 45°; 135°; 225°; 315°
b) 1°; 7°; 23°; 68°; 112°; 137°; 318°

2 Gib die Winkel im Gradmass an.
a) π; $\frac{\pi}{2}$; $\frac{3\pi}{4}$; $\frac{5\pi}{4}$; $\frac{\pi}{3}$; $\frac{2\pi}{3}$; $\frac{5\pi}{6}$; $\frac{11\pi}{6}$
b) $\frac{\pi}{10}$; $\frac{3\pi}{10}$; $\frac{7\pi}{10}$; $\frac{\pi}{18}$; $\frac{5\pi}{18}$; $\frac{\pi}{180}$; $\frac{7\pi}{180}$; $\frac{7\pi}{18}$

3 Bestimme das Gradmass zum Bogenmass.
a) 2.3; 4.7; −2.1; −3.6; 5.8; −5.4
b) 6.8; 13.4; 34.8; −102.9; 435.8; 1024

4 Sara, eine Abenteurerin, überlegt sich, wie lange es dauern würde, um von Bern zum Nordpol zu laufen (siehe Fig. 3).
a) Berechne die Strecke s entlang des Längenkreises.
b) Zeige, dass die Strecke s gleich r · x ist, wobei r der Erdradius und x der entsprechende Winkel im Bogenmass ist.
c) Wo liegen die Orte auf der Erdkugel mit einer geografischen Breite von 0 bzw. $\frac{\pi}{2}$?
d) Welche Eigenschaft haben Orte mit einer geografischen Breite von 1.16?

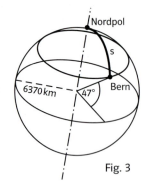

Fig. 3

12.2 Periodische Vorgänge

Mithilfe eines Elektrokardiogramms (EKG) kann man den Herzschlag sichtbar machen.
Katharina: «Der Zweite ist aber ganz schön aufgeregt!»
Ken: «Ich glaube, der ist richtig krank!»

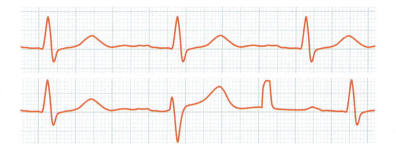

In Natur und Technik gibt es Vorgänge, die sich zeitlich wiederholen.
Fig. 1 zeigt den Graphen der Funktion f: *Zeit → Wasserstand* für ein Überlaufgefäss, in das kontinuierlich ein dünner Wasserstrahl läuft. Die Funktion f beschreibt einen Vorgang, der sich alle 4 min wiederholt. Dies erkennt man am Graphen daran, dass dieser durch eine Verschiebung um 4 Einheiten parallel zur Zeitachse auf sich abgebildet wird.
Es gilt: Für jeden Zeitpunkt t muss der Wasserstand f(t) mit dem Wasserstand nach 4 min übereinstimmen.
Es muss also für jeden Wert von t gelten:
f(t + 4) = f(t)
Solche Funktionen nennt man periodisch.

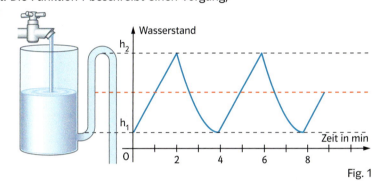

Fig. 1

Eine Funktion f heisst **periodisch**, wenn es mindestens eine Zahl p ≠ 0 gibt, sodass für alle reellen Zahlen x gilt: f(x + p) = f(x)
Die kleinste positive Zahl p mit dieser Eigenschaft nennt man die **Periodenlänge** von f.

Die Periodenlänge nennt man auch kurz Periode.

Eine Funktion f ist genau dann periodisch, wenn sich ihr Graph durch Verschiebung parallel zur x-Achse auf sich selbst abbilden lässt. Die kürzeste Pfeillänge dieser Verschiebungen ist die Periodenlänge.

Beispiel
Fig. 2 zeigt den Graphen einer Funktion. Untersuche, ob sich der Graph durch Verschiebung parallel zur x-Achse auf sich selbst abbilden lässt, und bestimme gegebenenfalls die Periodenlänge.

Lösung:
Der Graph wird auf sich selbst abgebildet, wenn man ihn um 3.5 Einheiten parallel zur x-Achse verschiebt.
Die Periodenlänge beträgt 3.5.

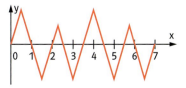

Fig. 2

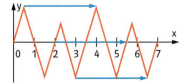

Fig. 3

Aufgaben

1 Welche Funktionen sind periodisch? Begründe deine Entscheidung und gib gegebenenfalls die Periodenlänge an.
a) *Zeit → Ballhöhe beim Springen eines Balles*
b) *Zeit → Abstand der Erde von der Sonne*
c) *Zeit → Wasserstand an der Küste*

2 Ein Punkt P bewegt sich mit gleich bleibender Geschwindigkeit um das Quadrat in Fig. 1 herum. Fig. 2 zeigt den Graphen der Funktion
f: *Zeit → Abstand des Punktes von der Geraden g.*
a) Erläutere den Verlauf des Graphen in Fig. 2.
b) Gib einige Verschiebungen an, die den Graphen auf sich abbilden.
c) Wie ändert sich der Graph, wenn sich der Punkt mit dreifacher Geschwindigkeit um das Quadrat herumbewegt?

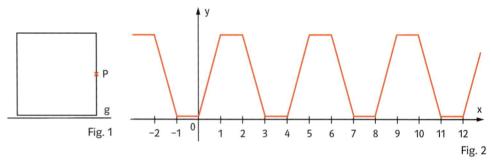

Fig. 1
Fig. 2

3 a) Ersetze das Quadrat in Aufgabe 2 durch ein gleichseitiges Dreieck und zeichne den Graphen der Funktion f: *Zeit → Abstand des Punktes P von der Geraden g.*
b) Welche Periodenlänge hat die Funktion?
c) Zeichne und erläutere den Verlauf des Graphen, wenn sich der Punkt mit gleichbleibender Geschwindigkeit auf einem Rechteck bewegt, dessen Seiten im Verhältnis 2:1 stehen.

4 a) Unter welcher Bedingung ist die Funktion *Zeit → Höhe des Ventils über der Strasse* bei einem fahrenden Fahrrad periodisch?
b) Skizziere den Graphen einer möglichen Funktion und gib die Periodenlänge an.

5 In Fig. 3 ist das Bild einer «Sägezahnspannung» auf dem Schirm eines Oszillographen dargestellt. Dieser Spannungsverlauf ist periodisch. Bestimme die Periodenlänge, wenn der Abstand der Gitterlinien in der waagrechten Richtung $\frac{1}{100}$ s entspricht.

6 Skizziere die Graphen zweier periodischer Funktionen. Tausche deine Skizzen mit deinem Nachbarn. Prüfe, ob dein Nachbar wirklich Graphen von periodischen Funktionen gezeichnet hat. Bestimme ggf. die Periodenlänge.

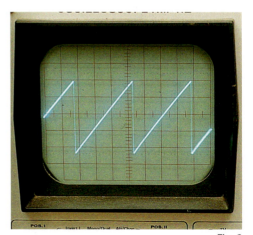

Fig. 3

12.3 Definition der trigonometrischen Funktionen

An der Nordspitze Norwegens geht die Sonne am 21. Juni nicht unter.

Sinus- und Kosinusfunktion

Mithilfe von Sinus und Kosinus lassen sich Kreisbewegungen beschreiben.
Startet zum Beispiel wie in der nebenstehenden Figur ein Punkt P in A(1|0) und umläuft den Ursprung auf dem Einheitskreis, so kann die jeweilige Position von P durch seine Koordinaten P(cos(α)|sin(α)) oder P(cos(x)|sin(x)) beschrieben werden, je nachdem, ob der Winkel im Grad- oder im Bogenmass angegeben ist. So ergeben sich zum Beispiel für α = 120° bzw. $x = \frac{2}{3}\pi$ für P die Koordinaten $P\left(-\frac{1}{2} \mid \frac{1}{2}\sqrt{3}\right)$.

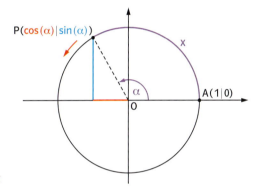

Erinnerung:
Statt Winkel in Grad zu messen, kann man auch die Masszahl der zugehörigen Bogenlänge im Einheitskreis verwenden. Dieses Winkelmass heisst Bogenmass.

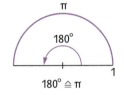

180° ≙ π

Die Funktionen
α → sin(α) und α → cos(α) für 0° ≤ α < 360°
werden zukünftig statt mit dem Gradmass häufig mit dem Bogenmass betrachtet:
x → sin(x) und x → cos(x) für 0 ≤ x < 2π.
Mit der Schreibweise x statt α für die Variable der Funktion wird ausgedrückt, dass der Winkel im Bogenmass, also durch eine reelle Zahl, angegeben wird.

Trägt man in einem Koordinatensystem auf der waagrechten Achse das Bogenmass und auf der senkrechten Achse die Sinus- und Kosinuswerte ab, so erhält man die folgenden Graphen:

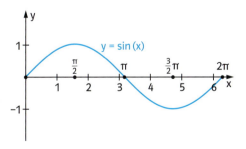 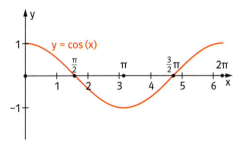

Häufig finden bei Kreisbewegungen mehrere Umdrehungen statt. Um auch diese Fälle zu beschreiben, führt man Winkel grösser als 360° bzw. 2π ein.

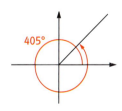

Betrachtet man wie vorher die Bewegung eines Punktes P auf dem Einheitskreis, so gilt: Der Punkt P(cos(x) | sin(x)) erreicht nach einem vollen Umlauf wieder dieselbe Position, das heisst seine Koordinaten sind dieselben; er hat dabei insgesamt den Weg $(x + 2\pi)$ auf dem Einheitskreis zurückgelegt. Da nach jedem weiteren vollen Umlauf, also nach 2, 3, …, k Umläufen, der Punkt P wieder dieselbe Position erreicht und damit dieselben Koordinaten hat, gilt:

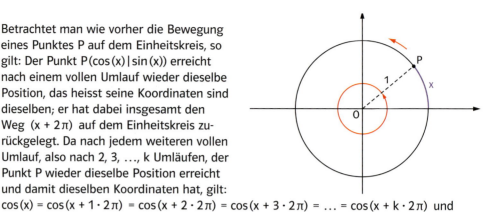

$\cos(x) = \cos(x + 1 \cdot 2\pi) = \cos(x + 2 \cdot 2\pi) = \cos(x + 3 \cdot 2\pi) = \ldots = \cos(x + k \cdot 2\pi)$ und
$\sin(x) = \sin(x + 1 \cdot 2\pi) = \sin(x + 2 \cdot 2\pi) = \sin(x + 3 \cdot 2\pi) = \ldots = \sin(x + k \cdot 2\pi)$.

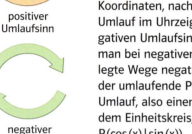

positiver Umlaufsinn

negativer Umlaufsinn

Ebenso hat der Punkt P wieder dieselben Koordinaten, nachdem er einen vollen Umlauf im Uhrzeigersinn, das heisst im negativen Umlaufsinn, ausgeführt hat. Setzt man bei negativem Umlaufsinn zurückgelegte Wege negativ an, dann befindet sich der umlaufende Punkt nach einem vollen Umlauf, also einem Weg von $(x - 2\pi)$ auf dem Einheitskreis, wieder in der Position P(cos(x) | sin(x)).

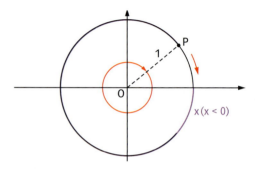

Da bei der beschriebenen Bewegung des Punktes P auf dem Einheitskreis – etwa durch mehrere Umläufe oder die Drehung im mathematisch negativen Sinn – jedes beliebige Bogenmass angenommen werden kann, sind die Funktionen $x \to \sin(x)$ und $x \to \cos(x)$ für alle reellen Zahlen x definiert.

Sinus- und Kosinusfunktion
Fasst man eine reelle Zahl x als Bogenmass eines Winkels auf, so sind dadurch die Funktionen $x \to \sin(x)$ und $x \to \cos(x)$ für alle reellen Zahlen definiert.
Für ihre Funktionswerte gilt: $-1 \leq \sin(x) \leq 1$ und $-1 \leq \cos(x) \leq 1$

Da sich der Sinus- bzw. Kosinuswert einer reellen Zahl nicht ändert, wenn man zu x ein ganzzahliges Vielfaches von 2π addiert oder subtrahiert, sind die Sinus- und die Kosinusfunktion **periodisch** mit der **Periode 2π**.

Die Fig. 1 zeigt die Graphen der Sinus- bzw. Kosinusfunktion:

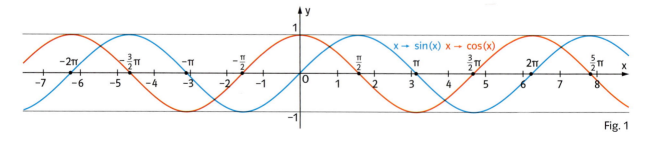

Fig. 1

Eigenschaften der Sinus- und Kosinusfunktion

Alle Eigenschaften aus den Kapiteln 5.3 und 5.4 lassen sich leicht auf die Sinus- und Kosinusfunktionen übertragen.

Eigenschaft	Für alle reellen Zahlen x gilt
sin und cos sind periodisch mit der Periodenlänge 2π.	$\sin(x + k \cdot 2\pi) = \sin(x)$ mit $k \in \mathbb{Z}$ $\cos(x + k \cdot 2\pi) = \cos(x)$ mit $k \in \mathbb{Z}$
Verschiebt man den Graphen der einen Funktion parallel zur x-Achse, so erhält man den Graphen der anderen Funktion.	$\cos(x) = \sin\left(x + \frac{\pi}{2}\right)$ $\sin(x) = \cos\left(x - \frac{\pi}{2}\right)$
Nullstellen	$\sin(x) = 0$, wenn $x = k\pi$ mit $k \in \mathbb{Z}$ $\cos(x) = 0$, wenn $x = \frac{\pi}{2} + k\pi$ mit $k \in \mathbb{Z}$
grösste Funktionswerte	$\sin(x) = 1$, wenn $x = \frac{\pi}{2} + k \cdot 2\pi$ mit $k \in \mathbb{Z}$ $\cos(x) = 1$, wenn $x = k \cdot 2\pi$ mit $k \in \mathbb{Z}$
kleinste Funktionswerte	$\sin(x) = -1$, wenn $x = \frac{3}{2}\pi + k \cdot 2\pi$ mit $k \in \mathbb{Z}$ $\cos(x) = -1$, wenn $x = \pi + k \cdot 2\pi$ mit $k \in \mathbb{Z}$
gleiche Funktionswerte	$\sin(x) = \sin(\pi - x)$ $\cos(x) = \cos(2\pi - x)$
betragsgleiche Funktionswerte, aber nicht gleiche Funktionswerte	$\sin(2\pi - x) = -\sin(x)$ $\cos(\pi - x) = -\cos(x)$
Summe der Quadrate (Satz des Pythagoras)	$\sin^2(x) + \cos^2(x) = 1$

Beispiel 1

a) Bestimme mit dem Taschenrechner auf 4 Nachkommastellen genau:
$\sin(7.28)$; $\cos(8.19)$; $\sin(-11.67)$; $\cos\left(-\frac{9}{4}\pi\right)$
Erläutere für die beiden ersten Werte das Vorzeichen anhand der Funktionsgraphen.

b) Für welche x im Bereich $-\frac{\pi}{2} < x < \frac{5}{2}\pi$ gilt $\sin(x) = -0.8$? Lies die Werte näherungsweise an den Graphen (Fig. 1, S. 192) ab und überprüfe sie mit dem Taschenrechner.

Erinnerung: Ggf. Taschenrechner in Bogenmass (R oder RAD) umstellen! Unterscheide 11.7° und 11.7!

Lösung:

a) $\sin(7.28) \approx 0.8397$ $\cos(8.19) \approx -0.3297$

Der Wert $x = 7.28$ liegt zwischen 2π und $\frac{5}{2}\pi$; in diesem Bereich sind die Sinuswerte positiv.

Der Wert $x = 8.19$ liegt zwischen $\frac{5}{2}\pi$ und 3π; in diesem Bereich sind die Kosinuswerte negativ.

$\sin(-11.67) \approx 0.7811$ $\cos\left(-\frac{9}{4}\pi\right) = \frac{1}{2}\sqrt{2} \approx 0.7071$

Strategie: Veranschaulichen durch eine Skizze. Für viele Fragestellungen ist es hilfreich, die Sinus- bzw. Kosinuskurve oder den Einheitskreis zu skizzieren.

b) Die Parallele zur x-Achse im Abstand 0.8 schneidet die Sinuskurve in $x_1 \approx -0.9$, $x_2 \approx 4.0$ und $x_3 \approx 5.3$.

Der Taschenrechner liefert: $x_1 \approx -0.9273$
Daraus folgt: $x_2 \approx \pi + 0.9273 \approx 4.0689$
     $x_3 \approx 2\pi - 0.9273 \approx 5.3559$

Skizze:

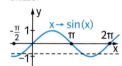

Beispiel 2

Gib auf zwei Nachkommastellen gerundet alle Zahlen x an, für die $\cos(x) = 0.9211$.

Lösung:

Der Taschenrechner liefert: $x_1 \approx 0.3998 \approx 0.40$
Daraus folgt: $x_2 \approx 2\pi - x_1 \approx 5.88$ (Kosinus ist im IV. Quadranten positiv).
Wegen der Periode 2π sind alle $x \approx 0.40 + k \cdot 2\pi$ mit $k \in \mathbb{Z}$
und $x \approx 5.88 + k \cdot 2\pi$ mit $k \in \mathbb{Z}$ Lösungen.

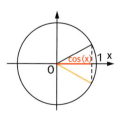

Tangensfunktion

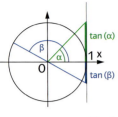

Fig. 1

Die **Tangensfunktion** wird ebenfalls am Einheitskreis definiert. Wie beim Tangens im rechtwinkligen Dreieck wird im Punkt (1|0) eine Tangente zum Kreis angelegt (vgl. S. 79). Die zu einem Winkel α gehörende Gerade durch den Nullpunkt schneidet die Tangente. Die y-Koordinate dieses Schnittpunktes liefert den Wert für den Tangens von α (Fig. 1).

Für α = 90° + k · 180° (k ∈ ℤ) ist die zugehörige Gerade parallel zur Tangente, es gibt keinen Schnittpunkt. Für diese Winkel ist die Tangensfunktion nicht definiert. Dasselbe gilt natürlich, wenn man den Winkel in Bogenmass angibt.

> Fasst man eine reelle Zahl x als Bogenmass eines Winkels auf, so ist dadurch die **Tangensfunktion** tan(x) für alle reellen Zahlen x, mit $x \neq \frac{\pi}{2} + k \cdot \pi$ (k ∈ ℤ), definiert.

Man kann am Einheitskreis optisch verfolgen, dass der Tangenswert zunächst von 0 beginnend immer grösser werden muss, um bei 90° bzw. bei $\frac{\pi}{2}$ ins positive Unendliche zu verschwinden. Sobald $\frac{\pi}{2}$ überschritten ist, kehrt der Schnittpunkt aus dem negativen Unendlichen zurück und nimmt bei π den Wert 0 an. Danach wiederholt sich der beschriebene Vorgang mit wachsendem Winkel immer wieder von Neuem. Fig. 2 zeigt den Graphen der Tangensfunktion.

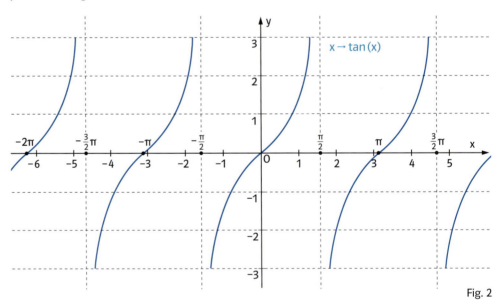

Fig. 2

Eigenschaften der Tangensfunktion

Eigenschaft	Für alle reellen Zahlen x, mit $x \neq \frac{\pi}{2} + k \cdot \pi$ (k ∈ ℤ), gilt
tan durch sin und cos ausdrücken	$\tan(x) = \frac{\sin(x)}{\cos(x)}$
tan ist periodisch mit Periodenlänge π	$\tan(x + k \cdot \pi) = \tan(x)$ mit k ∈ ℤ
Nullstellen	tan(x) = 0, wenn x = kπ

Beispiel
Für welche x im Bereich −5 < x < 5 gilt tan(x) = 2? Lies die Werte näherungsweise am Graphen der Tangensfunktion (Fig. 2, S. 194) ab und überprüfe sie mit dem Taschenrechner.
Lösung:
Die Parallele zur x-Achse im Abstand 2 schneidet die Tangenskurve in $x_1 \approx -2$, $x_2 \approx 1$ und $x_3 \approx 4$.
Der Taschenrechner liefert: $x_1 \approx 1{,}1$
Daraus folgt: $x_2 \approx 1{,}1 - \pi \approx -2$
$x_3 \approx 1{,}1 + \pi \approx 4{,}2$

Aufgaben

1 Fig. 1 verdeutlicht, wie man Funktionswerte der Sinusfunktion grafisch ermitteln und damit direkt Punkte des Graphen konstruieren kann. Zeichne auf diese Art den Graphen der Sinusfunktion in einem Koordinatensystem mit gleicher Einteilung auf beiden Achsen. Wähle als Einheit 2 cm.

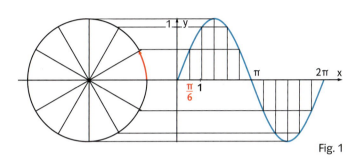
Fig. 1

2 Zeichne den Graphen der Kosinusfunktion wie in Aufgabe 1.

3 Zeichne den Graphen der Tangensfunktion im Bereich $0 \leq x \leq \pi$, indem du die Funktionswerte für $x = \frac{\pi}{12}; 2 \cdot \frac{\pi}{12}; \ldots; 5 \cdot \frac{\pi}{12}; 7 \cdot \frac{\pi}{12}; 8 \cdot \frac{\pi}{12}; \ldots; 11 \cdot \frac{\pi}{12}$ konstruierst.

4 Entnimm den Graphen aus den Aufgaben 1, 2 und 3 Näherungswerte für
$\sin\left(\frac{3}{4}\pi\right)$; $\sin\left(\frac{11}{4}\pi\right)$; $\cos\left(\frac{5}{4}\pi\right)$; $\sin(2{,}5)$; $\cos(8{,}7)$; $\sin\left(\frac{\pi}{3}\right)$; $\tan(1{,}5)$; $\tan\left(\frac{\pi}{4}\right)$.

5 Bestimme mit dem Taschenrechner. Runde auf Tausendstel.
a) $\cos(5{,}86)$ b) $\sin(-2{,}55)$ c) $\cos(-8{,}21)$ d) $\tan(1{,}5)$ e) $\tan(11)$

6 Bestimme die Funktionswerte ohne Taschenrechner.
a) $\sin(3\pi)$ b) $\cos(-3\pi)$ c) $\tan(3\pi)$ d) $\sin\left(\frac{\pi}{4}\right)$
e) $\cos\left(\frac{\pi}{4}\right)$ f) $\cos\left(-\frac{\pi}{3}\right)$ g) $\tan\left(\frac{\pi}{3}\right)$ h) $\sin\left(\frac{\pi}{6}\right)$

7 Bestimme ohne Taschenrechner alle reellen Zahlen x, für die gilt:
a) $\sin(x) = 0{,}5$ b) $\cos(x) = \frac{1}{2}\sqrt{2}$ c) $\tan(x) = 1$ d) $\cos(x) = -\frac{1}{2}\sqrt{3}$
e) $\cos(x) = 0{,}5$ f) $\cos(x) = -\frac{1}{2}$ g) $\tan(x) = \sqrt{3}$ h) $\sin(x) = -\frac{1}{2}\sqrt{3}$

8 Bestimme mithilfe des Taschenrechners auf drei Nachkommastellen gerundete Werte für alle reellen Zahlen x mit $0 \leq x \leq 2\pi$, für die gilt:
a) $\sin(x) = 0{,}9396$ b) $\sin(x) = 0{,}8192$ c) $\cos(x) = 0{,}6294$
d) $\cos(x) = -0{,}8870$ e) $\tan(x) = 100$ f) $\tan(x) = -13{,}2$

9 Bestimme alle reellen Zahlen x. Runde auf drei Nachkommastellen.
a) $\sin(x) = 0{,}63$ b) $\cos(x) = -0{,}55$ c) $\tan(x) = 9{,}8$

12.4 Die allgemeine Sinusfunktion x → a · sin(bx + c)

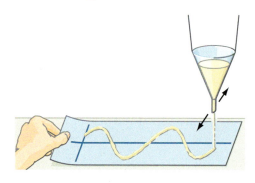

«Schau mal, was entsteht, wenn ich das Papier langsam unter dem pendelnden Sandtrichter ziehe.»
«Das sieht aus wie eine Sinuskurve.»
«Aber ich dachte, dass Sinuskurven immer durch den Ursprung gehen.»
«Na ja, vielleicht ist es eine Kosinuskurve.»
«Blödsinn, die fangen doch bei eins an.»

In Physik und Technik findet man oft periodische Vorgänge, deren zeitlicher Verlauf durch zur Sinuskurve ähnliche Graphen gekennzeichnet ist. Wie die Sinusfunktion x → sin x geeignet verändert werden kann, wird im Folgenden untersucht.

Funktionen der Form x → a · sin(x), x ∈ ℝ mit a ≠ 0

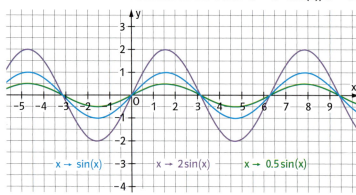

Für die Funktionen f: x → sin(x) und
                    g: x → a · sin(x) gilt:
g(x) = a · sin(x) = a · f(x)
Die Figur zeigt: Der Graph von g entsteht aus dem Graphen von f durch Streckung (|a| > 1) oder Stauchung (|a| < 1) in y-Richtung. Ist a < 0, so erfolgt noch eine zusätzliche Spiegelung an der x-Achse.
Die Zahl |a| gibt den grössten Funktionswert an und heisst **Amplitude**.
Für a ≠ 0 hat die Funktion x → a · sin(x) die Periode 2π wie die Funktion x → sin(x).

Funktionen der Form x → sin(b · x), x ∈ ℝ mit b > 0

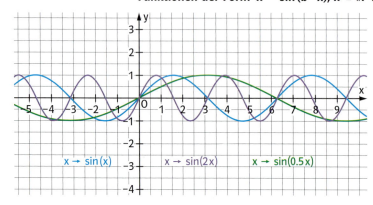

Für die Funktionen f: x → sin(x) und
                    g: x → sin(b · x) gilt:
$g\left(\frac{1}{b}x\right) = \sin\left(b \cdot \frac{1}{b}x\right) = f(x)$
Für b = 2 bedeutet das, dass die Funktion g den Funktionswert f(x) «bereits» an der Stelle $\frac{x}{2}$ annimmt.
Die Figur zeigt: Der Graph von g entsteht aus dem Graphen von f durch Stauchung (b > 1) oder Streckung (b < 1) in x-Richtung.
Die Periode der Funktion g ist $\frac{2\pi}{b}$.
Die Amplitude der Funktionen g und f ist 1.

Wegen sin(−x) = −sin(x) gilt für negative b (zum Beispiel: b = −2)
sin(−2x) = −sin(2x) und obige Aussagen lassen sich auf b < 0 übertragen.

Funktionen der Form $x \to \sin(x + c)$, $x \in \mathbb{R}$
Für die Funktionen f: $x \to \sin(x)$ und
g: $x \to \sin(x + c)$ gilt:
$g(x - c) = \sin(x - c + c) = f(x)$
Für zum Beispiel $c = \pi$ nimmt die Funktion g den Funktionswert $f(x)$ «bereits» an einer Stelle an, die um π links von x liegt.
Die Figur zeigt: Der Graph von g entsteht aus dem Graphen von f durch eine Verschiebung um c nach links ($c > 0$) oder rechts ($c < 0$). Man nennt c auch die **Phasenverschiebung**. Die Periode von g und f ist 2π, die Amplitude ist 1.

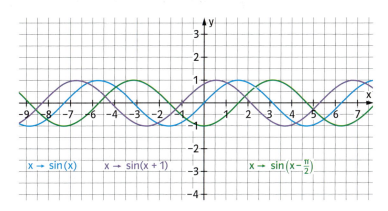

Im Folgenden sind die drei beschriebenen Veränderungen des Graphen der Sinusfunktion zusammengefasst:

Die Art der Veränderung des Graphen der Sinusfunktion $x \to \sin(x)$ ist an der Form der Funktionsgleichung erkennbar:

Strecken (oder Stauchen) in y-Richtung	Strecken (oder Stauchen) in x-Richtung	Verschieben in x-Richtung
$y = a \cdot \sin(x)$ ($a \neq 0$)	$y = \sin(b \cdot x)$ ($b > 0$)	$y = \sin(x + c)$
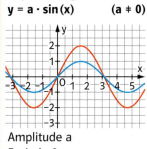	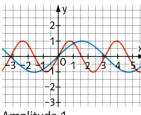	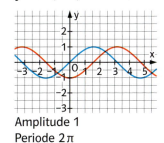
Amplitude a Periode 2π	Amplitude 1 Periode $\frac{2\pi}{b}$	Amplitude 1 Periode 2π

Oft ist es zur Beschreibung von zeitlich periodischen Vorgängen nötig, die drei vorher beschriebenen Veränderungen an der Sinuskurve zu kombinieren. Wenn der Term von der Form $x \to a \cdot \sin(bx + c)$ ist, formt man um: $x \to a \cdot \sin\left[b\left(x + \frac{c}{b}\right)\right]$
Die schrittweise Durchführung zeigt die folgende Figur am Beispiel
f: $x \to 2\sin(2x + \pi) = 2\sin\left[2\left(x + \frac{\pi}{2}\right)\right]$.

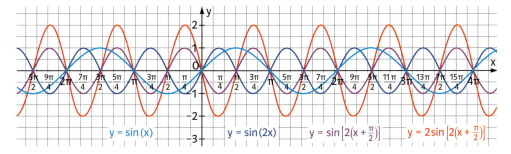

Es ist zweckmässig, bei den Veränderungen an der Sinusfunktion in der folgenden beschriebenen Reihenfolge vorzugehen.

*Da die Kosinuskurve die um $\frac{\pi}{2}$ nach links verschobene Sinuskurve ist, gelten die Aussagen für die **allgemeine Kosinusfunktion** entsprechend.*

Den Graphen der **allgemeinen Sinusfunktion** $x \to a \cdot \sin(bx + c) = a \cdot \sin\left[b\left(x + \frac{c}{b}\right)\right]$, $a \neq 0$, $b > 0$, $x \in \mathbb{R}$ kann man sich so aus dem Graphen der Sinusfunktion $x \to \sin(x)$ entstanden denken:

1. Stauchen (oder Strecken) der Sinuskurve in x-Richtung mit dem Faktor b, denn $\frac{2\pi}{b}$ ist die Periode (dunkelblauer Graph).
2. Verschiebung in x-Richtung um $\frac{c}{b}$ nach links bzw. für $c < 0$ nach rechts (violetter Graph).
3. Strecken (oder Stauchen) in y-Richtung mit dem Faktor $|a|$, denn $|a|$ ist die Amplitude (roter Graph).

Ist $a < 0$, muss noch an der x-Achse gespiegelt werden.

Beispiel 1

Die Intervallschreibweise [...] wird auf Seite 201 erklärt.

Bestimme Amplitude und Periode der Funktion $f: x \to \frac{1}{2}\sin(3x)$ und skizziere den Graphen im Intervall $\left[-\frac{\pi}{2}; \pi\right]$.

Lösung:
Amplitude: $a = \frac{1}{2}$ Periode: $\frac{2\pi}{b} = \frac{2\pi}{3}$

Schnittpunkte mit der x-Achse:

Tipp: Zum Skizzieren Nullstellen bestimmen.

$\sin(3x) = 0 \Leftrightarrow 3x = k \cdot \pi$ ($k \in \mathbb{Z}$)

$x = \frac{k \cdot \pi}{3}$ ($k = -1, 0, 1, 2, 3$)

$x_1 = -\frac{\pi}{3}$; $x_2 = 0$; $x_3 = \frac{\pi}{3}$; $x_4 = \frac{2\pi}{3}$; $x_5 = \pi$

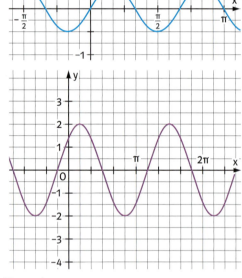

Beispiel 2

Bestimme für den nebenstehenden Graphen eine Funktionsgleichung der Form $y = a \cdot \sin(bx + c)$.

Lösung:

Amplitude: $a = 2$

Periode: $\frac{4}{3}\pi$ (Nullstellen bei $\frac{\pi}{2}$ und $\frac{7}{6}\pi$)

$\Rightarrow b = \frac{2\pi}{\frac{4}{3}\pi} = \frac{3}{2}$

Der Abstand zweier benachbarter Nullstellen ist gleich einer halben Periodenlänge.

Verschiebung: um $\frac{\pi}{6}$ nach links, da der Graph steigend die x-Achse bei $-\frac{\pi}{6}$ schneidet

$\Rightarrow \frac{b}{c} = \frac{\pi}{6} \Rightarrow c = \frac{\pi}{4}$

Funktionsgleichung: $y = 2\sin\left[\frac{3}{2}\left(x + \frac{\pi}{6}\right)\right] = 2\sin\left(\frac{3}{2}x + \frac{\pi}{4}\right)$

Aufgaben

1 Berechne die Funktionswerte der folgenden Funktionen für $x = 2$ $\left(5.4; -\frac{3}{2}; \frac{1}{3}\pi\right)$.

a) $x \to 3\sin(x)$ b) $x \to \sin\left(\frac{1}{2}x\right)$ c) $x \to 2\sin\left(-\frac{1}{2}x\right)$ d) $x \to 1.5\sin\left(2x + \frac{2}{3}\pi\right)$

2 Ein Oszilloskop zeigt eine sinusförmige Kurve der Amplitude 1.5; die Schnittpunkte mit der x-Achse sind bei 0.5; 2.1; 3.7. Bestimme die Funktionsgleichung.

3 Bestimme Amplitude und Periode der Funktionen und skizziere die Graphen im Intervall $[-\pi; 2\pi]$. Wähle eine passende Einheit auf der x-Achse und der y-Achse.
a) $x \to 2.5 \sin(x)$
b) $x \to -2 \cdot \sin(x)$
c) $x \to \sin(\frac{1}{3}x)$
d) $x \to \frac{1}{2}\sin(3x)$
e) $x \to \frac{2}{3}\sin(\frac{3}{4}x)$
f) $x \to 2\sin(\frac{\pi}{2}x)$
g) $x \to \cos(2x)$
h) $x \to -\frac{1}{2}\cdot\cos(\pi x)$

4 Bestimme Amplitude, Periode und Verschiebung. Für welche $x \in [-\pi; 2\pi]$ gilt $f(x)=0$? Zeichne mit einem Funktionsplotter die Graphen in diesem Intervall.
a) $x \to \sin(x+\frac{1}{2}\pi)$
b) $x \to 2\sin(x-2\pi)$
c) $x \to 2\sin(x)+3$
d) $x \to \frac{3}{2}\sin(2x-\frac{2}{3}\pi)$
e) $x \to \sin(x)-\frac{2}{3}\pi$
f) $x \to 2\sin(\frac{1}{2}x+\frac{1}{3}\pi)$
g) $x \to \cos(x)-1$
h) $x \to \frac{2}{3}\cos(2x+\frac{2}{3}\pi)$

Lösungssalat zu Aufgabe 3: (angegeben ist die Periode)

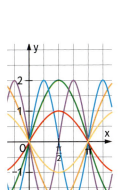

5 Schreibe den Funktionsterm in der Form $a \cdot \sin(bt+c)$. Bestimme dann Amplitude, Periode und Verschiebung.
a) $t \to 3\cos(t)$
b) $t \to 2\cos(\frac{2\pi}{5}\cdot t + 0.42)$
c) $t \to \frac{1}{2}\cos(2\pi\cdot t - \pi)$

6 Auf welche Weise unterscheiden sich die Funktionen $y=a\cdot\tan(x)$, $y=\tan(bx)$, $y=\tan(x-c)$ und $y=a\cdot\tan(bx-c)$ von der ursprünglichen Tangensfunktion $y=\tan(x)$? Gib jeweils auch Periode und Nullstellen an.

7 Gegeben ist die Funktion $x \to 2\sin(x)-1$.
a) Berechne die Funktionswerte für $x=\frac{\pi}{2}$ $(\frac{\pi}{4}; \frac{3}{2}\pi; 2)$.
b) Für welche x-Werte ($0 \le x < 2\pi$) ergibt sich der Funktionswert 0 $(1; \frac{1}{2}\sqrt{2})$?
c) Welches ist der grösste (kleinste) Funktionswert, den die Funktion annimmt?

8 Erläutere jeweils an den Graphen die folgenden Beziehungen.
a) $\sin x = \sin(\pi-x)$
b) $\cos x = \sin(\frac{1}{2}\pi - x)$

Welche Winkelfunktionen sind hier dargestellt?

9 Ordne den gezeichneten Graphen die passenden Funktionsgleichungen zu.

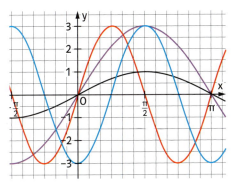
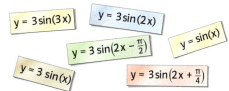

$y = 3\sin(3x)$
$y = 3\sin(2x)$
$y = 3\sin(2x - \frac{\pi}{2})$
$y = \sin(x)$
$y = 3\sin(x)$
$y = 3\sin(2x + \frac{\pi}{4})$

10 Erläutere anhand einer Skizze, wie sich die Graphen der Funktionen unterscheiden:
$f: x \to \sin(x)-2$ und $g: x \to \sin(x-2)$

11 Eine Sinusfunktion hat die Wertemenge $[-3; 3]$ und eine Nullstelle bei $x=\pi$. Bestimme eine passende Funktionsgleichung.

13 Allgemeine Eigenschaften von Funktionen

13.1 Der Begriff der Funktion

In einem Moor nahe der Küste wurden im Sommer und im Winter die Bodentemperaturen gemessen (Fig. 1).
Warum wurden die Achsenrichtungen für das Koordinatensystem so gewählt?
Welche Temperaturen herrschten im Sommer in 1 m, 2 m, 3 m, 4 m Tiefe?
Welche Probleme ergeben sich, wenn man der Temperatur im Sommer bzw. im Winter die Tiefe zuordnet?
Ab welcher Tiefe unterscheiden sich die Temperaturen im Sommer und im Winter nur wenig?

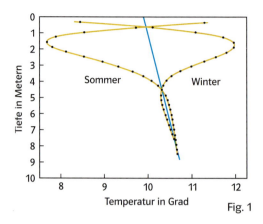

Fig. 1

Bei der mathematischen Beschreibung («Modellierung») einer Situation erhält man oft Zuordnungen zwischen Grössen. Dabei wird meist einem Wert x der einen Grösse **genau ein** Wert y der anderen Grösse zugeordnet. Dies ist zum Beispiel der Fall, wenn beim Laufen dem «zurückgelegten Weg» die «verstrichene Zeit» zugeordnet wird. Keine Eindeutigkeit liegt hingegen bei der Zuordnung von «gemessener Temperatur» zu «Tageszeit» vor.

> Eine Vorschrift, die jeder reellen Zahl aus einer Menge D **genau eine** reelle Zahl zuordnet, nennt man **Funktion**.

Bei Funktionen sind die folgenden Schreib- und Sprechweisen üblich.

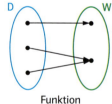

Funktion

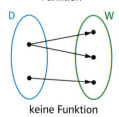

keine Funktion

f; g; A; ...   sind Bezeichnungen für Funktionen.

f(x) (lies: f von x)   bezeichnet diejenige Zahl, die f der Zahl x zuordnet. Man nennt sie den **Funktionswert von x** oder den **Funktionswert von f an der Stelle x**.

D_f ist die Menge aller x-Werte, auf die f angewendet werden darf; sie heisst **Definitionsmenge** der Funktion f. Fehlt bei einer Funktion die Angabe D_f, so ist stets die maximale Definitionsmenge gemeint.

W_f ist die Menge aller Funktionswerte; sie heisst **Wertemenge** von f. Es ist $W_f = \{f(x) \mid x \in D_f\}$.

f: x → x^2 (lies: f x Pfeil x^2)   drückt aus, dass mit f die **Funktionsvorschrift** «jedem x wird x^2 zugeordnet» gemeint ist. Man nennt x^2 den **Funktionsterm**.

f(x) = 2x − 1 oder **y = 2x − 1**   ist die **Funktionsgleichung**, die ausdrückt, dass die Funktionswerte mit dem Term 2x − 1 berechnet werden

Graph von f   ist die Menge aller Punkte P(x|y) in einem Koordinatensystem. Diese Punkte erfüllen die Gleichung y = f(x) des Graphen von f.

Die Definitionsmenge einer Funktion ist häufig ein sogenanntes **Intervall** I. Man schreibt:
[a; b] für $\{x \mid a \leq x \leq b\}$ und nennt dies ein abgeschlossenes Intervall,
]a; b[für $\{x \mid a < x < b\}$ und nennt dies ein offenes Intervall,
]a; b] für $\{x \mid a < x \leq b\}$ und nennt dies ein linksoffenes Intervall,
[a; b[für $\{x \mid a \leq x < b\}$ und nennt dies ein rechtsoffenes Intervall.
Analog wird $\pm\infty$ zur Bezeichnung unbeschränkter Intervalle benutzt. Man schreibt:
[a; ∞[für $\{x \mid x \geq a\}$,]a; ∞[für $\{x \mid x > a\}$,]$-\infty$; a] für $\{x \mid x \leq a\}$,]$-\infty$; a[für $\{x \mid x < a\}$.
Weiter wird vereinbart: $\mathbb{R}^+ = \;]0; \infty[$; $\mathbb{R}_0^+ = [0; \infty[$; $\mathbb{R}^- = \;]-\infty; 0[$; $\mathbb{R}_0^- = \;]-\infty; 0]$.

Das Zeichen ∞ für unendlich wurde 1655 von dem Engländer John Wallis (1616–1703) eingeführt. Vermutlich orientierte er sich dabei an dem spätrömischen Symbol ∞ für 1000. Die Schweizer Briefmarke zeigt das Zeichen neben einer Sanduhr, dem Symbol der endlos dahinfliessenden Zeit.

Beispiel 1
Gegeben ist die Funktion $f: x \rightarrow 3\sqrt{4-x^2}$.
a) Gib die Funktionswerte an den Stellen -1 und $\sqrt{3}$ an.
b) Berechne $f(0)$, $f(2)$ und $f\left(\frac{3}{2}\right)$.
c) Bestimme die maximale Definitionsmenge und die Wertemenge von f.
Lösung:
a) $f(-1) = 3\sqrt{4-(-1)^2} = 3\sqrt{3}$; $f(\sqrt{3}) = 3$.   b) $f(0) = 6$; $f(2) = 0$; $f\left(\frac{3}{2}\right) = \frac{3}{2}\sqrt{7}$
c) Maximale Definitionsmenge: Bedingung ist $4 - x^2 \geq 0$, also ist $D_f = [-2; 2]$.
Wertemenge: Der grösstmögliche Funktionswert ist $f(0) = 6$; der kleinstmögliche Funktionswert ist $f(-2) = 0$, also ist $W_f = [0; 6]$.

Beispiel 2 Intervalle
Gib die folgenden Mengen in Intervallschreibweise an.
a) $\{x \mid 3 < x \leq 4\}$ b) $\{x \mid 3 \leq x\}$ c) $\{x \mid x < -4\}$
d) $\{x \mid 2 < x \leq 4\} \cap \{x \mid 3 < x < 5\}$

Lösung:
a) $\{x \mid 3 < x \leq 4\} = \;]3; 4]$ b) $\{x \mid 3 \leq x\} = [3; \infty[$ c) $\{x \mid x < -4\} = \;]-\infty; -4[$
d) Schnittmenge: $\{x \mid 2 < x \leq 4\} \cap \{x \mid 3 < x < 5\} = \;]2; 4] \cap \;]3; 5[\; = \;]3; 4]$

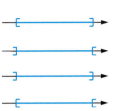

Aufgaben

1 Welche Punktmenge ist Graph einer Funktion $f: x \rightarrow f(x)$?

a) b) c) d)

e) f) g) h)

201

2 Drücke die Aussage in mathematischer Kurzschrift aus.
a) Durch die Funktion f wird der Zahl 3 die Zahl 10 zugeordnet.
b) Die Funktion g nimmt an der Stelle 5 den Funktionswert 12 an.
c) Die Zahl 3 gehört nicht zur Definitionsmenge der Funktion f.
d) Die Funktion f ordnet der Zahl 4 einen grösseren Funktionswert zu als der Zahl 5.
e) Die Funktionen f und g nehmen für x = 2 denselben Funktionswert an.
f) Alle Funktionswerte der Funktion g sind positiv.

3 Welche Aussage ist falsch? Begründe.
a) Eine Parallele zur x-Achse kann nicht Graph einer Funktion sein.
b) Eine Parallele zur y-Achse kann nicht Graph einer Funktion sein.
c) Jede Parallele zur x-Achse hat mit dem Graphen einer beliebigen Funktion höchstens einen Punkt gemeinsam.
d) Jede Parallele zur y-Achse hat mit dem Graphen einer beliebigen Funktion höchstens einen Punkt gemeinsam.

4 Gib die maximale Definitions- und Wertemenge an.
a) $x \to 3x - 0.5$
b) $x \to x^2 + 1$
c) $x \to 3^x$
d) $x \to \frac{1}{x}$
e) $x \to \frac{1}{3-x}$
f) $x \to \sin(x)$
g) $x \to \sqrt{x-3}$
h) $x \to \frac{1}{x-3}$

5 Gib die folgenden Mengen in Intervallschreibweise an und veranschauliche sie anschliessend an der Zahlengeraden.
a) $\{x \mid -1 \leq x \leq 2.5\}$
b) $\{x \mid -6 \leq x < -5\}$
c) $\{x \mid x > -5\}$
d) $\{x \mid x < 2\}$
e) $\{x \mid 0 < x < 4\} \cap \{x \mid -2 < x \leq 1\}$
f) $\{x \mid 0 < x < 4\} \cup \{x \mid -2 < x \leq 1\}$

Systolischer Blutdruck: Druck beim Zusammenziehen der Hauptkammern des Herzmuskels. Diastolischer Blutdruck: Druck beim Erschlaffen des Herzmuskels.

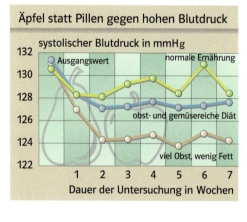

6 In einer englischen Studie wurde der Einfluss der Ernährung auf den Blutdruck untersucht.
a) Ist es sinnvoll, bei den Graphen die einzelnen Messpunkte miteinander zu verbinden?
b) Gib für die drei dargestellten Funktionen jeweils die Definitionsmenge und die Wertemenge an.
c) Warum beginnt die Hochachse nicht mit dem Wert 0?
d) Um wie viel Prozent sank der Blutdruck bei der Diät «viel Obst, wenig Fett» im Verlauf der Studie?

7 h ist die Funktion, die jeder natürlichen Zahl n die Anzahl der Primzahlen zuordnet, die kleiner oder gleich n sind.
a) Stelle für n = 1; 2; ...; 20 eine Wertetabelle auf. Zeichne den Graphen.
b) Für welche $n \in \mathbb{N}$ gilt h(n) = 11?

8 Durch folgende Vorschrift wird eine Funktion f mit $D_f = \mathbb{N}$ definiert:
$f(0) = 1$; $f(n) = 2 \cdot f(n-1)$
a) Berechne die Funktionswerte f(n) für $1 \leq n \leq 5$.
b) Gib eine Termdarstellung der Funktion f an.

13.2 Symmetrie von Funktionsgraphen

In der Abbildung wurden die Graphen von f und g für negative x-Werte verdeckt. Einer der beiden Graphen ist achsensymmetrisch zur y-Achse, einer ist punktsymmetrisch zum Ursprung O(0|0). Wie verlaufen die Graphen für negative x-Werte?

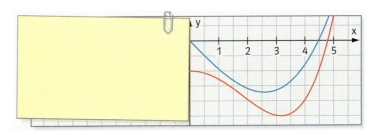

Häufig interessiert man sich dafür, ob Funktionsgraphen besondere Symmetrieeigenschaften aufweisen:

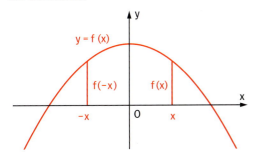 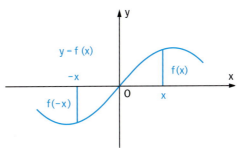

Ist der Graph einer Funktion f achsensymmetrisch bezüglich der y-Achse, so besitzen gleich weit vom Nullpunkt entfernte x-Werte stets den gleichen Funktionswert, das heisst es gilt:

$f(x) = f(-x)$

Ist der Graph einer Funktion g punktsymmetrisch bezüglich des Koordinatenursprungs, so besitzen gleich weit vom Nullpunkt entfernte x-Werte stets den betragsgleichen Funktionswert mit unterschiedlichem Vorzeichen, das heisst es gilt:

$f(x) = -f(-x)$

Diese Beziehungen ermöglichen es, Symmetrieeigenschaften von Funktionsgraphen allein anhand der Funktionsterme zu erkennen.

Gilt für eine Funktion f mit der Definitionsmenge D_f für alle $x \in D_f$
  $f(-x) = f(x)$,
so ist der Graph von f **achsensymmetrisch** bezüglich der y-Achse.
f heisst dann **gerade Funktion**.

Gilt für eine Funktion f mit der Definitionsmenge D_f für alle $x \in D_f$
  $f(-x) = -f(x)$,
so ist der Graph von f **punktsymmetrisch** bezüglich des Koordinatenursprungs.
f heisst dann **ungerade Funktion**.

Eine Funktion, wie zum Beispiel

$f(x) = 5x^5 - 17x^3 + 2x^2 + 1$,

*die aus einer Summe von Potenzfunktionen mit natürlichen Exponenten besteht, bezeichnet man als **Polynomfunktion** oder **ganzrationale Funktion**.*

Beispiel 1

Untersuche die folgenden Polynomfunktionen auf Symmetrie.

a) $g(x) = -x^8 + 3x^2 + 5$ b) $h(x) = -2x^5 - 4x^3 + 5x$

Lösung:

Bei der Symmetrieuntersuchung ersetzt man in der Gleichung der Funktion das Argument x durch −x.

a) $g(-x) = -(-x)^8 + 3(-x)^2 + 5 = -x^8 + 3x^2 + 5 = g(x)$

Also ist der Graph von g achsensymmetrisch bezüglich der y-Achse.

b) $h(-x) = -2(-x)^5 - 4(-x)^3 + 5(-x) = -2(-x^5) - 4(-x^3) - 5x = 2x^5 + 4x^3 - 5x$
$= -(-2x^5 - 4x^3 + 5x) = -h(x)$

Also ist der Graph von h punktsymmetrisch bezüglich des Koordinatenursprungs.

Beispiel 2

Untersuche den Graphen von f auf Symmetrie zur y-Achse bzw. zum Ursprung.

a) $f(x) = \frac{x}{x^3 + x}$ b) $f(x) = 2^x + x$

Lösung:

a) $f(-x) = \frac{-x}{(-x)^3 + (-x)} = \frac{-x}{-x^3 - x} = \frac{(-1) \cdot x}{(-1) \cdot (x^3 + x)} = \frac{x}{x^3 + x} = f(x)$

Der Graph von f ist symmetrisch zur y-Achse.

b) 1. Möglichkeit: $f(-x) = 2^{-x} - x$. Das Ergebnis entspricht weder $f(x)$ noch $-f(x)$, der Graph von f ist also weder zur y-Achse noch zum Ursprung symmetrisch.

2. Möglichkeit (Gegenbeispiel): Es gilt $f(-1) = \frac{1}{2} - 1 = -\frac{1}{2}$ und $f(1) = 2 + 1 = 3$; also $f(-1) \neq f(1)$ und $f(-1) \neq -f(1)$.

Aufgaben

1 Skizziere den Graphen der angegebenen Funktion. Untersuche rechnerisch, ob der Graph Symmetrieeigenschaften besitzt.

a) $f: x \to \sin(x)$
b) $f: x \to \cos(x)$
c) $g: x \to \frac{1}{x}$
d) $g: x \to \frac{1}{x^2}$
e) $h: x \to 2x^2 - 1$
f) $h: x \to 1.5^x$
g) $f: x \to 2x + 1$
h) $f: x \to 1.8$
i) $g: x \to x^3$
j) $g: x \to -0.8x$
k) $h: x \to \frac{1}{x-1}$
l) $h: x \to \frac{1}{x^2 - 1}$
m) $f: x \to 1 + \sin(x)$
n) $f: x \to 1 + \cos(x)$

2 Untersuche die folgenden Polynome auf ihre Symmetrieeigenschaften. Kannst du eine allgemeine Regel aufstellen?

a) $f(x) = 13x^6 - 0.5x^4 - 9x^2 - 12$
b) $g(x) = 5x^5 + x^3$
c) $h(x) = 5x^5 + x^2$
d) $k(x) = 5x^5 + x^3 - 1$

3 Entscheide rechnerisch, ob die Funktion einen bezüglich der y-Achse achsensymmetrischen oder einen bezüglich des Koordinatenursprungs punktsymmetrischen Graphen besitzt.

a) $f(x) = x(2x - 1)$
b) $g(x) = \frac{2}{x^2 + 1}$
c) $f(x) = 0.25x^2 \cdot \sin(x)$
d) $f(x) = |x|$
e) $g(x) = (x-1)(x^2+1)$
f) $f(x) = \cos(x) - 2x$

4 a) Begründe, warum eine ungerade Funktion immer eine ungerade Anzahl an Nullstellen besitzt.

b) Begründe, warum eine gerade Funktion eine gerade, aber auch eine ungerade Zahl an Nullstellen besitzen kann. Gib ein einfaches Unterscheidungsmerkmal zwischen den beiden Fällen an.

13.3 Monotonie

Zur Vorbereitung auf eine Mountainbike-Tour betrachten Hans und Reto das Höhenprofil eines Berges.
Hans: «Bis zum Gipfel geht es ja ständig rauf und runter.»
Reto: «Das ist mir aber lieber, als wenn es nur monoton bergauf geht.»

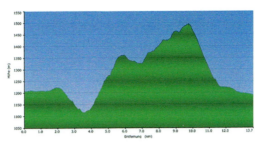

Der Gesamteindruck des Graphen einer Funktion ist oft geprägt durch Abschnitte, in denen mit wachsenden x-Werten die zugehörigen Funktionswerte $f(x)$ nur zu- oder abnehmen.
So zeigt der Graph der Funktion f mit $f(x) = x^2$, dass für $x > 0$ die Funktionswerte $f(x)$ zunehmen, wenn die x-Werte grösser werden. Dafür schreibt man kurz:
Für $0 < x_1 < x_2$ gilt $f(x_1) < f(x_2)$.
Dagegen nehmen für $x < 0$ die Funktionswerte mit wachsenden x-Werten ab.

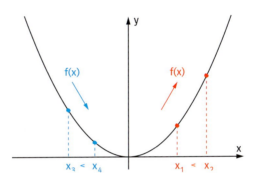

Die Funktion f sei in einem Intervall I definiert. Wenn für alle $x_1, x_2 \in I$ mit $x_1 < x_2$ gilt:
$f(x_1) \leq f(x_2)$, $\qquad$ $f(x_1) \geq f(x_2)$,
so heisst f in I **monoton wachsend**. $\qquad$ so heisst f in I **monoton fallend**.
Ist die Gleichheit ausgeschlossen, so heisst f in I
streng monoton wachsend. $\qquad$ **streng monoton fallend**.

Beispiel
Untersuche mithilfe der Definition die Funktion f mit $f(x) = 2^x$ auf Monotonie.
Lösung:
Sind x_1, x_2 reelle Zahlen mit $x_1 < x_2$, dann ist $x_2 = x_1 + d$ mit $d > 0$. Für die Funktionswerte gilt: $f(x_2) = 2^{x_2} = 2^{x_1 + d} = 2^{x_1} 2^d$. Für $d > 0$ ist $2^d > 1$. Also gilt: $f(x_2) = 2^{x_1} 2^d > 2^{x_1} = f(x_1)$.
f ist deshalb streng monoton wachsend in $\mathbb{R}$.

Aufgaben

1 Ermittle in Fig. 1, Fig. 2 und 3 jeweils möglichst grosse Intervalle, in denen f monoton ist.

2 Gib die Intervalle an, in denen die Funktion f monoton wachsend bzw. monoton fallend ist, ohne den Graphen zu erstellen.
a) $f(x) = x^2$ $\quad$ b) $f(x) = x^4$ $\quad$ c) $f(x) = x^5$ $\quad$ d) $f(x) = x$ $\quad$ e) $f(x) = \sqrt{x}$
f) $f(x) = \sin(x)$ $\quad$ g) $f(x) = -x^3$ $\quad$ h) $f(x) = \cos(x)$ $\quad$ i) $f(x) = \frac{1}{x}$ $\quad$ j) $f(x) = -\frac{1}{x^2}$

3 Die angegebenen Vorgänge lassen sich durch die Abhängigkeit von Grössen beschreiben. Stelle diese Abhängigkeiten näherungsweise grafisch dar. Zeigt sich dabei Monotonie?
a) Kosten eines Telefongesprächs $\qquad$ b) Tankinhalt eines Autos während der Fahrt
c) Wachsen eines Grashalms $\qquad$ d) Freier Fall eines Gegenstandes

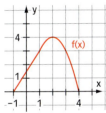

Fig. 1

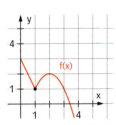

Fig. 2

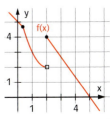

Fig. 3

13.4 Die Umkehrfunktion

Bei welchen der folgenden Zuordnungen ist die Umkehrung eindeutig?
a) Jedem Buchtitel ist eine ISBN-Codierung zugeordnet.
b) Jedem Schüler/Jeder Schülerin ist in einer Französischprüfung eine Note zugeordnet.
c) Jedem Menschen ist ein genetischer Fingerabdruck zugeordnet.

Bei einer Funktion $f: x \to f(x)$ wird jedem x-Wert aus der Menge D_f genau ein Funktionswert $f(x)$ zugeordnet. Anhand zweier Funktionen mit gleichem Funktionsterm, aber verschiedenen Definitionsmengen wird im Folgenden untersucht, ob die sogenannte **umgekehrte Zuordnung** $f(x) \to x$ ebenfalls eine Funktion ist.

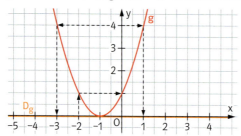 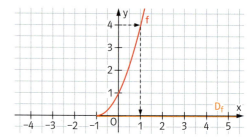

Bei der Funktion $g: x \to (x+1)^2$ mit $D_g = \mathbb{R}$ wird jedem $x \in D_g$ eindeutig ein Funktionswert $g(x) \in W_g$ zugeordnet; zum Beispiel $-2 \to 1$.

Bei der Funktion $f: x \to (x+1)^2$ mit $D_f = [-1; \infty[$ wird jedem $x \in D_f$ eindeutig ein Funktionswert $f(x) \in W_f$ zugeordnet; zum Beispiel $-1 \to 0$.

x	−3	−2	−1	0	1
g(x)	4	1	0	1	4

x	−1	0	1
f(x)	0	1	4

Geht man umgekehrt vom Funktionswert 4 aus, wird man nicht zu einem eindeutig bestimmten x-Wert geführt: Sowohl −3 als auch 1 kommen infrage. Die **umgekehrte Zuordnung** ist damit **keine Funktion**.

Ausgehend vom Funktionswert 4 findet man nur den x-Wert 1. Auch für alle anderen Zahlen aus der Wertemenge findet man eindeutig einen x-Wert. Damit ist in diesem Fall die **umgekehrte Zuordnung** wieder **eine Funktion**.

Eine Funktion $f: x \to f(x)$ mit der Definitionsmenge D_f und der Wertemenge W_f heisst **umkehrbar**, falls es zu jedem $y \in W_f$ genau ein $x \in D_f$ mit $f(x) = y$ gibt.
Ist eine Funktion umkehrbar, so ist die umgekehrte Zuordnung eine Funktion. Diese heisst **Umkehrfunktion** von f und wird mit f^{-1} bezeichnet.

Eine Wertetabelle von f^{-1} erhält man aus der Wertetabelle von f durch Tauschen der Zeilen:

x	0	1	4
$f^{-1}(x)$	−1	0	1

Für jeden Punkt P(a|b) des Graphen von f ergibt sich also durch Vertauschen der Koordinaten ein Punkt P'(b|a) des Graphen von f^{-1}. Somit sind $P(a|b) \in G_f$ und $P'(b|a) \in G_{f^{-1}}$ **symmetrisch bezüglich der Winkelhalbierenden** des I. und III. Quadranten. Die Definitionsmenge der Umkehrfunktion ist W_f, ihre Wertemenge ist D_f, kurz: $D_{f^{-1}} = W_f$ und $W_{f^{-1}} = D_f$.

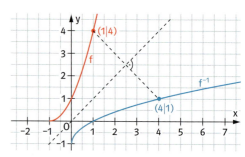

Im Folgenden wird gezeigt, wie man den Funktionsterm der Funktion f^{-1} bestimmen kann:

f ordnet jedem x einen Wert y zu: $\quad f: x \to y = f(x) = (x + 1)^2$

f^{-1} ordnet jedem $y = f(x)$ den Wert x zu: $\quad f^{-1}: y \to x$

Hierbei erhält man x aus y durch Auflösen der Funktionsgleichung von f nach x:
$$y = (x + 1)^2 \Rightarrow \sqrt{y} = x + 1 \quad \text{(für } x \geq -1\text{)}$$
$$\Rightarrow \sqrt{y} - 1 = x = f^{-1}(y)$$

In dieser Darstellung ist x der Funktionswert von f^{-1}, welcher y zugeordnet wird. Um die für Funktionen übliche Darstellung $x \to y$ zu erhalten, müssen also die Variablen x und y getauscht werden: $\sqrt{x} - 1 = y = f^{-1}(x)$

Bestimmen des Funktionsterms der **Umkehrfunktion** $f^{-1}(x)$:
1. Auflösen der Funktionsgleichung $\quad y = (x + 1)^2$
   von f nach x. $\quad\quad\quad\quad\quad\quad\quad\quad \Rightarrow x = \sqrt{y} - 1$
2. Vertauschen von x und y, wobei y nun für den Funktionswert von f^{-1} steht. $\quad y = \sqrt{x} - 1 = f^{-1}(x)$

Falls es zu einem y-Wert y_0 mindestens zwei Werte x_1 und x_2 mit $f(x_1) = f(x_2) = y_0$ gibt, ist f **nicht umkehrbar**.

Am Graphen lässt sich die Umkehrbarkeit von f daran erkennen, dass jede Parallele zur x-Achse den Graphen von f höchstens einmal schneidet. Dies ist sicher der Fall, wenn f streng monoton zunehmend oder streng monoton abnehmend ist. Daraus ergibt sich:

g ist jedoch in einzelnen Intervallen, wie zum Beispiel in [a; b] umkehrbar.

Ist eine Funktion **streng monoton**, so ist sie **umkehrbar**.

Beispiel
Ist die gegebene Funktion umkehrbar? Bestimme gegebenenfalls den Funktionsterm von f^{-1}, die Definitionsmenge $D_{f^{-1}}$ und skizziere die Graphen von f und f^{-1}.
a) $f(x) = \frac{3}{x-1}$; $D_f =]1; \infty[$
b) $f(x) = x^3 - x$; $x \in \mathbb{R}$

Lösung:
a) Aus $x_1 < x_2$ folgt $f(x_1) > f(x_2)$, denn:
$x_1 < x_2 \Rightarrow x_1 - 1 < x_2 - 1 \Rightarrow \frac{1}{x_1 - 1} > \frac{1}{x_2 - 1} \Rightarrow \frac{3}{x_1 - 1} > \frac{3}{x_2 - 1} \Rightarrow f(x_1) > f(x_2)$

Also ist f streng monoton fallend und damit in D_f umkehrbar.

Auflösen der Gleichung $y = \frac{3}{x-1}$ nach x:
$x - 1 = \frac{3}{y} \quad\quad\quad \Rightarrow x = \frac{3}{y} + 1$
Variablentausch: $y = \frac{3}{x} + 1$
Also $f^{-1}(x) = \frac{3}{x} + 1$ mit $D_{f^{-1}} = W_f = \mathbb{R}^+$.

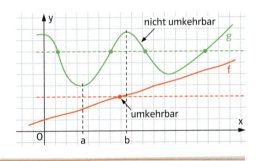

Hinweise:
Für die Skizzen kann man zum Beispiel Wertetabellen benutzen. Am Graphen G_f lässt sich W_f leicht ablesen.

Skizze zu b):

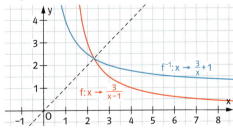

b) Es gilt zum Beispiel $f(-1) = f(1) = 0$. Deshalb ist f nicht umkehrbar.
Alternative Begründung (vgl. Skizze des Graphen G_f am Rand): Die x-Achse (oder eine geeignete Parallele zu ihr) schneidet den Graphen mehrfach.

Aufgaben

1 Welche der folgenden Graphen gehören zu einer umkehrbaren Funktion? Begründe.

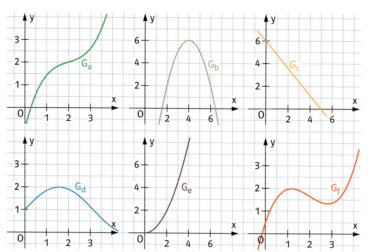

2 Zeige, dass f umkehrbar ist.
a) $f: x \rightarrow x^3 + x;\ x \in \mathbb{R}$
b) $f: x \rightarrow \frac{2}{x+1};\ x \neq -1$
c) $f: x \rightarrow \frac{5}{x-2};\ x > 2$
d) $f: x \rightarrow x - \frac{2}{x};\ x > 0$

3 Untersuche die Funktion auf Umkehrbarkeit. Schränke gegebenenfalls den Definitionsbereich so ein, dass die Funktion dann umkehrbar ist.
a) $f: x \rightarrow -x^2 + 3;\ x > 1$
b) $f: x \rightarrow -x^2 + 5;\ x \in \mathbb{R}$
c) $f: x \rightarrow 1 + \sin x;\ x \in [0;\pi]$
d) $f: x \rightarrow 0{,}5 x^3 + 3x - 5;\ x \in \mathbb{R}$
e) $f: x \rightarrow x^3 - 2x^2 + 3;\ x \in \mathbb{R}$
f) $f: x \rightarrow \frac{1}{1 + x^2};\ x \in \mathbb{R}$

4 Zeige, dass die Funktion f umkehrbar ist. Bestimme die Umkehrfunktion f^{-1}. Gib $D_{f^{-1}}$ und $W_{f^{-1}}$ an.
a) $f: x \rightarrow \frac{2}{x-3};\ x > 3$
b) $f: x \rightarrow \frac{4}{x-2};\ x < 2$
c) $f: x \rightarrow 4 - \frac{6}{x};\ x < 0$
d) $f: x \rightarrow (x-3)^2;\ x \geq 3$

5 a) Welche linearen Funktionen $f: x \rightarrow mx + t$ (mit $m, t \in \mathbb{R}$ und $D_f = \mathbb{R}$) sind umkehrbar?
b) Welche Potenzfunktionen $f: x \rightarrow x^n$ (mit $n \in \mathbb{N}$ und $D_f = \mathbb{R}$) sind umkehrbar? Begründe.

6 Welche Bedingungen müssen die Koeffizienten a und b erfüllen, damit die Funktion $f: x \rightarrow ax^3 + bx$ $(a, b \in \mathbb{R})$ umkehrbar ist?

7 Begründe die Aussage oder widerlege sie durch ein Gegenbeispiel.
a) Ist eine Polynomfunktion gerade, dann ist sie nicht umkehrbar.
b) Ist eine Polynomfunktion nicht umkehrbar, so ist sie gerade.
c) Jede umkehrbare Funktion ist monoton.

8 Eine Funktion f besitzt die Funktionsgleichung $y = mx + t$. Welche Bedingungen müssen m und t erfüllen, damit $f(x) = f^{-1}(x)$ mit $D_f = D_{f^{-1}} = \mathbb{R}$ gilt? Beschreibe die Lage der entsprechenden Funktionsgraphen.

13.5 Neue Funktionen aus alten Funktionen: Produkt, Quotient, Verkettung

Für die Umrechnung einer Temperaturangabe von der Kelvin-Skala in die Celsius-Skala gilt die Vorschrift $c(k) = k - 273$.
Für die Umrechnung einer Temperaturangabe von der Celsius-Skala in die Fahrenheit-Skala gilt die Vorschrift $f(c) = 1.8c + 32$.
Damit kann man jede Temperaturangabe der Kelvin-Skala in zwei Schritten auch in Grad Fahrenheit umrechnen. Geht dies noch einfacher?

Aus zwei gegebenen Funktionen u und v kann man durch die vier Grundrechenarten Addition, Subtraktion, Multiplikation und Division neue Funktionen $u + v$, $u - v$, $u \cdot v$ und $\frac{u}{v}$ bilden.
Ist $u(x) = x^2 + 1$ und $v(x) = x - 2$, dann heisst die Funktion

$u + v$	mit $(u + v)(x) = u(x) + v(x) = x^2 + x - 1$	$(x \in \mathbb{R})$	**Summe** von u und v,
$u - v$	mit $(u - v)(x) = u(x) - v(x) = x^2 - x + 3$	$(x \in \mathbb{R})$	**Differenz** von u und v,
$u \cdot v$	mit $(u \cdot v)(x) = u(x) \cdot v(x) = (x^2 + 1) \cdot (x - 2)$	$(x \in \mathbb{R})$	**Produkt** von u und v,
$\frac{u}{v}$	mit $\left(\frac{u}{v}\right)(x) = \frac{u(x)}{v(x)} = \frac{x^2 + 1}{x - 2}$	$(x \in \mathbb{R}\setminus\{2\})$	**Quotient** von u und v.

Beim Quotienten muss $v(x) \neq 0$ sein.

Es gibt noch weitere Möglichkeiten zur Bildung neuer Funktionen. Eine solche vielseitig nutzbringende Möglichkeit zeigt die folgende Anwendungssituation.

Der Preis eines Zaunes beträgt 80 Fr. pro Meter. Für einen Zaun der Länge u bezahlt man somit den Preis: $p(u) = u \cdot 80$ (in Fr.) (Fig. 1). Soll ein quadratisches Grundstück mit dem Flächeninhalt x mit einem Zaun umgeben werden, so ergibt sich der Umfang zu $u(x) = 4 \cdot \sqrt{x}$ (Fig. 2). Will man den Preis des Zaunes für ein quadratisches Grundstück der Grösse 625 m² bestimmen, so berechnet man zunächst dessen Umfang u und setzt diesen Wert für die Funktionsvariable u der Funktion p ein. Mit $u(625) = 4 \cdot 25 = 100$ erhält man also $p(100) = 8000$. Damit beträgt der Preis 8000 Fr. Man schreibt dafür auch kürzer: $p(u(625)) = p(100) = 8000$

$u = 4s = 4\sqrt{x}$

Flächengrösse x

Seitenlänge s

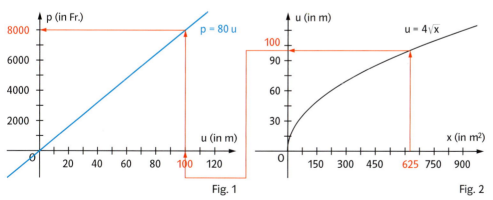

Fig. 1   Fig. 2

Auf diese Weise lässt sich der Preis der Umzäunung zu jeder quadratischen Fläche x angeben:
$$p(u(x)) = 80 \cdot u(x) = 80 \left(4 \cdot \sqrt{x}\right) = 320 \cdot \sqrt{x}$$
In der Funktion p wird die Variable u durch den Term $u(x)$ ersetzt. Die neue Funktion $x \to p(u(x))$ bezeichnet man als **Verkettung** der Funktionen p und u und schreibt dafür $p \circ u$.

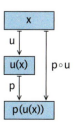

u(v(x)) bedeutet:
In u(x) wird für x der Term v(x) eingesetzt.
v(u(x)) bedeutet:
In v(x) wird für x der Term u(x) eingesetzt.

Gegeben sind die Funktionen u und v.
Die Funktion u∘v mit (u∘v)(x) = u(v(x)) heisst **Verkettung** von u und v.
Dabei wird im Funktionsterm der Funktion u jedes x durch v(x) ersetzt.

Bei der Verkettung x → u(v(x)) nennt man v die «innere» und u die «äussere» Funktion. Bildet man mit u(x) = $\sqrt{x}$ und v(x) = 2x + 1 die Funktion u∘v, so ist v(x) = 2x + 1 die innere und u(v) = $\sqrt{v}$ die äussere Funktion. Es gilt: u(v(x)) = $\sqrt{v(x)}$ = $\sqrt{2x+1}$
Bildet man dagegen v∘u, so ist u(x) = $\sqrt{x}$ die innere und v(u) = 2u + 1 die äussere Funktion. In diesem Fall gilt: v(u(x)) = 2 · $\sqrt{x}$ + 1

Das Verketten von Funktionen ist also nicht kommutativ, das heisst, es gilt im Allgemeinen nicht u∘v = v∘u.

Beispiel 1 Verketten zweier gegebener Funktionen
Gegeben sind die Funktionen u mit u(x) = sin(x) und v(x) = $\frac{1}{2x}$.
Bestimme u∘v und v∘u.
Lösung:
u(v(x)) = sin(v(x)) = sin$\left(\frac{1}{2x}\right)$. Somit ist u∘v: x → sin$\left(\frac{1}{2x}\right)$.
v(u(x)) = $\frac{1}{2u(x)}$ = $\frac{1}{2\sin(x)}$. Somit ist v∘u: x → $\frac{1}{2\sin(x)}$.

Beispiel 2 Zerlegen einer Funktion
a) Gegeben ist die Funktion f mit f(x) = (2x² − 1)⁴. Bestimme die Funktionen u und v mit u∘v = f.
b) Man kann die Funktion f mit f(x) = $\frac{1}{(x+3)^2}$ auf mehrere Arten zerlegen. Gib zwei mögliche Zerlegungen an.
Lösung:
a) Innere Funktion v(x) = 2x² − 1; äussere Funktion u(x) = x⁴.
Damit ist u(v(x)) = (v(x))⁴ = (2x² − 1)⁴.
b) 1. Möglichkeit: Mit v(x) = x + 3 und u(v) = $\frac{1}{v^2}$ ergibt sich u(v(x)) = $\frac{1}{(x+3)^2}$.
2. Möglichkeit: Mit v(x) = (x + 3)² und u(v) = $\frac{1}{v}$ ergibt sich u(v(x)) = $\frac{1}{(x+3)^2}$.

Ist der Funktionsterm f(x)

– eine Potenz, so ist die äussere Funktion eine Potenz,

– eine Wurzel, so ist die äussere Funktion eine Wurzel,

– ein Sinus, so ist die äussere Funktion ein Sinus,

– ...

Aufgaben

1 Bilde u + v; u·v; u∘v; w·v und w∘v für u(x) = x²; v(x) = x + 2 und w(x) = $\sqrt{x}$.

2 Berechne für u(x) = 1 − 3x und v(x) = 1 + 2x²
a) u(v(0)) b) v(u(0)) c) u(v(1)) d) v(v(2))
e) (u∘v)(3) f) (v∘u)(3) g) (u∘u)(−2) h) (v∘v)(−2).

3 Bilde f(x) = u(v(x)) und g(x) = v(u(x)) mit den Termen u(x) und v(x).
a) u(x) = 1 + x; v(x) = 3x + 4 b) u(x) = 2 + x; v(x) = x²
c) u(x) = 1 − x²; v(x) = (1 − x)² d) u(x) = x² + 1; v(x) = $\frac{1}{x-1}$

4 Die Funktion f kann als Verkettung u∘v aufgefasst werden. Gib geeignete Funktionen u und v an.
a) f(x) = (2 − x)³ b) f(x) = 2 − x³ c) f(x) = $\frac{1}{x^2-1}$
d) f(x) = $\frac{1}{x^2}$ − 1 e) f(x) = sin²(x) f) f(x) = sin(x²)

III Vektorgeometrie

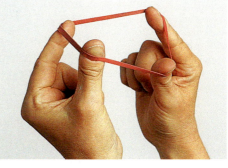

Inhalt

- Rechnen mit Vektoren
- Skalarprodukt und Vektorprodukt
- Vektorielle Darstellung von Geraden und Ebenen
- Lagebeziehungen
- Abstände und Winkel
- Gleichungen von Kreis und Kugel

14 Vektoren

14.1 Der Begriff des Vektors in der Geometrie

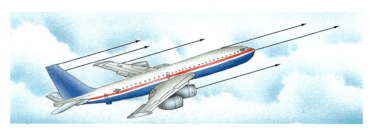

▬▬ Vergleiche die Pfeile am Flugzeug miteinander. Welche physikalische Grösse wird vermutlich durch die Pfeile symbolisiert? Wie viele Pfeile müssen hierzu mindestens gezeichnet werden? Welche Informationen kann man durch die Pfeile mitteilen? Welche Angabe fehlt dazu noch? ▬▬

In unserer Umwelt gibt es Grössen, die nur durch eine Masszahl (mit Einheit) bestimmt sind (zum Beispiel Länge, Zeit, Temperatur). Diese nennt man ungerichtete oder, da sie auf einer Skala ablesbar sind, **skalare** Grössen.

Bei anderen Grössen reicht die Angabe einer Masszahl nicht aus. Ist man zum Beispiel mit einem Flugzeug unterwegs, dann ist es im Hinblick auf das Flugziel nicht nur wichtig zu wissen, wie schnell, sondern auch, in welche Richtung man fliegt. Die Geschwindigkeit ist also eine Grösse, die ausser ihrer Masszahl noch der Angabe ihrer Richtung bedarf, um vollständig bestimmt zu sein. Solche Grössen nennt man gerichtete oder **vektorielle** Grössen (zum Beispiel Kraft, Geschwindigkeit, Beschleunigung, Drehmoment, Verschiebung). Zu ihrer mathematischen Darstellung verwendet man den Begriff des **Vektors**. Ein Vektor lässt sich geometrisch durch eine gerichtete Strecke, das heisst durch einen Pfeil, darstellen.

vector (lat.):
Träger, Fahrer

vehere (lat.):
ziehen, schieben

> Unter einem **Vektor** versteht man in der Geometrie die Menge zueinander paralleler, gleich langer und gleich gerichteter Pfeile.

Ein Vektor ist durch einen seiner Pfeile bzw. durch Länge, Richtung und Richtungssinn festgelegt.

Als Bezeichnung für einen Vektor verwendet man einen Kleinbuchstaben mit einem darüberstehenden Pfeil, zum Beispiel $\vec{a}$, $\vec{b}$ oder $\vec{c}$. Verbindet der Vektor den Anfangspunkt A mit dem Endpunkt B, so schreibt man $\overrightarrow{AB}$ (Fig. 1).

Beachte den Unterschied:
$\overrightarrow{AB}$: Vektor
$\overline{AB}$: Streckenlänge

Zwei Vektoren $\vec{a}$ und $\vec{b}$ sind **gleich** ($\vec{a} = \vec{b}$), wenn ihre Pfeile zueinander parallel, gleich lang und gleich gerichtet sind (Fig. 2).

Derjenige Vektor, bei dem Anfangs- und Endpunkt zusammenfallen, heisst **Nullvektor** $\vec{o}$. Er ist der einzige Vektor ohne eine bestimmte Richtung.

Sind die Pfeile zweier Vektoren $\vec{a}$ und $\vec{b}$ zueinander parallel und gleich lang, aber entgegengesetzt gerichtet (Fig. 3), so heisst $\vec{a}$ **Gegenvektor** zu $\vec{b}$.

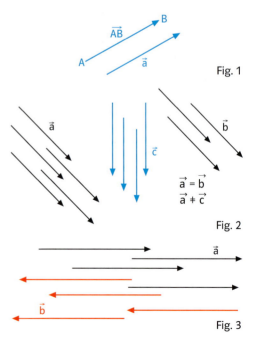

Fig. 1

Fig. 2

Fig. 3

Beispiel Pfeile und Vektoren
a) Wie viele verschiedene Vektoren sind im Quader durch Pfeile dargestellt?
b) Welche Vektoren sind zueinander Gegenvektoren?
Lösung:
a) Da die Pfeile von $\vec{a}$, $\vec{e}$ und $\vec{g}$ zueinander parallel, gleich lang und gleich gerichtet sind, gilt: $\vec{a} = \vec{e} = \vec{g}$
Ebenso gilt:
$\vec{b} = \vec{d}$ und $\vec{f} = \vec{h}$ und $\vec{k} = \vec{l} = \vec{m}$
Also sind 6 verschiedene Vektoren in der Figur eingetragen: $\vec{a}$, $\vec{b}$, $\vec{c}$, $\vec{f}$, $\vec{i}$, $\vec{k}$.
b) $\vec{a}$, $\vec{e}$ und $\vec{g}$ sind Gegenvektoren zu $\vec{c}$.
$\vec{k}$, $\vec{l}$ und $\vec{m}$ sind Gegenvektoren zu $\vec{i}$.
$\vec{b}$ und $\vec{d}$ sind Gegenvektoren zu $\vec{f}$ und $\vec{h}$.

Blickwechsel ist unbedenklich:

Die Figur zum Beispiel kann man räumlich als Quader sehen oder so, dass alle Pfeile in einer Ebene liegen.

Die Lösung des Beispiels ist jedoch unabhängig von der «Sichtweise» des Betrachters der Figur.

Aufgaben

1 Ein Würfel hat die Eckpunkte A, B, C, D, E, F, G und H. Mithilfe dieser Eckpunkte kann man Pfeile längs der Kanten festlegen, zum Beispiel den Pfeil von A nach B.
Wie viele solcher Pfeile gibt es? Wie viele verschiedene Vektoren legen diese Pfeile fest?

2 Wie viele verschiedene Vektoren können durch die Eckpunkte eines Tetraeders (Oktaeders) festgelegt werden, wenn jeweils eine Ecke Anfangspunkt und eine andere Ecke Endpunkt eines Pfeiles ist?

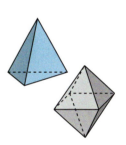

3 Gegeben sei der Anfangspunkt A. Durch einen Vektor $\vec{a}$ ($\vec{a} \neq \vec{o}$) wird der Endpunkt A_1 festgelegt und durch den Gegenvektor von $\vec{a}$ der Endpunkt A_2. Weiter wird durch einen anderen Vektor $\vec{b}$ der Endpunkt B festgelegt. Wie müssen $\vec{a}$ und $\vec{b}$ gewählt werden, damit das Dreieck A_1BA_2 gleichschenklig (gleichseitig) ist?

4 Gegeben sei der Anfangspunkt A. Durch den Vektor $\vec{v}$ und seinen Gegenvektor werden die Endpunkte A_1 und A_3 festgelegt sowie durch den Vektor $\vec{w}$ und seinen Gegenvektor die Punkte A_2 und A_4. Beschreibe das Viereck $A_1A_2A_3A_4$, wenn $\vec{v} \neq \vec{w}$, $\vec{v} \neq \vec{o}$ und $\vec{w} \neq \vec{o}$.

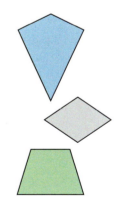

5 Gegeben sei ein Punkt A. Wie müssen die Vektoren $\vec{AB}$, $\vec{AC}$, $\vec{AD}$, $\vec{AE}$ gewählt werden, damit das Viereck BCDE mit A als Diagonalenschnittpunkt
a) ein Rechteck, b) ein Quadrat, c) ein Drachenviereck,
d) ein Rhombus, e) ein gleichschenkliges Trapez ist?

6 Zeichne ein Dreieck ABC und bilde es durch eine zweifache Achsenspiegelung an zueinander parallelen Geraden auf ein Dreieck A'B'C' ab.
Welche Richtung und welche Länge haben die Pfeile des Vektors, der das Dreieck ABC auf das Dreieck A'B'C' verschiebt?

7 Zeichne ein gleichseitiges Dreieck ABC. Verschiebe B durch $\vec{AB}$ auf B_1 und C durch $\vec{AC}$ auf C_1. Verschiebe nun B_1 durch $\vec{AB_1}$ auf B_2 und C_1 durch $\vec{AC_1}$ auf C_2 usw., bis du das Dreieck AB_4C_4 (AB_nC_n, $n \in \mathbb{N}$) erhältst.
Wievielmal so gross ist der Flächeninhalt des Dreiecks AB_4C_4 (des Dreiecks AB_nC_n, $n \in \mathbb{N}$) wie der Flächeninhalt des Dreiecks ABC?

14.2 Rechnen mit Vektoren

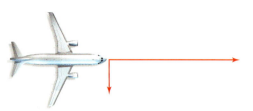

▬ Ein Flugzeug fliegt mit 400 km/h in Richtung Osten. Auch nach Aufkommen einer Nordwindströmung von 100 km/h ändert es seinen Kurs nicht. In welche Richtung wird es abgetrieben? In welche Richtung wird das Flugzeug abgetrieben, wenn eine Strömung von 50 km/h aus Nordosten herrscht? ▬

Das Aneinandersetzen zweier Vektoren $\vec{a}$ und $\vec{b}$ ergibt einen Vektor $\vec{c}$. Fig. 1 verdeutlicht, wie man aus Pfeilen von $\vec{a}$ und $\vec{b}$ einen Pfeil von $\vec{c}$ erhält: Der Anfangspunkt des zweiten Pfeiles wird an das Ende des ersten Pfeiles gezeichnet.

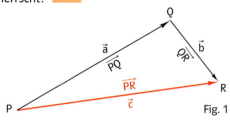

Fig. 1

Eine andere Möglichkeit zum zeichnerischen Addieren zweier Vektoren:

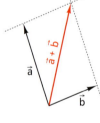

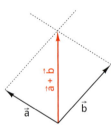

Die Vektoren $\vec{a}$ und $\vec{b}$ werden durch Aneinandersetzen ihrer Pfeile **addiert** und man schreibt für die Summe $\vec{a} + \vec{b}$.

In Fig. 1 ist $\vec{PQ} + \vec{QR} = \vec{PR}$.

Wie bei reellen Zahlen gelten auch bei Vektoren für die Addition das Kommutativgesetz und das Assoziativgesetz (vgl. Fig. 2 und Fig. 3).

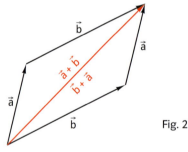

Fig. 2

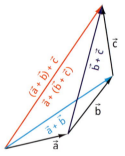

Fig. 3

Für alle Vektoren $\vec{a}, \vec{b}, \vec{c}$ gelten für die Addition:
$\vec{a} + \vec{b} = \vec{b} + \vec{a}$ **(Kommutativgesetz)**
$\vec{a} + \vec{b} + \vec{c} = (\vec{a} + \vec{b}) + \vec{c} = \vec{a} + (\vec{b} + \vec{c})$ **(Assoziativgesetz)**

Zeichnerisches Subtrahieren (Fig. 4): gemeinsamer Anfangspunkt für beide Pfeile. Der Ergebnispfeil reicht von der Spitze des zweiten zur Spitze des ersten Pfeiles.

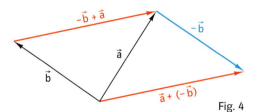

Fig. 4

Den Gegenvektor eines Vektors kennzeichnet man mit einem Minuszeichen: $-\vec{b}$ ist der Gegenvektor des Vektors $\vec{b}$.
Statt $\vec{a} + (-\vec{b})$ schreibt man kurz $\vec{a} - \vec{b}$ und man sagt: $\vec{b}$ wird von $\vec{a}$ **subtrahiert**.
Fig. 4 zeigt, wie man einen Pfeil von $\vec{a} - \vec{b}$ erhält.

Die Addition $\vec{a} + \vec{a} + \ldots + \vec{a}$ mit n Summanden $\vec{a}$ ($\vec{a} \neq \vec{o}$) ergibt einen Vektor, dessen Pfeile parallel und gleich gerichtet zu den Pfeilen von $\vec{a}$ und n-mal so lang wie die Pfeile von $\vec{a}$ sind. Diesen Vektor bezeichnet man deshalb mit $n \cdot \vec{a}$ (Fig. 1). Die Multiplikation eines Vektors mit einer natürlichen Zahl kann auf reelle Zahlen erweitert werden:

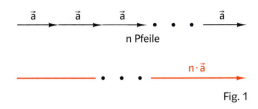

Fig. 1

Für einen Vektor $\vec{a}$ ($\vec{a} \neq \vec{o}$) und eine reelle Zahl r (r ≠ 0) bezeichnet man mit $r \cdot \vec{a}$ den Vektor, dessen Pfeile
1. parallel zu den Pfeilen von $\vec{a}$ sind,
2. |r|-mal so lang wie die Pfeile von $\vec{a}$ sind,
3. gleich gerichtet zu den Pfeilen von $\vec{a}$ sind, falls r > 0, entgegengesetzt gerichtet zu den Pfeilen von $\vec{a}$ sind, falls r < 0.

Ist r = 0, so ist $r \cdot \vec{a} = \vec{o}$ für alle Vektoren $\vec{a}$. Ist $\vec{a} = \vec{o}$, so ist $r \cdot \vec{a} = \vec{o}$ für alle r ∈ ℝ.

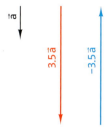

Fig. 2

Die im Folgenden angegebenen Regeln für das Multiplizieren von Vektoren mit reellen Zahlen erhält man aus dem Strahlensatz (Fig. 3 bis Fig. 5).

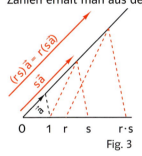

Fig. 3

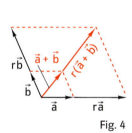

Fig. 4

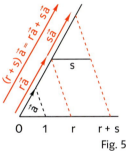

Fig. 5

Für alle Vektoren $\vec{a}$, $\vec{b}$ und alle reellen Zahlen r, s gelten:
$r \cdot (s \cdot \vec{a}) = (r \cdot s) \cdot \vec{a}$ **(Assoziativgesetz)**
$r \cdot (\vec{a} + \vec{b}) = r \cdot \vec{a} + r \cdot \vec{b}$; $(r + s) \cdot \vec{a} = r \cdot \vec{a} + s \cdot \vec{a}$ **(Distributivgesetze)**

Ein Punkt mit zwei verschiedenen Bedeutungen:

$r \cdot s$
↑
Zahl mal Zahl
Zahl mal Vektor
↓
$r \cdot \vec{a}$

Einen Ausdruck wie $r_1 \cdot \vec{a_1} + r_2 \cdot \vec{a_2} + \ldots + r_n \cdot \vec{a_n}$ (n ∈ ℕ) nennt man eine **Linearkombination** der Vektoren $\vec{a_1}, \vec{a_2}, \ldots, \vec{a_n}$; die entsprechenden reellen Zahlen $r_1, r_2, \ldots, r_n$ heissen **Koeffizienten**.

Beispiel 1
Drücke die Vektoren $\overrightarrow{AB}$, $\overrightarrow{CD}$, $\overrightarrow{BD}$ und ihre Gegenvektoren durch $\vec{a}$, $\vec{b}$, $\vec{c}$ aus (Fig. 6).
Lösung:
$\overrightarrow{AB} = -\vec{a} + \vec{b} = \vec{b} - \vec{a}$
$-\overrightarrow{AB} = \overrightarrow{BA} = -\vec{b} + \vec{a} = \vec{a} - \vec{b}$
$\overrightarrow{CD} = \vec{a} + \vec{c}$;
$-\overrightarrow{CD} = \overrightarrow{DC} = -\vec{c} + (-\vec{a}) = -\vec{c} - \vec{a} = -\vec{a} - \vec{c}$;
$\overrightarrow{BD} = \overrightarrow{BA} + \vec{c} = \vec{a} - \vec{b} + \vec{c}$;
$-\overrightarrow{BD} = \overrightarrow{DB} = -\vec{c} + \overrightarrow{AB} = -\vec{c} + \vec{b} - \vec{a} = -\vec{a} + \vec{b} - \vec{c}$

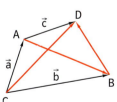

Fig. 6

Beispiel 2
R und S sind die Kantenmittelpunkte des Quaders von Fig. 1.
Stelle den Vektor $\vec{RS}$ als Linearkombination der Vektoren $\vec{a}$, $\vec{b}$ und $\vec{c}$ dar.
Lösung:
Man sucht einen «Vektorweg», der von R nach S führt.
Eine Möglichkeit ist (Fig. 1):
$\vec{RS} = -0.5\vec{a} + \vec{c} - 0.5\vec{b} = -0.5\vec{a} - 0.5\vec{b} + \vec{c}$

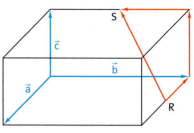
Fig. 1

Aufgaben

1 Vereinfache.
a) $2(\vec{a} + \vec{b}) + \vec{a}$
b) $-3(\vec{x} + \vec{y})$
c) $-(\vec{u} - \vec{v})$
d) $-(-\vec{a} - \vec{b})$
e) $3(2\vec{a} + 4\vec{b})$
f) $-4(\vec{a} - \vec{b}) - \vec{b} + \vec{a}$
g) $3(\vec{a} + 2(\vec{a} + \vec{b}))$
h) $6(\vec{a} - \vec{b}) + 4(\vec{a} + \vec{b})$
i) $7\vec{u} + 5(\vec{u} - 2(\vec{u} + \vec{v}))$

2 In Fig. 2 sind Pfeile der Vektoren $\vec{a}$, $\vec{b}$, $\vec{c}$ und $\vec{d}$ gegeben. Zeichne einen Pfeil von
a) $\vec{a} + \vec{b}$; $\vec{a} - \vec{b}$; $-\vec{a} + \vec{b}$; $-\vec{c} - \vec{d}$; $\vec{d} - \vec{c}$
b) $(\vec{a} + \vec{b}) + \vec{c}$; $\vec{d} - (\vec{a} - \vec{c})$; $(\vec{c} - \vec{d}) - \vec{a}$
c) $(\vec{a} + \vec{b}) - (\vec{c} + \vec{d})$; $(\vec{a} - \vec{b}) + (\vec{c} - \vec{d})$.

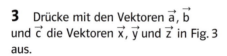
Fig. 2

3 Drücke mit den Vektoren $\vec{a}$, $\vec{b}$ und $\vec{c}$ die Vektoren $\vec{x}$, $\vec{y}$ und $\vec{z}$ in Fig. 3 aus.

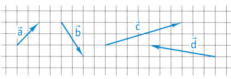
Fig. 3

4 Fig. 4 zeigt einen Quader mit den Eckpunkten A, B, C, D, E, F, G und H.
Drücke die Vektoren $\vec{AG}$, $\vec{CE}$, $\vec{FH}$, $\vec{BF}$, $\vec{DG}$ durch die Vektoren $\vec{a}$, $\vec{b}$ und $\vec{c}$ aus.

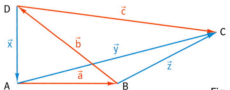

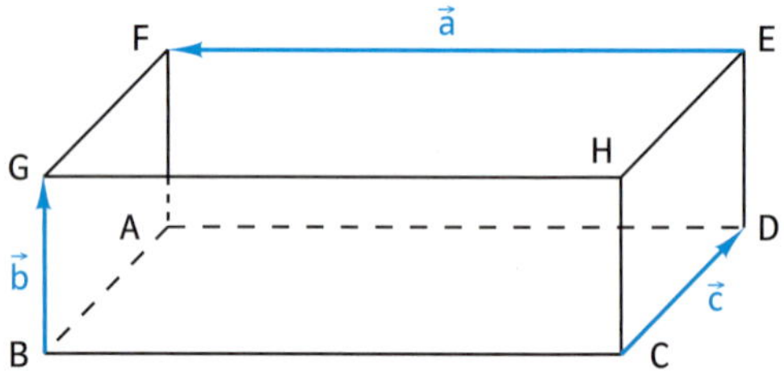

5 Gegeben ist eine gerade quadratische Pyramide ABCDS mit der Spitze S.
Drücke den Vektor $\vec{CS}$ durch die Vektoren $\vec{AS}$, $\vec{AB}$ und $\vec{DA}$ aus.

Fig. 4

6 Fig. 5 zeigt ein regelmässiges Sechseck, in das Pfeile von Vektoren eingezeichnet sind.
a) Drücke die Vektoren $\vec{c}$, $\vec{d}$ und $\vec{e}$ jeweils durch die beiden Vektoren $\vec{a}$ und $\vec{b}$ aus.
b) Drücke die Vektoren $\vec{a}$, $\vec{b}$ und $\vec{c}$ jeweils durch die beiden Vektoren $\vec{d}$ und $\vec{e}$ aus.

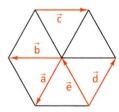
Fig. 5

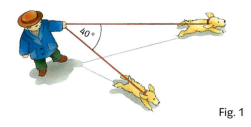

Fig. 1

7 In welche Richtung wird der Mann in Fig. 1 von seinen Hunden gezogen, wenn jeder Hund gleich stark zieht? Stelle die resultierende Kraft mithilfe eines Vektors dar.

8 Eine Lampe mit der Masse 5 kg wird von der Erde mit der Kraft 50 N angezogen (Fig. 2).
Bestimme zeichnerisch die Kräfte $\vec{F_1}$ und $\vec{F_2}$ an den Aufhängeschnüren für
a) $\alpha = 30°$ b) $\alpha = 60°$.

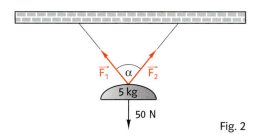

Fig. 2

9 Die Pfeile der Vektoren $\vec{a}$ und $\vec{b}$ sind gleich lang, der Pfeil von $\vec{a} + \vec{b}$ ist $\sqrt{2}$-mal so lang wie ein Pfeil von $\vec{a}$. Wie gross ist der Winkel zwischen einem Pfeil von $\vec{a}$ und einem Pfeil von $\vec{b}$ bei gleichem Anfangspunkt?

10 Gegeben ist Fig. 4. Drücke den Vektor $\overrightarrow{OM} = \vec{m}$ als Linearkombination der Vektoren $\vec{a}$ und $\vec{b}$ aus.

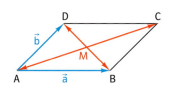

Fig. 3

11 Gib im Parallelogramm in Fig. 3 die Vektoren $\overrightarrow{MA}$, $\overrightarrow{MB}$, $\overrightarrow{MC}$, $\overrightarrow{MD}$ als Linearkombination der Vektoren $\vec{a} = \overrightarrow{AB}$ und $\vec{b} = \overrightarrow{AD}$ an.

M ist der Mittelpunkt der Strecke AB.

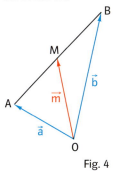

Fig. 4

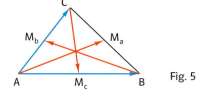

Fig. 5

12 In Fig. 5 sind M_a, M_b, M_c die Mittelpunkte der Dreiecksseiten. Drücke die Vektoren $\overrightarrow{AM_a}$, $\overrightarrow{BM_b}$, $\overrightarrow{CM_c}$, $\overrightarrow{M_aM_b}$, $\overrightarrow{M_aM_c}$, $\overrightarrow{M_bM_c}$ als Linearkombinationen der Vektoren $\vec{u} = \overrightarrow{AB}$ und $\vec{v} = \overrightarrow{AC}$ aus.

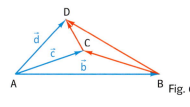

Fig. 6

13 Drücke die Vektoren $\overrightarrow{BC}$, $\overrightarrow{BD}$, $\overrightarrow{CD}$, die durch die dreiseitige Pyramide in Fig. 6 gegeben sind, als Linearkombinationen der Vektoren $\vec{b}$, $\vec{c}$ und $\vec{d}$ aus.

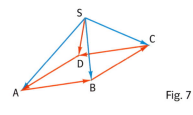

Fig. 7

14 Drücke die Vektoren $\overrightarrow{SD}$, $\overrightarrow{AB}$, $\overrightarrow{BC}$, $\overrightarrow{DA}$, $\overrightarrow{CD}$, die durch die quadratische Pyramide in Fig. 7 gegeben sind, als Linearkombinationen der Vektoren $\overrightarrow{SA}$, $\overrightarrow{SB}$, $\overrightarrow{SC}$ aus.

15 In Fig. 8 sind M_1, M_2 und M_3 die Mittelpunkte der «vorderen», «rechten» und «hinteren» Seitenfläche des Quaders. Stelle die Vektoren $\overrightarrow{AM_1}$, $\overrightarrow{AM_2}$, $\overrightarrow{AM_3}$ als Linearkombinationen der Vektoren $\vec{a}$, $\vec{b}$ und $\vec{c}$ dar.

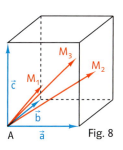

Fig. 8

14.3 Punkte und Vektoren im Koordinatensystem

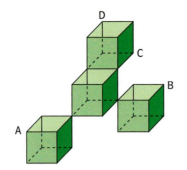

Die Figur zeigt eine Anordnung aus vier gleich grossen Würfeln mit der Kantenlänge 1 m.
Gib mehrere Möglichkeiten an, wie man die Lagen der Ecken A, B, C und D präzise beschreiben kann, und gib die Positionen der Ecken an.
Gib Vor- und Nachteile dieser Möglichkeiten an.

Das bisher verwendete Koordinatensystem hat zwei zueinander senkrechte Achsen. Es ermöglicht, die Lage von Punkten in einer Ebene durch Zahlenpaare anzugeben (Fig. 1).
Ein Koordinatensystem mit drei Achsen, die paarweise aufeinander senkrecht stehen, ermöglicht es, die Lage von Punkten des Raumes anzugeben; hierbei verwendet man Zahlentripel (Fig. 2).
Erreicht man in einem räumlichen Koordinatensystem einen Punkt P vom Ursprung aus, indem man x_P Einheiten in Richtung der x-Achse, y_P Einheiten in Richtung der y-Achse und z_P Einheiten in Richtung der z-Achse geht, dann schreibt man $P(x_P|y_P|z_P)$ und nennt x_P, y_P, z_P die **Koordinaten des Punktes P** in dem gegebenen Koordinatensystem. Entsprechendes gilt für ein ebenes Koordinatensystem.

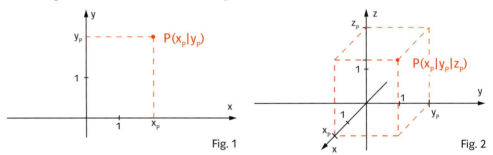

Fig. 1

Fig. 2

Erreicht man in einem räumlichen Koordinatensystem den Endpunkt Q eines Vektors $\vec{v} = \overrightarrow{PQ}$ von seinem Anfangspunkt P aus, indem man

v_x Einheiten in Richtung der x-Achse,
v_y Einheiten in Richtung der y-Achse,
v_z Einheiten in Richtung der z-Achse geht,

so schreibt man: $\vec{v} = \begin{pmatrix} v_x \\ v_y \\ v_z \end{pmatrix}$

v_x, v_y, v_z nennt man die **Koordinaten des Vektors $\vec{v}$**.

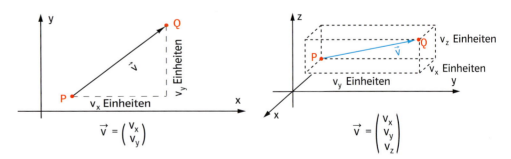

Von einem Punkt $A(x_A|y_A|z_A)$ gelangt man zu einem Punkt $B(x_B|y_B|z_B)$ indem man $x_B - x_A$ Einheiten in Richtung der x-Achse, $y_B - y_A$ Einheiten in Richtung der y-Achse, $z_B - z_A$ Einheiten in Richtung der z-Achse geht.
Also hat der Verbindungsvektor zwischen den Punkten A und B die Koordinaten:

$\vec{v} = \overrightarrow{AB} = \begin{pmatrix} x_B - x_A \\ y_B - y_A \\ z_B - z_A \end{pmatrix}$ (vgl. Beispiel in Fig. 1).

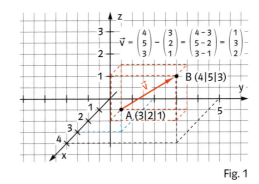
Fig. 1

Für den **Verbindungsvektor** zwischen zwei Punkten $A(x_A|y_A|z_A)$ und $B(x_B|y_B|z_B)$ gilt:

$$\overrightarrow{AB} = \begin{pmatrix} x_B - x_A \\ y_B - y_A \\ z_B - z_A \end{pmatrix}$$

Der Verbindungsvektor zwischen dem Koordinatenursprung $O(0|0|0)$ und einem Punkt $B(x_B|y_B|z_B)$ hat die Koordinaten $\overrightarrow{OB} = \begin{pmatrix} x_B - 0 \\ y_B - 0 \\ z_B - 0 \end{pmatrix} = \begin{pmatrix} x_B \\ y_B \\ z_B \end{pmatrix}$ (Fig. 2).

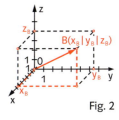
Fig. 2

Der Vektor $\overrightarrow{OB}$ heisst **Ortsvektor des Punktes B**. Der Punkt B und sein Ortsvektor besitzen dieselben Koordinaten. Daher kann man die Koordinaten eines Punktes bestimmen, indem man die Koordinaten seines Ortsvektors berechnet.
Der Verbindungsvektor $\overrightarrow{AB}$ zwischen den Punkten A und B ist als Differenz der Ortsvektoren von A und B darstellbar: $\overrightarrow{AB} = \overrightarrow{OB} - \overrightarrow{OA}$

Unter dem **Betrag eines Vektors** $\vec{a}$ versteht man die Länge der zu $\vec{a}$ gehörenden Pfeile. Der Betrag von $\vec{a}$ wird mit $|\vec{a}|$ bezeichnet. Kennt man die Koordinaten des Vektors $\vec{a}$, so kann man seinen Betrag mithilfe des Satzes von Pythagoras berechnen (vgl. Fig. 3). Einen Vektor mit dem Betrag 1 nennt man **Einheitsvektor**. Man erhält den Einheitsvektor $\vec{a}_0$ eines beliebigen Vektors $\vec{a}$ ($\vec{a} \neq \vec{o}$) aus der Beziehung $\vec{a}_0 = \frac{1}{|\vec{a}|} \cdot \vec{a}$.

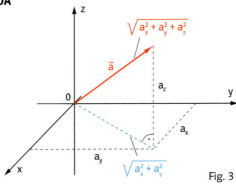
Fig. 3

Betrag eines Vektors: für $\vec{a} = \begin{pmatrix} a_x \\ a_y \end{pmatrix}$ gilt: $|\vec{a}| = \sqrt{a_x^2 + a_y^2}$; für $\vec{a} = \begin{pmatrix} a_x \\ a_y \\ a_z \end{pmatrix}$ gilt: $|\vec{a}| = \sqrt{a_x^2 + a_y^2 + a_z^2}$

Sind die Koordinaten zweier Vektoren $\vec{a}$ und $\vec{b}$ bekannt, kann man auch die Summe $\vec{c} = \vec{a} + \vec{b}$ in Koordinaten angeben. Fig. 4 entnimmt man:

$\begin{pmatrix} 2 \\ 1 \end{pmatrix} + \begin{pmatrix} 3 \\ -2 \end{pmatrix} = \begin{pmatrix} 2+3 \\ 1-2 \end{pmatrix} = \begin{pmatrix} 5 \\ -1 \end{pmatrix}$

Die Koordinaten von $\vec{c}$ ergeben sich aus den Summen der Koordinaten von $\vec{a}$ und $\vec{b}$.

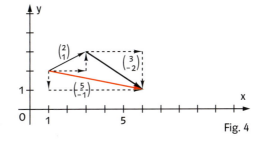
Fig. 4

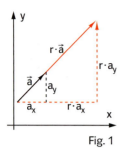

Fig. 1

Fig. 1 zeigt, wie man das r-fache eines Vektors erhält, dessen Koordinaten gegeben sind: Man multipliziert jede Koordinate mit r.

Sind die Koordinaten zweier Vektoren $\vec{a}$ und $\vec{b}$ gegeben, so gilt:

$$\vec{a} + \vec{b} = \begin{pmatrix} a_x \\ a_y \end{pmatrix} + \begin{pmatrix} b_x \\ b_y \end{pmatrix} = \begin{pmatrix} a_x + b_x \\ a_y + b_y \end{pmatrix} \text{ bzw. } \vec{a} + \vec{b} = \begin{pmatrix} a_x \\ a_y \\ a_z \end{pmatrix} + \begin{pmatrix} b_x \\ b_y \\ b_z \end{pmatrix} = \begin{pmatrix} a_x + b_x \\ a_y + b_y \\ a_z + b_z \end{pmatrix}$$

Für einen Vektor und eine reelle Zahl r gilt:

$$r \cdot \begin{pmatrix} a_x \\ a_y \end{pmatrix} = \begin{pmatrix} r \cdot a_x \\ r \cdot a_y \end{pmatrix} \text{ bzw. } r \cdot \begin{pmatrix} a_x \\ a_y \\ a_z \end{pmatrix} = \begin{pmatrix} r \cdot a_x \\ r \cdot a_y \\ r \cdot a_z \end{pmatrix}$$

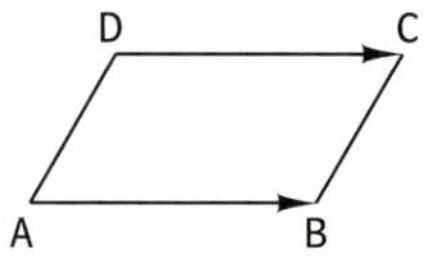

Beispiel 1 Vektoren
Sind die Punkte A(1|2|3), B(3|−2|1), C(2.25|−1.3|7) und D(0.25|2.7|9) die aufeinanderfolgenden Ecken eines Parallelogramms ABCD?
Lösung:
Falls $\overrightarrow{AB} = \overrightarrow{DC}$ (bzw. $\overrightarrow{AD} = \overrightarrow{BC}$), dann sind A, B, C und D die Ecken eines Parallelogramms (vgl. Fig. 2).

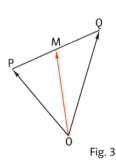

Fig. 2

$$\overrightarrow{AB} = \begin{pmatrix} 3-1 \\ -2-2 \\ 1-3 \end{pmatrix} = \begin{pmatrix} 2 \\ -4 \\ -2 \end{pmatrix}; \quad \overrightarrow{DC} = \begin{pmatrix} 2.25 - 0.25 \\ -1.3 - 2.7 \\ 7 - 9 \end{pmatrix} = \begin{pmatrix} 2 \\ -4 \\ -2 \end{pmatrix}; \quad \overrightarrow{AB} = \overrightarrow{DC}$$

A, B, C und D sind die Ecken eines Parallelogramms.

Beispiel 2 Länge einer Strecke; Mittelpunkt einer Strecke
Gegeben sind die Punkte P(−6|−2|3) und Q(9|−2|11).
a) Bestimme die Länge der Strecke PQ.
b) Ermittle die Koordinaten des Mittelpunktes M der Strecke PQ.
Lösung:
a) Die Länge der Strecke PQ ist gleich dem Betrag des Vektors $\overrightarrow{PQ}$.
Es gilt (Fig. 3):

$$\overrightarrow{PQ} = \begin{pmatrix} 9 - (-6) \\ -2 - (-2) \\ 11 - 3 \end{pmatrix} = \begin{pmatrix} 15 \\ 0 \\ 8 \end{pmatrix}; \quad |\overrightarrow{PQ}| = \sqrt{225 + 0 + 64} = 17.$$ Die Länge der Strecke beträgt 17 LE.

Fig. 3

Merke:
Die Mittelpunktskoordinaten einer Strecke entsprechen dem arithmetischen Mittel der zugehörigen Endpunktkoordinaten.

b) Es gilt (Fig. 3):

$$\overrightarrow{OM} = \overrightarrow{OP} + \tfrac{1}{2}\overrightarrow{PQ} = \overrightarrow{OP} + \tfrac{1}{2}(-\overrightarrow{OP} + \overrightarrow{OQ}) = \tfrac{1}{2}(\overrightarrow{OP} + \overrightarrow{OQ}) = \tfrac{1}{2}\left[\begin{pmatrix} -6 \\ -2 \\ 3 \end{pmatrix} + \begin{pmatrix} 9 \\ -2 \\ 11 \end{pmatrix}\right] = \begin{pmatrix} 1.5 \\ -2 \\ 7 \end{pmatrix}$$

Also hat der Mittelpunkt der Strecke PQ die Koordinaten M(1,5|−2|7).

Beispiel 3 Linearkombination

Stelle $\vec{a} = \begin{pmatrix} 4 \\ 2 \\ 1 \end{pmatrix}$ als Linearkombination der Vektoren $\vec{b} = \begin{pmatrix} 1 \\ 2 \\ 1 \end{pmatrix}$, $\vec{c} = \begin{pmatrix} 1 \\ 1 \\ 0 \end{pmatrix}$ und $\vec{d} = \begin{pmatrix} 0 \\ 2 \\ 3 \end{pmatrix}$ dar.

Lösung:
Aus $u \cdot \vec{b} + v \cdot \vec{c} + w \cdot \vec{d} = \vec{a}$ folgt das lineare Gleichungssystem $\begin{cases} u + v + 0w = 4 \\ 2u + v + 2w = 2 \\ u + 0v + 3w = 1 \end{cases}$

mit der Lösung u = −8, v = 12 und w = 3.
Es ergibt sich die Linearkombination $-8 \cdot \vec{b} + 12 \cdot \vec{c} + 3 \cdot \vec{d} = \vec{a}$.

Beispiel 4 Schwerpunkt eines Dreiecks
Gegeben sind die Punkte A(−1|1|2), B(2|−4|3) und C(−7|−6|−2).
Ermittle die Koordinaten des Schwerpunktes des Dreiecks.
Lösung:
Aus Figur 1 entnimmt man:

$\overrightarrow{OS} = \overrightarrow{OM_c} + \overrightarrow{M_cS} = \overrightarrow{OM_c} + \frac{1}{3}\overrightarrow{M_cC} = \overrightarrow{OM_c} + \frac{1}{3}(\overrightarrow{OC} - \overrightarrow{OM_c})$

Mit $\overrightarrow{OM_c} = \overrightarrow{OA} + \frac{1}{2}\overrightarrow{AB} = \overrightarrow{OA} + \frac{1}{2}(\overrightarrow{OB} - \overrightarrow{OA}) = \frac{1}{2}(\overrightarrow{OB} + \overrightarrow{OA})$ folgt:

$\overrightarrow{OS} = \frac{1}{2}(\overrightarrow{OB}+\overrightarrow{OA}) + \frac{1}{3}\left(\overrightarrow{OC} - \frac{1}{2}(\overrightarrow{OB}+\overrightarrow{OA})\right) = \frac{1}{2}\overrightarrow{OB} + \frac{1}{2}\overrightarrow{OA} + \frac{1}{3}\overrightarrow{OC} - \frac{1}{6}\overrightarrow{OB} - \frac{1}{6}\overrightarrow{OA} = \frac{1}{3}(\overrightarrow{OA} + \overrightarrow{OB} + \overrightarrow{OC})$

Einsetzen der Koordinaten ergibt:

$\overrightarrow{OS} = \frac{1}{3}\left[\begin{pmatrix}-1\\1\\2\end{pmatrix} + \begin{pmatrix}2\\-4\\3\end{pmatrix} + \begin{pmatrix}-7\\-6\\-2\end{pmatrix}\right] = \frac{1}{3}\begin{pmatrix}-6\\-9\\3\end{pmatrix} = \begin{pmatrix}-2\\-3\\1\end{pmatrix}$

Der Schwerpunkt hat die Koordinaten S(−2|−3|1).

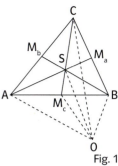
Fig. 1

Zur Erinnerung:
In einem Dreieck schneiden sich die Seitenhalbierenden in einem Punkt S, dem Schwerpunkt.
Dieser teilt die Seitenhalbierende im Verhältnis 2:1.

Aufgaben

1 Zeichne die Punkte A(2|3|4), B(−2|0|1), C(3|−1|0) und D(0|0|−3) in ein Koordinatensystem ein.

2 Wo liegen im räumlichen Koordinatensystem (Fig. 2) alle Punkte, deren
a) x-Koordinate (y-Koordinate, z-Koordinate) null ist?
b) y-Koordinate und z-Koordinate null sind?

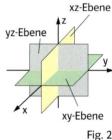
Fig. 2

3 In Fig. 3 befinden sich
die Punkte P und Q in der xy-Ebene,
die Punkte R und S in der yz-Ebene,
die Punkte T und U in der xz-Ebene.
Bestimme die Koordinaten dieser Punkte.

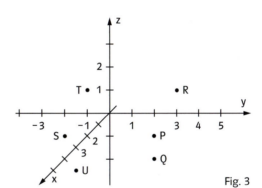
Fig. 3

4 Die Punkte O(0|0|0), A(1|0|0), B(0|1|0) und C(0|0|1) sind Eckpunkte eines Würfels.
a) Bestimme die Koordinaten der Mittelpunkte der Würfelkanten.
b) Bestimme die Koordinaten der Diagonalenmittelpunkte der Seitenflächen des Würfels.

5 Bestimme die Koordinaten des Vektors $\overrightarrow{AB}$ und seines Gegenvektors.
a) A(1|0|1), B(3|4|1) b) A(4|2|0), B(3|3|3)
c) A(−1|2|3), B(2|−2|4) d) A(4|2|−1), B(5|−1|−3)

6 Überprüfe, ob das Viereck ABCD ein Parallelogramm ist.
a) A(−2|2|3), B(5|5|5), C(9|6|5), D(2|3|3)
b) A(2|0|3), B(4|4|4), C(11|7|9), D(9|3|8)

7 Bestimme die Koordinaten des Punktes D so, dass das Viereck ABCD ein Parallelogramm ist.
a) A(21|−11|43), B(3|7|−8), C(0|4|5) b) A(−75|199|−67), B(35|0|−81), C(1|2|3)

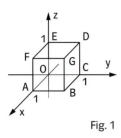

Fig. 1

8 Bestimme zu Fig. 1 die Koordinaten der Vektoren $\vec{FG}$, $\vec{DB}$, $\vec{CA}$, $\vec{EB}$, $\vec{AD}$, $\vec{CF}$, $\vec{OG}$.

9 Fig. 2 zeigt einen Quader ABCDEFGH. M_1 ist der Diagonalenschnittpunkt des Vierecks ABCD, M_2 ist der Diagonalenschnittpunkt des Vierecks BCGF, M_3 ist der Diagonalenschnittpunkt des Vierecks CDHG und M_4 ist der Diagonalenschnittpunkt des Vierecks ADHE. Bestimme die Koordinaten von $\vec{M_1M_2}$, $\vec{M_2M_3}$, $\vec{M_3M_4}$, $\vec{M_4M_1}$.

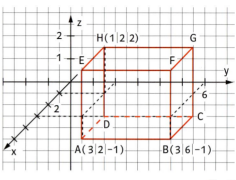

Fig. 2

10 Berechne für $A(2|-1|5)$, $B(3|0|3)$, $C(-2|7|1)$, $D(4|4|4)$ die Koordinaten von:
a) $\vec{AB} + \vec{CD}$ b) $\vec{BD} + \vec{AC} - \vec{DB}$ c) $2\vec{BC} - 3\vec{AB}$ d) $2\vec{AB} + 7\vec{BC} - 4\vec{CD}$

11 Stelle den Vektor $\vec{x}$ als Linearkombination der Vektoren $\vec{a}$, $\vec{b}$ und $\vec{c}$ dar.

a) $\vec{x} = \begin{pmatrix} 3 \\ 13 \\ -1 \end{pmatrix}$, $\vec{a} = \begin{pmatrix} 2 \\ 3 \\ 4 \end{pmatrix}$, $\vec{b} = \begin{pmatrix} -4 \\ 3 \\ -2 \end{pmatrix}$, $\vec{c} = \begin{pmatrix} 5 \\ 7 \\ -3 \end{pmatrix}$ b) $\vec{x} = \begin{pmatrix} 1 \\ 2 \\ 0 \end{pmatrix}$, $\vec{a} = \begin{pmatrix} 1 \\ 1 \\ 1 \end{pmatrix}$, $\vec{b} = \begin{pmatrix} -1 \\ -1 \\ 1 \end{pmatrix}$, $\vec{c} = \begin{pmatrix} 0 \\ 1 \\ -2 \end{pmatrix}$

12 Das Dreieck ABC ist gleichschenklig. Berechne den Flächeninhalt des Dreiecks.
a) $A(1|-5)$, $B(0|3)$, $C(-8|2)$ b) $A(2|3|5)$, $B(6|6|0)$, $C(2|8|0)$
c) $A(1|1|6)$, $B(3|3|-2)$, $C(5|-1|2)$ d) $A(7|0|-1)$, $B(5|-3|-1)$, $C(4|0|1)$

13 Berechne die Längen der drei Seitenhalbierenden des Dreiecks ABC und die Koordinaten des Schwerpunktes mit
a) $A(4|2|-1)$, $B(10|-8|9)$ und $C(4|0|1)$,   b) $A(1|2|-1)$, $B(-1|10|15)$ und $C(9|6|-5)$.

14 Vom Dreieck ABC kennt man den Schwerpunkt S und zwei Eckpunkte. Berechne den fehlenden Eckpunkt.
a) $S(1|2|3)$, $A(2|-1|0)$, $B(5|-12|1)$ b) $S(-2|0|1)$, $B(2|4|9)$, $C(0|0|0)$

15 Der Punkt A wird am Punkt B gespiegelt. Ermittle die Koordinaten des Spiegelpunktes.
a) $A(5|6|6)$, $B(3|8|1)$ b) $A(6|2|0)$, $B(4|-5|-1)$ c) $A(3|0|-2)$, $B(1|2|-1)$

16 Bestimme die fehlende Koordinate z_P so, dass der Punkt $P(5|0|z_P)$ vom Punkt Q den Abstand d hat.
a) $Q(4|-2|5)$, $d = 3$ b) $Q(9|2|3)$, $d = 6$ c) $Q(1|1|-2)$, $d = 5$

17 Ermittle in Fig. 3 die Koordinaten der Punkte P und Q, die von A jeweils den Abstand d haben.
a) $A(1|2|-2)$; $d = 9$ b) $A(12|3|4)$; $d = 2$

18 Um welchen Vektor wird der Schwerpunkt S eines Dreiecks (Fig. 4) mit den gegebenen Eckpunkten $A(a_1|a_2|a_3)$, $B(b_1|b_2|b_3)$ und $C(c_1|c_2|c_3)$ verschoben, wenn die Koordinaten des Punktes A mit 4 multipliziert werden?

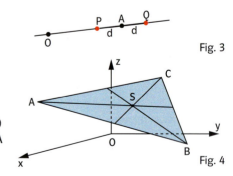

Fig. 3

Fig. 4

14.4 Lineare Abhängigkeit und Unabhängigkeit von Vektoren

Betrachte die Vektoren in Fig. 1 und beantworte folgende Fragen.
a) Kann man den Vektor $\vec{a}$ durch den Vektor $\vec{b}$ ausdrücken, das heisst, gibt es eine reelle Zahl r, sodass $\vec{a} = r \cdot \vec{b}$?
b) Kann man den Vektor $\vec{c}$ durch den Vektor $\vec{d}$ ausdrücken?
c) Kann man jeden beliebigen Vektor $\vec{e}$ der Ebene von Fig. 1 als Linearkombination der Vektoren $\vec{c}$ und $\vec{d}$ darstellen, das heisst gibt es reelle Zahlen r_1 und r_2, sodass $\vec{e} = r_1 \cdot \vec{c} + r_2 \cdot \vec{d}$?
d) Gibt es einen Vektor der Ebene von Fig. 1, den man mit zwei verschiedenen Linearkombinationen der Vektoren $\vec{c}$ und $\vec{d}$ darstellen kann?

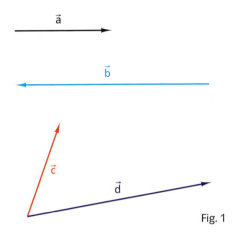

Fig. 1

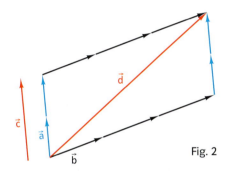

Fig. 2

Für die Vektoren in Fig. 2 gilt: Der Vektor $\vec{c}$ kann als ein Vielfaches des Vektors $\vec{a}$ dargestellt werden: $\vec{c} = 2 \cdot \vec{a}$
Der Vektor $\vec{d}$ kann als Linearkombination der Vektoren $\vec{a}$ und $\vec{b}$ dargestellt werden: $\vec{d} = 2 \cdot \vec{a} + 3 \cdot \vec{b}$
Man sagt:
Die Vektoren $\vec{a}$ und $\vec{c}$ bzw. die Vektoren $\vec{a}$, $\vec{b}$ und $\vec{d}$ sind linear abhängig.

Allgemein gilt die Definition:

> Die Vektoren $\vec{a}_1, \vec{a}_2, \ldots, \vec{a}_n$ heissen voneinander **linear abhängig**, wenn mindestens einer dieser Vektoren als Linearkombination der anderen Vektoren darstellbar ist. Andernfalls heissen die Vektoren voneinander **linear unabhängig**.

Für die Vektoren in einer Ebene gilt (Fig. 2):
a) Drei Vektoren in einer Ebene sind stets linear abhängig.
b) Ein Vektor einer Ebene kann stets als Linearkombination zweier linear unabhängiger Vektoren dieser Ebene dargestellt werden.
In Fig. 2 kann jeder Vektor als Linearkombination von $\vec{a}$ und $\vec{b}$ dargestellt werden.

Für Vektoren des Raumes gilt (Fig. 3):
a) Vier Vektoren des Raumes sind stets linear abhängig.
b) Ein Vektor des Raumes kann stets als Linearkombination dreier linear unabhängiger Vektoren dargestellt werden.

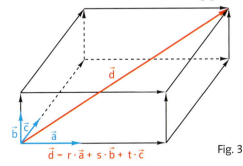

Fig. 3

*Zwei Vektoren sind genau dann linear abhängig, wenn ihre Pfeile zueinander parallel sind. Man sagt in diesem Fall deshalb auch: Die Vektoren sind **kollinear**.*

*Drei Vektoren sind genau dann linear abhängig, wenn es eine Ebene gibt, zu der alle drei parallel sind. Man sagt in diesem Fall deshalb auch: Die Vektoren sind **komplanar**.*

In Fig. 1 liegen $\vec{a}$, $\vec{b}$ und $\vec{c}$ in einer Ebene. Je zwei der Vektoren sind linear unabhängig, alle drei jedoch sind linear abhängig. Jeder Vektor kann also als Linearkombination der beiden anderen dargestellt werden. Dies kann man geometrisch auch so deuten: Es lassen sich reelle Zahlen r, s und t finden, sodass die Summe $r \cdot \vec{a} + s \cdot \vec{b} + t \cdot \vec{c}$ eine sogenannte geschlossene Vektorkette bildet, das heisst die Gleichung $r \cdot \vec{a} + s \cdot \vec{b} + t \cdot \vec{c} = 0$ erfüllt ist. Für nur zwei der drei Vektoren, zum Beispiel $\vec{a}$ und $\vec{b}$, ist die Gleichung $r \cdot \vec{a} + s \cdot \vec{b} = 0$ nur erfüllbar, wenn die Koeffizienten null sind. Entsprechende Überlegungen gelten auch für Vektoren im Raum.

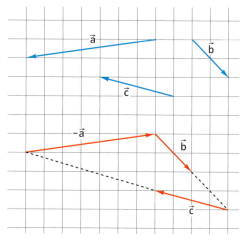

Fig. 1

Für zwei Vektoren $\vec{a}$ und $\vec{b}$ bzw. drei Vektoren $\vec{a}$, $\vec{b}$ und $\vec{c}$ gilt folgender Satz:

sind genau dann **linear unabhängig**, wenn die Gleichung

$r \cdot \vec{a} + s \cdot \vec{b} = \vec{o}$ (r, s $\in \mathbb{R}$) bzw. $r \cdot \vec{a} + s \cdot \vec{b} + t \cdot \vec{c} = \vec{o}$ (r, s, t $\in \mathbb{R}$)

genau eine Lösung mit

r = s = 0 bzw. r = s = t = 0

besitzt.

Beispiel 1

In Beispiel 1 sieht man auch sofort, dass die beiden Vektoren linear unabhängig sind, denn der eine Vektor ist kein Vielfaches des anderen.

Entscheide, ob die Vektoren $\begin{pmatrix} 2 \\ 1 \end{pmatrix}, \begin{pmatrix} 1 \\ 3 \end{pmatrix}$ linear abhängig oder linear unabhängig sind.

Lösung:
Bestimme die Lösung der Gleichung $r \cdot \begin{pmatrix} 2 \\ 1 \end{pmatrix} + s \cdot \begin{pmatrix} 1 \\ 3 \end{pmatrix} = \begin{pmatrix} 0 \\ 0 \end{pmatrix}$.

Das lineare Gleichungssystem $\begin{cases} 2r + s = 0 \\ r + 3s = 0 \end{cases}$ hat die einzige Lösung r = s = 0.

Die beiden Vektoren sind linear unabhängig.

Beispiel 2

Sind die Vektoren linear abhängig oder linear unabhängig? Stelle, falls möglich, einen Vektor als Linearkombination der anderen dar.

a) $\begin{pmatrix} 1 \\ -1 \\ 2 \end{pmatrix}, \begin{pmatrix} 3 \\ 0 \\ 1 \end{pmatrix}, \begin{pmatrix} 2 \\ 2 \\ -1 \end{pmatrix}$ b) $\begin{pmatrix} 1 \\ 2 \\ 3 \end{pmatrix}, \begin{pmatrix} 0 \\ 0 \\ 0 \end{pmatrix}, \begin{pmatrix} 2 \\ -4 \\ 7 \end{pmatrix}$

Lösung:

a) Bestimmung der Anzahl der Lösungen: $r \cdot \begin{pmatrix} 1 \\ -1 \\ 2 \end{pmatrix} + s \cdot \begin{pmatrix} 3 \\ 0 \\ 1 \end{pmatrix} + t \cdot \begin{pmatrix} 2 \\ 2 \\ -1 \end{pmatrix} = \begin{pmatrix} 0 \\ 0 \\ 0 \end{pmatrix}$

$\begin{cases} r + 3s + 2t = 0 \\ -r + 2t = 0, \text{ also:} \\ 2r + s - t = 0 \end{cases} \begin{cases} r + 3s + 2t = 0 \\ 3s + 4t = 0, \quad \text{also:} \\ -5s - 5t = 0 \end{cases} \begin{cases} r + 3s + 2t = 0 \\ 3s + 4t = 0 \\ 5t = 0 \end{cases}$

r = s = t = 0 ist die einzige Lösung; die drei Vektoren sind linear unabhängig.

b) Die Vektoren sind linear abhängig, denn: $r \cdot \begin{pmatrix} 0 \\ 0 \\ 0 \end{pmatrix} + 0 \cdot \begin{pmatrix} 1 \\ 2 \\ 3 \end{pmatrix} + 0 \cdot \begin{pmatrix} 2 \\ -4 \\ 7 \end{pmatrix} = \begin{pmatrix} 0 \\ 0 \\ 0 \end{pmatrix}$ (r $\in \mathbb{R}$)

Aufgaben

1 Entscheide, ob die Vektoren linear abhängig oder linear unabhängig sind.

a) $\begin{pmatrix}3\\9\end{pmatrix}, \begin{pmatrix}-1\\-3\end{pmatrix}$
b) $\begin{pmatrix}2\\-1\end{pmatrix}, \begin{pmatrix}1\\-2\end{pmatrix}$
c) $\begin{pmatrix}1\\2\\3\end{pmatrix}, \begin{pmatrix}2\\4\\6\end{pmatrix}$
d) $\begin{pmatrix}2\\-1\\4\end{pmatrix}, \begin{pmatrix}3\\5\\7\end{pmatrix}$

2 Überprüfe die Vektoren auf lineare Abhängigkeit bzw. Unabhängigkeit.

a) $\begin{pmatrix}1\\4\\5\end{pmatrix}, \begin{pmatrix}0\\2\\1\end{pmatrix}, \begin{pmatrix}1\\2\\3\end{pmatrix}$
b) $\begin{pmatrix}3\\0\\-1\end{pmatrix}, \begin{pmatrix}7\\6\\1\end{pmatrix}, \begin{pmatrix}10\\6\\0\end{pmatrix}$
c) $\begin{pmatrix}1\\1\\1\end{pmatrix}, \begin{pmatrix}3\\0\\5\end{pmatrix}, \begin{pmatrix}-1\\-4\\1\end{pmatrix}$
d) $\begin{pmatrix}7\\1\\5\end{pmatrix}, \begin{pmatrix}6\\3\\1\end{pmatrix}, \begin{pmatrix}5\\1\\-2\end{pmatrix}$

3 Wie muss die reelle Zahl a gewählt werden, damit die Vektoren linear abhängig sind?

a) $\begin{pmatrix}5\\2\end{pmatrix}, \begin{pmatrix}a\\3\end{pmatrix}$
b) $\begin{pmatrix}a\\3\end{pmatrix}, \begin{pmatrix}2a\\5\end{pmatrix}$
c) $\begin{pmatrix}2\\3\\5\end{pmatrix}, \begin{pmatrix}-1\\3\\6\end{pmatrix}, \begin{pmatrix}a\\3\\2\end{pmatrix}$
d) $\begin{pmatrix}0\\a\\1\end{pmatrix}, \begin{pmatrix}a^2\\1\\0\end{pmatrix}, \begin{pmatrix}0\\0\\1\end{pmatrix}$

4 Zeige, dass jeweils drei der vier Vektoren linear unabhängig sind, und stelle jeden der vier Vektoren als Linearkombination der drei anderen dar.

a) $\begin{pmatrix}1\\0\\0\end{pmatrix}, \begin{pmatrix}0\\1\\0\end{pmatrix}, \begin{pmatrix}0\\0\\1\end{pmatrix}, \begin{pmatrix}1\\3\\4\end{pmatrix}$
b) $\begin{pmatrix}1\\1\\0\end{pmatrix}, \begin{pmatrix}0\\1\\1\end{pmatrix}, \begin{pmatrix}1\\0\\1\end{pmatrix}, \begin{pmatrix}1\\1\\1\end{pmatrix}$
c) $\begin{pmatrix}1\\-1\\1\end{pmatrix}, \begin{pmatrix}2\\1\\-1\end{pmatrix}, \begin{pmatrix}1\\0\\1\end{pmatrix}, \begin{pmatrix}5\\-1\\2\end{pmatrix}$

5 Überprüfe, ob die Punkte A, B, C, D in einer Ebene liegen.
a) A(2|−5|0), B(3|4|7), C(4|−4|3), D(−2|10|5)
b) A(1|1|1), B(5|4|3), C(−11|4|5), D(0|5|7).

Tipp zu Aufgabe 5: Welche Bedingung müssen die Vektoren $\vec{AB}, \vec{AC}, \vec{AD}$ erfüllen, damit die vier Punkte A, B, C, D in einer Ebene liegen?

6 a) Begründe: Die Vektoren $\vec{e_1}, \vec{e_2}, \vec{e_3}$ in Fig. 1 sind linear unabhängig.
b) Stelle jeden der Vektoren $\vec{OP}, \vec{E_1Q}, \vec{E_2R}, \vec{E_3S}$ als Linearkombination der Vektoren $\vec{e_1}, \vec{e_2}, \vec{e_3}$ dar.
c) Begründe: Jeweils drei der Vektoren $\vec{OP}, \vec{E_1Q}, \vec{E_2R}, \vec{E_3S}$ sind linear unabhängig.
d) Stelle jeden der Vektoren $\vec{OP}, \vec{E_1Q}, \vec{E_2R}, \vec{E_3S}$ als Linearkombination der drei anderen dar.

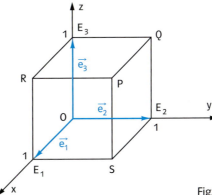

Fig. 1

7 Zeichne einen Quader ABCDEFGH wie in Fig. 2.

Zeichne jeweils einen Pfeil der Vektoren
$\vec{r} = \frac{1}{2}\vec{AB} + \frac{1}{2}\vec{BC} + \frac{1}{2}\vec{CG}$,
$\vec{s} = \frac{1}{2}\vec{AD} + 2\vec{BF}$,
$\vec{t} = 2\vec{HF} - \vec{FG}$.

a) Zeige algebraisch, dass die Vektoren $\vec{r}$, $\vec{s}$ und $\vec{t}$ paarweise sowie alle drei zusammen linear unabhängig sind.
b) Veranschauliche die Behauptung von a) mithilfe einer Zeichnung.

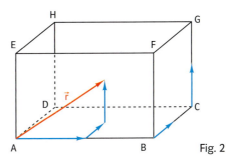

Fig. 2

Warum findet man für die «?» keine Zahlen, sodass die Vektoren linear unabhängig werden?

a) $\begin{pmatrix}?\\0\\?\end{pmatrix}, \begin{pmatrix}?\\0\\?\end{pmatrix}, \begin{pmatrix}?\\0\\?\end{pmatrix}$

b) $\begin{pmatrix}4\\-3\\2\end{pmatrix}, \begin{pmatrix}0\\0\\0\end{pmatrix}, \begin{pmatrix}?\\7\\?\end{pmatrix}$

c) $\begin{pmatrix}1\\?\\?\end{pmatrix}, \begin{pmatrix}?\\1\\?\end{pmatrix}, \begin{pmatrix}?\\?\\?\end{pmatrix}$

14.5 Skalarprodukt von Vektoren, Grösse von Winkeln

Soll ein Tunnel durch einen Berg gebohrt werden, so ist unter anderem die Länge des Vektors $\vec{c}$ zu bestimmen (Fig. 1).
a) Berechne $|\vec{c}|$ für $|\vec{a}| = 3.5\,\text{km}$, $|\vec{b}| = 4.8\,\text{km}$ und $\alpha = 37.35°$.
b) Wie hängt $|\vec{c}|$ allgemein von $|\vec{a}|$, $|\vec{b}|$ und α ab?

Hinweis: Bestimme zunächst die Längen x und h aus α und β.

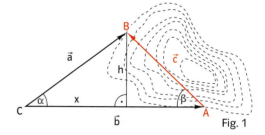

Fig. 1

Im vorangegangenen Kapitel wurden Vektoren addiert sowie Vektoren mit reellen Zahlen multipliziert. Damit kann man zum Beispiel untersuchen, ob Vektoren linear unabhängig sind, jedoch nicht, ob zum Beispiel ein Dreieck rechtwinklig ist. Im Folgenden wird gezeigt, wie man Winkel mithilfe von Vektoren berechnen kann.

Unter dem **Winkel φ zwischen den Vektoren $\vec{a}$ und $\vec{b}$** versteht man den kleineren der Winkel zwischen einem Pfeil von $\vec{a}$ und einem Pfeil von $\vec{b}$ mit gleichem Anfangspunkt. φ ist kleiner oder gleich 180°.

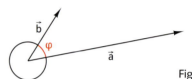

Fig. 2

*Die Bezeichnung **Skalar**produkt erinnert daran, dass dieses Produkt der Vektoren kein Vektor, sondern ein «Skalar» (d.h. eine «Masszahl»), also hier eine reelle Zahl, ist.*

Die Seitenlängen des Dreiecks OAB in Fig. 3 betragen $|\vec{a}|$, $|\vec{b}|$ und $|\vec{a} - \vec{b}|$.
Damit kann man den **Kosinussatz** in der Form schreiben:
$|\vec{a} - \vec{b}|^2 = |\vec{a}|^2 + |\vec{b}|^2 - 2|\vec{a}| \cdot |\vec{b}| \cdot \cos(\varphi)$,
wobei φ der Winkel zwischen den Vektoren $\vec{a}$ und $\vec{b}$ ist.
Den Term $|\vec{a}| \cdot |\vec{b}| \cdot \cos(\varphi)$, der den Winkel φ enthält, nennt man das Skalarprodukt von $\vec{a}$ und $\vec{b}$.

*Für 0° ≤ φ < 90° ist das Skalarprodukt positiv, da die Beträge von Vektoren und cos(φ) positiv sind.
Für 90° < φ ≤ 180° ist das Skalarprodukt negativ, da in diesem Bereich cos(φ) negativ ist.*

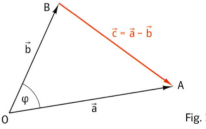

Fig. 3

> Ist φ der Winkel zwischen den Vektoren $\vec{a}$ und $\vec{b}$, so definiert man das **Skalarprodukt** von $\vec{a}$ und $\vec{b}$ durch: $\vec{a} \cdot \vec{b} = |\vec{a}| \cdot |\vec{b}| \cdot \cos(\varphi)$

Sind die Vektoren $\vec{a}$ und $\vec{b}$ durch ihre **Koordinaten** gegeben, so kann man das Skalarprodukt auch durch die Koordinaten von $\vec{a}$ und $\vec{b}$ ausdrücken.

Aus der Definition des Skalarproduktes folgt für $\vec{a} = \begin{pmatrix} a_x \\ a_y \\ a_z \end{pmatrix}$ und $\vec{b} = \begin{pmatrix} b_x \\ b_y \\ b_z \end{pmatrix}$:

$\vec{a} \cdot \vec{b} = |\vec{a}| \cdot |\vec{b}| \cdot \cos(\varphi)$
$= \frac{1}{2}(|\vec{a}|^2 + |\vec{b}|^2 - |\vec{a} - \vec{b}|^2)$ (Kosinussatz)
$= \frac{1}{2}\left([a_x^2 + a_y^2 + a_z^2] + [b_x^2 + b_y^2 + b_z^2] - [(a_x - b_x)^2 + (a_y - b_y)^2 + (a_z - b_z)^2]\right)$
$= \frac{1}{2}(2a_x b_x + 2a_y b_y + 2a_z b_z)$
$= a_x b_x + a_y b_y + a_z b_z$

Die geometrische Bedeutung des Skalarprodukts:

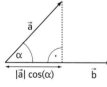

$\vec{a} \cdot \vec{b}$ gibt die Länge der Projektion von $\vec{a}$ in Richtung von $\vec{b}$, multipliziert mit der Länge von $\vec{b}$ an.

Koordinatenform des Skalarproduktes:

$$\vec{a} \cdot \vec{b} = \begin{pmatrix} a_x \\ a_y \end{pmatrix} \cdot \begin{pmatrix} b_x \\ b_y \end{pmatrix} = a_x b_x + a_y b_y \quad \text{bzw.} \quad \vec{a} \cdot \vec{b} = \begin{pmatrix} a_x \\ a_y \\ a_z \end{pmatrix} \cdot \begin{pmatrix} b_x \\ b_y \\ b_z \end{pmatrix} = a_x b_x + a_y b_y + a_z b_z$$

Die Koordinatenform des Skalarproduktes wurde aus der «geometrischen Form», der Definition des Skalarproduktes, abgeleitet. Umgekehrt kann man die geometrische Form auch aus der Koordinatenform ableiten.

Die Koordinatenform des Skalarproduktes ermöglicht es nun, die Grösse des Winkels φ zwischen zwei Vektoren aus ihren Koordinaten zu berechnen.
Sind von $\vec{a}$ und $\vec{b}$ die Koordinaten gegeben, so folgt aus $\vec{a} \cdot \vec{b} = |\vec{a}| \cdot |\vec{b}| \cdot \cos(\varphi)$ und der Koordinatenform des Skalarproduktes die
Formel zur Berechnung des Winkels zwischen Vektoren $\vec{a}$ und $\vec{b}$:

$$\cos(\varphi) = \frac{\vec{a} \cdot \vec{b}}{|\vec{a}| \cdot |\vec{b}|}$$

Der **Betrag eines Vektors** ergibt sich als Sonderfall des Skalarproduktes:
Aus $\vec{a} \cdot \vec{a} = \vec{a}^2 = |\vec{a}| \cdot |\vec{a}| \cdot \cos(0°) = |\vec{a}|^2$ und $\vec{a} \cdot \vec{a} = a_x^2 + a_y^2 + a_z^2$ folgt

$|\vec{a}| = \sqrt{a_x^2 + a_y^2 + a_z^2}$.

*Zur Erinnerung:
$|\overrightarrow{AB}| = AB$*

Zwei Vektoren $\vec{a}$, $\vec{b}$ ($\neq \vec{o}$) heissen zueinander **orthogonal** (senkrecht), wenn ihre zugehörigen Pfeile mit gleichem Anfangspunkt ebenfalls zueinander orthogonal (d.h. senkrecht) sind. In Zeichen: $\vec{a} \perp \vec{b}$ (Fig. 1).

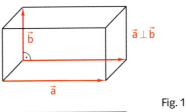

Fig. 1

*orthos (griech.): richtig, recht (vgl. auch Orthographie).
gonia (griech.): Ecke.
Orthogonal bedeutet wörtlich «rechteckig», wird aber in der Mathematik als Synonym für senkrecht benutzt.*

Ist ein Vektor $\vec{n}$ orthogonal zu zwei Vektoren $\vec{a}$ und $\vec{b}$, die keine Vielfache voneinander sind, so nennt man n einen **Normalenvektor** von $\vec{a}$ und $\vec{b}$ (Fig. 2).
Aus der Formel zur Berechnung des Winkels zwischen zwei Vektoren und der Beziehung cos (90°) = 0 folgt der Satz:

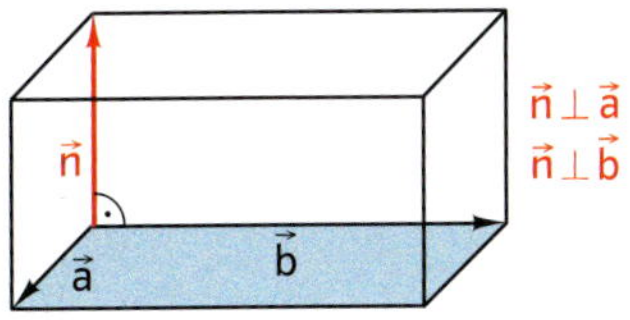

Fig. 2

*normalis (lat.):
rechtwinklig*

Für $\vec{a}, \vec{b}$ mit $\vec{a} \neq \vec{o}$, $\vec{b} \neq \vec{o}$ gilt: $\vec{a} \perp \vec{b}$ genau dann, wenn $\vec{a} \cdot \vec{b} = 0$.

Für die Multiplikation reeller Zahlen gilt eine Reihe von Gesetzen, u.a. das Kommutativgesetz, das Assoziativgesetz und bezüglich der Addition das Distributivgesetz.
Bei einer Übertragung des Assoziativgesetzes auf Vektoren besteht u.a. das Problem, dass in $(\vec{a} \cdot \vec{b}) \cdot \vec{c}$ der erste Malpunkt das Skalarprodukt beschreibt, dessen Ergebnis eine reelle Zahl ist, der zweite Malpunkt aber die (nicht damit zu verwechselnde) Multiplikation eines Vektors mit einer reellen Zahl darstellt.
Es gelten jedoch die folgenden Gesetze:

*Im Allgemeinen ist
$(\vec{a} \cdot \vec{b}) \cdot \vec{c} \neq \vec{a} \cdot (\vec{b} \cdot \vec{c})$,
da auf der linken Seite ein Vielfaches des Vektors $\vec{c}$ und rechts ein Vielfaches von $\vec{a}$ steht.*

Für das Skalarprodukt von Vektoren gilt:
$\vec{a} \cdot \vec{b} = \vec{b} \cdot \vec{a}$ **(Kommutativgesetz)**
$r\vec{a} \cdot \vec{b} = r(\vec{a} \cdot \vec{b})$, für jede reelle Zahl r
$(\vec{a} + \vec{b}) \cdot \vec{c} = \vec{a} \cdot \vec{c} + \vec{b} \cdot \vec{c}$ **(Distributivgesetz)**
$\vec{a} \cdot \vec{a} \geq 0$; $\vec{a} \cdot \vec{a} = 0$ nur für $\vec{a} = \vec{o}$

Die Gültigkeit dieser Gesetze kann man durch Nachrechnen mit der Koordinatenform nachweisen.

Beispiel 1 Orthogonalität von Vektoren

Gegeben ist ein Parallelogramm ABCD. Deute an einer Zeichnung geometrisch, wenn $(\overrightarrow{AB} + \overrightarrow{BC}) \cdot (\overrightarrow{AB} - \overrightarrow{BC}) = 0$ gilt.

Lösung:
Fig. 1 zeigt das Parallelogramm mit den Vektoren $\overrightarrow{AB}$ und $\overrightarrow{BC}$; $\overrightarrow{AB} + \overrightarrow{BC}$ und $\overrightarrow{AB} - \overrightarrow{BC}$ beschreiben die Diagonalen. Diese sind wegen $(\overrightarrow{AB} + \overrightarrow{BC}) \cdot (\overrightarrow{AB} - \overrightarrow{BC}) = 0$ zueinander orthogonal.
Das Parallelogramm ist damit ein Rhombus.

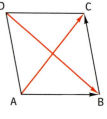

Fig. 1

Beispiel 2 Winkelberechnung ohne Koordinaten

Gegeben sind die Vektoren $\vec{a}$ und $\vec{b}$ mit den Eigenschaften $|\vec{a}| = 3|\vec{b}|$ und $\vec{a} \perp (\vec{a} + 4\vec{b})$. Wie gross ist der Zwischenwinkel φ von $\vec{a}$ und $\vec{b}$?

Lösung:
Für φ gilt $\cos(\varphi) = \frac{\vec{a} \cdot \vec{b}}{|\vec{a}| \cdot |\vec{b}|} = \frac{\vec{a} \cdot \vec{b}}{3 \cdot |\vec{b}|^2}$.

Aus $\vec{a} \cdot (\vec{a} + 4\vec{b}) = 0$ folgt $\vec{a} \cdot \vec{a} = -4\vec{a} \cdot \vec{b}$, also ist $\vec{a} \cdot \vec{b} = -\frac{1}{4}|\vec{a}|^2 = -\frac{9}{4}|\vec{b}|^2$.

Damit ergibt sich $\cos(\varphi) = \frac{-\frac{9}{4}|\vec{b}|^2}{3|\vec{b}|^2} = -\frac{3}{4}$ und $\varphi \approx 138.6°$.

Beispiel 3 Winkelberechnung

Berechne für die Pyramide OABS in Fig. 2 die Grösse des Winkels φ.

Lösung:
Der Winkel φ wird eingeschlossen von den Kanten SA und SB.

Aus $\overrightarrow{SA} = \begin{pmatrix} 2 \\ 2 \\ -6 \end{pmatrix}$ und $\overrightarrow{SB} = \begin{pmatrix} -2 \\ 3 \\ -6 \end{pmatrix}$ folgt

$\cos(\varphi) = \frac{2 \cdot (-2) + 2 \cdot 3 + (-6) \cdot (-6)}{\sqrt{4 + 4 + 36} \cdot \sqrt{4 + 9 + 36}} \approx 0.8184$

und somit $\varphi \approx 35.1°$.

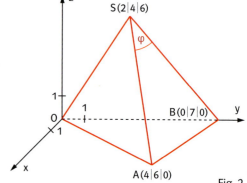

Fig. 2

Beispiel 4 Orthogonalität und Normalenvektor

Gegeben sind die Vektoren $\vec{a} = \begin{pmatrix} 3 \\ 2 \\ 4 \end{pmatrix}$ und $\vec{b} = \begin{pmatrix} 6 \\ 5 \\ 4 \end{pmatrix}$. Ermittle einen Vektor $\vec{c}$, der

a) orthogonal zu Vektor $\vec{a}$ ist,
b) orthogonal zu Vektor $\vec{a}$ und Vektor $\vec{b}$ ist.

Lösung:
a) Wenn $\vec{c} = \begin{pmatrix} x \\ y \\ z \end{pmatrix}$ orthogonal zu $\vec{a}$ ist, dann gilt $\vec{a} \cdot \vec{c} = 0$ bzw. $3x + 2y + 4z = 0$.

Wählt man beispielsweise $x = 2$ und $y = 1$, ergibt sich $z = -2$ und damit $\vec{c} = \begin{pmatrix} 2 \\ 1 \\ -2 \end{pmatrix}$.

b) Wenn $\vec{c}$ orthogonal zu $\vec{a}$ und $\vec{b}$ ist, so gilt $\vec{a} \cdot \vec{c} = 0$ und $\vec{b} \cdot \vec{c} = 0$. Aus der skalaren Multiplikation folgt das Gleichungssystem:
$\begin{cases} 3x + 2y + 4z = 0 \\ 6x + 5y + 4z = 0 \end{cases}$

Man erhält die Lösungen $x = -4t$, $y = 4t$ und $z = t$ und mit $t = 1$ den Vektor $\vec{c} = \begin{pmatrix} -4 \\ 4 \\ 1 \end{pmatrix}$.

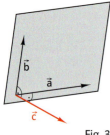

Fig. 3

Aufgaben

1 Berechne für die Vektoren $\vec{a} = \begin{pmatrix} 1 \\ 2 \\ -1 \end{pmatrix}$, $\vec{b} = \begin{pmatrix} -2 \\ 1 \\ 3 \end{pmatrix}$, $\vec{c} = \begin{pmatrix} 2 \\ 1 \\ 1 \end{pmatrix}$:

a) $\vec{a} \cdot \vec{b}$ b) $\vec{a} \cdot \vec{c}$ c) $\vec{a} \cdot (\vec{b} - \vec{c})$ d) $(\vec{a} + \vec{b}) \cdot (\vec{b} - \vec{c})$

2 Gegeben ist ein gleichseitiges Dreieck ABC. Bestimme $\overrightarrow{AB} \cdot \overrightarrow{AC}$.

3 Berechne den Zwischenwinkel φ von $\vec{a}$ und $\vec{b}$, wenn folgende Beziehungen gelten.
a) $|\vec{a}| = 3$, $|\vec{b}| = 4$ und $(\vec{a} - 0.5\vec{b}) \perp (\vec{a} + \vec{b})$
b) $|\vec{a}| = 2|\vec{b}| > 0$ und $(\vec{a} + \vec{b}) \cdot (\vec{a} + 3.5 \cdot \vec{b}) = 0$
c) $|\vec{a}| = 4$, $|\vec{b}| = 6$ und $|\vec{a} - 2\vec{b}| = |\vec{a} + \vec{b}|$

4 Berechne die Grösse des Winkels zwischen den Vektoren $\vec{a}$ und $\vec{b}$.

a) $\vec{a} = \begin{pmatrix} 1 \\ 3 \\ 1 \end{pmatrix}$, $\vec{b} = \begin{pmatrix} 5 \\ 0 \\ 3 \end{pmatrix}$ b) $\vec{a} = \begin{pmatrix} 1 \\ 3 \\ 5 \end{pmatrix}$, $\vec{b} = \begin{pmatrix} 5 \\ 3 \\ 1 \end{pmatrix}$ c) $\vec{a} = \begin{pmatrix} -11 \\ 4 \\ 1 \end{pmatrix}$, $\vec{b} = \begin{pmatrix} 1 \\ 2 \\ 3 \end{pmatrix}$

5 Berechne die Längen der Seiten und die Grössen der Winkel im Dreieck ABC.
a) A(2|1), B(5|−1), C(4|3)
b) A(8|1), B(17|−5), C(10|9)

6 Berechne zu Fig. 1 die Längen der Seiten und die Grössen der Winkel
a) des Dreiecks ABC,
b) des Dreiecks EDF.

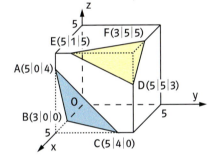

Fig. 1

7 Ein Viereck hat die Eckpunkte O(0|0|0), P(2|3|5), Q(5|5|6), R(1|4|9). Berechne die Längen der Seiten und die Grössen der Innenwinkel des Vierecks.

8 Bestimme die fehlende Koordinate so, dass $\vec{a} \perp \vec{b}$.

a) $\vec{a} = \begin{pmatrix} 2 \\ 3 \end{pmatrix}$, $\vec{b} = \begin{pmatrix} x \\ -4 \end{pmatrix}$ b) $\vec{a} = \begin{pmatrix} 1 \\ y \\ 3 \end{pmatrix}$, $\vec{b} = \begin{pmatrix} 2 \\ -1 \\ 1 \end{pmatrix}$ c) $\vec{a} = \begin{pmatrix} -1 \\ 4 \\ 2 \end{pmatrix}$, $\vec{b} = \begin{pmatrix} 3 \\ 0 \\ z \end{pmatrix}$

9 Der Quader in Fig. 2 wird von den Vektoren $\vec{a}, \vec{b}, \vec{c}$ aufgespannt.
a) Welche der Vektoren $\vec{b}, \vec{c}, \vec{b} + \vec{c}, \vec{b} - \vec{c}, \vec{a} + \vec{b}, \vec{a} + \vec{b} + \vec{c}$ sind zu $\vec{a}$ orthogonal?
b) Welche der Vektoren aus a) sind zu $\vec{a}$ und zu $\vec{b}$ orthogonal?

10 Gegeben sind zwei Vektoren $\vec{a}$ und $\vec{b}$. Beschreibe die Lage aller Vektoren, die zu $\vec{a}$ und zu $\vec{b}$ orthogonal sind. Unterscheide dabei zwei Fälle:
a) $\vec{a}$ und $\vec{b}$ sind linear unabhängig, b) $\vec{a}$ und $\vec{b}$ sind linear abhängig.

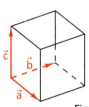

Fig. 2

11 Bestimme einen Normalenvektor von a und b.

a) $\vec{a} = \begin{pmatrix} 1 \\ 2 \\ 3 \end{pmatrix}$, $\vec{b} = \begin{pmatrix} 2 \\ 0 \\ 3 \end{pmatrix}$ b) $\vec{a} = \begin{pmatrix} 2 \\ 3 \\ -1 \end{pmatrix}$, $\vec{b} = \begin{pmatrix} 5 \\ -1 \\ -2 \end{pmatrix}$ c) $\vec{a} = \begin{pmatrix} 1 \\ 2 \\ 5 \end{pmatrix}$, $\vec{b} = \begin{pmatrix} 4 \\ -1 \\ 5 \end{pmatrix}$

14.6 Vektorprodukt

a) Das Parallelogramm OACB wird von den Vektoren $\vec{a} = \begin{pmatrix} 3 \\ 6 \\ 6 \end{pmatrix}$ und $\vec{b} = \begin{pmatrix} 5 \\ -2 \\ 4 \end{pmatrix}$ aufgespannt. Berechne seinen Flächeninhalt.
b) Bestimme alle zu $\vec{a}$ und $\vec{b}$ orthogonalen Vektoren, deren Betrag gleich dem Flächeninhalt des Parallelogramms OACB ist.

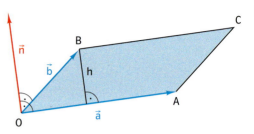

Zur Lösung geometrischer Probleme benötigt man häufig einen Vektor, der zu zwei gegebenen Vektoren orthogonal ist.

Sind $\vec{a} = \begin{pmatrix} a_x \\ a_y \\ a_z \end{pmatrix}$ und $\vec{b} = \begin{pmatrix} b_x \\ b_y \\ b_z \end{pmatrix}$ zwei linear unabhängige Vektoren, ergibt sich für den gesuchten Normalenvektor $\vec{c} = \begin{pmatrix} x \\ y \\ z \end{pmatrix}$ aus den Bedingungen $\vec{a} \cdot \vec{c} = 0$ und $\vec{b} \cdot \vec{c} = 0$ das Gleichungssystem:

I: $a_x x + a_y y + a_z z = 0$
II: $b_x x + b_y y + b_z z = 0$

Wenn man die Gleichung I mit b_z und die Gleichung II mit a_z multipliziert, erhält man:
I': $a_x b_z x + a_y b_z y + a_z b_z z = 0$
II': $b_x a_z x + b_y a_z y + b_z a_z z = 0$

Die Subtraktion der Gleichung I' von der Gleichung II' und das anschliessende Ausklammern von x und y ergibt:
$(b_x a_z - a_x b_z) x + (b_y a_z - a_y b_z) y = 0$ bzw. $(b_x a_z - a_x b_z) x = (b_z a_y - a_z b_y) y$

Eine Variable ist frei wählbar. Man wählt der Einfachheit halber $x = b_z a_y - a_z b_y$ und erhält damit für y den Term $b_x a_z - a_x b_z$.

Nach Einsetzen der Terme für x und y in Gleichung I und Umstellen der erhaltenen Gleichung nach z ergibt sich $z = a_x b_y - a_y b_x$
und damit ein gesuchter Vektor $\vec{c}$ mit $\vec{c} = \begin{pmatrix} a_y b_z - a_z b_y \\ a_z b_x - a_x b_z \\ a_x b_y - a_y b_x \end{pmatrix}$.

«Rechte-Hand-Regel»

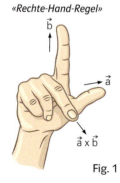

Fig. 1

Auf diese Weise wird das **Vektorprodukt** $\vec{c} = \vec{a} \times \vec{b}$ (lies: «$\vec{a}$ Kreuz $\vec{b}$») definiert, das zwei Vektoren $\vec{a}$ und $\vec{b}$ wieder einen Vektor $\vec{c}$ zuordnet. Dies im Gegensatz zum Skalarprodukt, das zwei Vektoren $\vec{a}$ und $\vec{b}$ durch $\vec{a} \cdot \vec{b} = |\vec{a}| \cdot |\vec{b}| \cdot \cos(\varphi)$ eine reelle Zahl (Skalar) zuordnet.

> Für Vektoren $\vec{a} = \begin{pmatrix} a_x \\ a_y \\ a_z \end{pmatrix}$, $\vec{b} = \begin{pmatrix} b_x \\ b_y \\ b_z \end{pmatrix}$ heisst $\vec{a} \times \vec{b} = \begin{pmatrix} a_y b_z - a_z b_y \\ a_z b_x - a_x b_z \\ a_x b_y - a_y b_x \end{pmatrix}$
> das **Vektorprodukt** von $\vec{a}$ und $\vec{b}$.

Das Vektorprodukt $\vec{c} = \vec{a} \times \vec{b}$ ist nur für Vektoren im **Raum** definiert und besitzt folgende drei interessante **Eigenschaften**:
(1) $\vec{c}$ ist orthogonal zu $\vec{a}$ und $\vec{b}$.
(2) $\vec{a}$, $\vec{b}$ und $\vec{c}$ bilden ein «Rechtssystem» (Fig. 1).
(3) Der Betrag von $\vec{c}$ ist gleich dem Flächeninhalt des von $\vec{a}$ und $\vec{b}$ aufgespannten Parallelogramms, das heisst: $|\vec{c}| = |\vec{a} \times \vec{b}| = |\vec{a}| \cdot |\vec{b}| \cdot \sin(\varphi)$

Die Eigenschaft (3) wird in Aufgabe 11 (S. 232) gezeigt

Die Eigenschaft (3) ermöglicht es auch, das Volumen V eines Spats zu berechnen:
Für den Flächeninhalt A der Grundfläche des Spats in Fig. 1 gilt:
$A = |\vec{a} \times \vec{b}|$
Für die Höhe h des Prismas gilt:
$h = |\vec{c}| \cdot \cos(\beta)$
Damit ist $V = A \cdot h = |\vec{a} \times \vec{b}| \cdot |\vec{c}| \cdot \cos(\beta)$.
Dieser Term ist aber zugleich das Skalarprodukt von $\vec{a} \times \vec{b}$ mit $\vec{c}$.

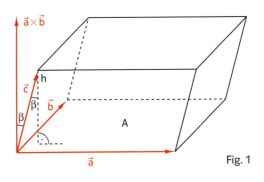

Fig. 1

Als **Spat** bezeichnet man einen geometrischen Körper, der von sechs paarweise kongruenten Parallelogrammen begrenzt wird, die in parallelen Ebenen liegen.

Das Wort kommt vom **Kalkspat** (Calcit, $CaCO_3$), dessen Kristalle diese Form aufweisen.

Der von den Vektoren $\vec{a}, \vec{b}, \vec{c}$ aufgespannte **Spat** hat das **Volumen:**
$$V = |(\vec{a} \times \vec{b}) \cdot \vec{c}|$$

Der Term $|(\vec{a} \times \vec{b}) \cdot \vec{c}|$ wird auch als **Spatprodukt** bezeichnet.

Beispiel 1 Bestimmung eines Normalenvektors und eines Flächeninhalts
Gegeben ist eine Ebene E durch die Punkte A(2|5|−1), B(3|7|2) und C(9|6|3).
a) Bestimme mithilfe eines Vektorproduktes einen Normalenvektor der Ebene E.
b) Berechne den Flächeninhalt des Dreiecks ABC mithilfe des Vektorproduktes.
Lösung:
a) Jedes Vektorprodukt von zwei Spannvektoren der Ebene ergibt einen Normalenvektor:

zum Beispiel $\vec{n} = \overrightarrow{AB} \times \overrightarrow{AC} = \begin{pmatrix} 1 \\ 2 \\ 3 \end{pmatrix} \times \begin{pmatrix} 7 \\ 1 \\ 4 \end{pmatrix} = \begin{pmatrix} 2 \cdot 4 - 3 \cdot 1 \\ 3 \cdot 7 - 1 \cdot 4 \\ 1 \cdot 1 - 2 \cdot 7 \end{pmatrix} = \begin{pmatrix} 5 \\ 17 \\ -13 \end{pmatrix}$

b) Der Flächeninhalt des Dreiecks ist die Hälfte des von den Vektoren $\overrightarrow{AB}$ und $\overrightarrow{AC}$ aufgespannten Parallelogramms.
Flächeninhalt des Dreiecks: $A = \frac{1}{2} |\overrightarrow{AB} \times \overrightarrow{AC}| = \frac{1}{2} \sqrt{5^2 + 17^2 + 13^2} = \frac{1}{2} \sqrt{483} \approx 10{,}99$

Beispiel 2 Volumenbestimmung

Gegeben sind die Vektoren $\vec{a} = \begin{pmatrix} 2 \\ 3 \\ 5 \end{pmatrix}$, $\vec{b} = \begin{pmatrix} 2 \\ -1 \\ 7 \end{pmatrix}$ und $\vec{c} = \begin{pmatrix} 3 \\ 9 \\ 2 \end{pmatrix}$

a) Berechne das Volumen der von $\vec{a}, \vec{b}$ und $\vec{c}$ aufgespannten dreiseitigen Pyramide.
b) Sind die Vektoren $\vec{a}, \vec{b}, \vec{c}$ linear unabhängig?
Lösung:
a) Die dreieckige Grundfläche der Pyramide ist die Hälfte des von $\vec{a}$ und $\vec{b}$ aufgespannten Parallelogramms. Damit ist das Pyramidenvolumen $\frac{1}{6}$ des Volumens des Spats.
Für das Volumen der Pyramide gilt daher:

$V = \frac{1}{6}|(\vec{a} \times \vec{b}) \cdot \vec{c}| = \frac{1}{6} \left| \left(\begin{pmatrix} 2 \\ 3 \\ 5 \end{pmatrix} \times \begin{pmatrix} 2 \\ -1 \\ 7 \end{pmatrix} \right) \cdot \begin{pmatrix} 3 \\ 9 \\ 2 \end{pmatrix} \right| = \frac{1}{6} \left| \begin{pmatrix} 26 \\ -4 \\ -8 \end{pmatrix} \cdot \begin{pmatrix} 3 \\ 9 \\ 2 \end{pmatrix} \right| = \frac{1}{6} \cdot 26 = \frac{13}{3}$

b) Da das Volumen des Spats nicht 0 ist, sind die Vektoren $\vec{a}, \vec{b}, \vec{c}$ linear unabhängig.

Aufgaben

1 Berechne für $\vec{a} = \begin{pmatrix} 2 \\ 1 \\ 5 \end{pmatrix}$, $\vec{b} = \begin{pmatrix} 3 \\ 2 \\ 1 \end{pmatrix}$ und $\vec{c} = \begin{pmatrix} -1 \\ 5 \\ 0 \end{pmatrix}$ die Vektoren

a) $\vec{a} \times \vec{b}$, $\vec{b} \times \vec{c}$ und $\vec{c} \times \vec{a}$,
b) $\vec{a} \times (\vec{b} \times \vec{c})$ und $(\vec{a} \times \vec{b}) \times \vec{c}$.

2 Berechne den Flächeninhalt des Dreiecks ABC.
a) A(4|7|5), B(0|5|9), C(8|7|3)   b) A(−1|0|5), B(2|2|2), C(2|2|0)

3 Berechne mithilfe des Vektorproduktes den Flächeninhalt des Parallelogramms ABCD mit A(1|1|1), B(0|1|3), C(−1|2|3) und D(0|2|1).

4 Berechne die Koordinaten eines Vektors $\vec{c}$, der orthogonal zu den Vektoren $\vec{a} = \vec{AB}$ und $\vec{b} = \vec{AC}$ ist.
a) A(0|0|0), B(1|7|3), C(2|−3|4)   b) A(1|3|0), B(−2|4|4), C(2|2|1)

5 Zeige, dass die Vektoren $\vec{a} = \begin{pmatrix} 0 \\ 0 \\ \frac{1}{a} \end{pmatrix}$ und $\vec{b} = \begin{pmatrix} a \\ 0 \\ 0 \end{pmatrix}$ für jeden Wert von a ein flächengleiches Parallelogramm aufspannen. Gib den Inhalt der Fläche an.

6 Ermittle alle Werte a (a ∈ ℝ), für die das Vektorprodukt $\begin{pmatrix} a \\ 1 \\ a \end{pmatrix} \times \begin{pmatrix} 1 \\ 1 \\ 1 \end{pmatrix}$ den Betrag $2 \cdot \sqrt{2}$ hat.

7 Berechne das Volumen einer dreiseitigen Pyramide mit den Eckpunkten
a) A(0|0|0), B(0|5|9), C(2|−3|4), D(6|1|10),
b) A(1|−2|12), B(11|3|5), C(3|5|8), D(19|4|4).

8 Für jedes a (a ≠ 0) existiert genau eine quadratische Pyramide ABCDS$_a$ mit A(2|1|0), B(2|4|4), C(−3|4|4), D(−3|1|0) und $S_a\left(-\frac{1}{2}\Big|\frac{5}{2} + 4a\Big|2 - 3a\right)$.
Ermittle alle Werte a, für die das Volumen der Pyramide $\frac{250}{3}$ beträgt.

9 Untersuche mithilfe des Spatproduktes auf lineare Unabhängigkeit.
a) $\begin{pmatrix} -1 \\ 5 \\ 6 \end{pmatrix}, \begin{pmatrix} 8 \\ 2 \\ 1 \end{pmatrix}, \begin{pmatrix} -2 \\ 0 \\ 5 \end{pmatrix}$ b) $\begin{pmatrix} 7 \\ 3 \\ 8 \end{pmatrix}, \begin{pmatrix} -5 \\ 6 \\ 9 \end{pmatrix}, \begin{pmatrix} 17 \\ -9 \\ -10 \end{pmatrix}$ c) $\begin{pmatrix} 1 \\ 7 \\ 1 \end{pmatrix}, \begin{pmatrix} -8 \\ 8 \\ 18 \end{pmatrix}, \begin{pmatrix} 7 \\ 2 \\ 2 \end{pmatrix}$

10 Die Punkte A(3|−6|1), B(−2|−2|13), C(6|−2|5) sind Eckpunkte der Grundfläche einer dreiseitigen Pyramide ABCS mit der Spitze S(−6|12|1).
a) Ermittle einen Normalenvektor der Ebene, in der die Grundfläche der Pyramide liegt.
b) Berechne den Inhalt der Grundfläche ABC.
c) Berechne das Volumen der dreiseitigen Pyramide ABCS.
d) Ermittle aus den Ergebnissen der Teilaufgaben b) und c) die Höhe der Pyramide.
Beschreibe eine Möglichkeit, wie man mithilfe der Ergebnisse aus den beiden Teilaufgaben a) und b) die Pyramidenhöhe ermitteln kann.

11 Der Flächeninhalt des von $\vec{a}$ und $\vec{b}$ aufgespannten Parallelogramms ist gleich $|\vec{a} \times \vec{b}|$. Beweise diese Aussage, indem du zunächst $|\vec{a}|^2 |\vec{b}|^2 \sin^2(\varphi) = \vec{a}^2 \vec{b}^2 - (\vec{a} \cdot \vec{b})^2$ zeigst.

12 Hat David mit folgenden Behauptungen recht? Begründe deine Antworten.
a) Sind die Koordinaten der Eckpunkte eines Parallelogramms ganze Zahlen, so ist die Masszahl seines Flächeninhalts eine ganze Zahl.
b) Das Volumen eines Spats, der von drei Vektoren mit ganzzahligen Koordinaten aufgespannt wird, hat eine ganzzahlige Masszahl.
c) Für das Volumen des von den Vektoren $\vec{a}$, $\vec{b}$ und $\vec{c}$ aufgespannten Spats gilt:
$V = |\vec{a} \cdot (\vec{b} \times \vec{c})| = |(\vec{a} \times \vec{b}) \cdot \vec{c}|$

15 Geraden und Ebenen

15.1 Vektorielle Darstellung von Geraden

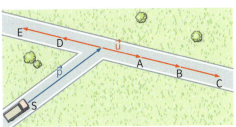

Vom Startpunkt S fährt jeweils ein Wagen zu den Punkten A, B, C, D und E. Beschreibe die vier Wege mithilfe der Vektoren $\vec{p}$ und $\vec{u}$. Beschreibe die Lage der Punkte A bis E.

Die Lösungsmenge einer linearen Gleichung der Form $y = ax + b$ kann man als Gerade der Zeichenebene darstellen. Mithilfe von Vektoren ist es möglich, sowohl Geraden der Zeichenebene als auch Geraden im Raum algebraisch zu beschreiben. Hierzu betrachtet man die Ortsvektoren der Punkte einer Geraden.

Fig. 1 verdeutlicht: Sind P und Q zwei Punkte einer Geraden g, so gilt:
Ein beliebig gewählter Punkt R von g hat den Ortsvektor $\vec{r}$ mit $\vec{r} = \overrightarrow{OP} + \overrightarrow{PR}$.
Somit gilt: $\vec{r} = \overrightarrow{OP} + t \cdot \overrightarrow{PQ}$ mit einer reellen Zahl t.
Bezeichnet man den Vektor $\overrightarrow{OP}$ mit $\vec{p}$ und den Vektor $\overrightarrow{PQ}$ mit $\vec{u}$, so ist
$\vec{r} = \vec{p} + t \cdot \vec{u}$ ($t \in \mathbb{R}$).

Der Vektor $\vec{p}$ heisst **Stützvektor** von g, weil sein Pfeil von O nach P die Gerade g «in dem Punkt P stützt». Der Punkt P heisst **Stützpunkt**.
Der Vektor $\vec{u}$ heisst **Richtungsvektor** von g, weil er die «Richtung» der Geraden g festlegt.

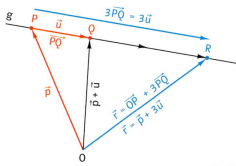

Fig. 1

Fig. 2 verdeutlicht:
Sind zwei Vektoren $\vec{p}$ und $\vec{u}$ ($\vec{u} \neq \vec{o}$) gegeben, so gilt:
Alle Punkte R, für deren Ortsvektoren $\vec{r}$ die Gleichung $\vec{r} = \vec{p} + t \cdot \vec{u}$ ($t \in \mathbb{R}$) gilt, liegen auf einer gemeinsamen Geraden.

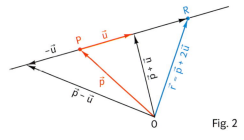

Fig. 2

Beachte:
Die Überlegungen zu Fig. 1 und Fig. 2 gelten sowohl für Geraden einer Ebene als auch für Geraden des Raumes.

Deshalb wurden nicht die Koordinatenachsen, sondern nur ihr Schnittpunkt O, der Ursprung, angegeben. Man kann sich also jeweils ein zwei- oder ein dreidimensionales Koordinatensystem hinzudenken.

Ist ein Vektor Ortsvektor eines Geradenpunktes, so kann er als Stützvektor dieser Geraden verwendet werden.

Liegen zwei Punkte P und Q ($P \neq Q$) auf einer Geraden, so kann der Vektor $\overrightarrow{PQ}$ als Richtungsvektor dieser Geraden verwendet werden.

Jede **Gerade** lässt sich durch eine Gleichung der Form
$$\vec{r} = \vec{p} + t \cdot \vec{u} \quad (t \in \mathbb{R})$$
beschreiben. Hierbei ist $\vec{p}$ ein Stützvektor und $\vec{u}$ ($\vec{u} \neq \vec{o}$) ein Richtungsvektor von g.

Man nennt eine Gleichung $\vec{r} = \vec{p} + t \cdot \vec{u}$ eine **Geradengleichung in Parameterform** der jeweiligen Geraden g (mit dem Parameter t). Man schreibt kurz: $g: \vec{r} = \vec{p} + t \cdot \vec{u}$

Statt Geradengleichung in Parameterform sagt man auch kurz Parametergleichung.

Beispiel 1 Parametergleichung bestimmen
Gib eine Parametergleichung für die Gerade g durch A(1|−2|5) und B(4|6|−2) an.
Lösung:
Da A auf g liegt, ist der Verbindungsvektor $\vec{a} = \begin{pmatrix} 1 \\ -2 \\ 5 \end{pmatrix}$ ein möglicher Stützvektor von g.

Da A und B auf g liegen, ist der Verbindungsvektor $\vec{AB} = \begin{pmatrix} 4 \\ 6 \\ -2 \end{pmatrix} - \begin{pmatrix} 1 \\ -2 \\ 5 \end{pmatrix} = \begin{pmatrix} 3 \\ 8 \\ -7 \end{pmatrix}$ ein möglicher

Richtungsvektor von g (vgl. Fig. 1). Somit erhält man: $g: \vec{r} = \begin{pmatrix} 1 \\ -2 \\ 5 \end{pmatrix} + t \cdot \begin{pmatrix} 3 \\ 8 \\ -7 \end{pmatrix}$

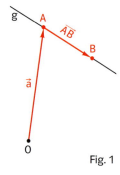

Fig. 1

Beispiel 2 Punktprobe
Prüfe, ob der Punkt A(−7|−5|8) auf der Geraden $g: \vec{r} = \begin{pmatrix} 3 \\ -1 \\ 2 \end{pmatrix} + t \cdot \begin{pmatrix} 5 \\ 2 \\ -3 \end{pmatrix}$ liegt.
Lösung:
Wenn A auf g liegt, dann muss es eine reelle Zahl t geben, die die Gleichung
$\begin{pmatrix} 3 \\ -1 \\ 2 \end{pmatrix} + t \cdot \begin{pmatrix} 5 \\ 2 \\ -3 \end{pmatrix} = \begin{pmatrix} -7 \\ -5 \\ 8 \end{pmatrix}$ erfüllt. Aus $3 + t \cdot 5 = -7$ folgt $t = -2$ und es gilt sowohl
$(-1) + (-2) \cdot 2 = -5$ als auch $2 + (-2) \cdot (-3) = 8$. A liegt somit auf g.

Aufgaben

1 a) Gib drei Punkte an, die auf der Geraden $g: \vec{r} = \begin{pmatrix} 1 \\ 1 \\ 2 \end{pmatrix} + t \cdot \begin{pmatrix} 0 \\ -2 \\ 7 \end{pmatrix}$ liegen.
b) Gib eine weitere Gleichung der Geraden g an.

2 Die Gerade g geht durch die Punkte A und B. Gib jeweils zwei Gleichungen der Geraden g an.
a) A(1|2|2), B(5|−4|7)   b) A(−3|−2|9), B(0|0|3)   c) A(7|−2|7), B(1|1|1)

3 Prüfe, ob der Punkt R auf der Geraden g liegt.
a) R(1|1); $g: \vec{r} = \begin{pmatrix} 7 \\ 3 \end{pmatrix} + t \cdot \begin{pmatrix} -2 \\ 3 \end{pmatrix}$ b) R(−1|0); $g: \vec{r} = \begin{pmatrix} -1 \\ 5 \end{pmatrix} + t \cdot \begin{pmatrix} 0 \\ 5 \end{pmatrix}$
c) R(2|3|−1); $g: \vec{r} = \begin{pmatrix} 7 \\ 0 \\ 5 \end{pmatrix} + t \cdot \begin{pmatrix} 5 \\ -3 \\ 5 \end{pmatrix}$ d) R(2|−1|−1); $g: \vec{r} = \begin{pmatrix} 1 \\ 0 \\ 1 \end{pmatrix} + t \cdot \begin{pmatrix} 1 \\ 3 \\ 3 \end{pmatrix}$

4 Bestimme eine Gleichung der Geraden g.
a) Die Gerade geht durch den Punkt B(1|−2|9) und $\vec{u} = \begin{pmatrix} 2 \\ 1 \\ -5 \end{pmatrix}$ ist ein Richtungsvektor von g.

b) Die Gerade geht durch den Punkt A(2|1|−3) und $\vec{u} = \begin{pmatrix} 2 \\ 1 \\ -5 \end{pmatrix}$ ist ein Stützvektor von g.

Der gesuchte Punkt P von Teilaufgabe 5b) hat eine besondere Lage – welche?

5 Gegeben ist die Gerade $g: \vec{r} = \begin{pmatrix} 1 \\ -3 \\ 2 \end{pmatrix} + t \cdot \begin{pmatrix} 2 \\ 2 \\ 2 \end{pmatrix}$.
a) Bestimme zwei Punkte, die auf der Geraden g liegen.
b) Bestimme einen Punkt, der auf der Geraden g liegt und dessen y-Koordinate null ist.
c) Bestimme einen Punkt, der auf der Geraden g und in der yz-Ebene liegt.

6 Untersuche, ob die Punkte A, B und C auf einer gemeinsamen Geraden liegen
a) A(1|2|3), B(0|4|−2), C(3|−2|13)   b) A(−1|0|4), B(9|2|−1), C(2|1|0)

7 Fig. 1 zeigt einen Würfel ABCDEFGH. Gib eine Gleichung der Geraden
a) durch A und C an,
b) durch B und D an,
c) durch E und G an,
d) durch A und G an,
e) durch B und H an.

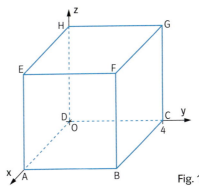

Fig. 1

8 Gib für ein ebenes Koordinatensystem die Gleichungen der beiden Winkelhalbierenden zwischen der x-Achse und der y-Achse an.

9 In Fig. 2, Fig. 3 und Fig. 4 ist jeweils eine Gerade, die auf einer Koordinatenachse liegt, rot gekennzeichnet. Gib für jede dieser drei Geraden eine Gleichung an.

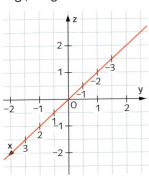
Fig. 2

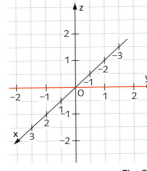
Fig. 3

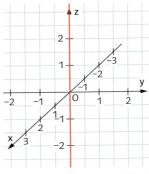
Fig. 4

10 Beschreibe die besondere Lage der Geraden im Koordinatensystem.

a) $g: \vec{r} = t \cdot \begin{pmatrix} 1 \\ 0 \\ 1 \end{pmatrix}$
b) $g: \vec{r} = t \cdot \begin{pmatrix} 0 \\ 1 \\ 1 \end{pmatrix}$
c) $g: \vec{r} = \begin{pmatrix} 0 \\ 0 \\ 2 \end{pmatrix} + t \cdot \begin{pmatrix} 0 \\ 1 \\ 0 \end{pmatrix}$

11 Die in Fig. 5 und Fig. 6 rot eingezeichneten Punkte sind jeweils Mittelpunkte einer Seitenfläche bzw. einer Kante. Bestimme jeweils eine Gleichung der eingezeichneten Geraden
a) im Quader in Fig. 5,
b) in der quadratischen Pyramide in Fig. 6.

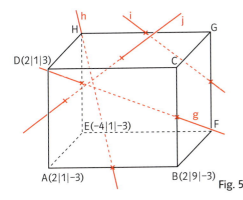
Fig. 5

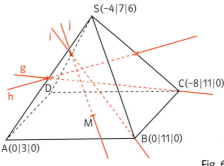
Fig. 6

15.2 Geraden in der Ebene

Welche der folgenden Geraden sind in der Grafik dargestellt?

$g_1: \vec{r} = \begin{pmatrix} 1 \\ 3 \end{pmatrix} + t \begin{pmatrix} 3 \\ -2 \end{pmatrix}$ $g_2: \vec{r} = \begin{pmatrix} 4 \\ 1 \end{pmatrix} + t \begin{pmatrix} 1 \\ 0 \end{pmatrix}$

$g_3: y = -\frac{2}{3}x + \frac{7}{3}$ $g_4: 2x + 3y = 11$

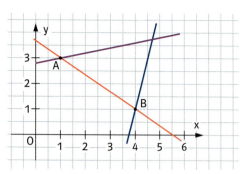

Gleichungen von Geraden

Die Parametergleichung der Geraden in der Ebene besitzt gegenüber der Parametergleichung im Raum keine z-Koordinate. Die Gerade in Fig. 1 durch die Punkte A(−3|0) und B(3|2) mit A als Stützpunkt und $\vec{AB}$ als Richtungsvektor hat die

Parameterform $\vec{r} = \begin{pmatrix} -3 \\ 0 \end{pmatrix} + t \cdot \begin{pmatrix} 6 \\ 2 \end{pmatrix}$.

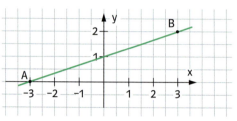

Fig. 1

Zur Erinnerung:
Zwei Punkte legen eindeutig die Funktionsgleichung einer Geraden fest (vgl. S. 110).

Diese Gerade kann ebenfalls als Graph einer linearen Funktion mit der Gleichung $y = \frac{1}{3}x + 1$ beschrieben werden oder, äquivalent dazu, durch die Koordinatengleichung $-x + 3y = 3$ (vgl. Kap. 8.1).

Sonderfälle:
x-Achse: y = 0
y-Achse: x = 0

Die Gleichung **ax + by = c** heisst **Koordinatengleichung der Geraden** in der Ebene. Dabei ist mindestens einer der Koeffizienten a und b von 0 verschieden.

Parallele zur x-Achse:
y = c
Parallele zur y-Achse:
x = c

Die Gleichung der Form x = c gehört zu einer Parallelen der y-Achse. In diesem Fall gibt es keine Funktionsgleichung der Geraden.

Beispiel 1 Von der Parametergleichung zur Koordinaten- und Funktionsgleichung

Bestimme die Funktions- und Koordinatengleichung der Geraden $\vec{r} = \begin{pmatrix} 1 \\ -3 \end{pmatrix} + t \cdot \begin{pmatrix} -2 \\ 5 \end{pmatrix}$.

Lösung:

Die Steigung m der Geraden lässt sich direkt aus dem Richtungsvektor $\vec{u}$ ablesen (Fig 2): $m = \frac{5}{-2} = -\frac{5}{2}$. Durch Einsetzen der Koordinaten des Stützpunktes P(1|−3) in $y = -\frac{5}{2}x + b$ ergibt sich $b = -\frac{1}{2}$. Man erhält somit die Funktionsgleichung $y = -\frac{5}{2}x - \frac{1}{2}$ und äquivalent dazu eine Koordinatengleichung $5x + 2y = -1$.

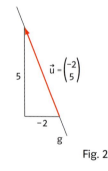

Fig. 2

Beispiel 2 Von der Funktionsgleichung zur Parametergleichung

Bestimme eine Parametergleichung der Geraden g: $y = \frac{2}{3}x + 2$.

Lösung:

Ein Richtungsvektor $\vec{u} = \begin{pmatrix} 3 \\ 2 \end{pmatrix}$ von g kann aus dem Steigungsdreieck abgelesen werden (Fig. 3), und ein möglicher Stützpunkt ist der Schnittpunkt mit der y-Achse S(0|2).

Daraus ergibt sich die Parameterform der Geraden g: $\vec{r} = \begin{pmatrix} 0 \\ 2 \end{pmatrix} + t \cdot \begin{pmatrix} 3 \\ 2 \end{pmatrix}$

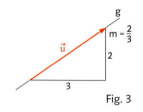

Fig. 3

Gegenseitige Lagen von zwei Geraden

Wenn man zwei beliebige Geraden auf ein Blatt Papier zeichnet, tritt immer einer der folgenden Fälle auf: Die Geraden schneiden sich in einem Punkt, sie sind parallel oder identisch. Sind zwei Geraden durch ihre Koordinaten- bzw. Funktionsgleichung gegeben, so ergibt sich ein lineares Gleichungssystem mit zwei Gleichungen und zwei Variablen. Die gegenseitige Lage der beiden Geraden lässt sich dann aus dem Lösungsverhalten des Gleichungssystems ermitteln (vgl. Kap. 8.2).
Aus den Parameterformen zweier Geraden lässt sich Folgendes entnehmen.

> Für zwei Geraden g: $\vec{r} = \vec{p} + s \cdot \vec{u}$ und h: $\vec{r} = \vec{q} + t \cdot \vec{v}$ in der **Ebene** gilt:
> Sind die **Richtungsvektoren** $\vec{u}$ und $\vec{v}$ **Vielfache voneinander**, dann sind g und h entweder **parallel** zueinander oder **identisch**. Die Entscheidung wird durch Punktprobe gefällt.
>
> Sind die **Richtungsvektoren keine Vielfachen** voneinander, **schneiden** sich g und h **in einem Punkt**. Die Vektorgleichung $\vec{p} + s \cdot \vec{u} = \vec{q} + t \cdot \vec{v}$ hat dann **genau eine Lösung** $(s_0; t_0)$. Den Ortsvektor des Schnittpunkts erhält man, indem man s_0 für s in $\vec{p} + s \cdot \vec{u}$ oder t_0 für t in $\vec{q} + t \cdot \vec{v}$ einsetzt.

$\vec{u} = k \cdot \vec{v}$ $(k \in \mathbb{R})$ bedeutet, die Richtungsvektoren sind linear abhängig bzw. kollinear.

Sind die Geraden in verschiedenen Darstellungsformen gegeben, so bringt man eine der Geraden in die Form der anderen.

Beispiel Gegenseitige Lage von Geraden
Bestimme die gegenseitige Lage der Geraden g und h und berechne gegebenenfalls die Koordinaten des Schnittpunktes S.

a) g: $\vec{r} = \begin{pmatrix} 2 \\ 5 \end{pmatrix} + s \cdot \begin{pmatrix} -1 \\ 3 \end{pmatrix}$

  h: $\vec{r} = \begin{pmatrix} 1 \\ 2 \end{pmatrix} + t \cdot \begin{pmatrix} 2 \\ -6 \end{pmatrix}$

b) g: $\vec{r} = \begin{pmatrix} -2 \\ 0 \end{pmatrix} + s \cdot \begin{pmatrix} 2 \\ -1 \end{pmatrix}$

  h: $\vec{r} = \begin{pmatrix} -6 \\ -4 \end{pmatrix} + t \cdot \begin{pmatrix} -2 \\ -1 \end{pmatrix}$

c) g: $2x - 3y = 6$

  h: $\vec{r} = \begin{pmatrix} 3 \\ 2 \end{pmatrix} + t \cdot \begin{pmatrix} 1 \\ 1 \end{pmatrix}$

Lösung:
a) Die Richtungsvektoren $\begin{pmatrix} -1 \\ 3 \end{pmatrix}$ und $\begin{pmatrix} 2 \\ -6 \end{pmatrix}$ sind kollinear. Das heisst, die Geraden sind parallel zueinander oder identisch.
Der Stützvektor der Geraden h wird in die Geradengleichung von g eingesetzt.

Die Punktprobe $\begin{pmatrix} 1 \\ 2 \end{pmatrix} = \begin{pmatrix} 2 \\ 5 \end{pmatrix} + s \cdot \begin{pmatrix} -1 \\ 3 \end{pmatrix}$ hat keine Lösung für s. Also liegt der Stützpunkt von h nicht auf g. Die Geraden sind echt parallel.

b) Da die Richtungsvektoren $\begin{pmatrix} 2 \\ -1 \end{pmatrix}$ und $\begin{pmatrix} -2 \\ -1 \end{pmatrix}$ nicht kollinear sind, schneiden sich die Geraden.
Gleichsetzen der Parameterformen ergibt das lineare Gleichungssystem $\begin{cases} -2 + 2s = -6 - 2t \\ -s = -4 - t \end{cases}$
mit der Lösung $(s_0 | t_0) = (1 | -3)$.
Einsetzen von $s_0 = 1$ in die Gleichung von g ergibt für den Ortsvektor des Schnittpunkts:
$\vec{r} = \begin{pmatrix} -2 \\ 0 \end{pmatrix} + 1 \cdot \begin{pmatrix} 2 \\ -1 \end{pmatrix} = \begin{pmatrix} 0 \\ -1 \end{pmatrix} \Rightarrow S(0 | -1)$

c) Umformung der Parametergleichung von h in Koordinatengleichung ergibt:
h: $-x + y = -1$
Aus den Funktionsgleichungen g: $y = \frac{2}{3}x - 2$ und h: $y = x - 1$ sieht man anhand der unterschiedlichen Steigungen, dass sich die Geraden schneiden müssen.
Gleichsetzen der beiden Funktionsgleichungen ergibt den Schnittpunkt $S(-3 | -4)$.

Schnittwinkel zweier Geraden

Für den Schnittwinkel α zweier sich schneidender Geraden $g_1: y = m_1 x + b_1$ und $g_2: y = m_2 x + b_2$ gilt $\alpha = \alpha_2 - \alpha_1$ mit $\tan(\alpha_1) = m_1$ und $\tan(\alpha_2) = m_2$. Aus den Additionstheoremen für die Differenz zweier Winkel (S. 94) folgt für den Tangens des Schnittwinkels α: $\tan(\alpha) = \tan(\alpha_2 - \alpha_1)$
$= \frac{\tan(\alpha_2) - \tan(\alpha_1)}{1 + \tan(\alpha_1) \cdot \tan(\alpha_2)} = \frac{m_2 - m_1}{1 + m_1 \cdot m_2}$.

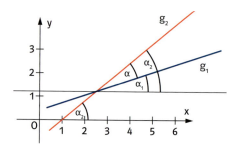

Mit dem Betrag des Quotienten ergibt sich der spitze Schnittwinkel.

Die beiden Geraden $g_1: y = m_1 x + b_1$ und $g_2: y = m_2 x + b_2$ mit $m_1 \neq m_2$ schneiden sich unter einem spitzen Winkel α mit $\mathbf{\tan(\alpha)} = \left| \frac{m_2 - m_1}{1 + m_1 \cdot m_2} \right|$.

Sind beide Geraden in der Parametergleichung gegeben, lässt sich ihr Schnittwinkel auch mithilfe ihrer Richtungsvektoren und des Skalarprodukts berechnen (vgl. Kap. 14.5).

Diese Formel ist nicht anwendbar, wenn die beiden Geraden senkrecht aufeinander stehen. In diesem Fall ist $\alpha_2 - \alpha_1 = 90°$.
Aus $m_1 = \tan(\alpha_1) = \tan(\alpha_2 - 90°) = -\tan(90° - \alpha_2) = \frac{-1}{\tan(\alpha_2)} = \frac{-1}{m_2}$ folgt $m_1 \cdot m_2 = -1$.

---

*Die Senkrechte zu einer Geraden heisst auch **Normale**.*

Das Produkt der Steigungen einer Geraden g und ihrer Normalen n ist gleich –1.
$\mathbf{m_g \cdot m_n = -1}$

Beispiel 1 Nachweis der Normalen
Zeige, dass die Gerade $n(x) = 2x - 7$ eine Normale zur Geraden $g: \vec{r} = \begin{pmatrix} 4 \\ 1 \end{pmatrix} + t \begin{pmatrix} 2 \\ -1 \end{pmatrix}$ ist.
Lösung:
Die Funktionsgleichung der Geraden g lautet: $g(x) = -\frac{1}{2}x + 3$
Aus $m_g \cdot m_n = -\frac{1}{2} \cdot 2 = -1$ folgt $g \perp n$.

Beispiel 2 Bestimmung der Normalen
Bestimme die Normale $n(x)$ zur Geraden $g: 3x - 2y = -4$ durch den Punkt $P(3 \mid 2)$.
Lösung:
Die Funktionsgleichung der Geraden g lautet: $g(x) = \frac{3}{2}x + 2$
Aus $m_g \cdot m_n = -1$ mit $m_g = \frac{3}{2}$ folgt für die Steigung der Normalen $m_n = -\frac{2}{3}$.
Durch Einsetzen des Punktes $P(3 \mid 2)$ in $n(x) = -\frac{2}{3}x + b$ folgt $n(x) = -\frac{2}{3}x + 4$.

Aufgaben

1 Zeichne die Gerade in ein Koordinatensystem und stelle sie in Koordinatenform dar.
a) $g: \vec{r} = \begin{pmatrix} 1 \\ 2 \end{pmatrix} + t \cdot \begin{pmatrix} 3 \\ 2 \end{pmatrix}$
b) $g: \vec{r} = \begin{pmatrix} -1 \\ 2 \end{pmatrix} + t \cdot \begin{pmatrix} 3 \\ -2 \end{pmatrix}$
c) $g: \vec{r} = \begin{pmatrix} 1 \\ -2 \end{pmatrix} + t \cdot \begin{pmatrix} -3 \\ -2 \end{pmatrix}$

2 Bestimme die Parameter- sowie die Koordinatengleichung der Geraden
a) mit der Gleichung $y = 2x - 5$,
b) durch die Punkte $A(2 \mid 8)$ und $B(-1 \mid 2)$,
c) durch den Punkt $P(6 \mid 2)$ mit der Steigung $m = -0.5$,
d) durch den Punkt $B(-2 \mid -3)$ und parallel zur x-Achse.

3 Beweise, dass die Gerade g, welche die x-Achse an der Stelle x = a (a ≠ 0) und die y-Achse an der Stelle y = b (b ≠ 0) schneidet, die Gleichung $\frac{x}{a} + \frac{y}{b} = 1$ hat.

4 Untersuche die gegenseitige Lage der Geraden g und h. Berechne ggf. den Schnittpunkt.
a) g: $\vec{r} = \begin{pmatrix} 3 \\ 4 \end{pmatrix} + t \cdot \begin{pmatrix} 1 \\ 2 \end{pmatrix}$, h: $\vec{r} = \begin{pmatrix} 0 \\ -2 \end{pmatrix} + t \cdot \begin{pmatrix} -2 \\ -4 \end{pmatrix}$ b) g: $\vec{r} = \begin{pmatrix} 7 \\ 3 \end{pmatrix} + t \cdot \begin{pmatrix} 1 \\ 0 \end{pmatrix}$, h: $\vec{r} = \begin{pmatrix} 2 \\ 5 \end{pmatrix} + t \cdot \begin{pmatrix} 1 \\ 1 \end{pmatrix}$
c) g: $y = \frac{1}{5}x - 6$, h: $2x - 10y = 30$ d) g: $\vec{r} = \begin{pmatrix} 4 \\ -1 \end{pmatrix} + t \cdot \begin{pmatrix} 1 \\ 3 \end{pmatrix}$, h: $y = 3x - 13$

Wird bei zwei gegebenen Parametergleichungen der Parameter jeweils mit dem gleichen Buchstaben (zum Beispiel «t») bezeichnet, dann muss er in einer Gleichung umbenannt werden, zum Beispiel in «s».

5 Wo schneiden sich zwei Geraden mit
a) gleicher Steigung, aber verschiedenem y-Achsenabschnitt?
b) gleichem y-Achsenabschnitt, aber verschiedener Steigung?

6 Die Gerade g: $\vec{r} = \begin{pmatrix} -2 \\ 1 \end{pmatrix} + t \cdot \begin{pmatrix} 2 \\ 1 \end{pmatrix}$ ist gegeben. Bestimme
a) m so, dass sich die Geraden g und h: $y = mx - 2$ nicht schneiden,
b) q so, dass sich die Geraden g und h: $y = x - q$ im Punkt $S(-4 | y_S)$ schneiden,
c) die Gleichung der parallelen Geraden h zu g, welche den gleichen y-Achsenabschnitt aufweist wie g.

7 Bestimme Schnittpunkt und Schnittwinkel der beiden Geraden g: $5x + 2y = -36$ und h: $5x + y = -4$.

8 Zeige, dass sich die Geraden g: $3x - y = -2$ und h: $\vec{r} = \begin{pmatrix} 2 \\ -1 \end{pmatrix} + t \cdot \begin{pmatrix} 6 \\ -2 \end{pmatrix}$ rechtwinklig schneiden.

9 Bestimme die Koordinaten- und die Parametergleichung der Geraden, welche den Punkt $P(4 | -6)$ enthält und die Gerade $y = \frac{2}{5}x - 4$ rechtwinklig schneidet.

10 Prüfe durch Rechnung, ob das Dreieck ABC mit $A(6 | 17)$, $B(10 | -5)$ und $C(4 | 3)$ rechtwinklig ist.

11 Wie weit ist der Punkt $P(8 | 3)$ von der Geraden g: $3x - 4y = -13$ entfernt?

12 Bestimme den Eckpunkt B des rechtwinkligen gleichschenkligen Dreiecks ABC mit $A(4 | -1)$, $C(-2 | 2)$ und AB als dessen Grundlinie. Wie viele Lösungen gibt es?

13 Bestimme die Parametergleichungen der Höhen des Dreiecks ABC mit $A(-2 | -1)$, $B(4 | 4)$ und $C(0 | 8)$. Zeige, dass der Schnittpunkt zweier Höhen auch auf der dritten Höhe liegt.

14 Spiegle den Punkt $P(4 | 0)$ an der Geraden g: $\vec{r} = \begin{pmatrix} -3 \\ 1 \end{pmatrix} + t \cdot \begin{pmatrix} 4 \\ 3 \end{pmatrix}$.

15 Der Punkt $P(2 | 5)$ wird durch eine Geradenspiegelung auf $P'(6 | 3)$ abgebildet. Bestimme die Gleichung der Spiegelungsgeraden.

15.3 Lagebeziehungen von Geraden im Raum

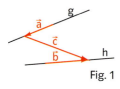
Fig. 1

Betrachtet werden die Geraden g und h sowie die Vektoren $\vec{a}$, $\vec{b}$ und $\vec{c}$ in Fig. 1. Welche Aussage über die drei Vektoren kann man machen, wenn g und h zueinander parallel (nicht parallel) sind? Können die Geraden g und h keinen Schnittpunkt haben, obwohl $\vec{a}$ und $\vec{b}$ in verschiedene Richtungen zeigen?

Gegenseitige Lage zweier Geraden

Für zwei Geraden im Raum sind vier Fälle möglich:
Sie können sich in einem Punkt schneiden (Fig. 2) oder sie haben unendlich viele gemeinsame Punkte, das heisst, sie sind identisch (Fig. 3). Wenn sie keinen gemeinsamen Punkt besitzen, können sie entweder parallel zueinander verlaufen (Fig. 4) oder windschief zueinander sein (Fig. 5).

*Zwei Geraden sind **windschief** zueinander, wenn sie sich weder schneiden noch parallel sind. Dies ist erst im dreidimensionalen Raum möglich.*

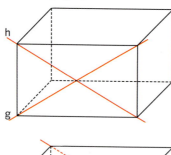
Fig. 2

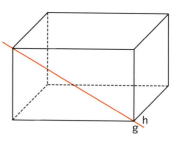
Fig. 3

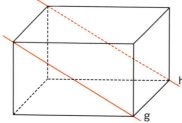
Fig. 4

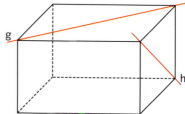
Fig. 5

Die Anzahl der gemeinsamen Punkte zweier Geraden kann man algebraisch untersuchen:

Im dreidimensionalen Raum gibt es keine Koordinatengleichung für eine Gerade.

Für die Geraden g: $\vec{r} = \vec{p} + s \cdot \vec{u}$ und h: $\vec{r} = \vec{q} + t \cdot \vec{v}$ gilt:
g und h **schneiden sich in einem Punkt**, wenn die Vektorgleichung
$\vec{p} + s \cdot \vec{u} = \vec{q} + t \cdot \vec{v}$ **genau eine** Lösung hat.
g und h sind **identisch**, wenn die Vektorgleichung
$\vec{p} + s \cdot \vec{u} = \vec{q} + t \cdot \vec{v}$ **unendlich viele** Lösungen hat.
g und h haben **keinen gemeinsamen Punkt**, wenn die Vektorgleichung
$\vec{p} + s \cdot \vec{u} = \vec{q} + t \cdot \vec{v}$ **keine** Lösung hat.

Anmerkungen:
1. Hat die Vektorgleichung $\vec{p} + s \cdot \vec{u} = \vec{q} + t \cdot \vec{v}$ genau eine Lösung (s_0; t_0), so erhält man den Ortsvektor des Schnittpunktes, indem man s_0 für s in $\vec{p} + s \cdot \vec{u}$ einsetzt oder t_0 für t in $\vec{q} + t \cdot \vec{v}$ einsetzt.
2. Hat die Vektorgleichung $\vec{p} + s \cdot \vec{u} = \vec{q} + t \cdot \vec{v}$ keine Lösung, so sind g und h zueinander parallel, falls $\vec{u}$ und $\vec{v}$ kollinear sind; andernfalls sind sie zueinander windschief.

Beispiel Gegenseitige Lage von Geraden
Bestimme die gegenseitige Lage der Geraden g und h.

a) $g: \vec{r} = \begin{pmatrix} 1 \\ 2 \\ 3 \end{pmatrix} + s \cdot \begin{pmatrix} 2 \\ 4 \\ 1 \end{pmatrix}$, $h: \vec{r} = \begin{pmatrix} 3 \\ 6 \\ 4 \end{pmatrix} + t \cdot \begin{pmatrix} 4 \\ 8 \\ 2 \end{pmatrix}$ b) $g: \vec{r} = \begin{pmatrix} 7 \\ -2 \\ 2 \end{pmatrix} + s \cdot \begin{pmatrix} 2 \\ 3 \\ 1 \end{pmatrix}$, $h: \vec{r} = \begin{pmatrix} 4 \\ -6 \\ -1 \end{pmatrix} + t \cdot \begin{pmatrix} 1 \\ 1 \\ 2 \end{pmatrix}$

c) $g: \vec{r} = \begin{pmatrix} 3 \\ 6 \\ 4 \end{pmatrix} + s \cdot \begin{pmatrix} 4 \\ 8 \\ 2 \end{pmatrix}$, $h: \vec{r} = \begin{pmatrix} 1 \\ 0 \\ 3 \end{pmatrix} + t \cdot \begin{pmatrix} -4 \\ -6 \\ 2 \end{pmatrix}$

Lösung:
Da in a) die Richtungsvektoren Vielfache voneinander sind, können g und h entweder parallel sein oder identisch. Eine Punktprobe muss durchgeführt werden. In den Teilaufgaben b) und c) sind die Richtungsvektoren keine Vielfache voneinander, die Entscheidung zwischen Schnittpunkt oder windschief muss durch Lösung der Vektorgleichung gefällt werden.

a) Der Ortsvektor des Punktes P(3|6|4) der Geraden h wird in die Geradengleichung der Geraden g eingesetzt. Die Punktprobe $\begin{pmatrix} 3 \\ 6 \\ 4 \end{pmatrix} = \begin{pmatrix} 1 \\ 2 \\ 3 \end{pmatrix} + s \cdot \begin{pmatrix} 2 \\ 4 \\ 1 \end{pmatrix}$ ergibt s = 1.

Damit liegt der Punkt P auf der Geraden g. Die beiden Geraden sind identisch.

b) Der Vektorgleichung $\begin{pmatrix} 7 \\ -2 \\ 2 \end{pmatrix} + s \cdot \begin{pmatrix} 2 \\ 3 \\ 1 \end{pmatrix} = \begin{pmatrix} 4 \\ -6 \\ -1 \end{pmatrix} + t \cdot \begin{pmatrix} 1 \\ 1 \\ 2 \end{pmatrix}$ entspricht das lineare Gleichungs-

System (LGS) $\begin{cases} 7 + 2s = 4 + t \\ -2 + 3s = -6 + t \\ 2 + s = -1 + 2t \end{cases}$ bzw. $\begin{cases} 2s - t = -3 \\ 3s - t = -4 \\ s - 2t = -3 \end{cases}$.

Tipp:
Zur Lösung des Gleichungssystems betrachtet man zunächst zwei der drei Gleichungen, um die Lösung zu berechnen. Anschliessend führt man in der dritten Gleichung die Probe durch.

Dieses LGS hat die einzige Lösung s = –1; t = 1. Also schneiden sich g und h.

Setzt man in $\begin{pmatrix} 7 \\ -2 \\ 2 \end{pmatrix} + s \cdot \begin{pmatrix} 2 \\ 3 \\ 1 \end{pmatrix}$ für s die Zahl –1, so erhält man den Vektor $\vec{s} = \begin{pmatrix} 5 \\ -5 \\ 1 \end{pmatrix}$.

Somit schneiden sich g und h im Punkt S(5|–5|1).

c) Der Vektorgleichung $\begin{pmatrix} 3 \\ 6 \\ 4 \end{pmatrix} + s \cdot \begin{pmatrix} 4 \\ 8 \\ 2 \end{pmatrix} = \begin{pmatrix} 1 \\ 0 \\ 3 \end{pmatrix} + t \cdot \begin{pmatrix} -4 \\ -6 \\ 2 \end{pmatrix}$ entspricht das LGS $\begin{cases} 3 + 4s = 1 - 4t \\ 6 + 8s = - 6t \\ 4 + 2s = 3 + 2t \end{cases}$.

Dieses LGS hat keine Lösung. Also sind g und h windschief zueinander.

Spurpunkte und spezielle Lagen von Geraden

Im Allgemeinen durchstösst eine Gerade g alle drei Koordinatenebenen. Diese Durchstosspunkte nennt man **Spurpunkte** der Geraden.
S_{xy}: Durchstosspunkt mit xy-Ebene
S_{yz}: Durchstosspunkt mit yz-Ebene
S_{xz}: Durchstosspunkt mit xz-Ebene

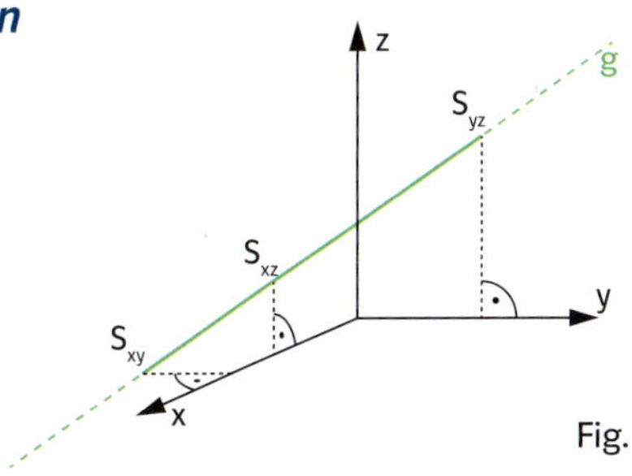

Fig. 1

*Die von den Koordinatenachsen aufgespannten Ebenen nennt man **Koordinatenebene**.*

Die Schnittpunkte einer Geraden mit der xy-, der yz- und der xz-Ebene heissen **Spurpunkte der Geraden**.

Da S_{xy} in der xy-Ebene liegt, muss die z-Koordinate von S_{xy} gleich null sein. Genauso verhält es sich für die x- bzw. y-Koordinate bei S_{yz} bzw. S_{xz}. Daraus lassen sich in der Parameterdarstellung der Geraden der Parameter t und damit die restlichen Koordinaten des Spurpunktes bestimmen (Beispiel 1).

Eine Gerade, die nicht drei Spurpunkte hat, weist eine besondere Lage auf. Bei zwei Spurpunkten zum Beispiel liegt die Ebene parallel zu einer Koordinatenebene. Bei mehr als drei Spurpunkten liegt die Gerade in einer Koordinatenebene. Die Koordinatenachsen und die Parallelen zu ihnen sind weitere spezielle Geraden.

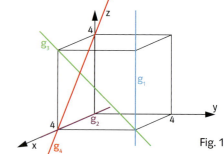

Fig. 1

Fig. 1 zeigt anhand eines Würfels mit Seitenlänge 4 spezielle Lagen von Geraden. Die Gerade g_1 verläuft parallel zur z-Achse, ihr Richtungsvektor bewirkt somit keine Änderung in der x- bzw. y-Richtung: $g_1: \begin{pmatrix} x \\ y \\ z \end{pmatrix} = \begin{pmatrix} 4 \\ 4 \\ 0 \end{pmatrix} + t \cdot \begin{pmatrix} 0 \\ 0 \\ 1 \end{pmatrix}$

Liegt die Gerade auf einer Koordinatenachse, verläuft die Gerade zusätzlich durch den Ursprung: $g_2: \begin{pmatrix} x \\ y \\ z \end{pmatrix} = \begin{pmatrix} 0 \\ 0 \\ 0 \end{pmatrix} + t \cdot \begin{pmatrix} 1 \\ 0 \\ 0 \end{pmatrix} = t \cdot \begin{pmatrix} 1 \\ 0 \\ 0 \end{pmatrix}$

Der Richtungsvektor der Geraden g_3 bewirkt keine Änderung in x-Richtung, da sie parallel zur yz-Ebene ist: $g_3: \begin{pmatrix} x \\ y \\ z \end{pmatrix} = \begin{pmatrix} 4 \\ 0 \\ 4 \end{pmatrix} + t \cdot \begin{pmatrix} 0 \\ 1 \\ -1 \end{pmatrix}$

Der Stützpunkt darf durch jeden Punkt der Geraden ersetzt werden. Der Richtungsvektor darf durch jeden zu ihm kollinearen Vektor ersetzt werden.

Die y-Koordinate aller Punkte der Geraden g_4 ist immer null, da sie in der xz-Ebene liegt: $g_4: \begin{pmatrix} x \\ y \\ z \end{pmatrix} = \begin{pmatrix} 0 \\ 0 \\ 4 \end{pmatrix} + t \cdot \begin{pmatrix} 1 \\ 0 \\ -1 \end{pmatrix}$

Spezielle Lagen von Geraden
Die Gerade g ist parallel zu einer Achse, wenn zwei Koordinaten des Richtungsvektors null sind. Sie liegt auf einer Achse, wenn sie parallel zu einer Achse ist und ihr Stützpunkt auf dieser Achse liegt.

Die Gerade g ist parallel zu einer Koordinatenebene, wenn eine Koordinate des Richtungsvektors null ist.
Sie liegt in einer Koordinatenebene, wenn sie parallel zu einer Hauptebene ist und ihr Stützpunkt in dieser Koordinatenebene liegt.

Beispiel 1 Bestimmung des Spurpunktes
Bestimme den Spurpunkt S_{xy} der Geraden g: $\begin{pmatrix} x \\ y \\ z \end{pmatrix} = \begin{pmatrix} 10 \\ 0 \\ -12 \end{pmatrix} + t \cdot \begin{pmatrix} 5 \\ -1 \\ 3 \end{pmatrix}$.
Lösung:
Die z-Koordinate ist für S_{xy} gleich null: $z = 0 \Rightarrow z = -12 + 3t = 0 \Rightarrow t = 4$
t = 4 in Geradengleichung einsetzen: $\left.\begin{array}{l} x = 10 + 5t = 10 + 5 \cdot 4 = 30 \\ y = 3 - t = 3 - 4 = -1 \end{array}\right\} \Rightarrow S(30 \mid -1 \mid 0)$

Beispiel 2 Bestimmung einer Geraden
Bestimme eine Parametergleichung einer beliebigen Geraden, welche keinen Spurpunkt S_{yz} besitzt (Fig. 1).
Lösung:
Kein Spurpunkt S_{yz} bedeutet, dass die x-Koordinate der Geraden niemals null werden darf.

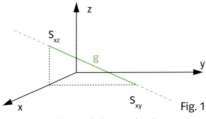
Fig. 1

Das erfüllt eine zur yz-Ebene parallele Gerade, zum Beispiel g: $\begin{pmatrix} x \\ y \\ z \end{pmatrix} = \begin{pmatrix} 2 \\ 3 \\ 4 \end{pmatrix} + t \cdot \begin{pmatrix} 0 \\ 5 \\ -3 \end{pmatrix}$.

Aufgaben

1 Untersuche die gegenseitige Lage der Geraden g und h. Berechne ggf. die Koordinaten des Schnittpunktes S.

a) g: $\vec{r} = \begin{pmatrix} 5 \\ 0 \\ 1 \end{pmatrix} + t \cdot \begin{pmatrix} 2 \\ 1 \\ -1 \end{pmatrix}$, h: $\vec{r} = \begin{pmatrix} 7 \\ 1 \\ 2 \end{pmatrix} + t \cdot \begin{pmatrix} -6 \\ -3 \\ 3 \end{pmatrix}$
b) g: $\vec{r} = \begin{pmatrix} 1 \\ 2 \\ 1 \end{pmatrix} + t \cdot \begin{pmatrix} 2 \\ 0 \\ 1 \end{pmatrix}$, h: $\vec{r} = \begin{pmatrix} 2 \\ 3 \\ 4 \end{pmatrix} + t \cdot \begin{pmatrix} 0 \\ 1 \\ -1 \end{pmatrix}$

c) g: $\vec{r} = \begin{pmatrix} 0 \\ 1 \\ 1 \end{pmatrix} + t \cdot \begin{pmatrix} 1 \\ 0 \\ 1 \end{pmatrix}$, h: $\vec{r} = \begin{pmatrix} 4 \\ 2 \\ 4 \end{pmatrix} + t \cdot \begin{pmatrix} 2 \\ 1 \\ 1 \end{pmatrix}$
d) g: $\vec{r} = \begin{pmatrix} 5 \\ 5 \\ 1 \end{pmatrix} + t \cdot \begin{pmatrix} 1 \\ 2 \\ 0 \end{pmatrix}$, h: $\vec{r} = \begin{pmatrix} -5 \\ -15 \\ 1 \end{pmatrix} + t \cdot \begin{pmatrix} -0{,}5 \\ 1 \\ 0 \end{pmatrix}$

2 a) Prüfe, ob die Geraden g und h in Fig. 2 sich schneiden.
b) In Fig. 3 sind die Punkte E und F Kantenmitten. Schneiden sich die Geraden g und h?

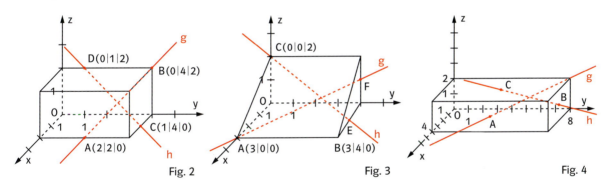
Fig. 2   Fig. 3   Fig. 4

3 In Fig. 4 sind A, B und C die Diagonalenschnittpunkte der jeweiligen Seitenflächen des Quaders. Schneiden sich die Geraden g und h?

4 Gib eine Gleichung an für eine Gerade h, welche die Gerade g schneidet, eine Gerade i, die zur Geraden g parallel ist, und eine Gerade j, die zur Geraden g windschief ist.

a) g: $\vec{r} = \begin{pmatrix} 1 \\ 0 \\ 0 \end{pmatrix} + t \cdot \begin{pmatrix} 7 \\ 3 \\ 1 \end{pmatrix}$
b) g: $\vec{r} = \begin{pmatrix} 2 \\ 2 \\ 1 \end{pmatrix} + t \cdot \begin{pmatrix} 1 \\ 2 \\ 0 \end{pmatrix}$
c) g: $\vec{r} = \begin{pmatrix} 2 \\ 3 \\ 6 \end{pmatrix} + t \cdot \begin{pmatrix} 1 \\ 0 \\ 5 \end{pmatrix}$

5 Wie muss $c \in \mathbb{R}$ gewählt werden, damit sich g_c und h_c schneiden (windschief sind)?

a) g_c: $\vec{r} = \begin{pmatrix} -c \\ 1 \\ -2 \end{pmatrix} + t \cdot \begin{pmatrix} -1 \\ 4 \\ 2 \end{pmatrix}$, h_c: $\vec{r} = \begin{pmatrix} 2 \\ 6 \\ 4c \end{pmatrix} + s \cdot \begin{pmatrix} 1 \\ -1 \\ -2 \end{pmatrix}$
b) g_c: $\vec{r} = \begin{pmatrix} 3 \\ 4 \\ 2 \end{pmatrix} + t \cdot \begin{pmatrix} 3 \\ -6 \\ -3c \end{pmatrix}$, h_c: $\vec{r} = \begin{pmatrix} 1 \\ 5 \\ 4 \end{pmatrix} + s \cdot \begin{pmatrix} 2 \\ 2c \\ 4 \end{pmatrix}$

6 Die Eckpunkte einer dreiseitigen Pyramide sind O, P, Q, R. Zeige:
a) Die Geraden g: $\vec{r} = (\overrightarrow{OP} + \overrightarrow{OQ}) + t(\overrightarrow{OQ} - \overrightarrow{OR})$ und h: $\vec{r} = s(\overrightarrow{OQ} + \overrightarrow{OR})$ sind windschief.
b) Die Geraden g: $\vec{r} = (\overrightarrow{OP} + \overrightarrow{OQ}) + t(\overrightarrow{OQ} - \overrightarrow{OR})$ und h: $\vec{r} = s(\overrightarrow{OP} + \overrightarrow{OR})$ schneiden sich.

7 Auf einem See kreuzen sich die Routen zweier Fähren F_1 und F_2. Die Fähre F_1 fährt in 40 Minuten mit konstanter Geschwindigkeit geradlinig vom Ort A(16|4) zum Ort B(12|20). Die Fähre F_2 fährt mit konstanter Geschwindigkeit von 25 $\frac{km}{h}$ geradlinig vom Ort C(4|0) zum Ort D(24|15) (alle Koordinaten in km).
a) Zeichne die Routen der beiden Fähren in ein Koordinatensystem.
b) Wo befindet sich die Fähre F_1 eine halbe Stunde nach dem Verlassen des Ortes A?
c) Beide Fähren verlassen gleichzeitig die Orte A bzw. C. Wie viele Minuten nach Abfahrt kommen sich die beiden Fähren am nächsten? Wie weit sind sie in diesem Augenblick voneinander entfernt?

8 Ein Ballon startet im Punkt A(2|5|0). Er bewegt sich geradlinig mit konstanter Geschwindigkeit und ist nach 1 Stunde im Punkt B(4|8|1). Beim Start des Ballons befindet sich ein Flugzeug im Punkt C(10|15|1) und fliegt geradlinig mit 90 $\frac{km}{h}$ in Richtung

$u = \begin{pmatrix} -1 \\ -2 \\ 2 \end{pmatrix}$ (alle Koordinaten in km).

a) Wie weit ist der Punkt C vom Startplatz A des Ballons entfernt?
b) Wie viele Minuten nach dem Start des Ballons kommen sich der Ballon und das Kleinflugzeug am nächsten? Wie weit sind sie in diesem Augenblick voneinander entfernt?

9 Bestimme die Spurpunkte der Geraden g: $\vec{r} = \begin{pmatrix} 4 \\ 0 \\ -3 \end{pmatrix} + t \cdot \begin{pmatrix} -2 \\ 3 \\ 1 \end{pmatrix}$.

10 Bestimme eine Parameterdarstellung einer Geraden ohne
a) den Spurpunkt S_{xy}
b) die Spurpunkte S_{xy} und S_{xz}

11 Die Gerade h hat die Spurpunkte $S_{yz}(0|2|1)$ und $S_{xz}(4|0|-1)$. Bestimme S_{xy}.

12 a) Die Gerade h liegt in der xz-Ebene und ist parallel zur x-Achse (liegt aber nicht auf ihr). Was kann über die Spurpunkte von h gesagt werden?
b) Gibt es eine Gerade k mit $S_{xy} = S_{yz} = S_{xz}$?
c) Gibt es eine Gerade g, die keine Spurpunkte besitzt?

13 Bestimme eine Parametergleichung der Geraden g.
a) g verläuft parallel zur z-Achse und enthält den Punkt A(1|-2|3).
b) g liegt in der yz-Ebene und enthält den Punkt B(0|0|-3).
c) g liegt in der xy-Ebene und verläuft parallel zur y-Achse.

14 Beschreibe die spezielle Lage der Geraden möglichst genau.

a) g: $\vec{r} = \begin{pmatrix} 0 \\ 0 \\ 4 \end{pmatrix} + t \cdot \begin{pmatrix} 0 \\ 0 \\ -2 \end{pmatrix}$
b) g: $\vec{r} = \begin{pmatrix} 4 \\ 0 \\ 1 \end{pmatrix} + t \cdot \begin{pmatrix} 0 \\ 1 \\ 0 \end{pmatrix}$

15 Beschreibe die spezielle Lage der Geraden h möglichst genau.
a) h verläuft durch die Punkte A(-2|3|0) und B(1|5|0).
b) h verläuft durch die Punkte A(2|0|0) und B(2|3|4).
c) h verläuft durch den Ursprung und steht senkrecht auf der xz-Ebene.
d) h hat keinen Spurpunkt S_{xy}.

15.4 Ebenengleichungen in Parameterform

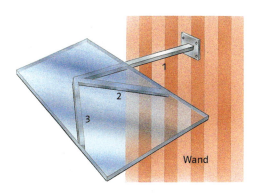

Eine Glasplatte dient im Kundenraum einer Bank als Schreibunterlage. Diese Scheibe wurde mithilfe dreier Metallstangen montiert.
Welche Aufgabe hat die Stange 1, die direkt an der Wand befestigt ist?
Wie ändert sich die Lage der Scheibe, wenn man die Positionen der Stangen 2 und 3 verändert?
Kann man auf eine der Stangen verzichten?

Ebenso wie Geraden kann man auch Ebenen mithilfe von Vektoren beschreiben. Hierbei betrachtet man ebenfalls die Ortsvektoren der Punkte der jeweiligen Ebene.

Fig. 1 verdeutlicht:
Sind P, Q und S drei Punkte einer Ebene und liegen P, Q und S nicht auf einer gemeinsamen Geraden, so gilt: Ein beliebig gewählter Punkt R dieser Ebene hat den Ortsvektor $\vec{r} = \overrightarrow{OP} + \overrightarrow{PR}$, und somit ist
$\vec{r} = \overrightarrow{OP} + s \cdot \overrightarrow{PQ} + t \cdot \overrightarrow{PS}$ mit $s, t \in \mathbb{R}$.
Bezeichnet man $\overrightarrow{PQ}$ mit $\vec{u}$ und $\overrightarrow{PS}$ mit $\vec{v}$, so erhält man
$\vec{r} = \vec{p} + s \cdot \vec{u} + t \cdot \vec{v}$ mit $s, t \in \mathbb{R}$.

*In Fig. 1 und Fig. 2 wird jeweils ein **Ausschnitt** einer Ebene angedeutet und nicht die gesamte Ebene.*

Fig. 1

Der Vektor $\vec{p}$ heisst **Stützvektor** von E, weil sein Pfeil von O nach P die Ebene E «im Stützpunkt P stützt». Die Vektoren $\vec{u}$ und $\vec{v}$ heissen **Richtungsvektoren** von E.

Ist ein Vektor Ortsvektor zu einem Ebenenpunkt, so kann er als Stützvektor dieser Ebene verwendet werden.

Fig. 2 verdeutlicht:
Sind zwei Vektoren $\vec{u}$ und $\vec{v}$ (die keine Vielfachen voneinander sind) sowie ein Vektor $\vec{p}$ gegeben, so gilt:
Alle Punkte R, für deren Ortsvektor $\vec{r}$ gilt: $\vec{r} = \vec{p} + s \cdot \vec{u} + t \cdot \vec{v}$ ($s, t \in \mathbb{R}$), bilden eine Ebene.

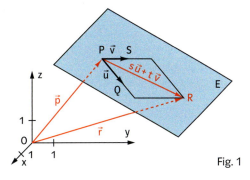

Fig. 2

Jede **Ebene** lässt sich durch eine Gleichung der Form
$$\vec{r} = \vec{p} + s \cdot \vec{u} + t \cdot \vec{v} \quad (s, t \in \mathbb{R})$$
beschreiben.
Hierbei ist $\vec{p}$ ein Stützvektor und die Vektoren $\vec{u}$ und $\vec{v}$ sind zwei Richtungsvektoren.

Man nennt die Gleichung $\vec{r} = \vec{p} + s \cdot \vec{u} + t \cdot \vec{v}$ eine **Ebenengleichung in Parameterform** der entsprechenden Ebene E mit den Parametern s und t.
Man schreibt kurz: E: $\vec{r} = \vec{p} + s \cdot \vec{u} + t \cdot \vec{v}$

Statt Ebenengleichung in Parameterform sagt man auch kurz Parametergleichung.

Beispiel 1 Ebene zeichnen und Parametergleichung bestimmen
Die Punkte A(1|0|1), B(1|1|0) und C(0|1|1) legen eine Ebene E fest.
a) Trage A, B und C in ein Koordinatensystem ein und kennzeichne einen Ausschnitt der Ebene E.
b) Gib eine Parametergleichung der Ebene E an.
Lösung:
a) Vgl. Fig. 1.
b) Wählt man als Stützvektor den Ortsvektor von A und als Richtungsvektoren $\vec{AB}$ und $\vec{AC}$, so erhält man:

$$E: \vec{r} = \begin{pmatrix} 1 \\ 0 \\ 1 \end{pmatrix} + s \cdot \begin{pmatrix} 0 \\ 1 \\ -1 \end{pmatrix} + t \cdot \begin{pmatrix} -1 \\ 1 \\ 0 \end{pmatrix}$$

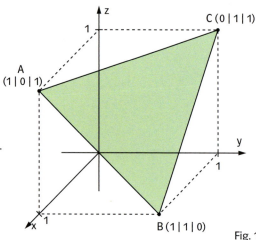

Fig. 1

Drei Punkte, die nicht auf einer gemeinsamen Geraden liegen, legen eine Ebene fest.

Deshalb:
Ein dreibeiniger Tisch wackelt nie!

Beispiel 2 Punktprobe
Gegeben ist die Ebene $E: \vec{r} = \begin{pmatrix} 2 \\ 0 \\ 1 \end{pmatrix} + s \cdot \begin{pmatrix} 1 \\ 3 \\ 5 \end{pmatrix} + t \cdot \begin{pmatrix} 2 \\ -1 \\ 1 \end{pmatrix}$.

Überprüfe, ob die Punkte in der Ebene E liegen.
a) A(7|5|−3)
b) B(7|1|8)

Lösung:
a) Der Gleichung $\begin{pmatrix} 7 \\ 5 \\ -3 \end{pmatrix} = \begin{pmatrix} 2 \\ 0 \\ 1 \end{pmatrix} + s \begin{pmatrix} 1 \\ 3 \\ 5 \end{pmatrix} + t \begin{pmatrix} 2 \\ -1 \\ 1 \end{pmatrix}$

entspricht das LGS:
I: $5 = s + 2t$
II: $5 = 3s - t$
III: $-4 = 5s + t$

Aus II und III ergibt sich s = 0.125 und t = −4.625. Probe in I ergibt einen Widerspruch; also ist die Lösungsmenge leer. Der Punkt A liegt nicht in der Ebene E.

b) Die Gleichung $\begin{pmatrix} 7 \\ 1 \\ 8 \end{pmatrix} = \begin{pmatrix} 2 \\ 0 \\ 1 \end{pmatrix} + s \begin{pmatrix} 1 \\ 3 \\ 5 \end{pmatrix} + t \begin{pmatrix} 2 \\ -1 \\ 1 \end{pmatrix}$

ist für s = 1 und t = 2 erfüllt. Also liegt der Punkt B in der Ebene E.

Beispiel 3 Vier Punkte in einer Ebene
Beschreibe eine Möglichkeit, wie man überprüfen kann, ob vier vorgegebene Punkte in einer Ebene liegen.
Lösung:
Variante 1:
Man bestimmt zuerst eine Parametergleichung zum Beispiel der Ebene durch die Punkte A, B, C und führt mit dem Punkt D eine Punktprobe durch.
Variante 2:
Sind die drei Vektoren $\vec{AB}$, $\vec{AC}$ und $\vec{AD}$ linear abhängig, so liegen die vier Punkte in einer Ebene, ansonsten nicht.

Aufgaben

1 Setzt man in $E: \vec{r} = \begin{pmatrix} 3 \\ 0 \\ 2 \end{pmatrix} + s \cdot \begin{pmatrix} 2 \\ 1 \\ 7 \end{pmatrix} + t \cdot \begin{pmatrix} 3 \\ 2 \\ 5 \end{pmatrix}$ die angegebenen Werte für r und s ein, so

erhält man einen Ortsvektor, der zu einem Punkt P der Ebene E gehört. Bestimme die Koordinaten von P.
a) s = 0; t = 1   b) s = −2; t = 2   c) s = 0.5; t = −2   d) s = 0.5; t = 0.75

2 Gegeben ist die Ebene E: $\vec{r} = \begin{pmatrix} 3 \\ 0 \\ 2 \end{pmatrix} + s \cdot \begin{pmatrix} 2 \\ 1 \\ 7 \end{pmatrix} + t \cdot \begin{pmatrix} 3 \\ 2 \\ 5 \end{pmatrix}$.

a) Liegen die Punkte A(8|3|14), B(1|1|0), C(4|0|11) in der Ebene E?
b) Bestimme a (a ∈ ℝ) so, dass der Punkt P in der Ebene E liegt.
(1) P(4|1|a)   (2) P(a|0|7)   (3) P(a|2|−2)   (4) P(0|a|a)

3 Die Punkte A(0|0|4), B(5|0|0) und C(0|4|0) legen eine Ebene E fest.
a) Trage A, B und C in ein Koordinatensystem ein und kennzeichne einen Ausschnitt der Ebene E.
b) Gib eine Parametergleichung von E an.

4 Der sehr hohe Raum in der nebenstehenden Figur wurde durch das dreieckige Segeltuch, das an den Stellen A, B und C befestigt wurde, wohnlicher gestaltet. Das Tuch ist so gespannt, dass seine Oberfläche als Ausschnitt einer Ebene angesehen werden kann. Gib eine Parametergleichung der Ebene E an, die durch die Befestigungspunkte des Segeltuches festgelegt wird. Lege hierzu ein geeignetes Koordinatensystem fest.

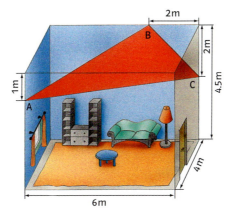

5 Gib zwei verschiedene Parametergleichungen der Ebene E an, die durch die Punkte A, B und C festgelegt ist.
a) A(2|0|3), B(1|−1|5), C(3|−2|0)   b) A(0|0|0), B(2|1|5), C(−3|1|−3)
c) A(1|1|1), B(2|2|2), C(−2|3|5)   d) A(2|5|7), B(7|5|2), C(1|2|3)

6 Untersuche, ob die Punkte A, B, C und D in einer gemeinsamen Ebene liegen.
a) A(0|1|−1), B(2|3|5), C(−1|3|−1), D(2|2|2)
b) A(3|0|2), B(5|1|9), C(6|2|7), D(8|3|14)

7 Eine Ebene kann nicht nur durch drei geeignete Punkte festgelegt werden, sondern auch durch einen Punkt und eine Gerade.
a) Welche Bedingung müssen der Punkt und die Gerade erfüllen, damit sie eindeutig eine Ebene festlegen?
b) Wähle einen Punkt P und eine Gerade g, die eindeutig eine Ebene E festlegen. Bestimme aus den Koordinaten von P und aus der Gleichung von g eine Parametergleichung dieser Ebene E.

8 a) Stelle jeweils eine Parametergleichung der xy-Ebene, der xz-Ebene und der yz-Ebene auf (Fig. 1).
b) Gib zu der xy-Ebene, der xz-Ebene und der yz-Ebene jeweils eine weitere Parametergleichung an.
c) Beschreibe, wie man an einer Parametergleichung erkennen kann, ob sie zu der xy-Ebene, der xz-Ebene bzw. der yz-Ebene gehört.

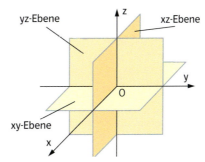

Fig. 1

9 Eine Ebene E ist durch den Punkt P und die Gerade g eindeutig bestimmt. Gib eine Parametergleichung der Ebene E an.

a) $g: \vec{r} = \begin{pmatrix} 1 \\ 0 \\ 1 \end{pmatrix} + t \begin{pmatrix} 2 \\ 1 \\ 3 \end{pmatrix}$; $P(5|-5|3)$

b) $g: \vec{r} = \begin{pmatrix} 2 \\ 0 \\ 1 \end{pmatrix} + t \begin{pmatrix} 3 \\ 1 \\ 5 \end{pmatrix}$; $P(2|7|11)$

c) $g: \vec{r} = \begin{pmatrix} 1 \\ 2 \\ 5 \end{pmatrix} + t \begin{pmatrix} -1 \\ 2 \\ 7 \end{pmatrix}$; $P(2|5|-3)$

d) $g: \vec{r} = \begin{pmatrix} 1 \\ 0 \\ 3 \end{pmatrix} + t \begin{pmatrix} 2 \\ 1 \\ 0 \end{pmatrix}$; $P(6|3|-1)$

10 a) Begründe: Zwei sich schneidende Geraden sowie zwei verschiedene zueinander parallele Geraden legen jeweils eine Ebene fest.
b) Gib Gleichungen von zwei sich schneidenden Geraden an. Die Geraden legen eine Ebene fest. Bestimme eine Parametergleichung dieser Ebene.
c) Gib Gleichungen von zwei verschiedenen zueinander parallelen Geraden an. Die Geraden legen eine Ebene fest. Bestimme eine Parametergleichung dieser Ebene.

11 Prüfe, ob die beiden Geraden g_1 und g_2 sich schneiden. Gib, falls möglich, eine Parametergleichung der Ebene an, die eindeutig durch die Geraden g_1 und g_2 festgelegt wird.

a) $g_1: \vec{r} = \begin{pmatrix} 1 \\ 1 \\ 2 \end{pmatrix} + t \begin{pmatrix} 2 \\ 3 \\ 1 \end{pmatrix}$; $g_2: \vec{r} = \begin{pmatrix} 3 \\ 4 \\ 3 \end{pmatrix} + s \begin{pmatrix} 1 \\ 0 \\ 1 \end{pmatrix}$

b) $g_1: \vec{r} = \begin{pmatrix} 2 \\ 0 \\ 2 \end{pmatrix} + t \begin{pmatrix} 1 \\ 1 \\ 1 \end{pmatrix}$; $g_2: \vec{r} = \begin{pmatrix} 0 \\ -2 \\ 0 \end{pmatrix} + s \begin{pmatrix} 1 \\ 2 \\ 3 \end{pmatrix}$

c) $g_1: \vec{r} = \begin{pmatrix} 3 \\ 0 \\ 7 \end{pmatrix} + t \begin{pmatrix} 2 \\ 5 \\ 1 \end{pmatrix}$; $g_2: \vec{r} = \begin{pmatrix} 7 \\ 10 \\ 9 \end{pmatrix} + s \begin{pmatrix} 1 \\ 0 \\ 1 \end{pmatrix}$

d) $g_1: \vec{r} = \begin{pmatrix} 1 \\ 2 \\ 5 \end{pmatrix} + t \begin{pmatrix} 3 \\ 4 \\ 0 \end{pmatrix}$; $g_2: \vec{r} = \begin{pmatrix} 2 \\ 3 \\ 1 \end{pmatrix} + s \begin{pmatrix} 3 \\ 4 \\ 5 \end{pmatrix}$

12 Warum legen die Geraden g_1 und g_2 eindeutig eine Ebene fest? Bestimme eine Parametergleichung dieser Ebene.

a) $g_1: \vec{r} = \begin{pmatrix} 2 \\ 0 \\ 1 \end{pmatrix} + t \begin{pmatrix} 1 \\ 1 \\ 1 \end{pmatrix}$; $g_2: \vec{r} = \begin{pmatrix} 4 \\ 5 \\ 1 \end{pmatrix} + t \begin{pmatrix} 1 \\ 1 \\ 1 \end{pmatrix}$

b) $g_1: \vec{r} = \begin{pmatrix} 2 \\ 3 \\ 7 \end{pmatrix} + t \begin{pmatrix} 1 \\ 0 \\ 2 \end{pmatrix}$; $g_2: \vec{r} = \begin{pmatrix} 4 \\ 0 \\ 5 \end{pmatrix} + t \begin{pmatrix} 2 \\ 0 \\ 4 \end{pmatrix}$

13 In Fig. 1 ist einem Würfel ein Oktaeder einbeschrieben. Die Punkte A, B, C, D, E und F sind die Schnittpunkte der Diagonalen der Würfelflächen.
Bestimme eine Parametergleichung der Ebene, die festgelegt ist durch die Punkte
a) A, B und F,
b) B, C und F,
c) C, D und E,
d) A, D und E,
e) B, D und E,
f) A, B und C.

Spat:
schiefes vierseitiges Prisma mit einem Parallelogramm als Grundfläche.

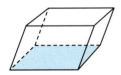

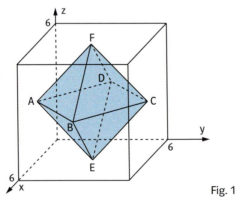

Fig. 1

Fig. 2

14 Die Ebenen E_1 und E_2 in Fig. 2 sind durch Eckpunkte und Kantenmittelpunkte des Spats festgelegt. Gib für jede der beiden Ebenen eine Parametergleichung an.

15.5 Koordinatengleichungen von Ebenen

a) Gib eine Parametergleichung der Ebene E in Fig. 1 an.
b) Bestimme die Koordinaten von fünf Punkten der Ebene E.
c) Bilde für jeden Punkt von b) die Summe seiner Koordinaten. Was stellst du fest?
d) Eine besondere Ebene ist die xy-Ebene. Welche gemeinsame Eigenschaft besitzen alle Punkte P(x|y|z) dieser Ebene? Gib den Sachverhalt durch eine Gleichung an.

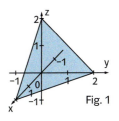

Fig. 1

Ebenso wie eine Gerade in der Ebene durch eine Gleichung der Form ax + by = c beschrieben werden kann, gibt es auch für eine Ebene im Raum eine Beschreibung durch eine Gleichung ohne Parameter.
Ist die Ebene E in einer Parameterform $\vec{r} = \vec{p} + s \cdot \vec{u} + t \cdot \vec{v}$ gegeben, lässt sich jede der drei Koordinaten x, y und z eines Punktes P der Ebene durch eine Gleichung mit den Parametern s und t ausdrücken. So ergeben sich zum Beispiel aus

E: $\vec{r} = \begin{pmatrix} x \\ y \\ z \end{pmatrix} = \begin{pmatrix} 1 \\ 1 \\ 1 \end{pmatrix} + s \cdot \begin{pmatrix} 2 \\ 1 \\ 0 \end{pmatrix} + t \cdot \begin{pmatrix} 3 \\ 0 \\ 0.5 \end{pmatrix}$ die Gleichungen

(1) x = 1 + 2s + 3t,   (2) y = 1 + s   und   (3) z = 1 + 0.5 t.

Drückt man nun zum Beispiel mithilfe der 2. und 3. Gleichung s und t durch y und z aus und setzt diese Terme für s und t in die 1. Gleichung ein, so ergibt sich eine Gleichung der Form ax + by + cz = d (im Beispiel: x − 2y − 6z = −7).

Man sagt: ax + by + cz = d ist eine **Koordinatengleichung der Ebene** E, denn:
Ist P(x|y|z) ein Punkt der Ebene E, so erfüllen seine Koordinaten die Gleichung und jede Lösung dieser Gleichung entspricht den Koordinaten eines Punktes von E.

*Statt Koordinatengleichung einer Ebene oder Ebene in Koordinatenform verwendet man häufig auch den Begriff **parameterfreie Form** oder **allgemeine Form** einer Ebenengleichung.*

> Jede **Ebene** E lässt sich durch eine Koordinatengleichung **ax + by + cz = d** beschreiben, bei der mindestens einer der drei Koeffizienten a, b, c ungleich 0 ist.

Bemerkungen zu Sonderfällen:
Die xy-Ebene besteht aus allen Punkten P(x|y|0) mit x ∈ ℝ und y ∈ ℝ. Die Koordinaten dieser Punkte erfüllen genau dann eine Gleichung der Form ax + by + cz = d, wenn a = 0, b = 0 und d = 0 ist, das heisst die Ebene die Gleichung 0x + 0y + cz = 0 (kurz: z = 0) besitzt. Eine zur xy-Ebene parallele Ebene wird durch alle Punkte P(x; y; d) gebildet, wobei d der Abstand von der xy-Ebene ist. Hieraus folgt, dass die Ebene die Form z = d haben muss. Auf einer Ebene parallel zur x-Achse liegt kein Punkt der Form P(x|0|0). Deshalb muss in der Koordinatenform dieser Ebene a = 0 sein.

Durch Analogiebetrachtung ergeben sich die anderen Sonderfälle. Zusammenfassend gilt für:

eine Koordinatenebene:	eine Ebene parallel zur	eine Ebene parallel zur
xy-Ebene: a = b = d = 0,	xy-Ebene: a = b = 0,	x-Achse: a = 0,
xz-Ebene: a = c = d = 0,	xz-Ebene: a = c = 0,	y-Achse: b = 0,
yz-Ebene: b = c = d = 0.	yz-Ebene: b = c = 0.	z-Achse: c = 0.

*Bei **echt parallel** gilt d ≠ 0.*

Die Koordinatengleichung einer Ebene E: $ax + by + cz = d$, die nicht durch den Nullpunkt geht (d.h. $d \neq 0$), kann durch Division mit d auf die Form $\frac{x}{u} + \frac{y}{v} + \frac{z}{w} = 1$ gebracht werden. Das ist die **Achsenabschnittsform** der Ebene.

Aus der Achsenabschnittsform lassen sich die Durchstosspunkte der Koordinatenachse mit der Ebene (S_x, S_y, S_z in Fig. 1) sofort ablesen. Im Punkt $S_x(u|0|0)$ schneidet sich die Ebene mit der x-Achse, im Punkt $S_y(0|v|0)$ mit der y-Achse und im Punkt $S_z(0|0|w)$ mit der z-Achse.

u, v und w sind daher die entsprechenden **Achsenabschnitte**.

Die Kenntnis der Achsenabschnitte erlaubt eine schnelle Skizze des Ebenenverlaufs.

Verbindet man zwei Durchstosspunkte, so erhält man Schnittgeraden der Ebene mit den Koordinatenebenen. Diese Schnittgeraden nennt man **Spurgeraden**.

In Fig. 1 ist
- s_{xy} die Spurgerade von E mit der xy-Ebene.
- s_{yz} die Spurgerade von E mit der yz-Ebene.
- s_{xz} die Spurgerade von E mit der xz-Ebene.

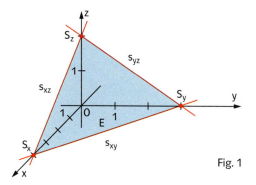

Fig. 1

Beispiel 1 Von einer Parametergleichung zu einer Koordinatengleichung

Ermittle eine Koordinatengleichung der Ebene E: $\vec{r} = \begin{pmatrix} 2 \\ 2 \\ 8 \end{pmatrix} + s \cdot \begin{pmatrix} 3 \\ -1 \\ 0 \end{pmatrix} + t \cdot \begin{pmatrix} 3 \\ 0 \\ 4 \end{pmatrix}$.

Lösung:

Bezüglich der Koordinaten erhält man die Gleichungen
(1) $x = 2 + 3s + 3t$, (2) $y = 2 - s$ und (3) $z = 8 + 4t$.

Löst man (2) nach s und (3) nach t auf, ergeben sich die Gleichungen
(4) $s = 2 - y$ und (5) $t = \frac{1}{4}z - 2$. Bei Einsetzen von (4) und (5) in (1) ergibt sich
$x = 2 + 3(2 - y) + 3\left(\frac{1}{4}z - 2\right)$ und nach dem Vereinfachen $x + 3y - \frac{3}{4}z = 2$.

Um eine Koordinatengleichung mit ganzzahligen Koeffizienten zu erhalten, multipliziert man die gesamte Gleichung mit 4 und erhält schliesslich: $4x + 12y - 3z = 8$

Beispiel 2 Punktprobe

Ermittle a ($a \in \mathbb{R}$) so, dass der Punkt $P(a|2|1)$ auf der Ebene E mit der Gleichung $2x + 3y - 4z = 8$ liegt.

Lösung:

Durch Einsetzen der Koordinaten von P in E ergibt sich $2 \cdot a + 3 \cdot 2 - 4 \cdot 1 = 8$ und damit $a = 3$.

Beispiel 3 Koordinatengleichung aus drei Punkten

Die Punkte $A(1|1|0)$, $B(2|0|1)$ und $C(0|1|2)$ legen eine Ebene E fest. Bestimme eine Koordinatengleichung dieser Ebene E.

Lösung:

Man setzt in die allgemeine Koordinatengleichung $ax + by + cz = d$ die Koordinaten der drei Punkte ein (3 Punktproben) und erhält das LGS: $\begin{cases} a + b \phantom{{}+c} = d \\ 2a \phantom{{}+b} + c = d \\ \phantom{2a+{}} b + 2c = d \end{cases}$

Dieses LGS löst man zum Beispiel mit dem Parameter $d = 5$, um ganzzahlige Koeffizienten zu erhalten. Die Ebenengleichung lautet demzufolge: $2x + 3y + z = 5$

Beispiel 4 Ebenenausschnitt zeichnen
a) Ermittle die Achsenabschnitte der Ebene E: $3x + 2y + 6z = 6$ und zeichne einen Ausschnitt der Ebene.
b) Bringe die Ebenengleichung aus a) in die Achsenabschnittsform und vergleiche.
Lösung:
a) Für alle Punkte der x-Achse gilt: $y = z = 0$
Durch Einsetzen in E erhält man $x = 2$;
also ist $S_x(2|0|0)$.
Analog erhält man $S_y(0|3|0)$ und $S_z(0|0|1)$.
Zeichnung des Ausschnitts der Ebene:
vgl. Fig. 1.
b) Teilt man die Ebenengleichung durch 6,
so entsteht die Gleichung $\frac{x}{2} + \frac{y}{3} + \frac{z}{1} = 1$, an
der man die Achsenabschnitte $u = 2$,
$v = 3$ und $w = 1$ direkt aus den Nennern
ablesen kann.

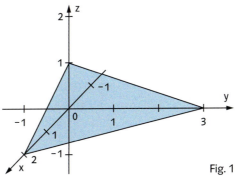
Fig. 1

Beispiel 5 Skizzen von Ebenen mit besonderen Lagen
Skizziere die Ebene E in einem kartesischen Koordinatensystem.
a) E: $4x + 2y = 7$
b) E: $2y = 5$
Lösung:
a) Der Schnittpunkt von E mit der x-Achse
ist $S_x\left(\frac{7}{4}|0|0\right)$, mit der y-Achse $S_y\left(0|\frac{7}{2}|0\right)$.
Die Ebene verläuft parallel zur z-Achse
(kein Schnittpunkt mit der z-Achse).

b) Der Schnittpunkt der Ebene E mit der
y-Achse ist $S_y\left(0|\frac{5}{2}|0\right)$.
Die Ebene verläuft parallel zur xz-Ebene
(keine Schnittpunkte mit der x- und der
z-Achse).

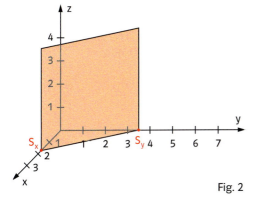
Fig. 2

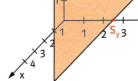
Fig. 3

Aufgaben

1 Bestimme eine Koordinatengleichung der Ebene E, in der nur ganzzahlige Koeffizienten auftreten.

a) E: $\vec{r} = \begin{pmatrix} 1 \\ 2 \\ 0 \end{pmatrix} + s \begin{pmatrix} 1 \\ 0 \\ 1 \end{pmatrix} + t \begin{pmatrix} 1 \\ 2 \\ 3 \end{pmatrix}$

b) E: $\vec{r} = \begin{pmatrix} 4 \\ 9 \\ 1 \end{pmatrix} + s \begin{pmatrix} 1 \\ 2 \\ 0 \end{pmatrix} + t \begin{pmatrix} 1 \\ 0 \\ 3 \end{pmatrix}$

c) E: $\vec{r} = \begin{pmatrix} 4 \\ 5 \\ -1 \end{pmatrix} + s \begin{pmatrix} -1 \\ 0 \\ 1 \end{pmatrix} + t \begin{pmatrix} 0 \\ 0 \\ 1 \end{pmatrix}$

d) E: $\vec{r} = \begin{pmatrix} 2 \\ 5 \\ 1 \end{pmatrix} + s \begin{pmatrix} 1 \\ 1 \\ 1 \end{pmatrix} + t \begin{pmatrix} 1 \\ 0 \\ 2 \end{pmatrix}$

2 Bestimme eine Koordinatengleichung
a) der yz-Ebene
b) der xz-Ebene.

3 Beschreibe die besondere Lage der Ebene E im Koordinatensystem.
a) $x = 3$
b) $2x + 3z = 4$
c) $4y = 8$
d) $z = 0$
e) $5y - 3z = 9$
f) $3z = -12$

4 Bestimme eine Parametergleichung der Ebene E.
a) $2x - 3y + z = 6$
b) $5x - 3y + 6z = 1$
c) $x = 9$
d) $x - y = 0$
e) $3x + z = 7$
f) $x + y + z = 3$

5 Untersuche, ob der Punkt P auf der Ebene E mit der Gleichung $2x - y + 3z = 6$ liegt.
a) $P(4|5|1)$
b) $P(-1|2|7)$
c) $P(-1|-11|-1)$

6 Ermittle $a\,(a \in \mathbb{R})$ so, dass
a) der Punkt $P(3|a|5)$ auf der Ebene E mit der Gleichung $3x + 4y - z = 10$ liegt,
b) der Punkt $P(1|2|3)$ auf der Ebene E mit der Gleichung $ax + 2y - 7z = -13$ liegt.

7 Ermittle eine Koordinatengleichung der Ebene, auf der die Punkte $A(0|2|-1)$, $B(6|-5|0)$ und $C(1|0|1)$ liegen.

8 Bringe die Ebene E auf Achsenabschnittsform und zeichne einen Ausschnitt der Ebene E.
a) $E: x + y + z = 3$
b) $E: 2x + 2y + 3z = 6$
c) $E: -x - 3y - 2z = -6$
d) $E: -3.5y + 7z = 7$
e) $E: 5x = 10$
f) $E: 3x - 4.5z = -9$

9 Bestimme die Koordinatengleichung einer Ebene mit den Achsenabschnitten $u = 2$, $v = 5$ und $w = 3$.

10 In Fig. 1 hat die Ebene nur einen Durchstosspunkt P, in Fig. 2 ist die Ebene parallel zur z-Achse. Bestimme jeweils eine Koordinatengleichung für die Ebene E.
a)
b)

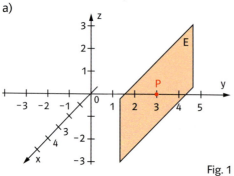
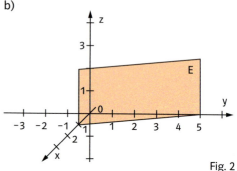

Fig. 1   Fig. 2

11 Wie kann man an der Ebenengleichung erkennen, dass zwei Spurgeraden zueinander parallel sind? Zeichne die drei Spurgeraden und schraffiere einen Ebenenausschnitt.
a) $E: 4x + y = 8$
b) $E: 2x - 3z = 6$

12 Gegeben ist die Ebene $E: 3x + 4y + 6z = 0$.
a) Begründe: Die Spurgeraden gehen alle durch den Ursprung.
b) Zeichne die Spurgeraden. Gib mithilfe von Parallelen zu den Spurgeraden einen Ebenenausschnitt an.

15.6 Lagebeziehungen zwischen Ebene und Gerade

Mithilfe eines Lasers können Bauteile vermessen werden. Dazu werden charakteristische Punkte dieser Bauteile mit Laserstrahlen auf eine Sensorfläche projiziert. In einem Koordinatensystem befindet sich die Sensorfläche in der xz-Ebene, der Laserkopf im Punkt L(2|12.5|8) und der zu projizierende Punkt des Bauteils im Punkt P(7|6|10).
a) Gib für die Sensorfläche und die Gerade, auf der sich der Laserstrahl befindet, je eine Gleichung an.
b) Wie könnte man die Koordinaten des bei der Projektion in die Sensorfläche entstehenden Bildpunktes von P bestimmen?

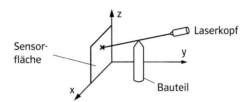

Bei der Betrachtung der gegenseitigen Lage einer Geraden g und einer Ebene E muss man drei Fälle unterscheiden:
- g und E haben **genau einen** Punkt gemeinsam, g und E schneiden sich also. Diesen Schnittpunkt nennt man auch **Durchstoßpunkt**.
- g und E haben **keinen** Punkt gemeinsam, g ist dann **parallel** zu E und liegt nicht in E.
- g und E haben **unendlich viele** gemeinsame Punkte, g liegt dann ganz **in E**.

Die Anzahl der gemeinsamen Punkte einer Geraden und einer Ebene kann man algebraisch untersuchen:

Für eine Gerade $g: \vec{r} = \vec{p} + k \cdot \vec{u}$ und eine Ebene $E: \vec{r} = \vec{q} + s \cdot \vec{v} + t \cdot \vec{w}$ gilt:
g und E schneiden sich in einem Punkt, wenn die Gleichung
$\vec{p} + k \cdot \vec{u} = \vec{q} + s \cdot \vec{v} + t \cdot \vec{w}$ **genau eine** Lösung $(k_0; s_0; t_0)$ hat.
g ist parallel zu E und **liegt nicht in E**, wenn die Gleichung
$\vec{p} + k \cdot \vec{u} = \vec{q} + s \cdot \vec{v} + t \cdot \vec{w}$ **keine** Lösung hat.
g liegt in E, wenn die Gleichung
$\vec{p} + k \cdot \vec{u} = \vec{q} + s \cdot \vec{v} + t \cdot \vec{w}$ **unendlich viele** Lösungen hat.

Beispiel 1 Bestimmung des Durchstoßpunktes; Ebenengleichung in Parameterform

Die Gerade $g: \vec{r} = \begin{pmatrix}2\\2\\1\end{pmatrix} + k\begin{pmatrix}1\\-1\\1\end{pmatrix}$ und die Ebene $E: \vec{r} = \begin{pmatrix}1\\1\\5\end{pmatrix} + s\begin{pmatrix}2\\0\\1\end{pmatrix} + t\begin{pmatrix}-1\\-1\\3\end{pmatrix}$ schneiden sich.

Bestimme die Koordinaten des Durchstoßpunktes.
Lösung:
Die Koordinaten des Durchstoßpunktes ergeben sich aus der Lösung der Gleichung

$\begin{pmatrix}2\\2\\1\end{pmatrix} + k\begin{pmatrix}1\\-1\\1\end{pmatrix} = \begin{pmatrix}1\\1\\5\end{pmatrix} + s\begin{pmatrix}2\\0\\1\end{pmatrix} + t\begin{pmatrix}-1\\-1\\3\end{pmatrix}$ bzw. des LGS $\begin{cases} 2+k = 1+2s-t \\ 2-k = 1\quad\;\; -t \\ 1+k = 5+s+3t \end{cases}$.

Man erhält $k = -\frac{1}{3}$; $s = -\frac{1}{3}$; $t = -\frac{4}{3}$. Setzt man $k = -\frac{1}{3}$ in die Parametergleichung der Geraden ein, so erhält man den Ortsvektor des Durchstoßpunktes und damit auch die Koordinaten des Durchstoßpunktes $D\left(\frac{5}{3}\big|\frac{7}{3}\big|\frac{2}{3}\right)$.

Beispiel 2 Bestimmung von Durchstosspunkten; Ebene in Koordinatenform

Bestimme die gemeinsamen Punkte der Geraden $g: \vec{r} = \begin{pmatrix} 3 \\ 4 \\ 7 \end{pmatrix} + k \cdot \begin{pmatrix} 2 \\ 1 \\ -1 \end{pmatrix}$ mit der Ebene

a) $E_1: 2x + 5y - z = 49$;
b) $E_2: 2x - 5y - z = 49$.

Lösung:
Die Koordinaten der Geradenpunkte haben die Form $x = 3 + 2k$, $y = 4 + k$ und $z = 7 - k$.
Setzt man diese Terme für x, y und z in die Koordinatengleichung der Ebene ein, so erhält man:

a) $2(3 + 2k) + 5(4 + k) - (7 - k) = 49$.
Hieraus folgt:
$10k + 19 = 49$, also $k = 3$.
Setzt man $k = 3$ in die Geradengleichung ein, so ergibt sich der Durchstosspunkt $D(9|7|4)$.

b) $2(3 + 2k) - 5(4 + k) - (7 - k) = 49$.
Hieraus folgt:
$0 \cdot k - 21 = 49$, es gibt also keine Lösungen.
Damit haben g und E_2 keine gemeinsamen Punkte.
g und E_2 sind zueinander parallel.

Aufgaben

1 Untersuche die gegenseitige Lage der Ebene E zu der Geraden $g: \vec{r} = \begin{pmatrix} 4 \\ 6 \\ 2 \end{pmatrix} + k \begin{pmatrix} 1 \\ 2 \\ 3 \end{pmatrix}$.
Bestimme den Durchstosspunkt, falls g und E sich schneiden.

a) $E: 2x + 4y + 6z = 16$
b) $E: 5y - 7z = 13$
c) $E: x + y - z = 1$
d) $E: 2x + y + 3z = 0$
e) $E: x + y - z = 7$
f) $E: x + y - z = 8$
g) $E: 3x - z = 10$
h) $E: 3x - z = 12$
i) $E: 4x - 5y = 11$

2 Bestimme, falls möglich, den Schnittpunkt der Geraden g mit der xy-Ebene, mit der xz-Ebene und mit der yz-Ebene.

a) $g: \vec{r} = \begin{pmatrix} 2 \\ 4 \\ 1 \end{pmatrix} + k \begin{pmatrix} -2 \\ 2 \\ 1 \end{pmatrix}$
b) $g: \vec{r} = \begin{pmatrix} 2 \\ 2 \\ 2 \end{pmatrix} + k \begin{pmatrix} 1 \\ 3 \\ 0 \end{pmatrix}$
c) $g: \vec{r} = \begin{pmatrix} 2 \\ 1 \\ 7 \end{pmatrix} + k \begin{pmatrix} -1 \\ 2 \\ 1 \end{pmatrix}$
d) $g: \vec{r} = \begin{pmatrix} 7 \\ 0 \\ 7 \end{pmatrix} + k \begin{pmatrix} 1 \\ 1 \\ 1 \end{pmatrix}$

e) $g: \vec{r} = k \begin{pmatrix} 2 \\ 3 \\ -1 \end{pmatrix}$
f) $g: \vec{r} = \begin{pmatrix} 2 \\ 1 \\ 8 \end{pmatrix} + k \begin{pmatrix} 2 \\ 0 \\ -1 \end{pmatrix}$
g) $g: \vec{r} = \begin{pmatrix} 1 \\ 0 \\ 5 \end{pmatrix} + k \begin{pmatrix} 1 \\ 2 \\ 0 \end{pmatrix}$
h) $g: \vec{r} = \begin{pmatrix} 7 \\ 1 \\ 9 \end{pmatrix} + k \begin{pmatrix} 1 \\ 0 \\ 0 \end{pmatrix}$

3 Bestimme, falls möglich, den Schnittpunkt der Geraden g mit der Ebene E.

a) $g: \vec{r} = \begin{pmatrix} 13 \\ -7 \\ 2 \end{pmatrix} + k \begin{pmatrix} -21 \\ 11 \\ -5 \end{pmatrix}$, $E: \vec{r} = \begin{pmatrix} 10 \\ -4 \\ 5 \end{pmatrix} + u \begin{pmatrix} -2 \\ -4 \\ -3 \end{pmatrix} + v \begin{pmatrix} -20 \\ 4 \\ -11 \end{pmatrix}$

b) $g: \vec{r} = \begin{pmatrix} 9 \\ 1 \\ 9 \end{pmatrix} + k \begin{pmatrix} -4 \\ 0 \\ -5 \end{pmatrix}$, $E: \vec{r} = \begin{pmatrix} -1 \\ 2 \\ -5 \end{pmatrix} + s \begin{pmatrix} 1 \\ -1 \\ 2 \end{pmatrix} + t \begin{pmatrix} 3 \\ -2 \\ 6 \end{pmatrix}$

c) $g: \vec{r} = \begin{pmatrix} 2 \\ 3 \\ 2 \end{pmatrix} + s \begin{pmatrix} -1 \\ 1 \\ 1 \end{pmatrix}$, $E: \vec{r} = t \begin{pmatrix} 2 \\ 3 \\ 0 \end{pmatrix} + k \begin{pmatrix} -3 \\ 2 \\ 0 \end{pmatrix}$

d) $g: \vec{r} = \begin{pmatrix} 2 \\ 0 \\ 3 \end{pmatrix} + s \begin{pmatrix} 5 \\ 1 \\ 1 \end{pmatrix}$, $E: \vec{r} = \begin{pmatrix} 1 \\ 0 \\ 0 \end{pmatrix} + t \begin{pmatrix} 0 \\ 1 \\ 0 \end{pmatrix} + k \begin{pmatrix} 1 \\ 0 \\ 1 \end{pmatrix}$

4 Bestimme den Durchstosspunkt der Geraden g durch die Ebene $E: 3x + 5y - 2z = 7$.

a) $g: \vec{r} = \begin{pmatrix} 5 \\ 1 \\ 1 \end{pmatrix} + k \begin{pmatrix} 1 \\ 0 \\ 1 \end{pmatrix}$
b) $g: \vec{r} = \begin{pmatrix} 1 \\ 0 \\ 9 \end{pmatrix} + k \begin{pmatrix} 1 \\ 3 \\ 5 \end{pmatrix}$
c) $g: \vec{r} = \begin{pmatrix} 7 \\ 1 \\ 1 \end{pmatrix} + k \begin{pmatrix} 2 \\ 2 \\ 1 \end{pmatrix}$

5 Die Gerade g ist durch die Punkte P(1|0|1) und Q(3|1|1) festgelegt, die Ebene E durch die Punkte A(1|2|3), B(1|2|4) und C(1|3|3). Bestimme den Durchstosspunkt der Geraden g durch die Ebene E.

6 Der Würfel in Fig. 1 hat die Eckpunkte A(0|0|0), B(0|8|0), C(–8|8|0), E(0|0|8). Die Ebene E_1 ist durch die Punkte A, F und H, die Ebene E_2 durch die Punkte B, D und G festgelegt. Ermittle die Schnittpunkte der Geraden durch C und E mit den Ebenen E_1 und E_2.

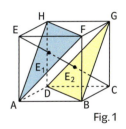

Fig. 1

7 Die Gerade g durch die Punkte A(3|–1|5) und B(3|2|5) schneidet die Ebene E im Punkt Q (Fig. 2). Bestimme die Koordinaten des Punktes Q.

8 Die Punkte M_1, M_2 und M_3 sind die Mittelpunkte dreier Seitenflächen des Würfels in Fig. 3. Bestimme die Durchstosspunkte der Geraden g, h und k durch die Ebene, in der die Punkte B, D und E liegen.

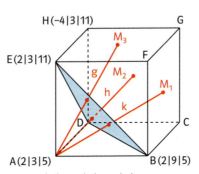

Fig. 3

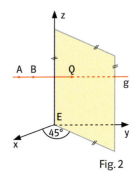

Fig. 2

9 Gegeben ist die Ebene E mit der Gleichung $E: \vec{r} = \begin{pmatrix}3\\4\\7\end{pmatrix} + s\begin{pmatrix}1\\0\\1\end{pmatrix} + t\begin{pmatrix}4\\7\\2\end{pmatrix}$.
Gib eine Gerade g an, die
a) die Ebene E schneidet,   b) zur Ebene E parallel ist und nicht in E liegt,
c) in der Ebene E liegt.

10 Gegeben ist die Ebene E durch die Koordinatengleichung $11x - 3y - z = 26$. Bestimme a ($a \in \mathbb{R}$) so, dass die Gerade g die Ebene E schneidet (zur Ebene E parallel verläuft).

a) $g: \vec{r} = \begin{pmatrix}2\\1\\5\end{pmatrix} + k \cdot \begin{pmatrix}2\\a\\7\end{pmatrix}$
b) $g: \vec{r} = \begin{pmatrix}3\\5\\9\end{pmatrix} + k \cdot \begin{pmatrix}1\\a\\5\end{pmatrix}$

11 Eine Gerade g und eine Ebene E sind zueinander orthogonal (senkrecht), wenn der Richtungsvektor $\vec{u}$ der Geraden zu den Richtungsvektoren v und w der Ebene orthogonal ist (Fig. 4).
Überprüfe, ob die Gerade $g: \vec{r} = \begin{pmatrix}1\\2\\3\end{pmatrix} + k\begin{pmatrix}-1\\-3\\5\end{pmatrix}$ zur Ebene E orthogonal ist.

a) $E: \vec{r} = \begin{pmatrix}0\\1\\0\end{pmatrix} + s\begin{pmatrix}3\\-1\\0\end{pmatrix} + t\begin{pmatrix}1\\2\\3\end{pmatrix}$
b) $E: \vec{r} = \begin{pmatrix}1\\2\\3\end{pmatrix} + s\begin{pmatrix}3\\-1\\0\end{pmatrix} + t\begin{pmatrix}5\\5\\4\end{pmatrix}$

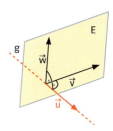

Fig. 4

12 Eine Gerade g durch A(2|3|–1) ist orthogonal zur Ebene E. Bestimme eine Gleichung von g.

a) $E: \vec{r} = \begin{pmatrix}1\\0\\0\end{pmatrix} + s\begin{pmatrix}1\\5\\0\end{pmatrix} + t\begin{pmatrix}1\\-1\\2\end{pmatrix}$
b) $E: x + 2y + 6z = 1$
c) $E: 4y + 5z = 3$

13 Die Grundfläche einer Pyramide liegt in der Ebene $E: x + y + z = 8$. Die Spitze der Pyramide ist S(10|10|15).
a) Bestimme eine Gleichung der Geraden durch die Höhe der Pyramide.
b) Berechne die Koordinaten des Höhenfusspunktes.

15.7 Lagebeziehungen zwischen Ebenen

Gegeben sind zwei verschiedene Ebenen E_1 und E_2.
a) Beschreibe, wie viele gemeinsame Punkte E_1 und E_2 haben können.
Ist es möglich, dass es genau einen gemeinsamen Punkt gibt?
b) Die Ebenen E_1 und E_2 haben die Punkte $A(1|2|-3)$ und $B(5|4|2)$ gemeinsam. Gib weitere gemeinsame Punkte an.

Bei der Betrachtung der gegenseitigen Lage von zwei verschiedenen Ebenen E_1 und E_2 muss man zwei Fälle unterscheiden:
- Es gibt **gemeinsame Punkte** von E_1 und E_2. Dann liegen diese auf einer Geraden, der **Schnittgeraden** von E_1 und E_2 (Fig. 1).
- E_1 und E_2 haben **keinen Punkt gemeinsam**, E_1 und E_2 sind dann parallel zueinander (Fig. 2).

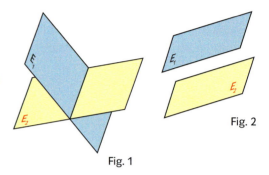
Fig. 2

Fig. 1

Ob sich zwei verschiedene Ebenen in einer Geraden schneiden oder ob sie parallel zueinander sind, kann man algebraisch untersuchen:

Für zwei **verschiedene** Ebenen $E_1: \vec{r} = \vec{p_1} + s_1\vec{u_1} + t_1\vec{v_1}$ und $E_2: \vec{r} = \vec{p_2} + s_2\vec{u_2} + t_2\vec{v_2}$ gilt:
E_1 und E_2 **schneiden sich in einer Geraden**, wenn die Gleichung
$\vec{p_1} + s_1\vec{u_1} + t_1\vec{v_1} = \vec{p_2} + s_2\vec{u_2} + t_2\vec{v_2}$ **unendlich viele Lösungen** besitzt.
E_1 und E_2 sind **zueinander parallel**, wenn die Gleichung
$\vec{p_1} + s_1\vec{u_1} + t_1\vec{v_1} = \vec{p_2} + s_2\vec{u_2} + t_2\vec{v_2}$ **keine** Lösung besitzt.

Beispiel 1 Schnittgeraden; zwei Koordinatengleichungen
Bestimme die Schnittgerade der beiden Ebenen $E_1: 3x - 4y + z = 1$ und
a) $E_2: y = 0$ (xz-Ebene),   b) $E_2: 5x + 2y - 3z = 6$.
Lösung:
a) Der Schnittgeraden gehören alle Punkte der Ebene E_1 an, welche die y-Koordinate 0 besitzen. Es genügt, zwei dieser Punkte zu bestimmen, um eine Gleichung der gesuchten Schnittgeraden aufzustellen. Beispielsweise ergeben sich mit $x = 0$ und $x = 1$ die Punkte $A(0|0|1)$ und $B(1|0|-2)$ und damit eine Gleichung der Schnittgeraden

mit $\vec{r} = \begin{pmatrix} 0 \\ 0 \\ 1 \end{pmatrix} + t \cdot \begin{pmatrix} 1 \\ 0 \\ -3 \end{pmatrix}$.

b) Man fasst die beiden Ebenengleichungen als LGS auf und bestimmt die Lösungsmenge. Wenn man die Lösungen $(x|y|z)$ in Abhängigkeit eines Parameters ausdrückt, erhält man mit $x = \frac{5t+13}{13} = 1 + \frac{5}{13}t$, $y = \frac{14t+13}{26} = \frac{1}{2} + \frac{7}{13}t$ und $z = t$ eine Lösungsmenge,

die geometrisch betrachtet eine Gerade, die Schnittgerade, darstellt.

Sie lautet, in Vektorform geschrieben, $\vec{r} = \begin{pmatrix} 1 \\ \frac{1}{2} \\ 0 \end{pmatrix} + t \cdot \begin{pmatrix} \frac{5}{13} \\ \frac{7}{13} \\ 1 \end{pmatrix} = \begin{pmatrix} 1 \\ \frac{1}{2} \\ 0 \end{pmatrix} + s \cdot \begin{pmatrix} 5 \\ 7 \\ 13 \end{pmatrix}$.

Beispiel 2 Schnittgeradenbestimmung; eine Koordinaten- und eine Parametergleichung
Bestimme die Schnittgerade von

$E_1: x - y + 3z = 12$ und $E_2: \vec{r} = \begin{pmatrix} 8 \\ 0 \\ 2 \end{pmatrix} + s \begin{pmatrix} -4 \\ 1 \\ 1 \end{pmatrix} + t \begin{pmatrix} 5 \\ 0 \\ -1 \end{pmatrix}$.

Lösung:
Der Parametergleichung von E_2 entsprechen die Gleichungen
$x = 8 - 4s + 5t$, $y = s$ und $z = 2 + s - t$.
Eingesetzt in $x - y + 3z = 12$ ergibt sich: $(8 - 4s + 5t) - s + 3(2 + s - t) = 12$
Hieraus folgt: $t = s - 1$
Ersetzt man in der Gleichung von E_2 den Parameter t durch $s - 1$, so erhält man

die Gleichung der Schnittgeraden $g: \vec{r} = \begin{pmatrix} 3 \\ 0 \\ 3 \end{pmatrix} + s \begin{pmatrix} 1 \\ 1 \\ 0 \end{pmatrix}$.

Beispiel 3 Schnittgeradenbestimmung; zwei Parametergleichungen
Bestimme die Schnittgerade von

$E_1: \vec{r} = \begin{pmatrix} 1 \\ -2 \\ 1 \end{pmatrix} + s \begin{pmatrix} 8 \\ 13 \\ 12 \end{pmatrix} + t \begin{pmatrix} 9 \\ 17 \\ 17 \end{pmatrix}$ und $E_2: \vec{r} = \begin{pmatrix} 4 \\ 5 \\ -2 \end{pmatrix} + u \begin{pmatrix} 5 \\ 6 \\ 15 \end{pmatrix} + v \begin{pmatrix} 3 \\ 5 \\ 10 \end{pmatrix}$.

Lösung:
Gesucht ist der Ortsvektor $\vec{r} = \begin{pmatrix} x \\ y \\ z \end{pmatrix}$, der beide Gleichungssysteme erfüllt.

Dies führt auf ein System von drei Gleichungen mit den vier Unbekannten s, t, u und v:

$\begin{cases} 1 + 8s + 9t = 4 + 5u + 3v \\ -2 + 13s + 17t = 5 + 6u + 5v \\ 1 + 12s + 17t = -2 + 15u + 10v \end{cases}$

Die Elimination von v und dann u mit der Additionsmethode führt schrittweise zu

$\begin{cases} 5 - 14s - 17t = -12 + 3u \\ 11 + s - 6t = 5 + 7u \end{cases}$ und dann

$-2 + 101s + 101t = 99$ also auf $s + t = 1$ bzw. $s = 1 - t$

Setzt man nun $s = 1 - t$ in E_1 ein, dann ergibt sich die Gleichung der gesuchten Schnittgeraden:

$\vec{r} = \begin{pmatrix} 1 \\ -2 \\ 1 \end{pmatrix} + (1-t) \begin{pmatrix} 8 \\ 13 \\ 12 \end{pmatrix} + t \begin{pmatrix} 9 \\ 17 \\ 17 \end{pmatrix}$, also $\vec{r} = \begin{pmatrix} 9 \\ 11 \\ 13 \end{pmatrix} + s \begin{pmatrix} 1 \\ 4 \\ 5 \end{pmatrix}$.

Aufgaben

1 Bestimme die Schnittgerade der Ebenen E_1 und E_2.
a) $E_1: x - y + 2z = 7$
   $E_2: 6x + y - z = -7$
b) $E_1: x + y - 2z = -1$
   $E_2: 2x + y - 3z = 2$
c) $E_1: x + 5z = 8$
   $E_2: x + y + z = 1$

2 Untersuche die Lage der Ebenen E_1 mit $E_1: -2x + y + z = 5$ und E_2.
Bestimme ggf. eine Gleichung der Schnittgeraden.
a) $E_2: 2x - y - z = 1$
b) $E_2: 5x + 2y + z = -6$
c) $E_2: 4y + 5z = 20$

3 Bestimme die Spurgeraden der Ebene E.

a) $E: \vec{r} = \begin{pmatrix} 4 \\ 5 \\ 0 \end{pmatrix} + s \begin{pmatrix} 1 \\ 3 \\ 5 \end{pmatrix} + t \begin{pmatrix} 1 \\ -1 \\ 1 \end{pmatrix}$

b) $E: \vec{r} = \begin{pmatrix} -8 \\ -4 \\ -4 \end{pmatrix} + s \begin{pmatrix} 4 \\ -3 \\ 1 \end{pmatrix} + t \begin{pmatrix} 4 \\ 1 \\ -1 \end{pmatrix}$

c) $E: 2x - 3y + 5z = 60$

d) $E: x + y + z = 12$

4 Bestimme die Schnittgerade der Ebene E mit der Ebene $E_1: \vec{r} = \begin{pmatrix} 3 \\ 1 \\ 5 \end{pmatrix} + s\begin{pmatrix} 2 \\ -1 \\ 0 \end{pmatrix} + t\begin{pmatrix} -1 \\ 0 \\ 3 \end{pmatrix}$.
a) E: $2x - y - z = 1$ 　　　　　　b) E: $5x + 2y + z = -6$

5 Bestimme die Schnittgerade der Ebenen E_1 und E_2.

a) $E_1: \vec{r} = \begin{pmatrix} 6 \\ 4 \\ 7 \end{pmatrix} + s\begin{pmatrix} 3 \\ -2 \\ 2 \end{pmatrix} + t\begin{pmatrix} -5 \\ 3 \\ -7 \end{pmatrix}$, 　$E_2: \vec{r} = \begin{pmatrix} 2 \\ 2 \\ 4 \end{pmatrix} + s\begin{pmatrix} 4 \\ 11 \\ 0 \end{pmatrix} + t\begin{pmatrix} -1 \\ 1 \\ 3 \end{pmatrix}$

b) $E_1: \vec{r} = \begin{pmatrix} 0 \\ 0 \\ 1 \end{pmatrix} + s\begin{pmatrix} 0 \\ 1 \\ -1 \end{pmatrix} + t\begin{pmatrix} 1 \\ 0 \\ -1 \end{pmatrix}$, 　$E_2: \vec{r} = \begin{pmatrix} 0 \\ 1 \\ 2 \end{pmatrix} + s\begin{pmatrix} 1 \\ -2 \\ -1 \end{pmatrix} + t\begin{pmatrix} 1 \\ -1 \\ 0 \end{pmatrix}$

c) $E_1: \vec{r} = \begin{pmatrix} -2 \\ -1 \\ -3 \end{pmatrix} + s\begin{pmatrix} 5 \\ 3 \\ 1 \end{pmatrix} + t\begin{pmatrix} 1 \\ 1 \\ 1 \end{pmatrix}$, 　$E_2: \vec{r} = \begin{pmatrix} 7 \\ -2 \\ 1 \end{pmatrix} + s\begin{pmatrix} 2 \\ 4 \\ 2 \end{pmatrix} + t\begin{pmatrix} -10 \\ 1 \\ -3 \end{pmatrix}$

6 Bestimme die Schnittgerade der beiden Ebenen E_1 und E_2 in Fig. 1.

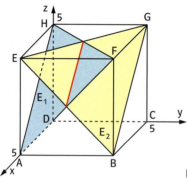
Fig. 1

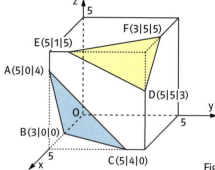
Fig. 2

7 Fig. 2 zeigt einen Würfel mit zwei abgeschnittenen Ecken. Die Schnittflächen legen zwei Ebenen fest. Bestimme die Schnittgerade dieser beiden Ebenen.

8 Gib eine Parametergleichung der Ebene an, die zur Ebene E parallel ist und in welcher der Punkt P liegt.

a) $E: \vec{r} = \begin{pmatrix} 2 \\ 0 \\ 5 \end{pmatrix} + s\begin{pmatrix} 1 \\ 1 \\ 0 \end{pmatrix} + t\begin{pmatrix} 1 \\ 2 \\ 1 \end{pmatrix}$, P(3|4|−1) 　　　　b) $E: \vec{r} = \begin{pmatrix} 1 \\ 9 \\ 1 \end{pmatrix} + s\begin{pmatrix} 2 \\ 1 \\ 2 \end{pmatrix} + t\begin{pmatrix} -1 \\ 1 \\ 3 \end{pmatrix}$, P(0|4|−7)

9 Fig. 3 verdeutlicht die möglichen Lagen dreier Ebenen zueinander.
a) Beschreibe, wie man gemeinsame Punkte der drei Ebenen bestimmen kann.
b) Berechne mit dem beschriebenen Verfahren den Schnittpunkt der drei Ebenen
$E_1: -3x + 3y + z = 16$, $E_2: -3x - y + z = -12$ und $E_3: 5x - 2y - 3z = -7$.

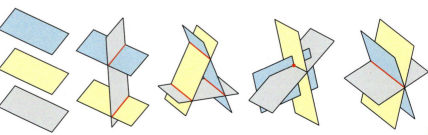
Fig. 3

16 Abstände und Winkel

16.1 Normalenform der Ebenengleichung

a) Wie erhält man alle Vektoren $\vec{r}$, die zum Vektor $\vec{n} = \begin{pmatrix} 2 \\ 1 \\ -3 \end{pmatrix}$ orthogonal sind?

b) Die Vektoren $\vec{r}$ seien Ortsvektoren $\overrightarrow{OR}$ in einem kartesischen Koordinatensystem. Beschreibe, wo dann alle Punkte R mit der Eigenschaft $\vec{n} \cdot \vec{r} = 0$ in diesem Koordinatensystem liegen.

Eine Ebene im Raum kann man vektoriell durch einen Stützvektor $\vec{p}$ und zwei Richtungsvektoren $\vec{u}$, $\vec{v}$ beschreiben. Eine weitere Möglichkeit, eine Ebene im Raum zu beschreiben, erhält man mithilfe eines Vektors, der orthogonal zu den Richtungsvektoren $\vec{u}$ und $\vec{v}$ ist.

Ist $\vec{n}$ ein Normalenvektor der Ebene E (Fig. 1) mit $\vec{r} = \vec{p} + s\vec{u} + t\vec{v}$, so liegt ein Punkt R genau dann in E, wenn für den Ortsvektor $\vec{r} = \overrightarrow{OR}$ gilt: $\vec{r} - \vec{p}$ ist orthogonal zu $\vec{n}$. Daher ist auch
$(\vec{r} - \vec{p}) \cdot \vec{n} = 0$ eine Gleichung der Ebene E. Da $\vec{n}$ ein Normalenvektor ist, spricht man von einer Ebenengleichung in **Normalenform**.

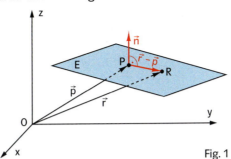

Fig. 1

> **Normalenform der Ebenengleichung**
> Eine Ebene E mit dem Stützvektor $\vec{p}$ und dem Normalenvektor $\vec{n}$ wird beschrieben durch die Gleichung: $(\vec{r} - \vec{p}) \cdot \vec{n} = 0$

Mit $\vec{n} = \begin{pmatrix} a \\ b \\ c \end{pmatrix}$ und $P(x_p | y_p | z_p)$ ergibt sich für jeden Punkt $R(x | y | z)$ der Ebene durch

Einsetzen in die Normalenform und Berechnen des Skalarproduktes die Gleichung
$(x - x_p) \cdot a + (y - y_p) \cdot b + (z - z_p) \cdot c = 0$ bzw. $ax + by + cz = ax_p + by_p + cz_p$, also eine Koordinatengleichung der Ebene E. Durch die Termumformung wird deutlich, dass folgender Satz gilt:

> Ist $ax + by + cz = d$ eine Koordinatengleichung der Ebene E, so ist der Vektor mit den Koordinaten **a, b, c** ein **Normalenvektor** von E.

Damit lässt sich bei Ebenen, die in Koordinaten- oder in Normalenform gegeben sind, ihre Lagebeziehung untereinander und auch zu Geraden besonders leicht feststellen:
1. Zwei verschiedene Ebenen verlaufen genau dann zueinander parallel, wenn ihre Normalenvektoren Vielfache voneinander sind.
Ist das Skalarprodukt der beiden Vektoren gleich null, sind die Ebenen orthogonal zueinander (vgl. Fig. 2).
2. Eine Gerade besitzt mit einer Ebene genau dann einen Schnittpunkt, wenn der Normalenvektor der Ebene und der Richtungsvektor der Geraden nicht orthogonal zueinander sind.

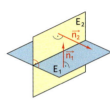

Fig. 2

Beispiel 1 Verschiedene Formen einer Ebenengleichung und ihre Umwandlung

Ermittle für die Ebene E: $\vec{r} = \begin{pmatrix} 1 \\ 1 \\ 0 \end{pmatrix} + s \cdot \begin{pmatrix} 1 \\ -1 \\ 1 \end{pmatrix} + t \cdot \begin{pmatrix} -1 \\ 0 \\ 2 \end{pmatrix}$ eine Gleichung in Normalenform und eine Koordinatengleichung.

Den benötigten Stützvektor $\vec{p}$ kann man direkt der gegebenen Ebenengleichung entnehmen.

Lösung:
Ein Normalenvektor von E ergibt sich aus dem Vektorprodukt der beiden Richtungsvektoren.

Mit $\vec{n} = \begin{pmatrix} 1 \\ -1 \\ 1 \end{pmatrix} \times \begin{pmatrix} -1 \\ 0 \\ 2 \end{pmatrix} = \begin{pmatrix} -2 \\ -3 \\ -1 \end{pmatrix}$ erhält man die Normalengleichung: $\left[\vec{r} - \begin{pmatrix} 1 \\ 1 \\ 0 \end{pmatrix} \right] \cdot \begin{pmatrix} -2 \\ -3 \\ -1 \end{pmatrix} = 0$

Eine andere mögliche Koordinatengleichung wäre: $2x + 3y + z = 5$

Die Berechnung des Skalarproduktes ergibt die Gleichung
$(-2)(x - 1) + (-3)(y - 1) + (-1)z = 0$ bzw. nach der Termvereinfachung mit
$-2x - 3y - z = -5$ eine Koordinatengleichung der Ebene E.

Beispiel 2 Parallelebene durch einen gegebenen Punkt

Gegeben sind in einem kartesischen Koordinatensystem eine Ebene E mit der Gleichung $x - 2y + z = 1$ und der Punkt $P(2|-1|4)$. Ermittle eine Gleichung derjenigen Ebene F, die parallel zur Ebene E durch den Punkt P verläuft (Fig. 1).

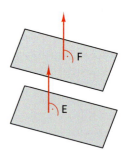

Fig. 1

Lösung:
1. Möglichkeit
Die Ebenen E und F sollen zueinander parallel sein. Damit ist $\vec{n} = \begin{pmatrix} 1 \\ -2 \\ 1 \end{pmatrix}$ ein Normalenvektor von E und von F.
Da der Punkt $P(2|-1|4)$ in F liegen soll, ist
$\vec{p} = \begin{pmatrix} 2 \\ -1 \\ 4 \end{pmatrix}$ ein möglicher Stützvektor.

Damit ist $\left[\vec{r} - \begin{pmatrix} 2 \\ -1 \\ 4 \end{pmatrix} \right] \cdot \begin{pmatrix} 1 \\ -2 \\ 1 \end{pmatrix} = 0$

eine Gleichung der Ebene F.

2. Möglichkeit
Die Ebenen E und F sollen zueinander parallel sein. Damit ist der Normalenvektor von E auch ein Normalenvektor der Ebene F. Also hat F eine Koordinatengleichung der Form $x - 2y + z = b$.
Da der Punkt $P(2|-1|4)$ in F liegen soll, erfüllen seine Koordinaten die Gleichung von F.
Aus $2 - 2 \cdot (-1) + 4 = b$ folgt: $b = 8$.
Also ist
$x - 2y + z = 8$
eine Gleichung der Ebene F.

Aufgaben

1 Die Ebene E geht durch den Punkt P und hat den Normalenvektor $\vec{n}$.
Stelle eine Gleichung der Ebene E in Normalenform auf. Bestimme daraus eine Koordinatengleichung von E.

a) $P(-1|2|1); \vec{n} = \begin{pmatrix} 3 \\ -2 \\ 7 \end{pmatrix}$
b) $P(9|1|-2); \vec{n} = \begin{pmatrix} 0 \\ 8 \\ 3 \end{pmatrix}$
c) $P(0|0|0); \vec{n} = \begin{pmatrix} 7 \\ -7 \\ 3 \end{pmatrix}$

2 Eine Ebene E geht durch den Punkt $P(2|-5|7)$ und hat den Normalenvektor $\begin{pmatrix} 2 \\ 1 \\ -2 \end{pmatrix}$.
Prüfe, ob die folgenden Punkte in der Ebene E liegen.
a) $A(2|7|1)$
b) $B(0|-1|7)$
c) $C(3|-1|10)$
d) $D(4|6|-2)$

3 Bestimme eine Gleichung der Ebene E in Normalenform und daraus eine Gleichung in Koordinatenform.

a) $E: \vec{r} = \begin{pmatrix} 2 \\ 1 \\ 2 \end{pmatrix} + s\begin{pmatrix} 1 \\ 3 \\ 0 \end{pmatrix} + t\begin{pmatrix} -2 \\ 1 \\ 3 \end{pmatrix}$
b) $E: \vec{r} = \begin{pmatrix} 6 \\ 9 \\ 1 \end{pmatrix} + s\begin{pmatrix} 4 \\ 1 \\ -4 \end{pmatrix} + t\begin{pmatrix} 1 \\ -2 \\ -4 \end{pmatrix}$
c) $E: \vec{r} = s\begin{pmatrix} 2 \\ 1 \\ 2 \end{pmatrix} + t\begin{pmatrix} 1 \\ 1 \\ 5 \end{pmatrix}$

4 Gegeben sind die Gleichungen von zwei sich schneidenden Geraden. Beide Geraden liegen damit in einer Ebene. Bestimme für diese Ebene eine Gleichung in Normalenform.

a) $\vec{r} = \begin{pmatrix} 2 \\ 0 \\ 3 \end{pmatrix} + t\begin{pmatrix} 4 \\ 1 \\ 0 \end{pmatrix}, \vec{r} = \begin{pmatrix} 2 \\ 0 \\ 3 \end{pmatrix} + s\begin{pmatrix} 7 \\ 1 \\ 1 \end{pmatrix}$
b) $\vec{r} = \begin{pmatrix} -7 \\ 0 \\ -6 \end{pmatrix} + t\begin{pmatrix} 9 \\ 5 \\ 7 \end{pmatrix}, \vec{r} = \begin{pmatrix} 2 \\ 5 \\ 1 \end{pmatrix} + s\begin{pmatrix} 8 \\ -2 \\ 3 \end{pmatrix}$

5 Gib eine Koordinatengleichung einer Ebene F an, die parallel zur Ebene $E: 2x - y + 3z = 10$ verläuft und durch den Punkt $P(2|3|7)$ geht.

6 Untersuche, ob die Gerade g zur Ebene E parallel ist.

a) $g: \vec{r} = \begin{pmatrix} 1 \\ 0 \\ 2 \end{pmatrix} + t\begin{pmatrix} -2 \\ 1 \\ 1 \end{pmatrix}$; $E: x + y + z = 1$
b) $g: \vec{r} = t\begin{pmatrix} 1 \\ -2 \\ 3 \end{pmatrix}$; $E: x + 3y + 2z = 4$

7 Gegeben ist für jede reelle Zahl k eine Ebene E_k. Alle diese Ebenen schneiden sich in einer Geraden g. Bestimme eine Gleichung dieser Geraden.

a) $E_k: \left[\vec{r} \cdot \begin{pmatrix} 2k \\ 4 \\ 3-k \end{pmatrix}\right] = 0$
b) $E_k: \left[\vec{r} - \begin{pmatrix} 2 \\ 0 \\ -2 \end{pmatrix}\right] \cdot \begin{pmatrix} k-5 \\ k \\ 1 \end{pmatrix} = 0$

8 Welche der folgenden Ebenen sind zueinander orthogonal, welche zueinander parallel? *Die Normalenvektoren sind entscheidend!*

$E_1: \left[\vec{r} - \begin{pmatrix} 1 \\ 1 \\ 2 \end{pmatrix}\right] \cdot \begin{pmatrix} 9 \\ 0 \\ 7 \end{pmatrix} = 0$
$E_2: \left[\vec{r} - \begin{pmatrix} 7 \\ 4 \\ 11 \end{pmatrix}\right] \cdot \begin{pmatrix} 0 \\ 13 \\ 0 \end{pmatrix} = 0$
$E_3: \left[\vec{r} - \begin{pmatrix} 4 \\ 5 \\ 7 \end{pmatrix}\right] \cdot \begin{pmatrix} 2 \\ 1 \\ 4 \end{pmatrix} = 0$

$E_4: \left[\vec{r} - \begin{pmatrix} 1 \\ 1 \\ 1 \end{pmatrix}\right] \cdot \begin{pmatrix} 2 \\ 0 \\ -1 \end{pmatrix} = 0$
$E_5: \left[\vec{r} - \begin{pmatrix} 5 \\ 6 \\ 7 \end{pmatrix}\right] \cdot \begin{pmatrix} 4 \\ 2 \\ 8 \end{pmatrix} = 0$
$E_6: \left[\vec{r} - \begin{pmatrix} 5 \\ 5 \\ 5 \end{pmatrix}\right] \cdot \begin{pmatrix} 0 \\ 1 \\ 0 \end{pmatrix} = 0$

9 Gegeben ist die gerade quadratische Pyramide von Fig. 1.
a) Eine Ebene E geht durch die Mittelpunkte der Kanten SB und SC und ist orthogonal zur Seitenfläche BCS. Bestimme eine Gleichung für E.
b) Eine zweite Ebene F geht durch die Mittelpunkte der Kanten SA und SB und ist orthogonal zur Seitenfläche ABS. Bestimme eine Gleichung für F.
c) Bestimme eine Gleichung für die Schnittgerade von E und F.

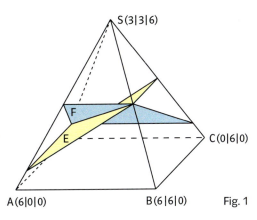

Fig. 1

Tipp zu Aufgabe 10: Überlege, was du hier einfacher bestimmen kannst: zwei Richtungsvektoren der Ebene oder einen Normalenvektor?

10 Für jede reelle Zahl k ist eine Ebene $E_k: (2k-1)x + y + kz = 1$ gegeben.
a) Zeige, dass keine der Ebenen E_k zur x-Achse orthogonal verläuft.
b) Ermittle den Wert für k, für den die zugehörige Ebene parallel zur x-Achse verläuft.

16.2 Schnittwinkel

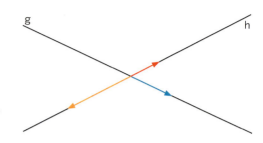

«Als Winkel zwischen zwei Geraden kann man den Winkel zwischen zwei beliebigen Richtungsvektoren der Geraden wählen.» Was hältst du von dieser Behauptung?

Schnittwinkel Gerade – Gerade

Schneiden sich zwei Geraden g und h, so entstehen vier Winkel, je zwei der Grösse $\sphericalangle(g, h) = \alpha$ und je zwei der Grösse $\sphericalangle(h, g) = 180° - \alpha$ (Fig. 1). Im Folgenden wird unter dem **Schnittwinkel zweier Geraden** der Winkel verstanden, der kleiner oder gleich 90° ist. Aus dem Skalarprodukt der Richtungsvektoren $\vec{u} \cdot \vec{v} = |\vec{u}| \cdot |\vec{v}| \cdot \cos(\alpha)$ ergibt sich:

Fig. 1

Schneiden sich **zwei Geraden** g: $\vec{r} = \vec{p} + t\vec{u}$ und h: $\vec{r} = \vec{q} + s\vec{v}$,

dann gilt für ihren **Schnittwinkel** α: $\qquad \cos(\alpha) = \dfrac{|\vec{u} \cdot \vec{v}|}{|\vec{u}| \cdot |\vec{v}|}$

Schnittwinkel Gerade – Ebene

Betrachtet werden eine Gerade g und eine Ebene E, die sich schneiden. Ist g nicht orthogonal zu E, dann gibt es genau eine zu E orthogonale Ebene F durch g. Unter dem **Schnittwinkel zwischen der Geraden g und der Ebene E** versteht man dann den Schnittwinkel der Geraden g und s (Fig. 2).

In Fig. 2 ist die Ebene F orthogonal zur Ebene E. Die Pfeile des Normalenvektors $\vec{n}$ von E und der Richtungsvektoren $\vec{u}$ und $\vec{v}$ der Geraden g bzw. s liegen alle in der Ebene F. Da $\vec{n} \perp \vec{v}$, gilt für den Winkel zwischen $\vec{u}$ und $\vec{n}$:

$\cos(90° - \alpha) = \dfrac{|\vec{u} \cdot \vec{n}|}{|\vec{u}| \cdot |\vec{n}|}$

Mit $\cos(90° - \alpha) = \sin(\alpha)$ folgt:

$\sin(\alpha) = \dfrac{|\vec{u} \cdot \vec{n}|}{|\vec{u}| \cdot |\vec{n}|}$.

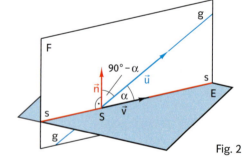

Fig. 2

Beachte:
Die Betragsstriche im Zähler der Formel sichern, dass $\cos(\alpha) \geq 0$ und damit $0° \leq \alpha \leq 90°$ ist.

Schneiden sich die **Gerade** g: $\vec{r} = \vec{p} + t\vec{u}$ und die **Ebene** E: $(\vec{r} - \vec{q}) \cdot \vec{n} = 0$, dann gilt für ihren **Schnittwinkel** α ($\leq 90°$):

$\sin(\alpha) = \dfrac{|\vec{u} \cdot \vec{n}|}{|\vec{u}| \cdot |\vec{n}|}$.

Schnittwinkel Ebene – Ebene

Betrachtet werden zwei Ebenen E_1 und E_2, die sich in einer Geraden s schneiden. Zu dieser Geraden s gibt es eine orthogonale Ebene F. Unter dem **Schnittwinkel der Ebenen** E_1 und E_2 versteht man dann den Schnittwinkel α der Schnittgeraden s_1 und s_2 von E_1 bzw. E_2 mit F (s. Fig. 1, nächste Seite).

Fig. 2 zeigt diese Ebene F mit den Schnittgeraden s_1 und s_2 und dem Schnittwinkel α der Ebenen E_1 und E_2. Dieser Winkel ist gleich dem Winkel zwischen $\vec{n_1}$ und $\vec{n_2}$, den Normalenvektoren der Ebenen E_1 und E_2.

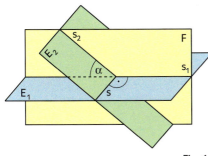
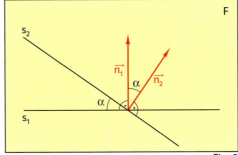

Fig. 1   Fig. 2

Schneiden sich **zwei Ebenen** mit den Normalenvektoren $\vec{n_1}$ und $\vec{n_2}$, dann gilt für ihren **Schnittwinkel** α ($\leq 90°$):
$$\cos(\alpha) = \frac{|\vec{n_1} \cdot \vec{n_2}|}{|\vec{n_1}| \cdot |\vec{n_2}|}$$

Beispiel 1   Schnittwinkel zweier Geraden

Zeige, dass die Geraden $g: \vec{r} = \begin{pmatrix} 2 \\ 1 \\ -1 \end{pmatrix} + t \begin{pmatrix} 1 \\ 3 \\ 2 \end{pmatrix}$ und $h: \vec{r} = \begin{pmatrix} 5 \\ 3 \\ 0 \end{pmatrix} + s \begin{pmatrix} -2 \\ 1 \\ 1 \end{pmatrix}$ einen

Schnittpunkt haben. Berechne dann den Schnittwinkel von g und h.
Lösung:
Berechnung des Schnittpunktes:
Gleichsetzen der Geradengleichungen ergibt das lineare Gleichungssystem:

$\begin{cases} 2 + t = 5 - 2s \\ 1 + 3t = 3 + s \\ -1 + 2t = s \end{cases}$ bzw. $\begin{cases} t + 2s = 3 \\ 3t - s = 2 \\ 2t - s = 1 \end{cases}$

Aus der Lösung $s = 1$ (und $t = 1$) ergibt sich der Schnittpunkt $P(3|4|1)$.
Berechnung des Schnittwinkels:

$\cos(\alpha) = \frac{|\vec{u} \cdot \vec{v}|}{|\vec{u}| \cdot |\vec{v}|} = \frac{|1 \cdot (-2) + 3 \cdot 1 + 2 \cdot 1|}{\sqrt{1^2 + 3^2 + 2^2} \cdot \sqrt{(-2)^2 + 1^2 + 1^2}} = \frac{3}{\sqrt{14} \cdot \sqrt{6}} = \frac{3}{2\sqrt{21}} = \frac{1}{14}\sqrt{21} \approx 0.3273$

und somit $\alpha \approx 70.9°$.

Beispiel 2   Schnittwinkel einer Geraden mit einer Ebene

Berechne den Schnittwinkel zwischen der Geraden $g: \vec{r} = \begin{pmatrix} 3 \\ 0 \\ 1 \end{pmatrix} + t \begin{pmatrix} 1 \\ -1 \\ 2 \end{pmatrix}$ und der Ebene $E: 7x - y + 5z = 24$.
Lösung:
Für den Richtungsvektor $\vec{u}$ der Geraden und den Normalenvektor $\vec{n}$ der Ebene gilt

$\vec{u} = \begin{pmatrix} 1 \\ -1 \\ 2 \end{pmatrix}$ und $\vec{n} = \begin{pmatrix} 7 \\ -1 \\ 5 \end{pmatrix}$.

$\sin(\alpha) = \frac{|\vec{u} \cdot \vec{n}|}{|\vec{u}| \cdot |\vec{n}|} = \frac{|1 \cdot 7 + (-1) \cdot (-1) + 2 \cdot 5|}{\sqrt{1^2 + (-1)^2 + 2^2} \cdot \sqrt{7^2 + (-1)^2 + 5^2}} = \frac{18}{\sqrt{6} \cdot \sqrt{75}} = \frac{3}{5}\sqrt{2} \approx 0.8485$

und somit $\alpha \approx 58.1°$.

Beachte:
Die Formel für den Schnittwinkel von Geraden führt auch dann zu einem «Ergebnis», wenn gar kein Schnittpunkt und damit kein Schnittwinkel existiert.

Aufgaben

1 Zeige, dass sich die Geraden mit den gegebenen Gleichungen im Raum schneiden, berechne dazu ihren Schnittpunkt. Berechne dann ihren Schnittwinkel.

a) $\vec{r} = \begin{pmatrix} 1 \\ 1 \\ 0 \end{pmatrix} + t \begin{pmatrix} 1 \\ 0 \\ 3 \end{pmatrix}$, $\vec{r} = \begin{pmatrix} 2 \\ 2 \\ 3 \end{pmatrix} + s \begin{pmatrix} 1 \\ -1 \\ 3 \end{pmatrix}$

b) $\vec{r} = \begin{pmatrix} 2 \\ 0 \\ 7 \end{pmatrix} + t \begin{pmatrix} 1 \\ 1 \\ 1 \end{pmatrix}$, $\vec{r} = \begin{pmatrix} 0 \\ 4 \\ -5 \end{pmatrix} + s \begin{pmatrix} 5 \\ 2 \\ 10 \end{pmatrix}$

2 Gegeben sind zwei sich schneidende Geraden g und h. Dann kann man zu den Winkeln, die von g und h gebildet werden, zwei Winkelhalbierende w_1 und w_2 betrachten.
a) In Fig. 1 sind $\vec{u}$ und $\vec{v}$ Richtungsvektoren der Geraden g bzw. h, ferner $\vec{u_0}$, $\vec{v_0}$ die zu $\vec{u}$, $\vec{v}$ gehörenden Einheitsvektoren. Begründe, dass $\vec{u_0} + \vec{v_0}$ und $\vec{u_0} - \vec{v_0}$ Richtungsvektoren der Winkelhalbierenden w_1 und w_2 sind, indem du zum Beispiel das von $\vec{u_0}$ und $\vec{v_0}$ aufgespannte Parallelogramm betrachtest.
b) Die Gerade g mit der Gleichung

$\vec{r} = \begin{pmatrix} 1 \\ 2 \end{pmatrix} + s \cdot \begin{pmatrix} 3 \\ 4 \end{pmatrix}$ und die Gerade h mit der

Gleichung $\vec{r} = \begin{pmatrix} 1 \\ 2 \end{pmatrix} + t \cdot \begin{pmatrix} 5 \\ 12 \end{pmatrix}$ schneiden sich

im Punkt P(1|2).
Berechne den Schnittwinkel der beiden Geraden und ermittle je eine Gleichung für die beiden Winkelhalbierenden w_1 und w_2.

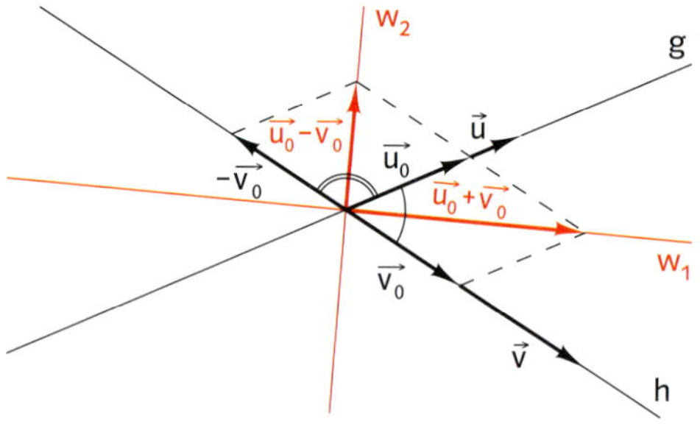

Fig. 1

3 Berechne den Schnittwinkel zwischen der x-Achse und der Geraden g durch die Punkte A(2|-4|6) und B(3|-6|9). Ermittle auch Gleichungen ihrer Winkelhalbierenden.

4 In welchem Punkt und unter welchem Winkel schneidet die Gerade g die Ebene E?

a) g: $\vec{r} = \begin{pmatrix} 9 \\ -5 \\ 2 \end{pmatrix} + t \begin{pmatrix} 6 \\ 1 \\ 3 \end{pmatrix}$, E: $6x + y + 3z = 9$

b) g: $\vec{r} = \begin{pmatrix} 1 \\ 1 \\ 1 \end{pmatrix} + t \begin{pmatrix} 4 \\ 5 \\ 1 \end{pmatrix}$, E: $\vec{r} = \begin{pmatrix} 4 \\ 0 \\ 1 \end{pmatrix} + s \begin{pmatrix} 7 \\ 1 \\ 0 \end{pmatrix} + t \begin{pmatrix} 1 \\ 2 \\ 3 \end{pmatrix}$

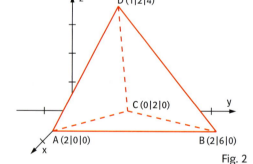

Fig. 2

5 Bestimme für die dreiseitige Pyramide von Fig. 2 die Winkel
a) zwischen den Kanten AD, BD, BC und der Dreiecksfläche ABC,
b) zwischen den Kanten AC, BC, CD und der Dreiecksfläche ABD.

*Ein **Tetraeder** ist eine dreiseitige Pyramide, bei der alle Kanten gleich lang sind.*

6 Gegeben ist ein Tetraeder mit den Eckpunkten A, B, C, D. Unter welchem Winkel ist die Kante $\overline{AD}$ zur Fläche ABC geneigt?

7 Untersuche durch Berechnung des Schnittwinkels, ob die Gerade g zur Ebene E parallel ist und ggf., ob g in E liegt.

a) g: $\vec{r} = \begin{pmatrix} 1 \\ 1 \\ 2 \end{pmatrix} + t \begin{pmatrix} 1 \\ 2 \\ 3 \end{pmatrix}$, E: $x - 2y + z = 1$

b) g: $\vec{r} = \begin{pmatrix} 2 \\ 3 \\ 1 \end{pmatrix} + t \begin{pmatrix} 1 \\ 9 \\ 3 \end{pmatrix}$, E: $3x - y + 2z = 2$

8 Gegeben sind die Ebene E_k: $x + (k-1)y + (k+1)z = 5$ (mit $k \in \mathbb{R}$) und die Gerade g durch die Punkte $A(-4|5|4)$ und $B(-3|7|2)$.
Für welche reelle Zahl k schneiden sich die Ebene E_k und die Gerade g in einem Winkel
a) von 30°, b) von 45°, c) von 60°?

9 Berechne den Schnittwinkel zwischen den Ebenen E_1 und E_2.

a) E_1: $\left[\vec{r} - \begin{pmatrix} 1 \\ 2 \\ 0 \end{pmatrix}\right] \cdot \begin{pmatrix} 5 \\ 0 \\ 1 \end{pmatrix} = 0$, $\quad E_2$: $\left[\vec{r} - \begin{pmatrix} 2 \\ 3 \\ 7 \end{pmatrix}\right] \cdot \begin{pmatrix} 6 \\ 1 \\ 0 \end{pmatrix} = 0$

b) E_1: $x + y + z = 10$, $\quad E_2$: $x - y + 7z = 0$

c) E_1: $3x + 5y = 0$, $\quad E_2$: $2x - 3y - 3z = 13$

10 Bestimme Normalenvektoren der gegebenen Ebenen E_1 und E_2. Berechne den Schnittwinkel zwischen den Ebenen.

a) E_1: $6x - 7y + 2z = 13$, $\quad E_2$: $\vec{r} = \begin{pmatrix} 2 \\ 1 \\ 9 \end{pmatrix} + s\begin{pmatrix} 3 \\ 1 \\ 2 \end{pmatrix} + t\begin{pmatrix} 2 \\ -1 \\ 0 \end{pmatrix}$

b) E_1: $\vec{r} = \begin{pmatrix} 2 \\ 4 \\ 9 \end{pmatrix} + s\begin{pmatrix} 5 \\ 1 \\ 0 \end{pmatrix} + t\begin{pmatrix} 6 \\ 2 \\ 1 \end{pmatrix}$, $\quad E_2$: $\vec{r} = \begin{pmatrix} 7 \\ 11 \\ 1 \end{pmatrix} + s\begin{pmatrix} 1 \\ 0 \\ 1 \end{pmatrix} + t\begin{pmatrix} 6 \\ 1 \\ 5 \end{pmatrix}$

Hinweis zu den Aufgaben 13 und 14:

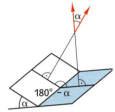

Die Winkel zwischen den Flächen geometrischer Körper müssen nicht unbedingt gleich dem Schnittwinkel der Ebenen sein. So ergibt die Formel für den Schnittwinkel der Ebenen stets einen spitzen Winkel. Der Winkel zwischen zwei Flächen kann aber auch der Nebenwinkel dieses Schnittwinkels sein.

11 Bestimme für die dreiseitige Pyramide von Fig. 2 der vorherigen Seite die Winkel zwischen je zwei der vier Flächen der Pyramide.

12 Berechne für die Ebene E die Winkel α_1, α_2, α_3, die sie mit den Koordinatenebenen einschliesst. Berechne des Weiteren die Winkel β_1, β_2, β_3, unter denen sie von den Koordinatenachsen geschnitten wird.
a) E: $2x - y + 5z = 1$ b) E: $4x + 3y + 2z = 5$ c) E: $2x + 5y = 7$

13 a) Verbindet man die Mittelpunkte der Flächen eines Würfels, so erhält man ein Oktaeder (Fig. 1). Begründe ohne Rechnung, dass die Flächen des Oktaeders gleichseitige Dreiecke sind.
b) Betrachte zwei der Dreiecksflächen des Oktaeders, die eine gemeinsame Kante haben. Berechne jeweils den Winkel zwischen den Ebenen durch diese beiden Flächen.
Anmerkung: Der Winkel zwischen den Flächen selbst ist der Nebenwinkel dazu.

14 a) Verbindet man die Mittelpunkte der Kanten eines Würfels, so erhält man ein Kuboktaeder (Fig. 2). Begründe ohne Rechnung, dass die Flächen des Kuboktaeders gleichseitige Dreiecke und Quadrate sind.
b) Betrachte
(1) eine Dreiecksfläche und ein Quadrat mit gemeinsamer Kante,
(2) zwei der Dreiecksflächen mit einem gemeinsamen Punkt.
Berechne jeweils den Winkel zwischen den beiden Flächen.

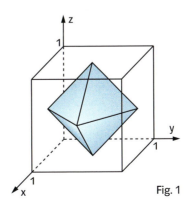

Fig. 1   Fig. 2

16.3 Abstand eines Punktes von einer Ebene – Hesse'sche Normalenform

Die Grundfläche ABCD der Pyramide in Fig. 1 liegt in E: $x + 2y + 2z = -3$. Die Spitze Q der Pyramide ist durch den Punkt $Q(3|2|1)$ bestimmt.
a) Gib an, wie man den Punkt F und damit die Höhe $|\overrightarrow{QF}|$ der Pyramide berechnen kann. Berechne die Höhe.
b) Berechne das Volumen der Pyramide, wenn das Viereck ABCD ein Quadrat mit der Seitenlänge 2 ist.

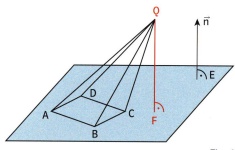

Fig. 1

g nennt man auch Lotgerade.

Unter dem **Abstand** d eines Punktes Q von einer Ebene E versteht man die Länge des Lotes von Q auf die Ebene, das heisst die Länge der Strecke vom Punkt Q zum Lotfusspunkt F (Fig. 1). Dabei ergibt sich F als Schnittpunkt der Ebene E mit einer Geraden g, die senkrecht zur Ebene E durch den Punkt Q verläuft. Die Orthogonalität von Gerade und Ebene kann erreicht werden, indem man als Richtungsvektor der Geraden den Normalenvektor der Ebene wählt.

> Der **Abstand** eines **Punktes** Q von einer **Ebene** E entspricht der Länge der Strecke (dem Betrag des Vektors) vom Punkt Q zum Schnittpunkt F der Lotgeraden mit der Ebene E.

*Eine Ebene teilt den Raum in zwei **Halbräume**. Den Halbraum, in den der Normalenvektor zeigt, nennt man positiven Halbraum, den anderen negativen Halbraum.*

Liegt Q im negativen Halbraum der Ebene E, so schliessen $\overrightarrow{PQ}$ und $\vec{n}_0$ den Winkel $180° - \delta$ ein. In diesem Fall ist also
$d = |\overrightarrow{FQ}| = |\overrightarrow{PQ}| \cdot \cos(\delta)$
$= |\overrightarrow{PQ}| \cdot \cos(\delta) \cdot |\vec{n}_0|$
$= -|\overrightarrow{PQ}| \cdot \cos(180°-\delta) \cdot |\vec{n}_0|$
$= -\overrightarrow{PQ} \cdot \vec{n}_0$.

Man kann diesen Abstand auch berechnen, ohne den Lotfusspunkt zu bestimmen. Gegeben sei eine Ebene E in Normalenform $(\vec{r} - \vec{p}) \cdot \vec{n}_0 = 0$. Dabei sei $\vec{n}_0$ ein Normalenvektor vom Betrag 1, also $|\vec{n}_0| = 1$. Dann gilt (s. Fig. 2):
$d = |\overrightarrow{FQ}| = |\overrightarrow{PQ}| \cdot \cos(\delta)$
$\quad = |\overrightarrow{PQ}| \cdot \cos(\delta) \cdot |\vec{n}_0|$ (wegen $|\vec{n}_0| = 1$)
$\quad = |\overrightarrow{PQ}| \cdot |\vec{n}_0| \cdot \cos(\delta')$ (wegen $\delta' = \delta$)
$\quad = \overrightarrow{PQ} \cdot \vec{n}_0$
$\quad = (\vec{q} - \vec{p}) \cdot \vec{n}_0$ (wegen $\overrightarrow{PQ} = \overrightarrow{OQ} - \overrightarrow{OP}$) (1)

Liegt Q im negativen Halbraum der Ebene E, so gilt: $d = -\overrightarrow{PQ} \cdot \vec{n}_0 = -(\vec{q} - \vec{p}) \cdot \vec{n}_0$ (2)

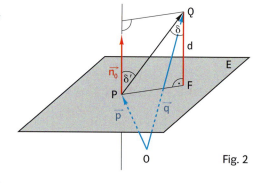

Fig. 2

Da $\vec{n} = \begin{pmatrix} a \\ b \\ c \end{pmatrix}$ und $|\vec{n}| = \sqrt{a^2 + b^2 + c^2}$, gilt:
$\vec{n}_0 = \frac{1}{\sqrt{a^2 + b^2 + c^2}} \cdot \begin{pmatrix} a \\ b \\ c \end{pmatrix}$

Der Term $(\vec{q} - \vec{p}) \cdot \vec{n}_0$ entspricht dem Term in der Normalform der Ebenengleichung $(\vec{r} - \vec{p}) \cdot \vec{n}_0$, wenn man $\vec{r}$ durch $\vec{q}$ ersetzt. Die **Ebenengleichung** $(\vec{r} - \vec{p}) \cdot \vec{n}_0 = 0$ mit einem Normalenvektor vom Betrag 1 nennt man **Hesse'sche Normalenform**. Setzt man für $\vec{r}$ den Ortsvektor $\vec{q}$ eines Punktes Q ein, so gilt (vgl. die Gleichungen (1) und (2)):

> Ist $(\vec{r} - \vec{p}) \cdot \vec{n}_0 = 0$ die Hesse'sche Normalenform einer Ebene E, so gilt für den **Abstand** d eines **Punktes** Q von der **Ebene** E: $d = |(\vec{q} - \vec{p}) \cdot \vec{n}_0|$

Die zu der Koordinatengleichung $ax + by + cz = d$ einer Ebene gehörende

Koordinatendarstellung der Hesse'schen Normalenform ist $\frac{ax + by + cz - d}{\sqrt{a^2 + b^2 + c^2}} = 0$. Damit gilt

für den Abstand $d(Q; E)$ eines Punktes $Q(x_Q|y_Q|z_Q)$ von E: $d(Q; E) = \left|\frac{ax_Q + by_Q + cz_Q - d}{\sqrt{a^2 + b^2 + c^2}}\right|$

Beispiel 1 Abstand und Lotfusspunkt
Gegeben sind der Punkt $Q(4|4|5)$ und die Ebene E: $x + 2y + 2z = 4$.
Bestimme Abstand und Lotfusspunkt von Q bezüglich E.
Lösung:
1. Möglichkeit: Erst den Lotfusspunkt F bestimmen und dann den Abstand von Q nach F.

Da ein Normalenvektor von E $\vec{n} = \begin{pmatrix} 1 \\ 2 \\ 2 \end{pmatrix}$ ist, erhält man g: $\vec{r} = \begin{pmatrix} 4 \\ 4 \\ 5 \end{pmatrix} + s \cdot \begin{pmatrix} 1 \\ 2 \\ 2 \end{pmatrix}$ als Gleichung

für die Lotgerade. Setzt man $x = 4 + s$, $y = 4 + 2s$ und $z = 5 + 2s$ in E ein, ergibt sich
$4 + s + 2(4 + 2s) + 2(5 + 2s) = 4$ und damit $s = -2$. Der Lotfusspunkt hat demzufolge die
Koordinaten $F(2|0|1)$. Die Berechnung der Länge der Strecke $\overrightarrow{QF}$ ergibt
$d = \sqrt{(2 - 4)^2 + (0 - 4)^2 + (1 - 5)^2} = 6$ als gesuchten Abstand.

2. Möglichkeit: Erst den Abstand mithilfe der Hesse'schen Normalenform bestimmen
und dann den Lotfusspunkt.
Die Koordinatendarstellung der Hesse'schen Normalenform von E ergibt sich mit
$\sqrt{1^2 + 2^2 + 2^2} = 3$ zu $\frac{x + 2y + 2z - 4}{3} = 0$.
Einsetzen der Koordinaten von Q ergibt: $\frac{4 + 2 \cdot 4 + 2 \cdot 5 - 4}{3} = 6 \geq 0$
Also liegt Q im positiven Halbraum der Ebene E und hat den Abstand 6 von ihr.
Daher erreicht man den Fusspunkt F, indem man $-\vec{n}_0$ von Q aus 6-mal abträgt:

$\vec{f} = \begin{pmatrix} 4 \\ 4 \\ 5 \end{pmatrix} + 6 \cdot \frac{1}{3} \cdot \begin{pmatrix} -1 \\ -2 \\ -2 \end{pmatrix} = \begin{pmatrix} 2 \\ 0 \\ 1 \end{pmatrix}$

F hat also die Koordinaten $F(2|0|1)$. (Für Punkte Q die im negativen Halbraum von E liegen, trägt man in Richtung von $\vec{n}_0$ ab.)

Beispiel 2 Punkt mit gegebenem Abstand bestimmen
Die Punkte $A(3|5|-1)$, $B(7|1|-3)$, $C(5|-3|1)$ und $D(1|1|3)$ liegen in einer Ebene E
und bilden die Eckpunkte eines Quadrats (Fig. 1). Es gibt zwei gerade Pyramiden mit der
Grundfläche ABCD und der Höhe 6.
Berechne die Koordinaten der zugehörigen Spitzen.
Lösung:
Aus den Koordinaten von drei der Punkte A, B, C und D erhält man E: $2x + y + 2z = 9$.

Die Ebene E hat als einen Normalenvektor $\vec{n} = \begin{pmatrix} 2 \\ 1 \\ 2 \end{pmatrix}$.

Der Mittelpunkt M von AC bzw. BD (und damit der Fusspunkt der Höhe) ist $M(4|1|0)$. Die
Höhe 6 bedeutet: S hat von der Ebene E bzw. dem Punkt M den Abstand 6.
Man findet die Spitze S, indem man von M aus 6-mal bzw. -6-mal den Normalenvektor
$\frac{1}{|\vec{n}|} \cdot \vec{n}$ der Länge 1 «anträgt»:

$\overrightarrow{OS_1} = \overrightarrow{OM} + 6 \cdot \frac{1}{|\vec{n}|} \cdot \vec{n} = \begin{pmatrix} 4 \\ 1 \\ 0 \end{pmatrix} + 6 \cdot \frac{1}{3} \cdot \begin{pmatrix} 2 \\ 1 \\ 2 \end{pmatrix} = \begin{pmatrix} 4 \\ 1 \\ 0 \end{pmatrix} + \begin{pmatrix} 4 \\ 2 \\ 4 \end{pmatrix} = \begin{pmatrix} 8 \\ 3 \\ 4 \end{pmatrix}$ bzw. $\overrightarrow{OS_2} = \begin{pmatrix} 4 \\ 1 \\ 0 \end{pmatrix} - \begin{pmatrix} 4 \\ 2 \\ 4 \end{pmatrix} = \begin{pmatrix} 0 \\ -1 \\ -4 \end{pmatrix}$,

woraus als Spitzen folgen: $S_1(8|3|4)$; $S_2(0|-1|-4)$.

Den Abstand d zweier Punkte $A(x_A|y_A|z_A)$ und $B(x_B|y_B|z_B)$ berechnet man als Betrag des Vektors

$\overrightarrow{AB} = \begin{pmatrix} x_B - x_A \\ y_B - y_A \\ z_B - z_A \end{pmatrix}$

mit der Formel:

$d = \sqrt{(x_B-x_A)^2+(y_B-y_A)^2+(z_B-z_A)^2}$

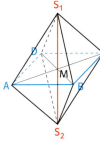

Fig. 1

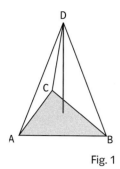

Fig. 1

Beispiel 3 Berechnung der Höhe einer Pyramide
Berechne für eine dreiseitige Pyramide mit der Grundfläche ABC und der Spitze D (Fig. 1) die Höhe für A(4|0|0), B(4|5|1), C(0|0|1) und D(−1|4|3).
Lösung:
Ein Normalenvektor der Grundflächenebene ist $\vec{n} = \vec{AB} \times \vec{AC} = \begin{pmatrix} 5 \\ -4 \\ 20 \end{pmatrix}$. Damit ergibt sich die Höhe durch Einsetzen des Punktes D in die Hesse'sche Normalenform der Grundflächenebene: $h = \left| \left[\begin{pmatrix} -1 \\ 4 \\ 3 \end{pmatrix} - \begin{pmatrix} 4 \\ 0 \\ 0 \end{pmatrix} \right] \cdot \frac{1}{\sqrt{5^2 + (-4)^2 + 20^2}} \begin{pmatrix} 5 \\ -4 \\ 20 \end{pmatrix} \right| = \frac{19}{21}$.

Aufgaben

1 Gegeben sind ein Punkt P und eine Ebene E. Bestimme Abstand und Lotfusspunkt von P bezüglich E.
a) P(3|−1|7) und E: 3y + 4z = 0
b) P(−2|0|3) und E: 12x + 6y − 4z = 13

Wer bei Aufgabe 2 mehr als eine Differenz berechnet, ist selber schuld!

2 Bestimme den Abstand des Punktes P(5|15|9) von der Ebene E, die durch die Punkte A(2|2|0), B(−2|2|6) und C(3|2|5) bestimmt ist.

3 Gegeben sind die Punkte A(3|3|2), B(5|3|0) und C(3|5|0).
a) Zeige, dass das Dreieck ABC gleichseitig ist. Berechne seinen Flächeninhalt.
b) Der Ursprung O(0|0|0) ist die Spitze einer Pyramide mit der Grundfläche ABC. Bestimme den Fusspunkt und die Länge der Pyramidenhöhe.
c) Berechne das Volumen der Pyramide.

4 Gegeben sind die Punkte A(12|0|0), B(12|8|6), C(2|8|6), D(2|0|0) und S(7|16|−13). Die Punkte sind Eckpunkte einer Pyramide ABCDS mit der Grundfläche ABCD und der Spitze S.
a) Zeige, dass die Pyramide ABCDS eine gerade quadratische Pyramide ist.
b) Berechne das Volumen der Pyramide.

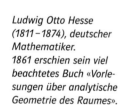

Ludwig Otto Hesse (1811–1874), deutscher Mathematiker. 1861 erschien sein viel beachtetes Buch «Vorlesungen über analytische Geometrie des Raumes».

5 Bestimme zur Ebenengleichung die Hesse'sche Normalenform. Berechne dann die Abstände der Punkte A, B und C von der Ebene E.
a) E: 2x − 10y + 11z = 0, A(1|1|−2), B(5|1|0), C(1|3|3)
b) E: 6x + 17y − 6z = 19, A(2|3|1), B(5|6|3), C(0|0|0)
c) E: $\left[\vec{r} - \begin{pmatrix} 3 \\ 5 \\ -1 \end{pmatrix} \right] \cdot \begin{pmatrix} 2 \\ -1 \\ 2 \end{pmatrix} = 0$, A(2|0|2), B(2|1|−8), C(5|5|5)

6 Bestimme die Koordinate y des Punktes A(3|y|0) so, dass A den Abstand 5 von der Ebene E hat.
a) E: 2x + y − 2z = 4
b) E: $\left[\vec{r} - \begin{pmatrix} 9 \\ -2 \\ 4 \end{pmatrix} \right] \cdot \begin{pmatrix} 0 \\ 4 \\ -3 \end{pmatrix} = 0$

*Den **Abstand zweier zueinander parallel verlaufenden Ebenen** E_1 und E_2 berechnet man als Abstand eines Punktes P der Ebene E_1 von der Ebene E_2.*

7 Zeige, dass die Ebenen E und F zueinander parallel sind. Berechne ihren Abstand.
a) E: $\left[\vec{r} - \begin{pmatrix} 2 \\ 3 \\ 1 \end{pmatrix} \right] \cdot \begin{pmatrix} 1 \\ -1 \\ 1 \end{pmatrix} = 0$, F: $\left[\vec{r} - \begin{pmatrix} -2 \\ 2 \\ -2 \end{pmatrix} \right] \cdot \begin{pmatrix} -2 \\ 2 \\ -2 \end{pmatrix} = 0$
b) E: 4x + 3y − 12z = 25, F: −4x − 3y + 12z = 14

8 Ermittle Gleichungen der beiden Ebenen, die von der Ebene E: $4x + 12y - 3z = 8$ den Abstand 2 haben.

9 Zeige, dass alle Punkte $P(2s + 3t \mid s - 2t \mid 4s - t)$ mit $s, t \in \mathbb{R}$ von der Ebene E: $x + 2y - z = 6$ den gleichen Abstand haben.

In Aufgabe 9 gibt es verschiedene Möglichkeiten der Beweisführung!

10 Ein 2.60 m langes und 1.00 m breites Brett liegt schräg an einer Wand (Fig. 1). Die Befestigung ist 1.00 m hoch. Wie viele cm darf der Durchmesser eines Balls höchstens betragen, damit der Ball noch unter das Brett passt?
Anleitung: Bestimme die Koordinaten des Mittelpunktes M der Kugel. Setze den Abstand von M zur «Brettebene» E gleich r.

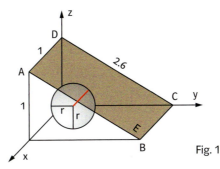

Fig. 1

11 Gegeben sind die Ebenen E_1 und E_2 durch ihre Gleichungen in Hesse'scher Normalenform: $E_1: (\vec{r} - \vec{p}) \cdot \vec{m_0} = 0$; $E_2: (\vec{r} - \vec{q}) \cdot \vec{n_0} = 0$.
a) Begründe: Die Punkte Q, die zu E_1 und E_2 den gleichen Abstand haben (vgl. Fig. 2), liegen auf den «winkelhalbierenden» Ebenen
$W_1: (\vec{r} - \vec{p}) \cdot \vec{m_0} - (\vec{r} - \vec{q}) \cdot \vec{n_0} = 0$, $W_2: (\vec{r} - \vec{p}) \cdot \vec{m_0} + (\vec{r} - \vec{q}) \cdot \vec{n_0} = 0$.
b) Bestimme Gleichungen der winkelhalbierenden Ebenen zu

(1) $E_1: \left[\vec{r} - \begin{pmatrix} 1 \\ 2 \\ 1 \end{pmatrix}\right] \cdot \begin{pmatrix} -4 \\ 4 \\ 2 \end{pmatrix} = 0$

$E_2: \left[\vec{r} - \begin{pmatrix} 2 \\ 1 \\ -3 \end{pmatrix}\right] \cdot \begin{pmatrix} 4 \\ -8 \\ -1 \end{pmatrix} = 0$

(2) $E_1: \vec{r} = \begin{pmatrix} 1 \\ -2 \\ -1 \end{pmatrix} + s \begin{pmatrix} 6 \\ 1 \\ 4 \end{pmatrix} + t \begin{pmatrix} 3 \\ 4 \\ 4 \end{pmatrix}$

$E_2: \vec{r} = \begin{pmatrix} 1 \\ 1 \\ 3 \end{pmatrix} + u \begin{pmatrix} 4 \\ 1 \\ 1 \end{pmatrix} + v \begin{pmatrix} 0 \\ 1 \\ 2 \end{pmatrix}$

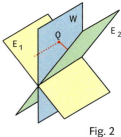

Fig. 2

12 Fig. 3 zeigt eine Werkstatthalle mit einem Pultdach. Die Koordinaten der angegebenen Ecken entsprechen ihren Abständen in m.
Die Abluft wird durch ein lotrechtes Edelstahlrohr aus der Halle geführt, sein Endpunkt ist $R(10 \mid 10 \mid 8)$.
a) Berechne den Abstand des Luftauslasses von der Dachfläche. Ist der Sicherheitsabstand von 1.50 m eingehalten?
b) Berechne auch die Länge des Edelstahlrohres, das über die Dachfläche hinausragt.

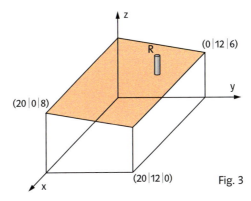

Fig. 3

Der Sicherheitsabstand, der bei Abluftrohren einzuhalten ist, hängt auch von der Temperatur und der Schadstoffbelastung der Abluft ab.

13 Gegeben sind die Ebene E: $10x + 2y - 11z = 4$ und der in E liegende Punkt $Q(3 \mid -2 \mid 2)$.
a) Stelle eine Gleichung der Geraden g durch den Punkt Q auf, die orthogonal zu E ist.
b) Bestimme alle Punkte P der Geraden g, die von der Ebene E den Abstand 3 haben.

16.4 Abstand eines Punktes von einer Geraden

a) Für Bäume in Hausgärten gelten Mindestabstände zu den Grundstücksgrenzen. Bestimme zu Fig. 1 den Abstand der Mitte des Baumstammes vom Zaun.
b) Wie viele Geraden im Raum gibt es, die durch einen gegebenen Punkt R gehen und zu einer gegebenen Gerade g orthogonal sind? Beschreibe die Lage dieser Geraden.

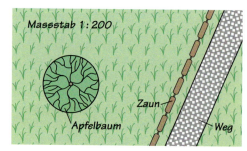

Fig. 1

Deshalb klappt es mit der Normalen nicht im Raum:

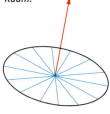

Abstand Punkt – Gerade in der Ebene:
In der Ebene bestimmen ein Punkt einer Geraden g und eine Normale von g die Lage dieser Geraden g. Deshalb ist es möglich, für Geraden in der Ebene (aber nicht im Raum) eine Gleichung in Normalenform anzugeben.
Fig. 2 verdeutlicht: $(\vec{r} - \vec{p}) \cdot \vec{n} = 0$ stellt eine Normalenform einer Gleichung einer Geraden in der Ebene dar.
Mit dem Normalen-Einheitsvektor $\vec{n_0}$ und $\vec{OQ} = \vec{q}$ gilt dann wie beim Abstand Punkt – Ebene für den Abstand d von Q zu g: $d = |(\vec{q} - \vec{p}) \cdot \vec{n_0}|$

Für eine Gerade mit der Gleichung $ax + by = c$ gilt entsprechend:
$$d = \left| \frac{ax_Q + by_Q - c}{\sqrt{a^2 + b^2}} \right|$$

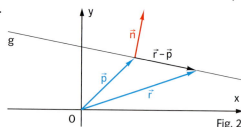

Fig. 2

Abstand Punkt – Gerade im Raum:
Der Abstand eines Punktes Q von einer Geraden g ist (auch im Raum) gleich dem Betrag des Vektors $\vec{QF}$, wobei F der Fusspunkt des Lotes von Q auf g ist.
F kann man auf zwei Arten bestimmen:
– mithilfe der zu g orthogonalen Ebene E durch Q (Fig. 3) oder
– algebraisch durch die Bedingung, dass F auf g liegt und $\vec{QF}$ orthogonal zu g ist.

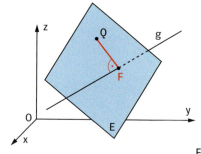

Fig. 3

Diese algebraische Lösungsmöglichkeit funktioniert natürlich auch in der Ebene.

Beispiel 1 Abstand Punkt – Gerade in der Ebene
Berechne den Abstand des Punktes Q(2|–3) von der Geraden g.

a) $g: \left[\vec{r} - \begin{pmatrix} 4 \\ 1 \end{pmatrix}\right] \cdot \begin{pmatrix} 1 \\ 0 \end{pmatrix} = 0$ b) $g: 3x + 4y = 11$

Lösung:
a) Wegen $\left|\begin{pmatrix} 1 \\ 0 \end{pmatrix}\right| = 1$ hat die Geradengleichung bereits die Hesse'sche Normalenform.

Einsetzen von $\begin{pmatrix} 2 \\ -3 \end{pmatrix}$ ergibt: $d = \left\| \left[\begin{pmatrix} 2 \\ -3 \end{pmatrix} - \begin{pmatrix} 4 \\ 1 \end{pmatrix}\right] \cdot \begin{pmatrix} 1 \\ 0 \end{pmatrix} \right\| = |-2 \cdot 1 + (-4) \cdot 0| = 2$

b) Umwandlung der Geradengleichung in die Hesse'sche Normalenform:

Mit $\sqrt{3^2 + 4^2} = 5$ ist die Hesse'sche Normalenform $\frac{3x + 4y - 11}{5} = 0$.

Einsetzen der Koordinaten von Q ergibt: $d = \left| \frac{3 \cdot 2 + 4 \cdot (-3) - 11}{5} \right| = \left| \frac{-17}{5} \right| = \frac{17}{5}$.

Beispiel 2 Abstand Punkt – Gerade im Raum
Berechne den Abstand des Punktes Q(2|–3|5) von der Geraden $g: \vec{r} = \begin{pmatrix} 4 \\ 3 \\ 3 \end{pmatrix} + t \begin{pmatrix} 2 \\ 1 \\ -1 \end{pmatrix}$.

Lösung:
1. Schritt: Bestimmung des Fusspunktes F des Lotes vom Punkt Q auf die Gerade g.

1. Möglichkeit

Aus dem Richtungsvektor von g ergibt sich als Gleichung für die zu g orthogonale Ebene E: $2x + y - z = d$
Q(2|–3|5) liegt in E, also müssen seine Koordinaten die Gleichung $2x + y - z = d$ erfüllen: $2 \cdot 2 + (-3) - 5 = d$
Daraus folgt $d = -4$.
Zur Berechnung des Fusspunktes F entnimmt man der gegebenen Geradengleichung: $x = 4 + 2t$; $y = 3 + t$; $z = 3 - t$.
Einsetzen in die Ebenengleichung:
$2(4 + 2t) + (3 + t) - (3 - t) = -4$
Lösen der Gleichung ergibt: $t = -2$

2. Möglichkeit

Der Fusspunkt F des Lotes vom Punkt Q auf die Gerade g liegt auf g. Seine Koordinaten erfüllen daher die Geradengleichung. Damit gilt $F(4 + 2t | 3 + t | 3 - t)$.
Die Gerade g und damit ihr Richtungsvektor ist orthogonal zum Lotvektor $\overrightarrow{QF}$, ihr Skalarprodukt ist also 0:
$\begin{pmatrix} 2 \\ 1 \\ -1 \end{pmatrix} \cdot \begin{pmatrix} 4 + 2t - 2 \\ 3 + t - (-3) \\ 3 - t - 5 \end{pmatrix} = \begin{pmatrix} 2 \\ 1 \\ -1 \end{pmatrix} \cdot \begin{pmatrix} 2t + 2 \\ t + 6 \\ -t - 2 \end{pmatrix} = 0$.

Damit ist
$2 \cdot (2t + 2) + 1 \cdot (t + 6) + (-1) \cdot (-t - 2) = 0$.
Lösen der Gleichung ergibt: $t = -2$

Einsetzen von $t = -2$ in die Geradengleichung führt zu F(0|1|5).
2. Schritt: Berechnung des Abstandes des Punktes Q von g als Betrag des Vektors $\overrightarrow{QF}$.
$d = |\overrightarrow{QF}| = \sqrt{(0-2)^2 + (1+3)^2 + (5-5)^2} = \sqrt{20} = 2 \cdot \sqrt{5}$.

Aufgaben

1 Berechne den Abstand des Punktes P von der Geraden g.

a) P(–1|5), $g: \left[\vec{r} - \begin{pmatrix} 1 \\ 2 \end{pmatrix} \right] \cdot \begin{pmatrix} -5 \\ 12 \end{pmatrix} = 0$

b) P(7|9), $g: \vec{r} = \begin{pmatrix} 9 \\ -5 \end{pmatrix} + t \begin{pmatrix} -4 \\ 3 \end{pmatrix}$

c) P(–1|9), g: $8x - 15y = -7$

d) P(6|11), g: $3x + 4y = 7$

e) P(6|7|–3), $g: \vec{r} = \begin{pmatrix} 2 \\ 1 \\ 4 \end{pmatrix} + t \begin{pmatrix} 3 \\ 0 \\ -2 \end{pmatrix}$

f) P(–2|–6|1), $g: \vec{r} = \begin{pmatrix} 5 \\ 9 \\ 1 \end{pmatrix} + t \begin{pmatrix} 3 \\ 2 \\ 2 \end{pmatrix}$

2 Berechne die Längen der drei Höhen des Dreiecks ABC.
a) A(1|2), B(8|–1), C(6|5)
b) A(1|1|1), B(7|4|7), C(5|6|–1)

3 Die Geraden g und h verlaufen zueinander parallel. Berechne den Abstand der beiden Geraden.
a) g: $3x - 4y + 10 = 0$, h: $3x - 4y + 20 = 0$
b) $g: \vec{r} = \begin{pmatrix} 5 \\ 0 \\ 2 \end{pmatrix} + t \begin{pmatrix} 1 \\ -1 \\ -2 \end{pmatrix}$, $h: \vec{r} = \begin{pmatrix} -5 \\ 6 \\ 8 \end{pmatrix} + t \begin{pmatrix} -1 \\ 1 \\ 2 \end{pmatrix}$

4 Bestimme zu den Geraden g und h aus Aufgabe 3 jeweils eine Gleichung einer Geraden k, deren Punkte von g und h den gleichen Abstand haben und bei Teilaufgabe b) auch in der gleichen Ebene wie die Geraden g und h liegen.

5 Die Punkte A(–4|4|2), B(1|–1|0) und C(5|1|2) sind Eckpunkte des Drachenvierecks ABCD mit der Symmetrieachse AC. Berechne die Koordinaten des Punktes D.

16.5 Abstand windschiefer Geraden

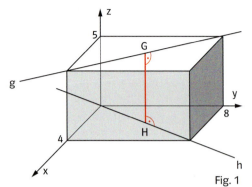

Fig. 1

Die Durchfahrtshöhe zwischen der Strasse und der Bahnstrecke soll bestimmt werden. Dazu misst man die Länge einer geeigneten Strecke. Wie muss diese Strecke zur Strasse, wie zum Bahngleis liegen?
Betrachte nun den Quader in Fig. 1.
a) Wie liegen die Geraden g und h zueinander? Wie liegt die Strecke GH zu den Geraden g und h? Gib auch die Länge dieser Strecke an.
b) Vergleiche die Abstände
(1) von Grund- und Deckfläche des Quaders,
(2) von der Geraden g zur Grundfläche des Quaders,
(3) von der Geraden g zur Geraden h.
Wie gross sind diese Abstände?

Unter dem **Abstand** zweier windschiefer Geraden g und h versteht man die kleinste Entfernung zwischen den Punkten von g und den Punkten von h. Dieser Abstand ist gleich der Länge des gemeinsamen Lotes der beiden Geraden.

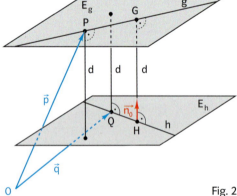

Diesen Abstand findet man so (Fig. 2):
Zu den windschiefen Geraden g und h gibt es zueinander parallele Ebenen E_g und E_h durch g bzw. h. Der Abstand von E_g und E_h ist gleich dem Abstand von g und h.

Fig. 2

In Fig. 2 ist der Abstand von g und h auch gleich dem Abstand des Punktes Q von der Ebene E_g. Für den Abstand von Q zu E_g gilt: $d = |(\vec{q} - \vec{p}) \cdot \vec{n_0}|$, wobei $\vec{q}$ und $\vec{p}$ Ortsvektoren von Q bzw. P sind und $\vec{n_0}$ ein gemeinsamer Normalen-Einheitsvektor von E_g und E_h ist.

Sind g und h **windschiefe Geraden** im Raum mit $g: \vec{r} = \vec{p} + s\vec{u}$ und $h: \vec{r} = \vec{q} + t\vec{v}$ und ist $\vec{n_0}$ ein Einheitsvektor mit $\vec{n_0} \perp \vec{u}$ und $\vec{n_0} \perp \vec{v}$, dann haben g und h den **Abstand**:
$$d = |(\vec{q} - \vec{p}) \cdot \vec{n_0}|$$

Beispiel Abstandsberechnung
Berechne den Abstand der Geraden $g: \vec{r} = \begin{pmatrix} 6 \\ 1 \\ -4 \end{pmatrix} + s \begin{pmatrix} 4 \\ 1 \\ -6 \end{pmatrix}$ und $h: \vec{r} = \begin{pmatrix} 4 \\ 0 \\ 3 \end{pmatrix} + t \begin{pmatrix} 0 \\ -1 \\ 3 \end{pmatrix}$.

Lösung:

Aus $\vec{n} = \begin{pmatrix} 4 \\ 1 \\ -6 \end{pmatrix} \times \begin{pmatrix} 0 \\ -1 \\ 3 \end{pmatrix} = \begin{pmatrix} 3 \\ 12 \\ 4 \end{pmatrix}$ ergibt sich $|\vec{n}| = \sqrt{3^2 + 12^2 + 4^2} = 13$ und daraus $\vec{n_0} = \frac{1}{13}\begin{pmatrix} 3 \\ 12 \\ 4 \end{pmatrix}$.

Damit ist der Abstand von g und h:

$d = \left| \left[\begin{pmatrix} 4 \\ 0 \\ 3 \end{pmatrix} - \begin{pmatrix} 6 \\ 1 \\ -4 \end{pmatrix} \right] \cdot \frac{1}{13}\begin{pmatrix} 3 \\ 12 \\ 4 \end{pmatrix} \right| = \left| \frac{(-2) \cdot 3 + (-1) \cdot 12 + 7 \cdot 4}{13} \right| = \frac{10}{13}$

Aufgaben

1 Berechne den Abstand zwischen den Geraden mit den Gleichungen

a) $\vec{r} = \begin{pmatrix} 7 \\ 7 \\ 4 \end{pmatrix} + t\begin{pmatrix} 1 \\ -2 \\ 6 \end{pmatrix}$, $\vec{r} = \begin{pmatrix} -3 \\ 0 \\ 5 \end{pmatrix} + s\begin{pmatrix} 1 \\ 0 \\ -3 \end{pmatrix}$,

b) $\vec{r} = \begin{pmatrix} 1 \\ 1 \\ 1 \end{pmatrix} + t\begin{pmatrix} -3 \\ 0 \\ 2 \end{pmatrix}$, $\vec{r} = \begin{pmatrix} 6 \\ 6 \\ 18 \end{pmatrix} + s\begin{pmatrix} 3 \\ -4 \\ 1 \end{pmatrix}$,

c) $\vec{r} = \begin{pmatrix} 2 \\ 5 \\ 5 \end{pmatrix} + t\begin{pmatrix} 1 \\ 1 \\ 3 \end{pmatrix}$, $\vec{r} = s\begin{pmatrix} -1 \\ -1 \\ -3 \end{pmatrix}$,

d) $\vec{r} = \begin{pmatrix} 0 \\ 1 \\ 2 \end{pmatrix} + t\begin{pmatrix} 0 \\ 1 \\ 1 \end{pmatrix}$, $\vec{r} = \begin{pmatrix} 7 \\ 7 \\ 0 \end{pmatrix} + s\begin{pmatrix} 4 \\ -5 \\ 2 \end{pmatrix}$.

2 a) Die Geraden mit den Gleichungen $\vec{r} = \begin{pmatrix} 5 \\ 11 \\ 17 \end{pmatrix} + t\begin{pmatrix} 1 \\ 2 \\ 0 \end{pmatrix}$ und $\vec{r} = \begin{pmatrix} 7 \\ 12 \\ 23 \end{pmatrix} + s\begin{pmatrix} 9 \\ 11 \\ 0 \end{pmatrix}$ sind beide parallel zu einer Koordinatenebene. Erläutere, wie man den Abstand der Geraden ohne ausführliche Rechnung bestimmen kann. Gib den Abstand an.

b) Es gibt genau eine Gerade g, die durch den Punkt $A\left(\frac{22}{7} \mid \frac{51}{7} \mid 4\right)$ verläuft und die beiden Geraden in Teilaufgabe a) orthogonal schneidet. Ermittle eine Gleichung von g.

3 Gegeben sind die Geraden $g: \vec{r} = \begin{pmatrix} 3 \\ 0 \\ -2 \end{pmatrix} + s\begin{pmatrix} -2 \\ 2 \\ 1 \end{pmatrix}$ und $h: \vec{r} = \begin{pmatrix} 8 \\ 6 \\ -7 \end{pmatrix} + t\begin{pmatrix} 2 \\ -1 \\ 0 \end{pmatrix}$.

Tipp zu Aufgabe 3b):
$\overrightarrow{HG}$ *und der Richtungsvektor von h spannen eine Ebene E auf, die g in G schneidet (Fig. 1).*

a) Zeige, dass g und h windschief sind, und bestimme den Abstand dieser Geraden.
b) Bestimme die Fusspunkte G auf g und H auf h des gemeinsamen Lotes von g und h.
c) Berechne mit deinem Ergebnis von b) die Länge von GH. Vergleiche mit a).

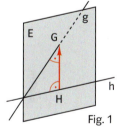

Fig. 1

4 Das «alte Dach» in Fig. 2 benötigt zur Verstärkung einen Stützbalken zwischen der «Windrispe» BD und der Grundkante OA. Er soll zu BD und OA orthogonal sein.
a) Bestimme die beiden Fusspunkte dieses gemeinsamen Lotes von BD und OA.
b) Berechne aus a) die Länge des benötigten Stützbalkens. Kontrolliere dein Ergebnis, indem du diese Länge direkt ausrechnest.

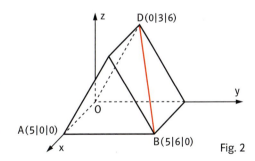

Fig. 2

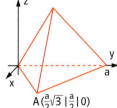

Fig. 3

5 Ein Tetraeder ist eine dreiseitige Pyramide, deren Kanten alle die gleiche Länge a haben. Berechne den Abstand gegenüberliegender Kanten (Fig. 3).

17 Kreise und Kugeln

17.1 Gleichungen von Kreis und Kugel

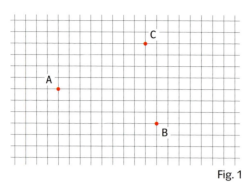

Fig. 1

a) Konstruiere den Mittelpunkt des Kreises, auf dem die Punkte A, B und C liegen (Fig. 1). Welchen Radius hat der Kreis?
b) Gibt es eine vergleichbare Konstruktion, die es erlaubt, zu vier gegebenen Punkten den Mittelpunkt der Kugel zu bestimmen, auf der diese Punkte liegen?
Betrachte hierzu jeweils den Umkreis eines Dreiecks, das durch drei Punkte gegeben ist.

Statt Kreis bzw. Kugel müsste genauer Kreislinie bzw. Kugeloberfläche gesagt werden.

Einen **Kreis** in der Ebene und eine **Kugel** kann man vektoriell einfach beschreiben, denn sie sind dadurch festgelegt, dass ihre Punkte zu einem Punkt M denselben Abstand r haben.

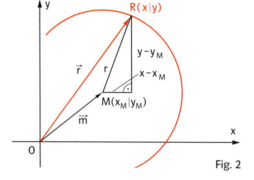

Fig. 2

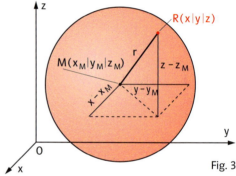

Fig. 3

Beachte den Unterschied:
$\vec{r}$ = Ortsvektor von R
und
r = Radius

Fig. 2 zeigt, dass ein Punkt R(x|y) genau dann auf der Kreislinie liegt, wenn
$(x - x_M)^2 + (y - y_M)^2 = r^2$ gilt
(Satz des Pythagoras).
Für alle Punkte des Kreises gilt: $|\overrightarrow{MR}| = r$
und somit $|\vec{r} - \vec{m}| = r$.
Dies ist gleichbedeutend mit $(\vec{r} - \vec{m})^2 = r^2$.

Fig. 3 zeigt, dass ein Punkt R(x|y|z) genau dann auf der Kugeloberfläche liegt, wenn
$(x - x_M)^2 + (y - y_M)^2 + (z - z_M)^2 = r^2$ gilt.

Für alle Punkte der Kugel gilt: $|\overrightarrow{MR}| = r$
und somit $|\vec{r} - \vec{m}| = r$.
Dies ist gleichbedeutend mit $(\vec{r} - \vec{m})^2 = r^2$.

Beachte:
Durch die Gleichung $(\vec{r} - \vec{m})^2 = r^2$ wird für Vektoren des Raumes eine Kugel mit dem Mittelpunkt M und dem Radius r bestimmt. Dieselbe Gleichung bestimmt für Vektoren der Ebene einen Kreis mit dem Mittelpunkt M und dem Radius r.

Vektor- und Koordinatengleichung von Kreis und Kugel

Ein **Kreis** mit dem Mittelpunkt $M(x_M|y_M)$ und dem Radius r wird beschrieben durch die Gleichung: $(\vec{r} - \vec{m})^2 = r^2$ bzw. $(x - x_M)^2 + (y - y_M)^2 = r^2$
Ist M der Ursprung, so lautet die Gleichung:
$\vec{r}^2 = r^2$ bzw. $x^2 + y^2 = r^2$

Eine **Kugel** mit dem Mittelpunkt $M(x_M|y_M|z_M)$ und dem Radius r wird beschrieben durch die Gleichung: $(\vec{r} - \vec{m})^2 = r^2$ bzw. $(x - x_M)^2 + (y - y_M)^2 + (z - z_M)^2 = r^2$
Ist M der Ursprung, so lautet die Gleichung:
$\vec{r}^2 = r^2$ bzw. $x^2 + y^2 + z^2 = r^2$

Beispiel 1 Kreisgleichung
Gib für den Kreis mit dem Mittelpunkt $M(-4|3)$ und dem Radius $r = 6$ eine Vektor- und eine Koordinatengleichung an.
Lösung:
Vektorgleichung: $\left[\vec{x} - \begin{pmatrix} -4 \\ 3 \end{pmatrix}\right]^2 = 36$; Koordinatengleichung: $(x + 4)^2 + (y - 3)^2 = 36$.

Beispiel 2 Bestimmung von Mittelpunkt und Radius einer Kugel
Bestimme den Mittelpunkt und den Radius der Kugel mit der Gleichung
$x^2 + y^2 + z^2 + 4x - 6y + 8z - 7 = 0$.
Lösung:
Bringt man die Gleichung der Kugel durch quadratische Ergänzung in die Form
$(x - x_M)^2 + (y - y_M)^2 + (z - z_M)^2 = r^2$, so kann man die Koordinaten des Mittelpunktes ablesen.
$$x^2 + 4x \qquad + y^2 - 6y \qquad + z^2 + 8z \qquad = 7$$
$$x^2 + 4x + 4 + y^2 - 6y + 9 + z^2 + 8z + 16 = 7 + 4 + 9 + 16$$
$$(x + 2)^2 \quad + (y - 3)^2 \quad + (z + 4)^2 \quad = 36$$
Der Mittelpunkt der Kugel ist $M(-2|3|-4)$ und der Radius $r = 6$.

Beispiel 3 Lage von Punkten zu Kugeln
Bestimme die Lage der Punkte $A(5|10|-8)$, $B(8|4|3)$ und $C(1|6|2)$ bezüglich der Kugel mit dem Mittelpunkt $M(-3|2|-4)$ und dem Radius $r = 12$.
Lösung:
Es wird der Abstand des Punktes vom Mittelpunkt der Kugel mit dem Radius verglichen.
Koordinatengleichung der Kugel: $(x + 3)^2 + (y - 2)^2 + (z + 4)^2 = 144$
$A(5|10|-8)$: $(5 + 3)^2 + (10 - 2)^2 + (-8 + 4)^2 = 8^2 + 8^2 + (-4)^2 = 144$; A liegt auf der Kugel.
$B(8|4|3)$: $(8 + 3)^2 + (4 - 2)^2 + (3 + 4)^2 = 11^2 + 2^2 + 7^2 = 174 > 144$; B liegt ausserhalb der Kugel.
$C(1|6|2)$: $(1 + 3)^2 + (6 - 2)^2 + (2 + 4)^2 = 68 < 144$; C liegt innerhalb der Kugel.

Aufgaben

1 Untersuche, ob durch die folgenden Gleichungen ein Kreis beschrieben wird, und bestimme den Mittelpunkt und den Radius.
a) $x^2 + y^2 + 4x + 8y + 11 = 0$
b) $2x^2 + 2y^2 + 2 = 0$
c) $3x^2 + 3y^2 - 6x = -12$
d) $x^2 + y^2 + 6x - 1 - 4y - 2 = 0$

2 Untersuche die gegenseitige Lage der Kreise k_1 und k_2. Vergleiche dazu den Abstand der Mittelpunkte mit der Summe oder der Differenz der Radien.
a) k_1: $x^2 + y^2 + 6x - 4y = 12$, k_2: $x^2 + y^2 + 6x - 18y + 86 = 0$
b) k_1: $x^2 + y^2 - 6x + 8y = 0$, k_2: $x^2 + y^2 - 4x + 6y = -9$
c) k_1: $x^2 + y^2 + 2x = 19$, k_2: $x^2 - 6x + y^2 - 8y = -21$

3 Wie lauten die Gleichungen der Kreise, deren Mittelpunkte M auf der Geraden
g: $x - y = 0$ liegen und die durch die Punkte P und Q gehen?
a) $P(0|0)$, $Q(7|0)$
b) $P(-7|3)$, $Q(5|-1)$
c) $P(-10|-1)$, $Q(2|5)$

4 Bestimme einen Kreis, der
a) beide Koordinatenachsen berührt und durch den Punkt $P(1|2)$ geht,
b) die x-Achse berührt und durch die Punkte $P(1|2)$ und $Q(-3|2)$ geht.

5 a) Bestimme eine Gleichung des Kreises mit dem Ursprung als Mittelpunkt, der die Gerade g: $7x + 24y = 100$ berührt.
b) Welcher Kreis mit dem Mittelpunkt $M(15|5)$ berührt die Gerade g?

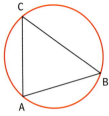

Fig. 1

6 Durch drei Punkte, die nicht auf einer Geraden liegen, ist ein Kreis eindeutig bestimmt; dies ist der Umkreis des Dreiecks. Bestimme den Mittelpunkt $M(x_M|y_M)$ und den Radius r des Kreises, der durch die Punkte A, B und C geht (Fig. 1).
Löse auf zwei Arten:
1. Mithilfe der Mittelsenkrechten der Strecken.
2. Durch Einsetzen der Koordinaten in die Kreisgleichung.
a) $A(2|2)$, $B(3|-5)$, $C(-1|-7)$ b) $A(5|1)$, $B(-9|3)$, $C(3|-13)$

7 Überprüfe, ob die Punkte A, B und C innerhalb der Kugel, auf der Kugel oder ausserhalb der Kugel mit dem Mittelpunkt M und dem Radius r liegen.
a) $A(4|1|3)$, $B(3|0|10)$, $C(-1|1|1)$; $M(1|1|7)$, $r = 5$
b) $A(8|1|2)$, $B(7|-3|5)$, $C(-1|-5|-1)$; $M(-2|-2|3)$, $r = 8$
c) $A(8|-3|5)$, $B(5|-7|4)$, $C(9|-4|1)$; $M(7|-5|3)$, $r = 3$

8 Untersuche, ob durch die folgenden Gleichungen eine Kugel beschrieben wird, und bestimme ggf. den Mittelpunkt und den Radius.
a) $x^2 + y^2 + z^2 + 4x - 8y + 6z + 4 = 0$ b) $x^2 + y^2 + z^2 - 2x + 10z + 31 = 0$
c) $x^2 + y^2 + z^2 + 10x + 20y + 16z + 200 = 0$ d) $x^2 + y^2 + z^2 + 6x + 14y + 22z + 179 = 0$

9 Für welche reellen Zahlen c liegt der Punkt P innerhalb der Kugel, auf der Kugel bzw. ausserhalb der Kugel mit der Gleichung $x^2 + y^2 + z^2 - 4x + 6y - 2z - 36 = 0$?
a) $P(3|4|c)$ b) $P(0|c|-6)$ c) $P(c|-3|2)$ d) $P(0|0|c)$

10 Wie ist der Radius der Kugel mit dem Mittelpunkt M zu wählen, damit die Kugel die Ebene E berührt?
a) $M(0|8|4)$, $E: \begin{pmatrix} 6 \\ -3 \\ 2 \end{pmatrix} \cdot \vec{r} - 5 = 0$ b) $M(3|5|7)$, $E: \vec{r} = \begin{pmatrix} 2 \\ 1 \\ 5 \end{pmatrix} + s \begin{pmatrix} 5 \\ -3 \\ 0 \end{pmatrix} + t \begin{pmatrix} 5 \\ 0 \\ -2 \end{pmatrix}$
c) $M(4|-5|6)$, $E: x - 12y + 12z = 0$ d) $M(5|-4|5)$, $E: 9x - 8y - 12z = 17$

11 Gegeben sind die Punkte $A(-8|5|7)$ und $B(-12|8|10)$. Betrachtet werden die Kugeln, deren Mittelpunkte auf der Geraden durch A und B liegen.
a) Bestimme die Gleichungen dieser Kugeln.
b) Bestimme die Mittelpunkte der Kugeln mit dem Radius 6 aus a), die den Ursprung berühren.
c) Zeige, dass die beiden Kugeln aus b) sich schneiden.

12 Es gibt genau zwei Kugeln mit dem Radius 4, welche die Ebene
$E: 2x + y + 2z = 8$ berühren und deren Mittelpunkte auf der Geraden durch die Punkte $P(0|0|1)$ und $Q(1|2|2)$ liegen (Fig. 2). Bestimme die Koordinaten der Mittelpunkte und der Berührpunkte der beiden Kugeln.

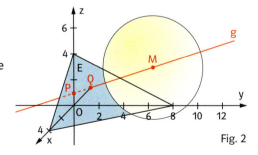

Fig. 2

17.2 Kreise und Geraden

Ein Kreis hat den Mittelpunkt M(4|2) und den Radius 2.
Gib die Gleichung einer Ursprungsgeraden an, die
a) den Kreis in zwei Punkten schneidet,
b) den Kreis in einem Punkt berührt,
c) keinen Punkt mit dem Kreis gemeinsam hat.

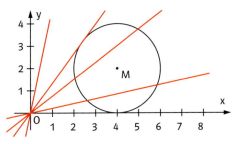

Um zu entscheiden, ob eine Gerade und ein Kreis gemeinsame Punkte haben, untersucht man, ob es einen Punkt R gibt, sodass $\vec{r} = \vec{OR}$ sowohl die Gleichung des Kreises k: $(\vec{r} - \vec{m})^2 = r^2$ als auch die Gleichung der Geraden g: $\vec{r} = \vec{p} + t\vec{u}$ erfüllt. Deshalb ersetzt man in der Kreisgleichung $\vec{r}$ durch $\vec{p} + t\vec{u}$. Besitzt die Gleichung $(\vec{p} + t\vec{u} - \vec{m})^2 = r^2$
– zwei Lösungen, so ist g eine **Sekante** von k,
– genau eine Lösung, so ist g eine **Tangente** von k,
– keine Lösung, so ist g eine **Passante** von k.

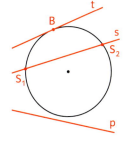

Die Tangente in einem Punkt B des Kreises ist senkrecht zum Berührradius. Deshalb gilt (Fig. 1): $(\vec{r} - \vec{b}) \cdot (\vec{b} - \vec{m}) = 0$
Um eine ähnliche Form wie die der Kreisgleichung zu erhalten, formt man um.
Mit $\vec{r} - \vec{b} = (\vec{r} - \vec{m}) - (\vec{b} - \vec{m})$ folgt:
$[(\vec{r} - \vec{m}) - (\vec{b} - \vec{m})] \cdot (\vec{b} - \vec{m}) = 0$
$(\vec{r} - \vec{m}) \cdot (\vec{b} - \vec{m}) - (\vec{b} - \vec{m}) \cdot (\vec{b} - \vec{m}) = 0$
$(\vec{r} - \vec{m}) \cdot (\vec{b} - \vec{m}) = (\vec{b} - \vec{m})^2$
$(\vec{r} - \vec{m}) \cdot (\vec{b} - \vec{m}) = r^2$

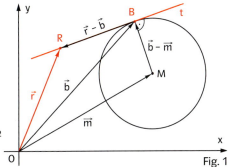

Fig. 1

secans (lat.): schneidend

tangens (lat.): berührend

passant (frz.): vorübergehend

Die **Tangente** an den Kreis k: $(\vec{r} - \vec{m})^2 = r^2$ im Punkt $B(x_B|y_B)$ mit dem Ortsvektor $\vec{b}$ hat die Gleichung:
$(\vec{r} - \vec{m}) \cdot (\vec{b} - \vec{m}) = r^2$ bzw. $(x - x_M)(x_B - x_M) + (y - y_M)(y_B - y_M) = r^2$
Ist der Mittelpunkt des Kreises der Ursprung, lautet die Gleichung:
$\vec{r} \cdot \vec{b} = r^2$ bzw. $x x_B + y y_B = r^2$

Kreisgleichung:
$(\vec{r} - \vec{m})^2 = r^2$
$(\vec{r} - \vec{m}) \cdot (\vec{r} - \vec{m}) = r^2$
Tangentengleichung in B:
$(\vec{r} - \vec{m}) \cdot (\vec{b} - \vec{m}) = r^2$
Also ein $\vec{r}$ in der Kreisgleichung durch $\vec{b}$ ersetzen.

Schneidet eine Gerade g den Kreis in zwei Punkten B_1 und B_2 und geht diese Gerade nicht durch den Mittelpunkt M des Kreises, dann schneiden sich die Tangenten in den Punkten B_1 und B_2 in einem Punkt P (Fig. 2). Man nennt die Gerade g **Polare** zum **Pol** P bezüglich des Kreises k.
Die Gerade durch die Punkte M und P ist orthogonal zur Polaren g und halbiert die Sehne B_1B_2.

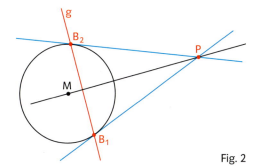

Fig. 2

Der Nachweis dieser Eigenschaft erfolgt in Aufgabe 12.

277

Die Tangenten von einem Punkt P, der nicht
auf dem Kreis liegt, lassen sich mithilfe
der Polaren finden. Die Berührpunkte der
gesuchten Tangenten an den Kreis sind die
Schnittpunkte des Kreises mit der Polaren.
Da die Polare orthogonal zur Geraden durch
P und M ist, gilt: $(\vec{r} - \vec{b_1}) \cdot (\vec{p} - \vec{m}) = 0$
Der Punkt P liegt auf der Tangente durch B_1:
$(\vec{p} - \vec{m}) \cdot (\vec{b_1} - \vec{m}) - r^2 = 0$.

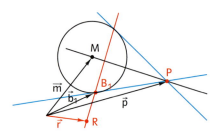

Durch Addition der Gleichungen ergibt sich: $(\vec{r} - \vec{b_1}) \cdot (\vec{p} - \vec{m}) + (\vec{p} - \vec{m}) \cdot (\vec{b_1} - \vec{m}) - r^2 = 0$
Für die Gleichung der Polaren ergibt sich damit: $(\vec{r} - \vec{m}) \cdot (\vec{p} - \vec{m}) = r^2$

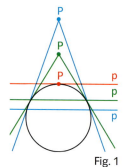

> Die **Polare** an den Kreis $k: (\vec{r} - \vec{m})^2 = r^2$ zum Punkt P mit dem Ortsvektor $\vec{p}$ hat die
> Gleichung: $(\vec{r} - \vec{m}) \cdot (\vec{p} - \vec{m}) = r^2$

«Nähert» sich der Pol P seinem Kreis, dann «kommt ihm seine Polare entgegen». Im Grenzfall wird der Pol zum Berührpunkt und die Polare zur Tangente (Fig. 1). In diesem Fall wird die Polarengleichung zur Tangentengleichung.

Fig. 1

Beispiel 1 Schnittpunkte eines Kreises mit einer Geraden
Zeige, dass die Gerade $g: \vec{r} = \binom{7}{3} + t \cdot \binom{1}{-1}$ den Kreis $k: \left[\vec{r} - \binom{2}{1}\right]^2 = 25$ schneidet, und
bestimme die Koordinaten der Schnittpunkte.
Lösung:
Einsetzen:
$$\left[\binom{7}{3} + t \cdot \binom{1}{-1} - \binom{2}{1}\right]^2 = 25$$
Vereinfachen:
$$\left[\binom{5}{2} + t \cdot \binom{1}{-1}\right]^2 = 25$$
$$(5 + t)^2 + (2 - t)^2 = 25$$
Lösungen der quadratischen Gleichung: $t_1 = -1$ und $t_2 = -2$.
Damit haben g und k zwei Schnittpunkte.
Einsetzen von t_1 und t_2 in die Geradengleichung ergibt für die Ortsvektoren der Schnittpunkte:
$\vec{s_1} = \binom{7}{3} + (-1) \cdot \binom{1}{-1} = \binom{6}{4}$ und $\vec{s_2} = \binom{7}{3} + (-2) \cdot \binom{1}{-1} = \binom{5}{5}$.
Der Kreis k und die Gerade g schneiden sich in den Punkten $S_1(6|4)$ und $S_2(5|5)$.

Beispiel 2 Gegenseitige Lage von Geraden und Kreis
Für welche reellen Zahlen c sind die zueinander parallelen Geraden $g_c: x + 2y + c = 0$
Sekanten, Tangenten oder Passanten des Kreises $k: \vec{r}^2 = 5$?
Lösung:
Auflösen der Geradengleichung nach x und Einsetzen in die Kreisgleichung:
$$(-2y - c)^2 + y^2 = 5$$
Ausrechnen:
$$4y^2 + 4cy + c^2 + y^2 = 5$$
$$5y^2 + 4cy + c^2 - 5 = 0$$
$$y = \frac{-4c + \sqrt{100 - 4c^2}}{10} \text{ oder } y = \frac{-4c - \sqrt{100 - 4c^2}}{10}$$

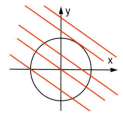

In Abhängigkeit der Diskriminante $100 - 4c^2$ erhält man:
Für $|c| < 5$ ist die zugehörige Gerade eine Sekante, für $c = 5$ oder $c = -5$ jeweils eine
Tangente und für $|c| > 5$ eine Passante.

Beispiel 3 Tangente in einem gegebenen Punkt des Kreises
Bestimme eine Gleichung der Tangente t an den Kreis $k: x^2 + y^2 - 6x + 4y = 12$ im Punkt $B(7|1)$.

Punktprobe:
$(7-3)^2 + (1+2)^2 = 25$,
also ist B ein Punkt des Kreises.

Lösung:
Umformen der Kreisgleichung: $(x-3)^2 + (y+2)^2 = 25$
Der Kreis hat den Mittelpunkt $M(3|-2)$ und den Radius $r = 5$. Damit erhält man die Tangentengleichung: $t: \left[\vec{r} - \begin{pmatrix} 3 \\ -2 \end{pmatrix}\right] \cdot \left[\begin{pmatrix} 7 \\ 1 \end{pmatrix} - \begin{pmatrix} 3 \\ -2 \end{pmatrix}\right] = 25$, also $t: \left[\vec{r} - \begin{pmatrix} 3 \\ -2 \end{pmatrix}\right] \cdot \begin{pmatrix} 4 \\ 3 \end{pmatrix} = 25$ und ausmultipliziert $t: 4x + 3y = 31$.

Beispiel 4 Tangenten von einem Punkt an den Kreis
Bestimme Gleichungen der Tangenten von $P(-8|3)$ an den Kreis $k: \left[\vec{r} - \begin{pmatrix} 2 \\ -2 \end{pmatrix}\right]^2 = 25$.
Lösung:
Berechnung der Polaren g: $(\vec{r} - \vec{m}) \cdot (\vec{p} - \vec{m}) = r^2$ mit $\vec{p} = \begin{pmatrix} -8 \\ 3 \end{pmatrix}$, $\vec{m} = \begin{pmatrix} 2 \\ -2 \end{pmatrix}$ und $r = 5$:
$\left[\begin{pmatrix} x \\ y \end{pmatrix} - \begin{pmatrix} 2 \\ -2 \end{pmatrix}\right] \cdot \left[\begin{pmatrix} -8 \\ 3 \end{pmatrix} - \begin{pmatrix} 2 \\ -2 \end{pmatrix}\right] = 25$ ergibt nach Ausmultiplizieren $g: -10x + 5y = -5$.

Schnittpunkte der Polaren g mit Kreis k: $B_1(-2|-5)$ und $B_2(2|3)$
Die gesuchten Tangenten sind nun die Geraden, die durch P und B_1 bzw. B_2 gehen:
$t_1: -4x - 3y = 23$ und $t_2: y = 3$

Aufgaben

1 Überprüfe, ob die Gerade g Sekante, Tangente oder Passante des Kreises k ist, und bestimme ggf. gemeinsame Punkte von g und k.
a) $k: \left[\vec{r} - \begin{pmatrix} -2 \\ 3 \end{pmatrix}\right]^2 = 25$; $g: \vec{r} = \begin{pmatrix} -1 \\ -4 \end{pmatrix} + t \cdot \begin{pmatrix} -1 \\ 2 \end{pmatrix}$
b) $k: (x+2)^2 + (y-3)^2 = 25$; $g: x - 2y - 7 = 0$
c) $k: x^2 + y^2 - 6x - 4y - 12 = 0$; $g: 4x + 3y + 7 = 0$
d) $k: \left[\vec{r} - \begin{pmatrix} 3 \\ -2 \end{pmatrix}\right]^2 = 25$; $g: \vec{r} \cdot \begin{pmatrix} -1 \\ 1 \end{pmatrix} = 2$

2 Gegeben ist der Kreis um $M(4|4)$ mit dem Radius 5. Bestimme eine Gleichung der Tangente t im Punkt $B(1|8)$. Zeige, dass t den Kreis $k: (x-8)^2 + (y-6)^2 = 16$ nicht schneidet oder berührt.

3 Gegeben ist ein Kreis um M mit dem Radius r. Bestimme eine Normalenform und eine Parametergleichung der Tangente, die den Kreis im Punkt B berührt.
a) $M(-3|7)$, $r = 5$, $B(1|y_B)$ mit $y_B < 7$
b) $M(4|-1)$, $r = 15$, $B(x_B|8)$ mit $x_B < 0$
c) $M(1|9)$, $r = 1$, $B(1.6|y_B)$ mit $y_B > 9$
d) $M(-29|10)$, $r = 29$, $B(x_B|-10)$ mit $x_B > -29$

4 Bestimme die Zahl a so, dass die Gerade $g: ax - y = -5$ den Kreis $k: x^2 + y^2 = 5$ berührt.

5 Bestimme die Gleichungen der Tangenten vom Punkt P an den Kreis um M mit dem Radius r.
a) $M(-2|2)$, $r = 3$, $P(1|-1)$
b) $M(-1|4)$, $r = 2$, $P(1|0)$
c) $M(5|1)$, $r = 4$, $P(1|3)$

6 Für welche reellen Zahlen c ist die Gerade $g: 3x + 4y - c = 0$ Sekante, Tangente oder Passante des Kreises $k: x^2 + y^2 = 25$?

Warum schneiden sich diese Kreise nicht?

7 Bestimme eine Gleichung des Kreises mit dem Ursprung als Mittelpunkt, der die Gerade g: $2x - y = 7$ berührt.

8 Bestimme Gleichungen der Kreise mit dem Radius $r = 5$, welche die Gerade g: $3x - 4y + 36 = 0$ im Punkt $P(-4 | p)$ berühren.

9 Gegeben ist der Kreis k: $x^2 - 2x + y^2 + 4y = 95$ und der Punkt $P(-9 | 8)$.
a) In welchen Punkten B_1 und B_2 berühren die Tangenten durch den Punkt P den Kreis k?
b) Welche Länge hat die Sehne $B_1 B_2$?
c) Welchen Abstand hat die Sehne vom Mittelpunkt des Kreises?

10 Bestimme die Gleichungen der Tangenten vom Punkt P an den Kreis k.
a) k: $x^2 - 4x + y^2 - 6y = 12$, $P(9|2)$
b) k: $x^2 + y^2 - 20x + 10y + 100 = 0$, $P(17|-6)$

11 Bestimme die Schnittpunkte der Kreise k_1 und k_2.
Berechne die Grösse der Schnittwinkel der Tangenten in den Schnittpunkten.
a) k_1: $x^2 - 4x + y^2 + 16y - 157 = 0$; k_2: $x^2 - 4x + y^2 - 34y - 107 = 0$

b) k_1: $\left[\vec{r} - \begin{pmatrix} 2 \\ 7 \end{pmatrix}\right]^2 = 50$; k_2: $\left[\vec{r} - \begin{pmatrix} -6 \\ 1 \end{pmatrix}\right]^2 = 50$

12 a) Gegeben ist der Kreis k mit dem Mittelpunkt M. Zeige allgemein, dass die Polare g zum Pol P orthogonal zur Geraden durch P und M ist. (Hinweis: Subtrahiere die Tangentengleichungen für die Schnittpunkte der Polaren und des Kreises.)
b) Begründe, dass die Gerade durch die Punkte P und M die Sehne $B_1 B_2$ halbiert.

Zu Aufgabe 13:
Auch in den Fällen (2) und (3) nennt man die Gerade mit
$\vec{r} \cdot \vec{p} = r^2$ *Polare.*

13 Hat der Kreis k den Ursprung als Mittelpunkt, dann hat die Polare zum Punkt P die Darstellung $\vec{r} \cdot \vec{p} = r^2$.
a) Zeige, dass gilt: (1) Ist $|\vec{p}| > r$, so ist die Gerade mit $\vec{r} \cdot \vec{p} = r^2$ Sekante des Kreises k.
(2) Ist $|\vec{p}| = r$, so ist die Gerade mit $\vec{r} \cdot \vec{p} = r^2$ Tangente des Kreises k.
(3) Ist $|\vec{p}| < r$, so ist die Gerade mit $\vec{r} \cdot \vec{p} = r^2$ Passante des Kreises k.
b) Gegeben ist der Kreis k: $\vec{r}^2 = 25$. Welche Lage hat die Polare des Pols P zum Kreis k?
(1) $P(1|4)$ (2) $P(1|-7)$ (3) $P(-3|4)$

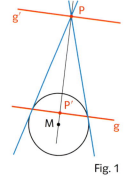

Fig. 1

Aufgabe 15 zeigt, wie man die Tangenten von einem Punkt ausserhalb des Kreises auch ohne Polare bestimmen kann.

14 Gegeben ist der Kreis k: $\vec{r}^2 = 25$ und der Pol $P(1|7)$.
a) Bestimme eine Darstellung der Polaren g zum Pol P (Fig. 1).
b) Bestimme eine Darstellung der Geraden g', die parallel zu g ist und durch P geht.
c) Bestimme den Pol P' zur Polaren g' und zeige, dass dieser Punkt auf g liegt.
d) Zeige, dass P' der Schnittpunkt der Geraden durch P und M und der Geraden g ist.

15 Tangenten von einem Punkt P ausserhalb des Kreises k kann man mithilfe des Thaleskreises bestimmen (Fig. 2). Dazu stellt man eine Gleichung des Thaleskreises k_1 über der Strecke MP auf. Die Berührpunkte der gesuchten Tangenten sind die Schnittpunkte der Kreise k und k_1. Bestimme mit diesem Verfahren die Gleichungen der Tangenten von P an den Kreis k.
a) $P(7|1)$; k: $\vec{r}^2 = 25$
b) $P(-8|3)$; k: $\left[\vec{r} - \begin{pmatrix} 2 \\ -2 \end{pmatrix}\right]^2 = 25$

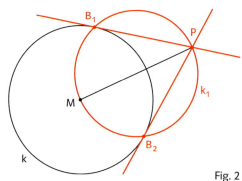

Fig. 2

17.3 Kugeln und Ebenen

Das erste Kugelhaus der Welt wurde 1928 in Dresden errichtet. Es hatte eine Höhe von 30 m.
1936 wurde es aus ideologischen Gründen von den Nationalsozialisten abgerissen.
a) Welche Form hatten die Grundflächen der einzelnen Geschosse?
b) Welches Geschoss hatte die grösste Grundfläche und wie gross war diese?
c) Gab es Geschosse, die die gleiche Grundfläche hatten?

Das Kugelhaus wurde 1928 von dem Berliner Architekten Birkholz errichtet. Es war ein Stahlgerüstbau mit Geschäften und Aussichtsterrasse. Anlass der Errichtung war das 100-jährige Jubiläum der Technischen Hochschule.
Das Kugelhaus war bei den Dresdnern sehr beliebt, da es auch das Wahrzeichen der Stadt war.

Um zu entscheiden, ob sich eine Ebene und eine Kugel schneiden, untersucht man, ob sie gemeinsame Punkte haben (Fig 1). Dazu bestimmt man den Abstand des Kugelmittelpunktes von der Ebene. Ist dieser Abstand grösser als der Kugelradius, so haben die Kugel und die Ebene keine gemeinsamen Punkte. Ist der Abstand gleich dem Kugelradius, so gibt es genau einen gemeinsamen Punkt, den Berührpunkt. Ist der Abstand kleiner als der Kugelradius, so schneiden sich die Ebene und die Kugel in einem Kreis.

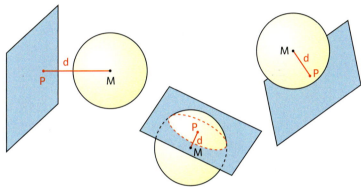

Fig. 1

Schneidet eine Ebene E die Kugel K, so ist der Mittelpunkt M' des Schnittkreises der Fusspunkt des Lotes von M auf E (Fig 2). Den Mittelpunkt M' erhält man als Schnittpunkt der Ebene mit der Geraden g, die senkrecht zur Ebene E ist und durch den Mittelpunkt M der Kugel K geht.
Ist $\vec{n}$ ein Normalenvektor der Ebene E, so hat die Gerade g die Gleichung $\vec{r} = \vec{m} + t\vec{n}$.
Für den Radius des Schnittkreises ergibt sich: $r' = \sqrt{r^2 - \overline{MM'}^2}$

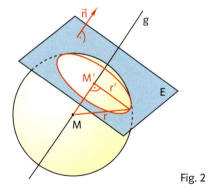

Fig. 2

Schneidet eine Ebene E eine Kugel K mit dem Mittelpunkt M und dem Radius r, so beschreibt man den **Schnittkreis** durch drei Angaben:
 Schnittebene,
 Kreismittelpunkt M',
 Kreisradius r'.
Der Mittelpunkt M' des Schnittkreises ist der Lotfusspunkt von M auf E.
Für den Radius r' des Schnittkreises gilt: $r' = \sqrt{r^2 - d^2}$ mit $d = \overline{MM'}$.

Eine Ebene, die die Kugel in einem Punkt berührt, nennt man **Tangentialebene**.
Der Abstand des Mittelpunktes der Kugel von der Ebene ist gleich dem Radius der Kugel. Für jeden Punkt R dieser Ebene gilt: Die Vektoren $\vec{r} - \vec{b}$ und $\vec{b} - \vec{m}$ sind orthogonal (Fig. 1).
Damit ist $(\vec{r} - \vec{b}) \cdot (\vec{b} - \vec{m}) = 0$ eine Gleichung der Tangentialebene.
Um eine ähnliche Form wie die Kugelgleichung zu erhalten, formt man um.
Mit $\vec{r} - \vec{b} = (\vec{r} - \vec{m}) - (\vec{b} - \vec{m})$ folgt:

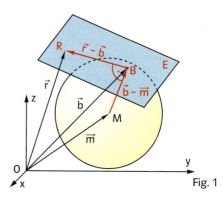

Fig. 1

$[(\vec{r} - \vec{m}) - (\vec{b} - \vec{m})] \cdot (\vec{b} - \vec{m}) = 0$
$(\vec{r} - \vec{m}) \cdot (\vec{b} - \vec{m}) - (\vec{b} - \vec{m}) \cdot (\vec{b} - \vec{m}) = 0$
$(\vec{r} - \vec{m}) \cdot (\vec{b} - \vec{m}) = (\vec{b} - \vec{m})^2$
$(\vec{r} - \vec{m}) \cdot (\vec{b} - \vec{m}) = r^2$

Vergleiche die Herleitung und die Ergebnisse mit der Bestimmung der Tangentengleichung beim Kreis im Kapitel 17.2.

Die **Tangentialebene** an die Kugel K: $(\vec{r} - \vec{m})^2 = r^2$ im Punkt $B(x_B | y_B | z_B)$ mit dem Ortsvektor $\vec{b}$ hat die Gleichung $(\vec{r} - \vec{m}) \cdot (\vec{b} - \vec{m}) = r^2$ bzw.
$(x - x_M)(x_B - x_M) + (y - y_M)(y_B - y_M) + (z - z_M)(z_B - z_M) = r^2$.
Ist der Mittelpunkt der Kugel der Ursprung, so lautet die Gleichung:
$\vec{r} \cdot \vec{b} = r^2$ bzw. $x x_B + y y_B + z z_B = r^2$

Beispiel 1 Lage einer Ebene zu einer Kugel
Bestimme die Lage der Ebene E_c: $2x + y - 2z = c$ mit $c \in \mathbb{R}$ zur Kugel mit dem Mittelpunkt $M(1|-2|1)$ und Radius 3 in Abhängigkeit vom Parameter c.
Lösung:
Der Abstand M zur Ebene E_c ist: $d = \left| \frac{1}{\sqrt{2^2 + 1^2 + 2^2}} (2 \cdot 1 - 1 \cdot 2 - 2 \cdot 1 - c) \right| = \left| \frac{1}{3}(-2 - c) \right|$

Hier wird die Hesse'sche Normalenform der Ebene E benutzt.

Für c = −11 oder c = 7 ist d = r, die Ebene berührt die Kugel.
Für c > −11 und c < 7 ist d < r, die Ebene schneidet die Kugel.
Für c < −11 oder c > 7 ist d > r, die Ebene und die Kugel haben keinen Punkt gemeinsam.

Beispiel 2 Bestimmung des Schnittkreises
Bestimme den Mittelpunkt und den Radius des Schnittkreises der Ebene
E: $-2x + y + 2z = 19$ und der Kugel K: $(x - 2)^2 + (y + 1)^2 + (z - 3)^2 = 64$.
Lösung:
Der Abstand des Mittelpunktes $M(2|-1|3)$ der Kugel von der Ebene E ist 6 und damit kleiner als 8, also wird die Kugel von der Ebene geschnitten.
Radius des Schnittkreises: $r' = \sqrt{64 - 36} = \sqrt{28} = 2\sqrt{7}$
Der Mittelpunkt M' des Schnittkreises ist der Schnittpunkt der Geraden

g: $\vec{r} = \begin{pmatrix} 2 \\ -1 \\ 3 \end{pmatrix} + t \begin{pmatrix} -2 \\ 1 \\ 2 \end{pmatrix}$ und der Ebene E.

Einsetzen von $\vec{r}$ in die Ebenengleichung ergibt $-2(2 - 2t) + (-1 + t) + 2(3 + 2t) = 19$.
Daraus folgt $9t = 18$ und somit $t = 2$.
Für die Koordinaten des Mittelpunktes des Schnittkreises ergibt sich: $M'(-2|1|7)$.
Der Kreis liegt in der Ebene E: $-2x + y + 2z = 19$, hat den Mittelpunkt $M'(-2|1|7)$ und den Radius $r' = 2\sqrt{7}$.

Beispiel 3 Bestimmung der Tangentialebene im Berührpunkt

Zeige, dass der Punkt B(−3|1|1) auf der Kugel mit dem Mittelpunkt M(3|−1|4) und dem Radius r = 7 liegt. Bestimme eine Gleichung der Tangentialebene, die die Kugel in B berührt.

Lösung:

Mit $\vec{b} = \begin{pmatrix} -3 \\ 1 \\ 1 \end{pmatrix}$ und $\vec{m} = \begin{pmatrix} 3 \\ -1 \\ 4 \end{pmatrix}$ berechnet man den Abstand:

$$|\vec{b} - \vec{m}|^2 = (\vec{b} - \vec{m}) \cdot (\vec{b} - \vec{m}) = \left[\begin{pmatrix} -3 \\ 1 \\ 1 \end{pmatrix} - \begin{pmatrix} 3 \\ -1 \\ 4 \end{pmatrix}\right] \cdot \left[\begin{pmatrix} -3 \\ 1 \\ 1 \end{pmatrix} - \begin{pmatrix} 3 \\ -1 \\ 4 \end{pmatrix}\right] = \begin{pmatrix} -6 \\ 2 \\ -3 \end{pmatrix} \cdot \begin{pmatrix} -6 \\ 2 \\ -3 \end{pmatrix} = 49$$

Da sich dabei 49 ergibt, liegt B auf der Kugel. Die Tangentialebene in B erhält man aus:

$$(\vec{r} - \vec{m}) \cdot (\vec{b} - \vec{m}) = 49 \Rightarrow \left[\begin{pmatrix} x \\ y \\ z \end{pmatrix} - \begin{pmatrix} 3 \\ -1 \\ 4 \end{pmatrix}\right] \cdot \left[\begin{pmatrix} -3 \\ 1 \\ 1 \end{pmatrix} - \begin{pmatrix} 3 \\ -1 \\ 4 \end{pmatrix}\right] = \begin{pmatrix} x - 3 \\ y + 1 \\ z - 4 \end{pmatrix} \cdot \begin{pmatrix} -6 \\ 2 \\ -3 \end{pmatrix} = 49$$

Das ergibt die Koordinatenform der Tangentialebene −6x + 2y − 3 z = 17.

Aufgaben

1 Untersuche, ob die Ebene E die Kugel K schneidet, berührt oder keinen Punkt mit ihr gemeinsam hat.
a) E: x + y + z = 5,   K: $x^2 + y^2 + z^2 = 25$
b) E: −3x + 6y − 2z = 27,   K: $(x - 4)^2 + (y + 1)^2 + (z - 2)^2 = 49$
c) E: 2x − 3y + 4z = 30,   K: $x^2 - 6x + y^2 - 2y + z^2 - 15 = 0$
d) E: $\vec{r} \cdot \begin{pmatrix} -2 \\ 4 \\ -3 \end{pmatrix} + 22 = 0$,   K: $\left[\vec{r} - \begin{pmatrix} 5 \\ -3 \\ -7 \end{pmatrix}\right]^2 = 29$

2 Zeige, dass die Ebene E die Kugel K schneidet, und bestimme den Mittelpunkt und den Radius des Schnittkreises.
a) K: $\left[\vec{r} - \begin{pmatrix} 1 \\ 3 \\ 9 \end{pmatrix}\right]^2 = 49$,   E: x − 4y − 4z = −14
b) K: $(x + 3)^2 + (y - 4)^2 + (z - 2)^2 = 15$, E: 3x − 2y − 6z = −53.5

3 Bestimme eine Gleichung der Tangentialebene im Punkt B an die Kugel K.
a) K: $x^2 + (y - 2)^2 + (z - 1)^2 = 9$,   B(1|0|$z_B$) mit $z_B > 0$
b) K: $x^2 + y^2 + z^2 - 2x - 4y - 31 = 0$, B(5|4|$z_B$) mit $z_B < 0$

4 Gegeben ist eine Kugel mit dem Ursprung als Mittelpunkt. Für welchen Radius schneidet die Kugel die Ebene E, berührt sie die Ebene oder hat keinen Punkt mit ihr gemeinsam? Wie lauten die Koordinaten des Berührpunktes?
a) E: 3x + 12y + 4z − 13 = 0   b) E: 2x + 3y − 6z − 14 = 0

5 Bestimme Gleichungen der Tangentialebenen an die Kugel K in den Punkten B_1 und B_2. Bestimme zudem die Schnittgerade g der beiden Tangentialebenen und zeige, dass die Gerade g und die Gerade durch B_1 und B_2 orthogonal zueinander sind.
a) K: $(x - 7)^2 + (y - 3)^2 + (z - 1)^2 = 81$, B_1(1|−3|4), B_2(10|9|7)
b) K: $(x + 11)^2 + y^2 + (z - 12)^2 = 169$, B_1(−11|5|0), B_2(1|0|17)

6 Bestimme die Tangentialebenen an die Kugel K, die parallel zur Ebene E sind. Bestimme auch die Koordinaten der Berührpunkte (vgl. Fig. 1).

a) $E: 3x - 6y + 2z = 0$, $K: x^2 + y^2 + z^2 = 196$

b) $E: \vec{r} \cdot \begin{pmatrix} 7 \\ -4 \\ -4 \end{pmatrix} = 0$, $K: \left[\vec{r} - \begin{pmatrix} 2 \\ 7 \\ 9 \end{pmatrix}\right]^2 = 81$

c) $E: 7x - 4y - 4z = 0$
$K: x^2 + y^2 + z^2 + 6x + 12z - 279 = 0$

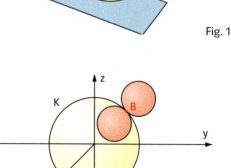

Fig. 1

7 Bestimme die Gleichungen der Kugeln mit dem Radius 3, die die Kugel $K: \vec{r}^2 = 36$ im Punkt $B(-4|2|4)$ berühren (vgl. Fig. 2).

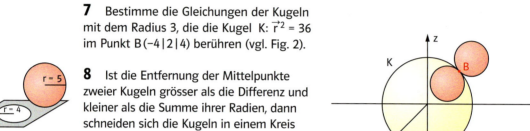

Wie weit ragt die Kugel noch heraus, wenn sie in die kreisförmige Öffnung rollt?

Klar, ganz ohne Vektoren!

8 Ist die Entfernung der Mittelpunkte zweier Kugeln grösser als die Differenz und kleiner als die Summe ihrer Radien, dann schneiden sich die Kugeln in einem Kreis (Fig. 3).

Zeige, dass sich die Kugeln

$K_1: \left[\vec{r} - \begin{pmatrix} -1 \\ 3 \\ 1 \end{pmatrix}\right]^2 = 36$ und

$K_2: \left[\vec{r} - \begin{pmatrix} 4 \\ 5 \\ 1 \end{pmatrix}\right]^2 = 4$ schneiden, und

bestimme die Schnittebene.
Anleitung: Löse auf 2 Arten:
1. mithilfe der Strecke, die die Mittelpunkte verbindet;
2. mithilfe der Koordinatengleichungen der Kugeln. Die Differenz der beiden Gleichungen ergibt die Darstellung einer Ebene, in der alle die Punkte liegen, die zu beiden Kugeln gehören.

Fig. 2

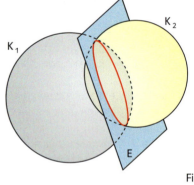

Fig. 3

9 Bestimme den Mittelpunkt und den Radius des Schnittkreises der Kugeln K_1 und K_2.

a) $K_1: \left[\vec{r} - \begin{pmatrix} 1 \\ 3 \\ 9 \end{pmatrix}\right]^2 = 49$, $K_2: \left[\vec{r} - \begin{pmatrix} 2 \\ -1 \\ 5 \end{pmatrix}\right]^2 = 16$

b) $K_1: \left[\vec{r} - \begin{pmatrix} 7 \\ -2 \\ 2 \end{pmatrix}\right]^2 = 625$, $K_2: \left[\vec{r} - \begin{pmatrix} -5 \\ 4 \\ -2 \end{pmatrix}\right]^2 = 625$

c) $K_1: x^2 + y^2 + z^2 - 18x - 2y + 10z = 7$, $K_2: x^2 + y^2 + z^2 + 10x - 16y - 18z = 129$

d) $K_1: x^2 + y^2 + z^2 - 6x - 4y - 8z - 19 = 0$, $K_2: x^2 + y^2 + z^2 - 2x - 12y + 25 = 0$

10 Der Mittelpunkt M der Kugel K mit dem Radius 5 liegt auf der x-Achse.
Die Ebene $E: 3x - 4y = 29$ ist Tangentialebene der Kugel K. Bestimme die Koordinaten von M.

11 Zeige, dass die Vektoren $\vec{a} = \begin{pmatrix} 2 \\ 1 \\ 0 \end{pmatrix}$, $\vec{b} = \begin{pmatrix} 2 \\ -4 \\ 0 \end{pmatrix}$, $\vec{c} = \begin{pmatrix} 0 \\ 0 \\ 3 \end{pmatrix}$ vom Ursprung aus einen Quader aufspannen.

a) Bestimme eine Gleichung der Kugel, die durch die Ecken des Quaders geht.
b) Dem Quader lassen sich Kugeln einbeschreiben, die jeweils zwei gegenüberliegende Flächen des Quaders berühren. Bestimme die Lage der Mittelpunkte der Kugeln.
c) Es sei K die Kugel um den Mittelpunkt des Quaders mit dem Radius 5. Bestimme die Mittelpunkte und die Radien der Schnittkreise mit den Ebenen, in denen die Quaderflächen liegen.

12 Gegeben sind die Punkte M(3|1|2), P(7|1|5) und die Ebene $E_c: \vec{r} \cdot \begin{pmatrix} 2 \\ 3 \\ 6 \end{pmatrix} - 7c = 0$.

a) Bestimme eine Gleichung der Kugel mit dem Mittelpunkt M, die durch P geht. Gib eine Gleichung der Tangentialebene der Kugel K im Punkt P an.
b) Für welche Werte von c schneiden sich die Kugel K und die Ebene E_c in einem Punkt, in einem Kreis oder gar nicht?
c) Zeige, dass der Punkt A(3|4|6) ausserhalb der Kugel K liegt. Berechne die Koordinaten des Punktes B der Kugel K, der den kleinsten Abstand zu A besitzt.

13 Gegeben ist die Kugel $K: \left[\vec{r} - \begin{pmatrix} 6 \\ -2 \\ 12 \end{pmatrix}\right]^2 = 225$ und die Ebene E durch die Punkte

A(2|-1|4), B(-4|-1|7) und C(3|-5|3).
a) Zeige, dass die Ebene E die Kugel K schneidet, und bestimme die Koordinaten des Mittelpunktes M' und den Radius r' des Schnittkreises.
b) Bestimme eine Gleichung der Kugel K*, die man bei der Spiegelung von K an der Ebene E erhält.
c) Zwei Kugeln K_1 und K_2 mit dem Radius 13 haben mit der Ebene E denselben Schnittkreis wie die Kugel K. Berechne die Koordinaten der Mittelpunkte der Kugeln K_1 und K_2.

14 Zeige, dass die Gerade g durch die Punkte P und Q keinen Punkt mit der Kugel K gemeinsam hat. Bestimme die Berührpunkte der beiden Ebenen, die durch g gehen und die Kugel berühren (Fig. 1).

a) P(5|2|1), Q(6|2|-1); $K: \left[\vec{r} - \begin{pmatrix} 1 \\ 2 \\ 0 \end{pmatrix}\right]^2 = 9$

b) P(2|6|7), Q(2|4|9);
$K: x^2 + y^2 + z^2 - 6x - 10y + 2z + 10 = 0$

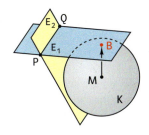
Fig. 1

15 Die Punkte A(3|-3|0), B(3|3|0), C(-3|-3|0) und S(0|0|4) sind die Eckpunkte einer quadratischen Pyramide mit der Spitze im Punkt S. Dieser Pyramide kann man eine Kugel einbeschreiben (Fig. 2). Bestimme den Mittelpunkt dieser Kugel. Skizziere die Pyramide.

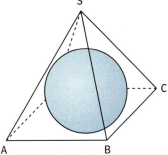
Fig. 2

Stichwortverzeichnis

A
abc-Formel 147
Abstand 266, 268, 270, 272
Achsenabschnitt 250
Achsenabschnittsform 250
achsensymmetrisch 203
Additionstheoreme 93
Additionsverfahren 124
ähnlich 20
ähnliche Dreiecke 28
Änderung, absolute 166
–, relative 166
Anfangswert 172
Ankathete 71
Archimedes 18, 69
Asymptote 157

B
Betrag eines Vektors 219, 227
Bogenmass 188
Brennpunkt 164
Bruchgleichung 153

C
C-14-Methode 187
Cavalieri, Bonaventura 61

D
Definitionsmenge 103, 200
Diskriminante 147
Drachenviereck 10
Dreieck 11
Durchstosspunkt 253

E
Ebenengleichung 245, 249, 259, 266
Einheitskreis 79, 82
Einheitsvektor 219
Einsetzungsverfahren 122
Ellipse 164
Euler'sche Polyedersatz, der 58
explizit 168
Exponentialfunktion 172
Exponentialgleichung 182

F
Faktorisieren 148
Flächeninhalt 8, 9, 10, 11, 15, 16, 24
Funktion 101, 200
–, ganzrationale 204
–, gerade 203
–, lineare 106, 107
–, monotone 205
–, periodische 189
–, quadratische 137
–, rein quadratische 134
–, ungerade 203
–, umkehrbare 160, 206
Funktionsgleichung 103, 200
Funktionsterm 200
Funktionsvorschrift 103, 200
Funktionswert 101, 200

G
Gaussalgorithmus 130
Gegenkathete 71
Gegenvektor 212
Geradengleichung 233, 236
Gleichsetzungsverfahren 122
Gleichung
–, biquadratische 153
– dritten Grades 153
– höheren Grades 154
–, lineare 112, 113, 118, 130
–, quadratische 145, 147
Gleichungssystem 120, 123, 130, 131
Goldener Schnitt 36
Gradmass 188
Graph 103, 200

H
Halbwertszeit 174
Hesse'sche Normalenform 266
Höhensatz 39
Hyperbel 157
Hypotenuse 38
Hypotenusenabschnitt 38

I
Intervall 201

K
Kathete 38
Kathetensatz 38
Kegel 63
Kepler'sche Gesetze 164
Koeffizient 118, 215
kollinear 223
komplanar 223
Koordinaten 218
Koordinatenebene 241
Kosinus 73, 79, 82
Kosinusfunktion 192
Kosinussatz 87
Kreis 14
Kreisausschnitt 15
Kreisbogen 16
Kreisgleichung 274
Kreissektor 15
Kreiszahl 14
Kreiszylinder 55
Kugel 66
Kugelgleichung 274

L
Länge eines Kreisbogens 16
linear abhängig 223
Linearfaktor 148
Linearfaktorzerlegung 148
Linearkombination 215
linear unabhängig 223
Logarithmengesetze 178
Logarithmentafel 185
Logarithmus 177
Logarithmusfunktion 180
Lotgerade 266

M
Mantelfläche 52, 54, 55, 63
Mittelpunktswinkel 15
Möndchen des Hippokrates 19, 49
Monotonie 205

N
Netz des Prismas 52
Normale 238
Normalenform 259
Normalenvektor 227, 259
Normalparabel 135
Nullstelle 112
Nullvektor 212

O
Oberflächeninhalt 52, 54, 55, 63, 67
Optimierung, lineare 132
Optimierungsaufgaben 143
orthogonal 227
Ortsvektor 219

P

Parabel 134
– n-ter Ordnung 156
Parallelogramm 9
Passante 277
Periodenlänge 189
Phasenverschiebung 197
Pi 14, 18, 69
platonische Körper 58
Pol 277
Polare 277
Polynomfunktion 204
Potenzfunktion 156
Potenzgesetze 177
Potenzgleichung 162
pq-Formel 147
Prisma 52
Proportionalität 107
Proportionalitätsfaktor 107
Punktprobe 104
punktsymmetrisch 203
Pyramide 62
Pythagoras von Samos 40, 50
pythagoreische Zahlentripel 51

Q

Quadrat 8
quadratische Ergänzung 140
Quadratur 19, 39, 49

R

Raute 10
Rechteck 8
rekursiv 167
Rhombus 10
Richtungsvektor 233, 245

S

Satz des Cavalieri 61
Satz des Pythagoras 40, 41, 87
Satz von Vieta 148
Scheitelpunkt 135
Scheitelpunktform 140
Schnittebene 281
Schnittgerade 256
Schnittkreis 281
Schnittwinkel 238, 262, 263
Sekante 277
Sinus 72, 79, 82
Sinusfunktion 192, 198
Sinussatz 85
skalare Grösse 212
Skalarprodukt 226, 227
Spatprodukt 231
Spurgeraden 250
Spurpunkt 241
Steigung 107
Steigungsdreieck 107
Strahlensätze 30, 32
Streckfaktor 20, 22, 135
Streckzentrum 22
Stützpunkt 233
Stützvektor 233, 245
Substitution 153

T

Tangens 73, 79
Tangensfunktion 194
Tangente 277
Tangentialebene 282
Trapez 9

U

Umfang eines Kreises 14
Umkehrfunktion 160, 206
Ungleichung 115, 116

V

Vektoren 212, 214, 215, 220
vektorielle Grösse 212
Vektorprodukt 230
Verbindungsvektor 219
Verdopplungszeit 174
Verkettung von Funktionen 209
Vieleck 11
Vieta, François 19, 148
Volumen 53, 54, 55, 63, 67, 231

W

Wachstum 166, 168
Wachstumsfaktor 168, 172
Wachstumsrate 106, 168
Wertemenge 200
windschief 240
Winkel 226, 227
Wurzelfunktion 160
Wurzelgleichung 154

Y

y-Achsenabschnitt 107

Z

zentrische Streckung 22
Zentriwinkel 15
Zylinder 55

Bildquellenverzeichnis

Inhaltsverzeichnis: **Seite 3**: Okapia/imagebroker/Creativ Studio Heinemann (Schafherde) − mauritius images/Rudolf Pigneter (Cheopspyramide) − Klett-Archiv (2 Vasen); **Seite 4**: Oberammergau Tourismus/Bernd Ritschel (Sprung vom Sprungbrett) − Klett-Archiv/Aribert Jung (Goldfischteich) − Getty Images/Stone/Arnulf Husmo (Mitternachtssonne); **Seite 5**: Ryan Pyle/Corbis/Specter (CCTV-Gebäude) − akg-images (Kugelhaus Dresden); **Seite 7**: Volker Roloff/Agentur Focus (Mensch und Hund, Schatten) − iStockphoto/Ian Poole (Matrioschka) − Avenue Images/Thinkstock (Prisma) − Avenue Images/Photo Disc (Billardkugeln) − Klett-Archiv/Inga Surrey (2 Mädchen) − Getty Images/The Image Bank/William Huber (Basketballkorb, Schatten); **Seite 14**: Okapia/imagebroker/Creativ Studio Heinemann (Schafherde); **Seite 20**: Dieter Gebhardt, Grafik- und Fotodesign, Asberg (Turm der grauen Pferde); **Seite 22**: Klett-Archiv/Simianer und Blühdorn (Gummiband und Stift); **Seite 30**: Klett-Archiv/Simianer und Blühdorn (Baumfigur, Schatten); **Seite 33**: ullstein bild/Archiv Gerstenberg (Leonardo da Vinci); **Seite 36**: © 2011, Photo Scala, Florence (Stradivari-Violine) − Klett-Archiv (Altes Rathaus, Leipzig) − MedioImages/Corbis (Parthenon); **Seite 37**: Klett-Archiv/Fabian H. Silberzahn (Ei) − bridgemanart.com (Amphora) − bildstelle/Petra Wallner (UNO-Gebäude) − Francis G. Mayer/Corbis/Specter (Apollo); **Seite 40**: Gianni Dagli Orti/Corbis/Specter (Pythagoras von Samos); **Seite 43**: Tropenhaus, Botanischer Garten, Zürich (Rafael Wiedenmeier − Fotograf); Roman Oberholzer, Luzern (Brücke); **Seite 46**: mauritius images/Rudolf Pigneter (Cheopspyramide); **Seite 50**: Corbis/Specter (Pythagoras von Samos); **Seite 51**: Deutsches Museum (Pierre de Fermat); **Seite 58**: Gianni Dagli Orti/Corbis/Specter (Platon); **Seite 59**: akg-images (Leonhard Euler) − Klett-Archiv/Simianer & Blühdorn (Quadrate, 3 Figuren); **Seite 60**: Klett-Archiv (2 Vasen, 2 Papierstapel); **Seite 61**: Deutsches Museum (Bonaventura Cavalieri); **Seite 66**: ALIMDI.NET/Michael Schmeling (Reliefkarte Schweiz); **Seite 67**: iStockphoto/Marcin Tomaszuk (Discokugel); **Seite 71**: Shutterstock/pjmorley (Achterbahn); **Seite 76**: Ulrich Schönbach, Hannover (Dachkonstruktion); **Seite 79**: iStockphoto/Jan Tyler (Riesenrad); **Seite 82**: SGV, SHIPTEC Lucerne (Dampfschiff Unterwalden, Schaufel des Dampfschiffs Unterwalden); **Seite 95**: bpk (Tontafel); **Seite 97**: Dieter Gebhardt, Grafik- und Fotodesign, Asberg (Tennisbälle) − Adam Woolfitt/Corbis/Specter (Schiffbau) − masterfile/zefa/Corbis (Stabhochsprung); **Seite 98**: Landesamt für Geologie, Rohstoffe und Bergbau Baden-Württemberg, Freiburg i. Br. (Seismograph); **Seite 112**: Klett-Archiv/Stefan Stöckle (Allgäuer Alpen) − Avenue Images/CorbisRF (Lastwagen); **Seite 118**: Corbis/Ariel Skelley (Streichelzoo); **Seite 127**: Klett-Archiv (Lastwagen) − Stockbyte (Carla) − Getty Images/Photodisc (Timo) − Avenue Images/Comstock (Pia); **Seite 128**: akg-images (Leonard Euler); **Seite 130**: bpk (Carl Friedrich Gauss); **Seite 134**: Hans Dieter Seufert, Berglen-Steinach (Auto bei Vollbremsung); **Seite 140**: Klett-Archiv/Simianer & Blühdorn (2 Mädchen); **Seite 141**: Oberammergau Tourismus/Bernd Ritschel (Sprung vom Sprungbrett); **Seite 142**: Mauritius Images (Turbine); **Seite 148**: Corbis/Specter (François Vieta); **Seite 150**: Unbekannter Lieferant (Argentobelbrücke im Bau) − Ralf Hartmann/www.deinallgaeu.de (Schneelandschaft Allgäu, ohne und mit Argentobel-Brücke); **Seite 159**: Fotosearch/Stock Disc (Junge, Mädchen, Vater); **Seite 162**: iStockphoto/Robert Kohlhuber (2 Mädchen); **Seite 164**: Pixtal (Nikolaus Kopernikus) − JupiterImages photos.com (Tycho Brahe) − iStockphoto/HultonArchive (Friedrich Johannes Kepler); **Seite 166**: Klett-Archiv/Aribert Jung (Goldfischteich); **Seite 173**: Okapia/David Scharf/P. Arnold, Inc. (Bakterien); **Seite 177**: NASA (Erde, vom Mond aus gesehen); **Seite 185**: Ludolf von Mackensen: Die erste Sternwarte Europas mit ihren Instrumenten und Uhren. 400 Jahre Jost Bürgi in Kassel, Ausstellungskatalog, Callwey Verlag München 1982 (Titelblatt von Jost Bürgis Schrift «Arithmetische und Geometrische Progress-Tabulen») − KEYSTONE/DPA/Str (Jost Bürgi) − Deutsches Museum (John Napier); **Seite 186**: Deutsches Museum (Titelblatt Kapitel XIII, aus: Jacob Leupold: Theatrum Arithmetico-Geometricum − Schauplatz der Rechen- und Messkunst) − Klett-Archiv/Cira Moro (Benzinrechner); **Seite 187**: bridgemanart.com (Ötzi) − Ruth Hecker, Lautert (Figur von Lespugue, Elfenbeinfigur von Gönnersdorf); **Seite 190**: Prof. Dr. Manfred Keil, Neckargemünd (Oszillograph); **Seite 191**: Getty Images/Stone/Arnulf Husmo (Mitternachtssonne); **Seite 201**: Klett-Archiv/Cira Moro (Schweizer Briefmarke); **Seite 209**: Okapia/imagebroker/Simon Belcher (Thermometer); **Seite 211**: Ryan Pyle/Corbis/Specter (CCTV-Gebäude) − Klett-Archiv/Simianer & Blühdorn (Bleistift und Geodreieck) − INTERFOTO/TV-yesterday (Nierentisch) − Klett-Archiv/Rolf Reimer (Hände und rotes Gummiband); **Seite 214**: Bildagentur-online (Flugzeug); **Seite 268**: Deutsches Museum (Ludwig Otto Hesse); **Seite 272**: KEYSTONE/Markus Widmer (Lastwagen unter Eisenbahnbrücke); **Seite 281**: akg-images (Kugelhaus, Dresden)

Der Verlag hat sich bemüht, alle Rechteinhaber zu eruieren. Sollten allfällige Urheberrechte geltend gemacht werden, so wird gebeten, mit dem Verlag Kontakt aufzunehmen.